organic

유기농축산물 인증론

한옥수 · 김태옥 저

전남대학교출판문화원

책머리에

농업은 인간의 생존을 위하여 기본적이고 필수적인 생명산업으로서 과거 수 천년동안 인류를 부양하여온 식량산업이다. 인구의 증가와 함께 눈부시게 발전하여온 현대의 농업기술은 농업생산성을 혁신적으로 향상시켰으나, 화학비료와 농약을 과다하게 사용하여 수질과 토양을 오염시켜 자연 생태계를 파괴하고 있으며, 농산물의 농약 잔류 등 심각한 문제를 야기하고 있다. 소비자들에게 품질 좋은 먹거리를 제공하면서 국토환경을 보존할 수 있는 유기농업은 농업의 역할이 단순한 식량산업 보다는 자연생태계와 조화를 이룰 수 있는 생명산업으로 변화할 수 있는 주요 동기를 제공하고 우리의 농업을 지속 가능한 농업으로 정착시킬 수 있는 기반을 마련하여 주고 있다. 우리나라에서 유기농업은 농업이 가지고 있는 홍수조절, 토양보전 등 공익적 기능을 최대한 살리고 화학비료와 농약사용을 최소화 할 수 있는 자연 순환 농법을 추구하여 농산물을 생산함으로써 환경을 보존하면서 지속가능한 농업체계를 구축하여 소비자에게는 건전한 식품을 공급하고 생산자인 농업인에게는 소득을 보장하여 소비자와 생산자 모두에게 이익이 되게 하려는 농업이라고 할 수 있다. 1990년대 이후 유기농산물의 생산과 소비가 세계적으로 증가하고 있고 우리나라도 국민소득이 높아지면서 질이 좋은 유기농산물에 대한 수요가 급증하고 있음은 우리의 농업발전을 위하여 바람직한 일이라 하지 않을 수 없다. 우리나라의 유기인증은 생산품의 종류에 따라 인증업무가 분리되어 운영되고 있으나 인증업무의 효율성을 위하여 농산물, 농자재, 가공식품, 비식용가공품의 인증업무가 일원화되어서 인증업무가 보다 더 일관성 있고 체계적으로 수행될 수 있도록 노력하여야 할 것이다.

친환경농어업 육성 및 유기식품 등의 관리·지원에 관한 법률에서는 주로 친환경농산물의 생산기준을 간략히 규정하고 있으나 인증심사원의 심사업무 요령이나 심사방법론 등 인증심사의 체계적인 방법론이 마련되지 않아 인증심사에 대하여 인증기관별로 일관성이 부족하고 이는 소비자에 의한 인증의 신뢰도 부족 문제로 이어지고 있다. 이 책은 본 저자에 의하여 6년전에 출판된 유기농산물 인증심사론을 기반으로 그동안 변경된 법규를 새롭게 반영하여 다양한 종류의 유기농산물의 생산시스템에 대한 인증심사의 기본 모델을 설정하고 자격을 갖춘 인증심사원이 인증심사과정에서 지키고 따라야할 인증심사의 요령 및 세부 절차를 규정함으로서 인증에 있어서 인증심사의 일관성을 증진시키고 인증심사원의 질적 향상을 도모하고자 한다.

이 책에서 사용한 용어는 각 분야의 제정된 전문용어를 사용하도록 유의하였으나 편의에 따라 외국어 원명이나 널리 쓰이는 약자를 사용하였다. 심사 대상 농법 및 품목이 다양함을 고려할 때, 모든 심사과정에 대한 완벽한 매뉴얼을 제공함이 매우 어려운 일이지만 전문인증기관이 이 책을 인증심사원의 교육과 훈련을 위한 기본 자료 및 도구로서 활용함으로써 우리나라의 인증심사가 국제적 수준의 인증심사로 발돋움할 수 있다면 저자들로서 큰 보람을 느낄 것이며, 한편 부족한 점은 엄격히 지적받아 교정의 기회를 갖게 되기를 간절히 염원한다.

이 책의 구성 및 집필을 위하여 국제유기연맹/국제유기심사 매뉴얼(IFOAM/IOIA, 2,000), IFOAM Norms for Organic production and processing(IFOAM, 2012), 친환경농산물 인증심사 매뉴얼(국립농산물품질관리원)을 참조하였으며 집필을 위하여 노력하여 주신 전남대학교 농식품 인증 센터의 이근영 심사원님께 감사드린다.

2019. 12.

한 옥 수
전남대학교 농업생명과학대학

목 차

제 5 장 유기농산물 인증심사 방법 ___ 97

제 6 장 유기축산물 인증심사 방법 ___ 173

제 7 장 취급자 인증심사 방법 ___ 273

제1장

유기농업과 인증

1. 유기농의 원칙
2. 유기농업의 철학 및 이념
3. 인증과 인증제도

1. 유기농의 원칙

과거 우리나라 농가에서는 단위면적당 생산량을 증대시키는 관행농업에 치중하였다. 그러나 양질의 먹거리에 대한 소비자들의 요구, 자연환경 및 생태계의 보존에 대한 국민들의 관심, 경제의 개방화에 따른 산업 분야별 소득의 재분배, 지속가능한 농업의 필요성에 따라 유기농업이 새로운 대안으로 대두되고 있다. 유기농업이 출현된 직접적인 원인은 다음과 같다. 농촌 인구가 감소하면서 농업소득의 저하로 관행농업에 대한 대체농업이 필요하였던 사회적 배경을 원인으로 꼽을 수 있다. 그리고 이외에도 개방화에 따른 국가간의 협약과 관련된 기후문제, 야생동식물의 감소, 자원 재생의 필요성 등 환경적 원인과, 안전한 농산물 등 양질의 농산물에 대한 소비자들의 선호, 건강에 대한 관심의 증가 등 여러 가지 원인이 있다.

우리나라의 경우 유기농업은 2001년 제정된 친환경농업육성법에 따른 정부주도의 친환경농업육성정책과 함께 발달하기 시작하였으며, 2002년도부터 민간인증기관 지정육성정책을 일관되게 추진한 결과 2019년 현재 60여개의 민간인증기관이 설립되었다. 그러나 판매되는 유기농산물은 친환경농어업 육성 및 유기식품 등의 관리·지원에 관한 법률에 규정된 인증기준에 따라 인증심사가 이루어지고 그 결과 적합 판정을 받은 인증품만 생산 판매됨에도 불구하고 인증품의 품질에 대한 소비자들의 의혹을 완전히 불식시키기는 쉽지 않은 것이 사실이다. 서구의 유기농업은 오랜 기간 동안의 경험을 통하여 유기농업의 기술적 문제들과 이념적 문제들을 해결하기 위하여 노력해온 반면 우리나라는 이러한 시간과 노력이 부족하였기 때문에 유기농산물 인증에 관한 생산자와 소비자 간에 존재하는 인식의 괴리는 어쩌면 당연한 결과 이다. 현 시점에서 인증품에 대한 소비자의 신뢰를 구축하고 유기농업을 지속적으로 발전시키기 위한 당면과제로는 유기농업 기술을 개발, 보급하는 기술적 측면과 유기농업의 이념을 정립하는 철학적 측면을 들 수 있다. 현재 우리나라는 농산물의 품목이 매우 다양할 뿐만 아니라 각 품종에 대하여 적용하는 농법이 다르고 허용자재에 대한 인증제도가 정립되어 가고 있다. 이러한 상황에서 유기농산물에 대한 소비자의 신뢰도를 확보하기 위하여서는 유기농의 원칙 등 이념적 측면에 대한 문제가 기술적 측면에 대한 문제보다 더 중요하다고 할 수 있다. IFOAM에서는 유기농이 성장하고 발전하는 기본 방향에 대하여 다음과 같은 4 가지의 기본 원칙을 제시하고 있다. 이들 원칙은 국제적인 수준의 유기농 관련 정책의 수립, 프로그램의 개발, 인증기준의 개정 등에 있어서 기본 원칙과 지침을 제공할 수 있다는 측면에서 중요한 의미를 갖는다.

1.1. 건강의 원칙(Principle of Health)

국민의 생활 수준이 올라가고 건강에 대한 관심이 높아지면서 삶의 질을 중요시하면서 유기농에 대한 일반인의 관심이 높아지고 있다. 그러나 유기농업에서 건강의 원칙은 인간의 건강 뿐 만 아니라 인류가 살고 있는 토양, 인간과 공존하고 있는 동물과 식물, 그리고 이들 생태계를 이루고 있는 지구의 건강을 보존하고 증진시켜야 한다는 것을 의미하며, 나아가 인류가 살고 있는 사회의 건강과 복지에도 관련된다. 이러한 건강의 원칙은 지구상의 개별적인 생명체가 전체 생명계와 분리되어 고려되어서는 안 된다는 것을 의미하며, 유기농은 생산, 가공, 유통, 소비의 전 과정에서 토양속의 작은 미생물로부터 인간에 이르는 생명체 및 생태계의 건강을 개별적으로 그리고 종합적으로 고려하여야 한다. 유기농의 이러한 원칙을 고려할 때, 비료, 농약, 동물 약품, 식품첨가제 등의 과도한 사용은 제한되어야 한다.

1.2. 생태의 원칙(Principle of Ecology)

유기농업은 살아있는 생태계와 자연의 순환 원리에 기반을 두어야한다. 환경은 단지 인간에게만 국한된 것이 아니고 지구상의 모든 생명체와 함께 공유하여야 한다. 환경은 인간으로 구성되었다기 보다는 비인간적인 자연으로 구성된 것으로 식물, 동물, 풍경, 생태를 모두 포함한다. 작물의 생산에서 토양생태계, 동물의 사육에서 목장의 생태를 고려한 경축순환체계, 수산물의 생산에서 해양생태계 등이 주요 생태인자라고 할 수 있다. 대부분의 농업을 위한 생산 활동은 특정 지역에 한정되어 일어나므로 유기농업은 원칙적으로 그 지역에서 생산되어 그 지역에서 소비함을 원칙으로 한다. 흔히 말하는 신토불이(身土不二)의 신념이나 지산지소(地産地消)의 원칙과 일맥상통한다고 할 수 있다. 현대 농업은 교통과 통신의 발달에 따라 지역간, 국가간, 대륙간 이동을 통한 농산물의 이동이 일반화되었으나, 물질 이동의 편중화를 초래하여 많은 문제점을 안고 있다. 따라서 생태의 원칙은 교역을 통한 농산물의 유통에 대하여 긍정적인 입장을 취하지 않는다. 그러나 어느 지역이든 그 지역에 필요한 모든 농산물을 그 지역에서 생산하기는 현실적으로 불가능하여 농산물의 지역간 이동이 불가피할 뿐만 아니라, 생태계의 보존 및 균형의 유지를 위한 자연 순환의 과정도 여러 지역을 포함하여 이루어지므로 유기농에 관한 생태의 원칙은 조경, 기후, 서식, 생물다양성, 수질, 공기를 포함한 환경을 보존함에 있어서 지역적 특성, 지역의 문화 등을 고려하되, 공장형 유기농업을 줄이고 양분 순환형 유기농업을 발전시켜야 한다. 또한, 국가간 농산물의 수출입은 무역의 자유화를 통한 산업의 발전과 고용의 창출 등에 있어서 현실적으로 중요한 역할을 할 뿐 만 아니라 "1.3 공정의 원칙"을 고려할 때 논쟁의 여지가 충분하다 할 수 있다.

1.3. 공정의 원칙(Principle of Fairness)

유기농은 환경과 생물체의 공존을 위한 공정성에 기반을 두어야 한다. 공정성은 생물계와 자연환경이 공존하면서 공유된 세상에 대한 공평(equity), 존중(respect), 관리(stewardship) 등으로 특정지어진다. 이러한 공정의 원칙은 생산자, 노동자, 가공업자, 유통업자, 소비자 등 모든 집단의 모든 수준에서 고려되어야한다. 따라서 유기농에서는 모두에게 공평하게 양질의 농산물을 공급하고 빈곤을 퇴출하도록 노력하여야 하며, 아울러 동물의 생리적 조건에 따른 동물복지를 위하여 노력하여야한다. 유기농에서의 공정의 원칙은 생산, 유통 뿐만 아니라 국가 간의 무역에서도 개방적이고 공정하게 적용되어야하며, 이에 따른 환경적, 사회적 비용에 대한 책임도 다루어야 한다. 이러한 원칙은 지역농산물(local food)에 대한 개념과 농산물의 생산과 판매에 있어서 노동에 대한 정당한 대가 및 생산물에 대한 적절한 가격을 지불하는 지에 대한 공정 거래의 개념도 포함하고 있다고 할 수 있다.

1.4. 배려(책임)의 원칙(Principle of Care)

유기농은 현재 뿐만 아니라 후세대의 건강과 복지를 배려하고 이들을 위한 환경의 보존에 대한 책임을 고려하여야한다. 유기농의 효율과 생산성을 증대시키기 위하여 과학의 발전이 필요하며 새로운 기술의 개발은 장려되지만, 개발된 신기술이 건강, 생태, 공정의 원칙과 부합되는지 조심스럽게 평가하여야 하며, 그 도입은 신중하여야한다. 신기술의 도입에 대한 검토는 관련되는 다양한 집단의 투명하고 공정한 의견수렴과정을 포함하여야 한다.

2. 유기농업의 철학 및 이념

2.1. 유기농업의 기원 및 역사

유기농업은 화학물질을 배제하고 농장에서 생산된 자원을 농토에 순환시켜 토양의 비옥도를 높이며 생장의 생물 다양성을 유지시키는 생태농업에 기초를 두고 있다. 이러한 유기농업은 1920년대에 슈타이너가 주창한 생명역동농업(biodynamic agriculture)이론에서 그 기원을 찾을 수 있다. 생명역동농업은 생명(life)과 organism(조직)을 뜻하는 bio와 역동적 변화를 의미하는 dynamic의 합성어로서 생물과 환경의 종합적 균형을 유지하는 농업을 의미한다고 할 수 있다. 생명역동농업을 기반으로 한 슈타이너의 농업관을 현대과학으로 이해하기는 무리한 점이 있으나, 농산물의 생장에 걸맞는 식물체의 영양은 그 농장의 가축분뇨에서 충당하여야 한다고 믿는 등 유기농업의 경축순환농법 등과 일치하는 개념을 포함하고 있다. 생명역동농업은 그 이후 슈타이너의 이론을 기초로 그의 추종자들이 계승 발전시켰으며, 1931년 미국으로, 1950년부터는 서유럽에서 북부유럽으로 확산되어 오늘날 서구의 유기농업이 이르게 되었다.

우리나라 최초의 농서인 농사직설에 다르면 조선시대의 농업은 오늘날 유기농업의 원칙들이 지켜지고 있었음을 알 수 있다. 벼농사는 품종에 따라 논, 밭을 달리하여 재배하였고 토양의 비옥도에 따라 작기와 휴경을 조절하였으며, 비전법과 엄경법 등의 농법에 따라 두과를 이용하거나 잡초를 뒤짚어 토양의 비옥도를 유지하였다. 일제 강점기 이후 근대화 이전까지의 우리나라 농업도 역시 유기농업의 원칙이 적용된 농업이라고 할 수 있다. 1970년대 산업화 이전의 작부체계는 논농사에서 벼와 그 후작으로 보리, 밭에서는 보리와 그 후작으로 콩을 재배하였다. 그러나 1930년부터 합성 질소 비료를 사용하기 시작하였고, 1951년 유기수은제인 메르크론이 합성되고 1950년대 파라티온이 수입되었으며, EPN의 생산을 시발로 유기합성농약이 사용되기 시작하였다. 우리나라 유기농업의 재조명은 종교적 신앙에 기반을 둔 기독교인들에 의하여 시작되었으며 정농회, 풀무원, 국민보건관리연구회 등은 모두 기독교인들이 만든 초기의 유기농업 단체이다. 이들은 기독교인의 논리에서 성서를 통하여 농업의 원리에 대한 교훈을 찾고자 노력하기도 하였다. 그 외에도 유기농업협회, 한국유기농업생산자소비자단체 연합회 등의 민간단체들이 있으며 이들은 환경보호, 재생 불가능한 자원의 보존, 식품의 질 향상, 과잉농산물에 대한 대안, 지속가능한 농업을 목표로 유기농업을 이끌어 왔다. 이러한 민간단체들의 노력과 함께 관행농업에서 파생되는 문제점들을 해결하기 위한 대안으로 유기농업이 제시되었고, 1990년에 농림부에 설치된 유기농업발전기획단, 1997년 환경농업육성법의 제정, 2001년 친환경농업육성법 제(개)정 등 농업 정책의 재구성을 목표로 시작된 정부의 정책은 유기농업을 빠른 속도로 발전시키고 있다.

2.2. 우리나라 현대 유기농업의 출현 배경

유기농업의 출현 배경으로 여러 가지의 복합적 요인이 있으나, 다음과 같은 직접적인 원인을 들 수 있다(이효원, 2009). 첫째로 농촌 인구의 감소와 농가소득의 저하로 관행 농산물의 국제 경쟁력이 낮아지면서 기존의 관행농업에 대한 대안이 필요하였다. 관행농업에서는 노동에 대한 대체자본의 투여와 농장규모의 확대를 통하여 생산성 향상시키고자 하였으며, 노동의 생산성은 증가하여 1970년대

1인당 생산성은 1930년대에 비하여 4배나 증가하였고 호당 경지면적도 1980년 101.1 a 에서 2002년 145.5 a로 농장 규모도 증가하였으나, 다른 농업 경쟁국의 호당 경지 면적과 10배 내지 100배 이상 차이가 난다. 한편, 농업인구와 농지면적이 현격히 감소됨에도 생산성의 유지를 위해서는 비료나 농약 등의 중간재나 농기계의 구입 등 자본재의 투입이 필요 불가결하였으며, 이러한 농자재 투입의 증가는 가격 경쟁력이 없는 농산물 생산과 농가의 부채 문제를 키워 여러 가지의 농촌문제를 초래하였을 뿐만 아니라, 외국의 농산물과의 경쟁력을 상실하고 있다 할 수 있다. 이러한 농업의 상황은 결국 관행농업과는 다른 새로운 차원의 농업에 대한 필요성을 요구하였고, 유기농업을 통한 농산물의 부가가치 향상으로 농업경쟁력을 갖추고자 하는 유기농업이 대두하게 되었다. 둘째는 환경의 보호에 대한 국민적 관심의 증대를 들 수 있다. 농업 생산성의 증대를 위하여 농가들은 여러 작물을 재배하는 대신 단작(mono culture)을 시행하게 되었으며, 완전경운, 화학비료의 과용, 유기합성농약의 남용, 가축분뇨의 생성 등으로 토양의 유실, 환경의 오염 등 환경적 문제를 초래하였다. 이러한 환경오염을 최소화하기 위한 생태농업으로서 유기농업이 출현하게 되었다. 셋째는 소득의 증가와 함께 양질의 먹거리에 대한 국민들의 관심이 높아졌다는 것이다. 관행농업에서 유기합성농약 및 항생제의 과도한 사용으로 식품에 잔류하는 농약이나 항생제가 관행농산물에서 검출되면서 웰빙 농산물을 선호하는 소비자의 욕구에 따라 유기농산물이 호평을 받게 되었다.

2.3. 유기농업의 관념적 특징

타테노(館野), 2007)에 따르면 높은 생산성을 목표로 하는 관행농업과 생태농업을 기반으로 하는 유기농업은 다음의 몇 가지 측면에서 관념적 특징을 비교할 수 있다.

표 1-1. 유기농과 관행농의 관념적 특징의 비교

구분	유기농업	관행농업	비 고
규모	소규모	대규모	산업사회의 생산성 증대를 위하여 대량생산이 일반화 되면서 농업에 있어서도 대규모화된 관행농업이 주류를 이루었으나 유기농업은 소규모 일수록 유기적 순수성을 유지하기 수월하다. 따라서 유기 농가는 큰 것보다 작은 것을 선호하는 가치관의 전환이 필요하다.
수량	적은 것 (작은 것)	많은 것 (큰 것)	누구나 많은 것을 좋아하지만 많은 것은 결국 적은 것을 취하여 얻는 것이므로 욕심이 과하면 자연의 균형이 무너진다. 생태계에서 종의 다양성을 유지하기 위해서는 적은 수의 종에 더 큰 관심을 두어야하 듯 골고루 혜택을 받고 나누는 정신이 필요하다.
속도	느린 것	빠른 것	현대사회는 급격히 변화하고 있다고 생각할 수 있으나 농업생태계는 급격히 변화하기 보다는 주변의 다른 생태계와 맞추어 완만하게 변화하여야 한다. slow food, slow life 등의 개념과 상통한다고 할 수 있다.

구분	유기농업	관행농업	비 고
관심	약자	강자	약육강식으로 대표되는 것이 자연의 법칙이라고 보기 쉬우나, 약자와 강자의 적절한 분배에 의하여 자연 생태계에서 순환의 과정이 성립할 수 있음을 알 수 있다. 유기 농가는 약자에 대하여 애정과 관심을 두어야 한다.
애정	옛 것	새로운 것	현대사회에서 대량생산에 따른 대량 소비의 결과 자연의 균형이 무너지고 있다. 천연자원의 이용, 물질의 순환 원리에 따른 유기농업은 옛 것을 존중하는 태도에서도 출발할 수 있다.
가치 기준	혼합	순수	현대농업은 특정한 조건에서 생산성이 높은 단일 품종의 육성에 가치를 두었으나 자연계는 단일 군락이 아닌 여러 개체가 섞여 존재하는 잡종 군락이라 할 수 있다. 유기농업은 단일 품종의 군락 보다는 종의 다양성이 유지되는 잡종사회에 더 높은 가치를 둔다.
중요도	과정	결과	오늘날 세상은 과정을 고려하지 않고 최종 결과만으로 평가한다. 유기농업은 생육과정동안의 재배 방법, 저장 이동 과정에서의 오염이나 혼입 등을 중요시하므로 과정의 농업이라고 할 수 있다. 유기농산물은 농산물의 최종 결과만으로 판단해서는 안 된다.

3. 인증과 인증제도

3.1. 인증이란?

인증이란 능력을 갖춘 생산자가 일정한 기준에 따른 생산과정을 통하여 특정한 규격을 갖춘 제품을 생산하는 과정을 제 3자의 입장에서 객관적이고 합리적인 방법으로 검사하여 그 생산체계를 검증하는 제도라고 할 수 있다. 따라서 인증심사는 서류심사, 현장심사, 인증관리(사후관리) 등을 통하여 생산자(operator), 생산현장(operating site), 생산과정(operation process), 생산품(operation product)을 모두 검증하는 과정을 포함하게 된다. 최종 생산품의 성격에 따라서 이들 검증요인들의 중요성이 달라질 수 있고 그에 따른 인증심사의 가중치도 다르게 된다. 일반적으로 생산현장 및 생산과정이 단순화된 공산품의 경우 최종 생산물의 품질이 인증심사의 매우 중요한 요인이지만 농산품의 경우에는 생산기간이 길고 생산현장과 생산방법이 매우 다양하여서 생산과정 역시 인증심사에 있어서 필수적이고 핵심적인 검증 대상이다.

3.2. 유기농산물 인증제도

유기농산물의 생산 및 인증과 관련하여 각국은 개별적인 인증제도를 시행하고 있다(표 1-2). 우리나라에서 유기농산물 인증은 친환경농어업 육성 및 유기식품 등의 관리·지원에 관한 법률에 의하여 무농약 농산물, 유기축산물, 무항생제축산물, 유기양봉제품, 유기가공식품, 비식용유기가공품, 취급자 인증과 함께 인증범위 가운데 하나로 그 제도가 마련되었다.

표 1-2. 각국의 유기인증제도의 비교(신, 2007)[a]

국가	우리나라	미국	EU	일본	호주	중국
법적근거	-친환경농어업 육성 및 유기식품 등의 관리·지원에 관한 법률	-OFPA -NOP	-EEC No2092/91 (농산물) -EEC No 1804/1999 (축산물)	-JAS	-National Standard for organic and Biodynamic Produce	-녹색식품관리 규정 -GB/T196302005
주무기관	-농림축산 식품부	-USDA	-EC	-농림수산성	-농림수산부	-농업부 -CNCA
인정기관	-국립농산물 품질관리원	-AMS		-소비안전 기술센터	-AQIS	-CNAS
인증기관	-민간전문 인증기관	-주정부 -민간전문 인증기관	-EN45011 (ISO65) 자격요건 기관	-민간전문 인증기관	-민간전문 인증기관	-녹색식품 발전센터 -OFCC
표시	-유기농 -무농약 -무항생제등	-100 % organic -Organic -Made with Organic Ingredient	-Organic	-유기농산물 -특별재배 농산물	-100 % Organic -Organic -Produced from Organic	-녹색식품 -(AA급, A급) -유기, 유기 전환기
특이사항	인증제도가 다원화됨	인증기관과 심사원이 독립된 인증제도를 시행함	대체적으로 IFOAM 기준에 근거하여 인증제도를 시행함	특별재배농산물은 자발적 표시이며 법적 구속력이 없음	유기제품의 수출규정을 내수용으로 이용함	정부 주도형 인증제도임
인증로고	유기농 (ORGANIC) 농림축산식품부	USDA ORGANIC	ORGANIC FARMING	JAS 認定機関名	AUSTRALIAN GOVERNMENT CERTIFIED	绿色食品 GreenFood

[a] 약어(JAS : Japan Agriculture Standard, IOA S : International Organization of Accreditation Service, OFPA : Federal Organic Foods Production Act, NOP : National Organic Program, EC : European Council, AQIS : Australian Quarantine and Inspection Service, AMS : Agricultural Marketing Service, CNCA : China National Certification and Accreditation Administration, CNAS : China National Accreditation Service for Conformity Assessment).

유기농산물의 생산과 가공을 규정한 국제식품기준에는 IFOAM 기본규정, 유럽연합의 규제, 국제식품기준(CODEX) 등이 있다. 국제유기농업연맹(IFOAM, International Federation of Organic Movement, http://www.ifoam.bio)은 유기농업의 실천, 연구, 인증 등에 관한 업무를 수행하는 국제적인 비영리기관이다. 유기농산물의 수출입이 증가함에 따라 각국 간의 무역에서 인증의 표기문제, 인증의 동등성 인정문제 등을 UN 등 국제기구들과 협의하는 대표적인 국제 연맹이라고 할 수 있다. IFOAM에서는 유기농식품의 생산과정에 대한 기준인 IFOAM Basic Standards for Organic Production and Processing(IBS)와 인증기관의 요건과 인증절차에 관한 규정인 IFOAM Accreditation Criteria for Certification of Organic Production and Processing(IAC)을 통합한 IFOAM Norm의 기준을 제시하고 있다. 국제식품기준(CODEX)은 국제식품규격위원회(CAC : Codex Alimentarius Commission)에서 채택한 규격(standards), 실행규범(code of practices), 지침서(guidelines) 및 권고사항(recommendations)으로 구성되어 있으며 소비자, 식품제조업자, 식품 가공업자, 국가식품관리기관, 국제식품교역에서 영향력 있는 국제적인 참고기준이다. IFOAM과 CODEX 는 다 같이 유기농업 및 인증제에 대한 국제적인 지침을 제공하고 있으나 IFOAM의 유기규정이 비교적 상세하게 인증관련사항을 규정하고 있음에 비하여 CODEX는 상대적으로 기본적인 생산관련사항 만을 규정하고 있다. 제품인증기관을 위한 요구사항을 규정한 ISO/IEC 17065는 인증기관의 자격요건과 인증심사의 절차, 품질관리 등 인증업무에 대한 일반적인 요건을 명시하고 있다.

제2장

인증심사원

1. 상근 심사원과 비상근 심사원
2. 심사원의 역할과 책임

1. 상근 심사원과 비상근 심사원

인증에 있어서 인증심사원은 인증심사와 관련된 서류심사 및 현장심사를 수행하는 주체로서 인증기관과 인증신청인에게 있어서 중요한 중간매개자이다. 우리나라의 인증심사원 제도는 상근 심사원(staff inspector)제도와 비상근 심사원(independent inspector)제도를 병행하고 있으며 상근 심사원과 비상근 심사원의 특징은 표 2-1과 같이 요약할 수 있다.

표 2-1. 심사원의 구분에 따른 특징(IFOAM/IOIA Manual, 2000)

구분	상근 심사원	비상근 심사원
고용	- 안정적인 고용상태가 유지되어 재정적으로도 안정하다. - 인증기관의 책임 있는 보장제도(4대 보험)와 전문인 배상책임보험 등에 의하여 보호를 받는다.	- 고용불안과 재정적 어려움이 있을 수 있다. - 인증기관은 심사원의 벌금이나 보장제도에 대해 책임이 거의 없다.
교육 및 훈련의 책임	- 교육 및 훈련의 책임이 인증기관에 있다.	- 능력배양을 위한 교육/훈련을 스스로 해야 한다.
업무의 범위	- 인증기관의 필요에 따라 인증심사외의 업무를 수행할 수 있다. - 인증기관은 인증심사외의 업무에 대하여 심사원에게 추가 비용을 지불할 필요가 없다. - 긴급한 사후조사 등의 업무에 즉시 투입이 가능하다.	- 인증심사외의 업무에 대하여 인증기관은 추가비용을 지불하여야 한다.
특성	- 인증기관의 교육 프로그램에 따라 심사원 업무의 질을 높일 수 있다. - 개별 인증기관의 특성에 따른 인증정책에 따라 특화된 인증체계를 운용할 수 있다. - 개별 인증기관에 따른 인증 신뢰도를 증진시키기가 용이하다.	- 특정 지역이나 품목의 전문성을 고양할 수 있다. - 특정 인증의 성공과 실패로부터 독립적이어서 공평하게 인증심사 업무를 처리할 수 있다. - 다양한 경험과 능력이 있는 심사원을 위한 제도이다. - 여러 인증기관을 위해 일할 수 있으므로 많은 경험과 지식이 필요하다.

2. 심사원의 역할과 책임

2.1. 심사원의 역할

심사원은 인증신청자, 소비자, 인증기관의 눈(시각), 코(후각), 귀(청각), 입(미각)이 되어서 이들 인증심사의 3주체들 간의 매개자 역할을 충분히 수행하여야 한다. 심사원은 인증기관의 기준과 정책을 정확하게 인지하고 그 기준에 따라 심사하여야 하므로 인증 신청인과 심사대상에 대하여 사전에 충분히 숙지하고 심사하는 동안 신청인과 공손하고 예의바른 자세로 신청인의 말을 경청하여 인증심사에 필요한 모든 자료를 모아야 한다. 그러나 신청인에게 투입자재 관련 객관적 정보만 제공할 뿐 판매활동에는 관여하지 말아야 한다. 심사원은 심사 중에도 인증의 세부 기준에 대하여 항상 인증기관과 소통하여야 하며 인증심사 후 객관적이고 입증된 사실을 심사보고서를 통하여 인증기관에 보고한다. 인증서가 발부된 후에도 심사원은 사후관리를 통하여 인증신청자와 지속적으로 의사소통을 유지하여야 하며 인증된 시판품을 통하여 소비자의 의견도 경청하여야 한다.

2.2. 심사원의 책무

2.2.1. 심사원이 확인하여야 하는 일반적 사항

심사원은 심사를 시작하기 전 미리 제공된 문서의 기록을 검토하고 심사계획을 세워야 한다. 인증의 판정은 사실을 기초로 진행 되어야 하므로 심사계획에 따라 서류심사, 현장심사, 사후관리 등을 통하여 심사원은 주어진 신청서의 자료가 정확한지, 신청인이 기재한 농산물, 사용된 투입재의 정보가 정확한지, 전체적인 생산체계의 운영이 인증기관의 기준에 부합하는지 등을 확인한다. 또한 인증신청자나 공인기관이 제출한 문서들(행정적 문서, 분석성적서, 이행계획서, 각종 확인서 및 계약서) 및 모든 정보에 대해 사실 여부를 판단할 수 있어야 하며 과거의 인증상태와 승인내용이 있는지도 확인해야 한다. 심사원은 신청인이 인증을 받기위해 필요한 정보 즉 인증기관의 정책과 절차, 인증기준에 따른 요구사항을 설명하고 알려줄 의무가 있으며 만약 서류심사나 현장심사에서 인증기준에 부합하지 않는다고 판단되면 신청인이 자신의 부족한 점을 알 수 있도록 잠재적 부적합 사항을 알려주어서 신청자로 하여금 개선할 수 있도록 하여야 한다. 이 때 심사원은 정보의 제공과 상담을 분명히 구분해야 한다. 즉 심사원은 신청인에게 관련기관이나 참고 할 수 있는 문헌은 추천할 수 있으나 특정회사의 농자재를 추천하거나 다른 신청인의 인증심사나 농법에 대해 이야기해서는 안 된다. 정보의 제공과 상담을 구분하기 위해서는 신청자가 인증을 받기 위한 구체적인 세부 방법 보다는 생산자의 능력에 관련된 이슈에 집중하여야 한다. 현장심사를 나갈 때는 예의에 어긋나지 않는 복장을 착용하고 신청인과의 시간 약속을 엄수해야 한다. 현장심사 과정에서는 신청인과의 대화, 포장에서의 관찰, 제공된 문서의 검토를 통해 생산과정과 관련된 모든 부분(완충지대, 잠재적 오염원, 작물, 가축, 장비, 기록, 투입재, 재포장시설, 보관 장소, 원료 등)을 심사한다. 이 과정에서 관찰된 사항은 꼼꼼히 기록되어야 하고 사실을 입증하기 위해 사진을 찍어둔다. 필요하다면 서명을 받도록 하고 심사보고서에 첨부하도록 한다. 농산물 인증의 서류심사 및 현장심사에 있어서 심사원이 확인하여야 할 주요 사항은 다음 표 2-2와 같다. 축산물, 취급자 인증의 서류심사에 있어서 심사원이 확인하여야 할 주요 사항은 제5장, 제6장, 제7장을 참조하기 바란다.

표 2-2. 농산물의 인증심사에 있어서 심사원이 확인하여야 할 주요 사항

구분	항목	
서류심사	인증신청서	
	생산계획서	
	경영관련자료	
	추적감사자료	
	생산현장의 과거를 알 수 있는 기록의 확인	
	분석성적서	
	이행계획서	
	비료사용처방서	
	각종 확인서 및 계약서	
	과거 인증 이력의 확인	
현장심사	생산자와의 인터뷰	
	생산과정 관련 문서의 검토	비료사용처방서
		경영관련자료
		구매 및 판매 관련 추적감사자료
		각종 계약서
		투입자재의 구매 관련 문서
		생산품의 판매관련 문서
	생산현장의 관찰	영농 방법의 확인
		경계지의 관찰
		투입자재의 확인
		생산품의 저장 현황
		생산품의 판매, 유통 과정 현황 및 관련 서류
		각종확인서 및 계획서
		객관적 근거를 위한 사진의 촬영
	심사보고서의 작성	심사보고서
		보고서 내용을 보완할 수 있는 첨부 서류
사후관리	인증기준 위반사항	
	현장 심사 시 확인한 사항에 대한 변동 사항	
	심의관의 요청 사항	
기타	행정업무	

2.2.2. 심사원의 능력 및 공정성

심사원에게 의사소통(communication)은 매우 중요한 심사의 수단이 된다. 심사원은 인증기관과 신청인 사이에서 지속적으로 의사소통하기 위해서 언제 어디서나 이들과 연락이 가능 하도록 유지해야 한다. 심사원은 의사소통을 통하여 신청인과 신뢰감을 형성하여야 하며 추가적인 자료의 필요 여부나 추가조사 등에 대해 인증기관과 논의하여야 한다. 효율적인 의사소통을 위하여 심사원은 전문성을 지녀야 하므로 심사 전에 심사대상과 심사지역, 기후 등에 대해 필요한 지식을 충분히 쌓아야 한다. 이러한 지식은 심사원이 심사계획을 세우고 심사대상을 평가하는데 크게 도움이 된다.

심사원은 심사내용에 대해 기밀성을 지켜야 하며 심사와 관련된 사항은 신청인과 인증기관을 제외한 그 누구에게도 공개해서는 안 된다. 심사원은 신청인과 친족관계이거나 경제적인 이해관계 등 인증심사의 공정성을 해치는 어떠한 이해관계도 없어야 한다. 그러므로 서류심사와 현장심사 과정 중 심사의 공정성을 해치는 상황이 발생하며 심사요청을 거절하거나 심사를 중지하여야 한다. 인증심사가 심사원이 가진 능력 이상의 것을 요구할 때도 심사원은 심사요청을 거절해야 한다. 심사의 핵심 내용이나 잠재적 부적합 사항 등의 심사결과는 인증기관에 보고되어야할 뿐 만 아니라 신청인이 이를 인지할 수 있도록 하여야 한다. 따라서 심사원은 심사보고서의 내용이 확정되기 전 신청인에게 심사보고서의 내용을 설명하여야 하며 부적합한 사항에 대해서는 반드시 신청인의 이야기를 들어봐야 한다. 이는 심사원이 상황을 잘못 이해하거나 판단했을 수도 있기 때문이다. 인증심사 과정에서 신청인과 충분히 의사소통을 하고 심사결과에 대하여 신청인에게 충분히 설명함으로써 신청인으로부터 발생하는 민원을 사전에 방지할 수 있게 된다.

2.3. 심사원 규칙

인증심사원은 인증심사과정에서 다음과 같은 윤리규칙과 행동규칙을 준수하여야 한다(IFOAM/IOIA Inspection manual, 2000).

2.3.1. 윤리규칙

인증심사원은 인증심사과정에서 획득하는 모든 정보에 대하여 기밀을 유지하여야 한다.

인증심사원은 유기농업의 발전과 진보를 지지하고 장려하여야 한다.

인증심사원은 자신이 수행하는 심사의 업무를 인증의 결정과 명백하게 분리하여야 하며 인증에 대한 최종 판정 강요를 거절하여야 한다.

인증심사원은 여러 가지 종류의 다양한 인증프로그램에 대하여 공정하여야하며 특정 인증기관의 프로그램에 대하여 편파적인 입장을 취하지 말아야한다.

인증심사원은 이해관계의 갈등상황을 피하여야 하며 회피 및 제척관련 규정을 준수하여야 한다.

인증심사원은 스스로 심사 역량을 발전시키고 향상시켜야 한다.

인증심사원은 심사과정에서 심사지역의 사회적, 정치적, 환경적 가치기준을 고려하여야 한다.

인증심사원은 높은 수준의 정직함을 유지하여야하며 인증심사와 관련된 기만행위가 의심될 경우 인증기간에 보고하여야 한다.

2.3.2. 행동규칙

인증심사원은 인증심사의 기밀성과 관련하여 피심사자가 요구시 서명한 비밀보장동의서 사본, 윤리규칙, 행동규칙을 피심사자에게 공개하여야한다.

인증심사원은 유기농업과 관련된 사업에 협조하여야 한다.

인증심사원은 회피/제척 사유와 관련하여

최소 1년 전후로 피심사자와 재정적 또는 컨설팅 관계를 갖지 말아야 한다.

가까운 동료나 경쟁자를 심사하지 않아야 한다.

심사 중에 주고받은 정보로부터 상업적 이익을 취하지 않아야 한다.

인증기관의 허락 없이 인증업무를 수행하지 않는다.

피심사자로 부터 물품은 구입할 수 있으나 개인적인 용도로만 사용하여야 하며 상업적인 목적으로 재판매하여서는 안 된다.

선물을 정중히 거절하고 지역문화를 따라야 한다.

심사보고는 인증기관의 인증기준 및 절차에 따라 정확하고 치밀하여야 한다.

인증심사원은 효율적 심사를 위하여 단독 혹은 여러 심사원이 공동으로 심사할 수 있으며, 능력 밖의 일은 거절하여야 한다. 특히 수입품 인증의 경우, 언어적 유창함, 문화적 경험, 작물에 대한 지식 가운데 최소한 두 영역에 대하여 충분한 능력이 있어야 한다.

인증심사원은 해당 인증 건에 대한 과거의 인증경력에 대하여 상세하게 조사하고 인증심사에 임하여야 한다. 특히 연장심사, 생산계획변경심사 등에 대하여 과거의 인증심사보고서, 인증심의위원회의 결과 등에 대하여 충분히 검토하고 심사에 임하여야 한다.

2.4. 심사원의 자격 및 교육

2.4.1. 심사원의 자격

친환경농어업 육성 및 유기식품 등의 관리·지원에 관한 법령에서는 법적 자격을 갖춘 심사원 지정 희망자가 인증심사업무를 수행하기 위해 심사원 양성교육을 수료하도록 요구하고 있으며 기존 심사원에게도 보수교육을 의무화함으로써 심사원교육을 법정화 하였다(고시 제2017-31호). 심사원양성교육 및 심사원보수교육을 비롯한 심사원 교육은 국립농산물품질관리원, 농식품공무원교육원, (사)한국친환경인증기관협회, 국제유기심사원협회(IOIA) 등에서 이루어지며 이 교육과정은 인증심사원의 자질과 심사능력을 배양할 수 있는 핵심 분야인 인증심사 일반론 등을 포함하는 교육과정과 친환경농어업 육성 및 유기식품 등의 관리·지원에 관한 법률 및 관련규정, 인증기준, 인증심사의 절차와 방법, 서류심사 및 현장심사 요령 등을 포함하고 있다. 심사원 양성교육 이수자는 심사에 투입되기 전 3회의 수습과정이 필요하며 1년에 1회 이상 보수 교육을 받아야 하고 인증기관은 소속 심사원에 대해 자체 교육을 실시해야 한다. 심사원의 자격을 요약하면 다음과 같다.

법적 자격요건을 갖추어야 한다.

심사원양성교육을 수료하여야 한다.

실제 심사에 투입되기 전 3회 이상의 수습과정을 통하여 실질적이고 전문적인 심사경험을 쌓아야 한다.

친환경농어업 육성 및 유기식품 등의 관리·지원에 관한 법령과 인증기관의 기준을 정확히 이해하고 있어야 한다.

관행농업을 포함하는 전반적인 농업 지식을 갖추어야 한다.

의사소통기술이 좋아야 한다.

조사와 평가기술이 좋아야 한다.

신청인과 이해관계가 없어야 한다.

2.4.2. 심사원 교육의 3차원적 접근

심사원교육은 일반적인 다른 교육들과 마찬가지로 다음과 같이 유기농의 철학 및 인증기준 등 인증과 관련된 지식(유기성)을 전달하는 앎(knowing)의 차원과 서류심사, 현장심사, 사후관리 등을 통하여 습득한 지식을 행동에 옮기는 함(acting)의 차원, 그리고 그 앎과 함의 결과에 의한 심사원의 됨(being)의 차원으로 이루어진 틀에서 접근될 수 있다. 앎의 차원(know what)은 명제적 학습을 통하여 심사원으로 하여금 유기농 및 인증과 관련된 튼튼한 지식기반을 축적시키며, 함의 차원(know how)은 주로 전략적 의사소통과 경험적 학습을 통하여 이루어지게 되고, 됨의 차원(reflective knowing)은 심사원으로서의 삶을 통한 공동체적 삶의 능력을 키워줄 수 있어야 한다. 교육과정이나 피교육자의 필요에 따라 3가지 차원에 대한 가중치는 다를 수 있으나 일반적으로 양성자교육과 같은 초기의 교육과정에서는 앎의 차원에 대한 비중이 높을 것이며 심화교육이나 보수교육 등에서는 함의 차원에 초점을 맞추어야 하고 궁극적으로는 공동체적 삶의 차원에 이어지는 됨의 교육이라야 성공적인 심사원 교육 체계라 할 수 있다.

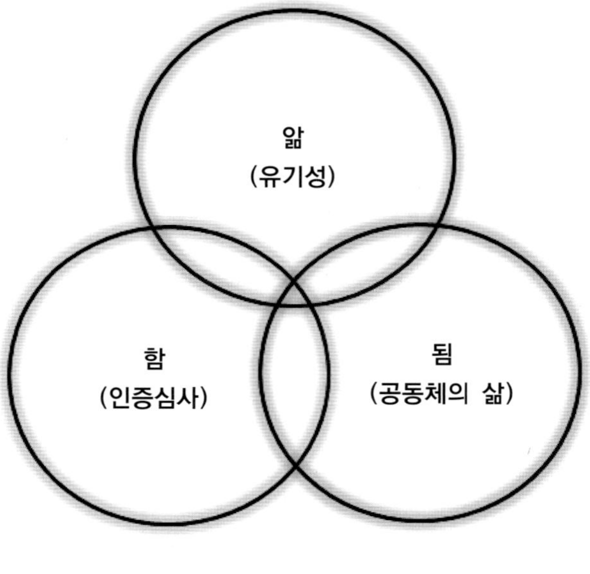

그림 2-1. 심사원 교육의 3차원

제3장

심사일반론

1. 심사유형
2. 심사의 방법

1. 심사유형

우리나라의 친환경농어업 육성 및 유기식품 등의 관리·지원에 관한 법령과 IOIA에서 규정하는 심사유형에는 다소 차이가 있다(표 3-1). 친환경농어업 육성 및 유기식품 등의 관리·지원에 관한 법령에서는 심사의 유형을 심사의 단계에 따라 서류심사, 현장심사, 추가심사, 생산계획변경심사, 연장심사, 불시심사, 생산과정조사로 나눈다. IOIA의 경우 전환기심사, 최초심사, 일상적 심사, 목적 심사, 무작위 심사, 고지 심사, 불고지 심사로 심사유형을 나눈다. 두 분류 사이에는 용어적 차이가 있지만 그 내용이 같은 경우가 더러 있다. 인증신청인은 인증신청인의 규모에 따라 개인인증심사와 단체인증심사로 구분하여 신청하게 되며, 인증기관은 신청인의 상황과 심사 목적에 따라 다른 유형의 심사를 실시한다. 제 3 장 심사일반론에서는 개인인증심사를 주로 기술하고 있으며 단체인증심사에 관한 사항은 제 4 장 단체인증 심사론을 참고하기 바란다.

표 3-1. 친환경농어업 육성 및 유기식품 등의 관리·지원에 관한 법령과 IOIA 에서의 심사유형 분류 비교

분류 기준	분류 방식	유형	정의	주요사항
친환경농어업육성 및 유기식품 등의 관리·지	심사 방법	서류심사	인증신청인이 인증 신청 시에 제출한 모든 서류를 검토하는 심사	심사원은 신청서, 인증품 생산계획서, 토지대장, 지적도 등을 이용하여 신청인의 신원정보, 과거인증내역, 영농이력, 기록누락 사항 등을 확인하고 제출된 서류가 인증기준에 부합하는지 확인한다. 추가적으로 필요한 서류는 신청인에게 요구하여야 하며, 결격 사유가 발견되면 이를 문서화하고 신청인에게 통보하여야 한다.
		현장심사	서류심사에서 결격 사유가 발견되지 않을 경우 심사원은 일련의 현장심사 계획을 세우고 인증을 신청한 장소를 방문하여 생산자와 인터뷰하고 생육, 사육, 취급 중인 심사대상 및 생산과정이 인증기준에 부합한지를 심사	현장심사 과정에서 필요시 심사원은 인증을 신청하지 않은 장소도 심사 할 수 있다. 현장심사를 통해 신청서의 내용이 일치 하는지, 생산계획서 및 이행계획서의 내용대로 잘 이행하고 있는지, 신청필지 별로 재배작물과 재배면적이 일치하는지, 오염과 혼입의 위험성이 있는지, 완충지대와 보호시설은 적절한지 등을 평가 한다.
	심사 시기·목적 및 종류	최초심사		
		재심사		
		추가심사	인증기준에 규정된 사항을 확인하기 위하여 정보가 부족할 때 실시하는 심사	인증기준에 적합한지를 추가적으로 확인하거나 불가피하게 검사를 실시하지 못한 경우 또는 계획의 이행 여부를 확인할 때 실시한다.

분류 기준	분류 방식	유형	정의	주요사항
원에 관한 법령	심사 시기 · 목적 및 종류	생산계획변경 심사	영농규모의 변경 등 생산계획에 변경사항이 발생하였을 때 실시하는 심사	생산계획변경 사유를 확인하고 변경의 적절성을 심사한다.
		생산과정조사	인증서가 교부된 후에 실시하는 생산과정 조사	인증을 받은 자가 친환경농업 생산기준과 인증기준에 따라 친환경농업의 원칙을 준수하고 있는지 확인한다.
		유효기간 연장심사	인증을 연장하고자 할 때 실시하는 심사	인증의 유효기간 또는 인증품의 유효기간 연장이 적절한지 확인하고 심사한다.
		갱신심사		
		불시심사	인증기준 위반을 이유로 신고·진정·제보되거나 최근 6개월 이내 행정처분을 받은 적이 있는 인증사업자를 대상으로 실시하는 심사	
	인증 신청인의 규모	개인심사	생산자가 1인 일 경우 실시하는 심사	
		단체심사	생산자의 수가 일정규모(5인) 이상일 경우 신청인을 그룹으로 묶고 단일 인증 건으로 심사	
	표본 추출 방법	전수심사	서류·현장심사를 단체 구성원 전체를 대상으로 실시하는 심사	
		표본심사	표본농가수 선정기준에 따라 표본대상자를 선정하여 실시하는 현장심사로 추출된 표본의 심사결과를 전체 심사대상에 적용하는 심사	단체신청의 경우 무작위로 추출된 표본 농가를 심사 대상(서류심사 과정에서 잠재적 부적합 사항이 확인된 농가를 추가 선정 가능)으로 하는 표본심사를 통하여 현장심사를 실시할 수 있다. 다만, 서류심사, 제초제 사용 여부, 재배품목 및 실재배면적의 일치여부는 언제나 전체구성원을 대상으로 실시하여야 한다.
IOIA	심사 시기	Initial Inspection (최초 심사)	인증기관이 신청인에게 최초로 행하는 심사	최초심사는 생산의 특성에 따라 생산물이 수확되기 전 또는 제품으로 가공되기 전에도 실시될 수 있다. 인증이 되지 않은 상태에서 행해지기 때문에 모든 인증기준을 적용하는 포괄적 심사가 이루어져야 한다.

<table>
<tr><th>분류
기준</th><th>분류
방식</th><th>유형</th><th colspan="2">정의</th><th>주요사항</th></tr>
<tr><td rowspan="7"></td><td>심사
시기</td><td>Conversion Inspection (전환기 심사)</td><td colspan="2">인증대상의 전환기에 행하는 심사</td><td>전환기 심사는 최초심사와 같이 모든 인증기준을 적용하는 포괄적심사가 이루어진다.</td></tr>
<tr><td rowspan="4">심사
목적</td><td>Routine Inspection (일상적 심사)</td><td colspan="2">인증 이후 사후관리를 위한 심사</td><td>최초심사, 전환기 심사 등 이전의 심사를 기반으로 포괄적 심사가 이루어진다.</td></tr>
<tr><td rowspan="2">Targeted Inspection (목적 심사)</td><td rowspan="2">인증심사 및 관리과정에서 특정한 목적을 위하여 실시하는 심사</td><td>추가심사</td><td>추가심사는 병행생산하거나 생산량 지나치게 많은 경우, 심사 이후 농지, 시설, 축산물에 변동사항이 있는 때 행해진다.</td></tr>
<tr><td>추적심사</td><td>추적심사는 제공된 문서를 토대로 투입재, 수확, 생산, 저장, 수송, 판매, 가공, 포장 등 의 전 과정을 확인 하는 것이다. 우리나라에서는 추적조사라는 이름으로 추적심사가 이루어지고 있다.</td></tr>
<tr><td>Random Inspection (무작위 심사)</td><td colspan="2">특별한 절차나 계획 없이 행해지는 일상적 심사</td><td>인증기관이 인증과정을 평가하고 그 정당성을 입증하기 위하여 품질관리 차원에서 자체적으로 실시한다. IFOAM은 매년 일정량의 무작위 심사를 권장하고 있다.</td></tr>
<tr><td rowspan="2">심사
계획의
통보
여부</td><td>Announced Inspection (고지 심사)</td><td colspan="2">신청인에게 심사원에 대한 정보와 일정을 심사 전에 알리고 진행하는 심사</td><td></td></tr>
<tr><td>Unannounced Inspection (불고지 심사)</td><td colspan="2">신청인에게 심사원에 대한 정보와 일정을 사전에 알리지 않고 진행하는 심사</td><td>불고지 심사는 부정이 의심되는 신청인에게 시행되어 증거인멸을 막을 수 있다.</td></tr>
</table>

2. 심사의 방법

2.1. 심사방법의 분류

인증 심사방법은 기준대조 방법과 시스템 심사 방법으로 분류할 수 있다. 기준대조 방법과 시스템 심사 방법은 표 3-2에 나타낸 바와 같은 특징과 장단점을 갖는다. 우리나라에서는 기준대조 방법을 택하고 있으나 인증기관에서 두 방법의 장점을 적절히 통합하여 활용한다면 좀 더 효과적인 심사가 이루어질 것이다.

표 3-2. 인증심사 방법의 분류 및 특징

분류	심사방법	특징	장점	단점
기준 대조 심사 방법	각각의 세부적인 인증기준항목에 따라 인증 승인 여부를 결정	인증 기준이 인증심사를 주도하며 심사보고서의 형식이 인증기준에 직접적으로 연결되어 있기 때문에 기준에 맞는 심사가 이루어 질수 있다. 초보 심사원도 쉽게 심사를 진행 할 수 있다.	• 심사가 목적적으로 진행되므로 심사가 편리하다. • 기준이 일관되게 적용되므로 공정한 심사가 될 수 있다. • 인증기준이 공개되어 있으므로 신청인은 자신이 무엇을 수행해야 할지 미리 알 수 있다. • 인증기관은 좀 더 쉽게 심사보고서를 이해 할 수 있다.	• 심사원이 보고서에 기재된 질문에만 집중하므로 심사원의 시야는 좁아지고 종합적인 평가가 어렵다. • 심사원이 지나치게 보고서에 기재할 질문에만 집중할 경우 신청인과의 의사소통에 문제가 발생할 수 있다. • 심사원이 보고서에 기재된 항목을 따르는지 평가하기 때문에 심사원이 기능상 인증의 최종 결정을 하게 될 우려가 있다.
시스템 심사 방법	심사대상에 대하여 단편적인 기준보다는 포괄적인 기준으로 평가	인증 신청 대상에 대한 정보를 모든 수단을 통해 수집하여 심사대상의 적합성을 평가하며 심사보고서는 일반적으로 서술형으로 작성된다.	• 심사대상 뿐 아니라 주변의 생태적 요건, 환경적 요건 등 넓은 안목에서 심사할 수 있다. • 능력 있는 심사원의 경우 인증기준에 구속받지 않고 심사관리 요점과 위험도를 쉽게 확인하고 평가할 수 있다. • 신청인과 의사소통이 수월하며 심사를 효과적으로 진행할 수 있다.	• 초보심사원이 이 방법을 이용하기 위해서는 많은 경험과 훈련이 필요하며, 심사의 질이 심사원의 능력에 크게 달라진다. • 심사보고서가 서술형이므로 보고서 형식이 다양하여 보고서의 일관성이 결여된다.

2.2. 심사의 준비

심사원은 인증심사를 수행하기 위하여 해당 인증 건에 대하여 사전에 숙지하고 적절히 준비하여야 한다. 심사원은 심사준비가 완료되면 인증기관이 정한 절차를 밟아 심사를 진행하여야 한다.

2.2.1. 심사원의 지정, 통보 및 수락

인증신청이 접수되면 인증기관은 이를 심사원에게 통보하고 심사에 필요한 자료를 제공한다. 인증심사를 요청받은 심사원은 제공받은 자료를 검토하고 자신과의 이해관계의 충돌 여부, 심사원 자신의 심사 능력 등을 고려하고 심사 자료검토 과정에서 별다른 문제점이 발견되지 않으면 심사를 수락한다. 그러나 무리한 심사계획은 심사의 완전성을 떨어뜨릴 수 있으므로 심사계획을 무리하게 세우지 않아야 한다. 친환경농어업 육성 및 유기식품 등의 관리·지원에 관한 법령에서는 심사원 1인 당 심사 사업자 수를 제한하고 있으며(고시 제2017-31호) 심사계획이 무리하다고 생각 되는 경우 인증기관과 논의하여 심사 계획을 조정하여야 한다. 농산물 심사의 경우 심사원이 제공 받는 주요 자료는 다음과 같다.

1) 인증신청서
2) 인증품 생산계획서
3) 지적도
4) 경영관련자료
5) 각종 분석 성적서
6) 그 밖에 심사에 필요한 정보

2.2.2. 기본정보의 검토 및 심사계획 수립

인증신청이 들어오면 기본정보를 검토하고 검토과정에서 오류사항이 발견되면 이를 신청인에게 통보한다. 갱신 신청일 경우 이전 심사보고서를 참조하여 과거에 지적된 문제점에 대해 알아둔다. 심사대상 작물이나 축종에 대하여 관련 문헌을 통해 필요한 지식을 충분히 쌓아 둔다. 서류심사과정에서는 신청서류가 구비되어 있는지 여부, 각 기재항목이 빠짐없이 모두 기재되어 있는지 여부와 기재되어 있는 내용이 인증기준에 적합 한지 여부, 인증신청 품목을 재배·생산하는 규모에 따른 생산계획량 적정 여부, 다른 신청인의 자료를 필사하는 등 사실과 다르게 작성한 자료인지 여부, 신청필지가 최근 1년간 인증기준 위반으로 인증취소 또는 인증부적합 필지인지 여부, 기타 현장 심사 시 확인이 필요한 사항을 점검 확인하여야 하며, 서류심사를 통해 과거의 생산내역과 앞으로의 생산계획이 인증 기준에 적합한지에 대해 확인한다. 인증심사원은 신청인이 제출한 관련 자료에 기재하여야 할 사항이 기재되어 있지 않거나 제출하여야 하는 자료가 누락된 경우 보완에 필요한 상당한 기간을 정하여 신청인에게 보완을 요구하여야 한다. 친환경농업 육성 및 유기식품 등의 관리 지원에 관한 법률에서는 심사에 필요한 필수 서류(인증신청서, 인증품 생산계획서 또는 인증품 제조·가공 및 취급계획서 및 경영 관련 자료)를 제출받아 서류심사를 완료하기 전 까지는 현장심사를 할 수 없도록 규정하고 있다. 서류심사가 완료되면 현장심사계획을 세운다. 심사일정, 주요 심사내역, 시료채취 위치와 항목 등에 대하여 구체적으로 현장심사계획을 수립하여야 한다. 철저한 심사계획은 효율적인 심사를 위하여 필수적이다.

2.2.3. 현장심사 일정통보 및 현장심사 준비 물품

현장심사 이전 심사원은 현장심사 일정을 통보하고 신청인과의 연락을 통해 몇 가지 사항을 확인해야 한다. 확인해야 하는 사항은 다음과 같다.

신청인과 관련된 기본정보를 확인하고 확실하지 않은 정보는 재확인한다.

심사원 자신의 정보(성명, 핸드폰 번호 등)를 제공한다.

제공받지 못한 자료가 있으면 요청한다.

심사일시 및 심사에 소요되는 예상시간을 말하고 동의를 받는다.

심사내용을 구체적으로 정확히 정한다.

현장 심사계획이 확정되면 심사에 필요한 다음 표 3-3과 같은 물품 및 도구를 준비한다.

표 3-3. 현장 심사 시 필요한 물품 및 도구

<table>
<tr><th>항목</th><th>목록</th><th>비고</th></tr>
<tr><td rowspan="2">심사자료</td><td>• 인증기준 : 친환경농어업 육성 및 유기식품 등의 관리·지원에 관한 법령집 등
• 인증심사 요령 : 인증심사 매뉴얼, 인증기관 사업계획서
• 허용투입자재 목록 : 농자재 공시목록
• 질문서
• 심사보고서 양식
• 인증신청서, 생산계획서, 토지대장, 지적도
• 경영관련자료 : 투입자재 기록, 생산량과 출하량 기록, 저장기록 등</td><td>기본 자료</td></tr>
<tr><td>• 이력추적 관련 문서
• 허용 투입자재 기록문서
• 수확/저장 기록
• 판매 기록
• 수송 기록</td><td>추적조사에 필요한 자료로서 현장 확인 가능</td></tr>
<tr><td>개인정보 관련자료</td><td>명함, 비밀 유지 서약서, 비밀 유지 동의서(공서식)</td><td></td></tr>
<tr><td rowspan="2">심사도구</td><td>클립보드, 흑색 및 색상 펜, 형광 컬러펜, 계산기, 카메라, 시계, 종이클립, 포스트잇, 전등, 확대경, 시료채취 기구와 용기 및 장부, 줄자, 업무일지, 수첩</td><td>기본도구</td></tr>
<tr><td>장화/비옷, 머리털 망, 살균 덧신, 휴대용 컴퓨터, USB stick, GPS</td><td>필요시 지참</td></tr>
</table>

2.3. 현장심사에 있어서 면담 및 질문의 요령

현장심사에 있어서 면담은 인증신청인 개인의 단독면담인 경우가 많지만 단체인증이나 몇몇 필요한 상황에서는 현장의 관련종사자를 포함한 다중 면담일 수도 있다. 심사원은 인증기관이 인증신청에 대한 심사업무를 위임한 것이므로 인증기관의 기준과 절차에 따라서 현장심사를 진행하고 면담에 임하여야 하며 현장심사 및 면담에서의 공정성과 타당성 인식정도에 따라 인증신청인의 만족도가 크게 달라짐을 유의하여야 한다. 비록 인증 신청이 부적합 된다 할지라도 인증기관 및 심사원에 대한 좋은 이미지를 남길 수 있도록 노력하여야 한다. 심사원은 면담을 통한 현장심사가 원활히 이루어지도록 사전준비, 시작, 질문, 현장답사, 기록검토, 종료의 과정을 준수하고, 정확한 심사가 이루어지도록 질문에 대한 답변, 현장의 관찰 등을 통한 심사 스킬을 학습하고 심사원의 주관적 오류를 최소화 하여야 한다. 2인 이상의 심사원으로 심사반을 편성할 경우 효율적 심사를 위하여 각 심사원의 역할을 사전에 분담하는 것이 좋다.

2.3.1. 면담의 단계

1) 면담의 시작

시작의 단계	대화의 예	유의사항
인사	• 저는 00 인증기관의 심사원 000입니다. • 반갑습니다. 우리인증기관에 인증을 신청하여 주셔서 감사합니다.	인증기관과 심사원을 소개하는 간단한 인사
신청자 및 피면담자 확인	• 000씨가 맞습니까? • 인증신청인 000와 어떤 관계이신지요?	공손한 태도로 인증신청서상의 신청자와 면담 대상자를 확인
긴장의 완화	• 날씨가 많이 더워서 농사일에 힘이 드시지는 않으세요?	쉽고 편하게 답할 수 있는 질문으로 현장심사의 긴장을 완화시킨다.
면담 및 현장심사 과정의 설명	• 오늘 현장심사를 간단히 설명 드리겠습니다. • 저희들의 질문에는 답이 정해진 것이 아니며 다만 현장을 잘 이해하기 위하여 여쭈어 보는 것이니 편안한 마음으로 말씀하시면 됩니다. • 전체 진행 시간은 0시간 쯤입니다. • 우선 사무실에 들려서 이야기를 나누시고 현장을 보신 후 다시 사무실로 돌아오겠습니다.	면담 및 현장심사의 과정을 간단히 설명한다.

2) 면담의 진행 및 질문의 요령

면담은 질문(questioning) → 관찰(observing) → 기록(recording)의 순서를 따른다. 질문은 누구나 답할 수 있는 전반적인 부분을 묻는 도입질문(introductory question)과 도입질문을 구체화 하는 초점질문(focussing question) 특정사안에 대하여 구체적인 세부사항을 파악하는 심층질문(probing question)으로 나눌 수 있다. 현장에서의 심층질문은 이미 수행된 과거 상황에 대한 질문인 경우가 많으며, 표 3-4와 같이 S(Situation, 상황), T(Task, 과업), A(Actions, 행동), R(Result, 결과)의 순서에 따라 이루어질 수 있다. 현장심사에 필요한 중요한 정보들은 심층질문을 통하여 얻어질 수 있으나, 인증신청인이 큰 부담을 느끼지 않고 편안한 상태에서 대답할 수 있도록 의사소통 기술을 익혀야 한다.

표 3-4. 심층질문의 과정

구분	S	T	A	R
잡초관리	• 포장에 잡초가 많았던가요?	• 어떤 종류의 잡초가 가장 큰 문제였나요?	• 잡초관리를 위하여 어떤 방법을 사용하셨는가요?	효율적인 잡초관리 방법에 관한 질문
병해충관리	• 농장에 어떤 종류의 병충해로 고생하셨나요?	• 병해충 관리를 어떻게 하셨는가요?	• 병해충관리를 위한 자재는 어떤 경로로 구입하셨나요?	자재의 사용방법 등에 관한 질문
구분관리	• 병행생산 이신가요?	• 관행농산물과 인증품을 편리하게 구분관리하시는 방법이 있으시던가요?	• 오염이나 혼입을 어떻게 방지하셨나요?	수확 또는 유통시에 오염이나 혼입의 가능성에 관한 질문

3) 면담 및 현장심사의 종료

현장심사의 종료와 함께 최종 면담을 작성하면 면담도 종료되는데 다음과 같이 종료의 단계를 거치도록 한다.

종료의 단계	대화의 예
자유발언기회 제공	"긴 시간 동안 심사에 응하여 주시느라고 수고하셨습니다. 혹시 심사에 대하여 더 하실 말씀이 있으신가요?"
종료고지	"현장 심사는 이것으로 마치겠습니다. 00농장(또는 000 농가)의 유기농에 대하여 이해할 수 있는 유익한 시간이었습니다. 고생 많으셨습니다."
향후 일정 안내	"인증의 최종 판정은 심의 결과에 따라 결정되며 00까지 알려드리도록 하겠습니다."

2.3.2. 면담에 있어서 의사소통 기술

1) 라포(rapport)의 형성

효율적인 면담을 위하여 인증신청인의 협조가 필수적이며 이러한 협조는 심사원과 인증신청인 사이에 형성되는 친밀감(rapport)에 크게 좌우된다. 이를 위하여 심사원은 다음과 같이 노력하여야 한다. 인사 및 긴장 완화를 포함하는 면담의 도입부(시작 단계)를 충분히 활용하여 친밀감을 쌓아야한다. 심사원은 심사의 전 과정에서 고압적이거나 평가적인 태도를 삼가고, 심사의 진행을 위하여 반드시 필요하지 않을 경우 인증심청인의 말을 끊지 않으며, 유기농에 관련된 인증신청인의 역량을 끌어내기 위하여 노력한다.

2) 적극적 경청

현장심사나 면담 중 인증신청인은 많은 이야기를 하게 되는데 심사원은 이를 기억하고 그 내용을 신청인의 유기농 역량과 관련지어야 하며 그 내용들의 비일관성도 체크 할 수 있도록 심사원은 인증신청인이 하는 말에 집중하여야 한다. 또한, 적극적 경청은 심층질문을 위한 추가 질문을 하기 위해서도 필요하다.

3) 언어적 의사소통 기술

질문이 매끄럽게 이어질 수 있도록 도입질문과 초점질문, 심층질문을 잘 구분하여 질문하도록 하며, 인증신청인이 이미 언급한 내용과 연관하여 질문하는 것도 중요한 의사소통 기술이다. 때로는 인증신청인이 한 말을 간단히 요약하여 인증신청인과 심사원 사이의 오해를 방지하기도 하고, "예", "잘 알겠습니다." 등의 간단한 반응을 통하여 인증신청인의 장황한 이야기를 끊어줄 수 있다.

4) 비언어적 의사소통 기술

심사원은 시종일관 부드러운 얼굴표정을 유지하며 인증신청인에게 관심을 표명하여야 한다. 인증신청인과 적절하게 눈 접촉(eye contact)을 유지하되 지나치게 눈을 응시하는 것은 삼가 하여야 한다. 대화의 중간 중간에 고개를 끄덕이는 등 적절한 몸 움직임(gesture) 등으로 인증신청인에게 관심을 표현한다.

2.3.3. 효과적 면담을 위하여 지켜야할 사항

효과적 면담을 위하여 심사원이 지켜야 할 사항을 정리하면 다음과 같다.

단계	지켜야 할 사항
면담 전	• 인증신청인의 개인정보에 대하여 선입견을 갖지 않는다. • 서류심사를 바탕으로 질문에 대하여 충분히 준비하며, 질문에 대한 사전준비 없이 면담에 임하지 않는다.
면담 중	• 긴장이 완화되지 않은 채 곧바로 질문으로 넘어가지 않는다. • 인증신청인을 차별하거나 무시하는 발언을 하지 않는다. • 인증신청인과 논쟁하지 않는다. • 인증신청인의 답변에 지나치게 개입하지 않으며 부정적인 반응이나 지나친 긍정적 반응은 삼가 한다. • 기록 없이 기억에 의존하여 질문하지 않는다(또는 기록하느라 바라보지 않아서도 안 된다).
면담 후	• 인증신청인을 한마디로 규정하려 하지 않는다. • 기록을 검토하지 않고 심사보고서를 작성하지 않는다. • 최종 면담의 내용은 인증신청인과 함께 확인한다.

2.4. 심사관리요점

심사원은 생산자와의 인터뷰, 생산현장 및 생산과정의 관찰, 생산품의 검사 등 인증심사의 전 과정을 통하여 인증기준을 만족하지 않거나 잠재적으로 부적합한 요인들을 검토하고 인증의 위해성 및 유기적 완전성 여부를 평가하여야 한다. 생산자가 유기농업에 관한 충분한 지식을 갖고 있고 생산현장의 조건이 적절하며 생산과정 중에 사용하는 투입자재가 적절할지라도 세부적인 생산방법에 따라서 혹은 수확 후 처리과정, 저장 및 이송과정, 유통과정을 통하여 유기적 완전성을 위협하는 인자는 다양하게 존재한다. 심사원은 유기농산물의 생산, 저장, 유통, 및 소비의 전 과정에서 발생하는 이러한 위험인자들 가운데 전형적인 위험인자들을 인증의 주요 심사관리요점으로 추출할 수 있어야 한다.

2.4.1. 오염과 혼입

1) 오염과 혼입 및 생산방식

인증심사에 있어서 오염(contamination)은 투입자재나 생산품 등으로 구성된 유기시스템이 관행시스템과의 접촉에 의하여 유기시스템의 유기적 완전성이 훼손되는 것이라고 할 수 있으며 혼입(comingling)은 일반적으로 유기시스템으로 생산된 생산물이 관행시스템으로 생산된 생산물과 혼합됨으로써 유기시스템의 유기적 순수성이 상실되는 것이라고 할 수 있다. 오염과 혼입의 개념에 있어서 심사관리요점에 크게 영향을 미치는 생산자의 생산 방식은 크게 병행생산과 분할생산으로 구분할 수 있다(IFOAM Norms 2014)(표 3-5). 심사의 전 과정에서 가장 중점적으로 다루어야 할 부분은 오염과 혼입이라고 할 수 있으며 인증심사에 있어서 C&C라고 불리운다. 인증심사에 있어서 C&C는 인증의 주요 심사관리요점을 용이하게 추출할 수 있는 훌륭한 개념이며 C&C 개념을 사용하여 심사관리요점을 추출할 경우 생산자의 생산방식은 매우 중요하다.

표 3-5. 유기농업에서 병행생산과 분할생산

<table>
<tr><th colspan="2">구분</th><th>병행생산 (parallel production)</th><th>분할생산 (split production)</th></tr>
<tr><td colspan="2">정의</td><td>• 동일한 생산 단위에서 구별할 수 없는 생산물을 유기시스템과 관행시스템으로 생산하는 방식. 동일한 생산물에 대하여 유기와 전환기유기로 생산할 경우도 병행생산이며. 병행생산은 분할생산의 특수한 경우이다.
• Any production where the same unit is growing, breeding, handling or processing the same products in an organic system and in a non-organic system. A situation with "organic" and "in conversion" production of the same product is also parallel production. Parallel production is a special instance of split production.</td><td>• 일부의 생산단위만 유기시스템으로 생산하는 방식. 나머지 생산단위는 관행시스템이나 전환기유기 시스템으로 생산될 수 있다.
• Where only part of the farm or processing unit is organic. The remainder of the property can be (a) non-organic, and/or (b) in conversion. Also see parallel production.</td></tr>
<tr><td rowspan="2">예</td><td>농림산물</td><td>하나의 포장단위에서 동일한 품목에 대하여 구별할 수 없는 동일한 품종의 작물을 유기시스템과 관행시스템에 의하여 생산</td><td>구분되는 두 종류 이상의 작물을 유기시스템과 관행시스템에 의하여 생산</td></tr>
<tr><td>축산물</td><td>구별할 수 없는 동일한 축종의 가축을 유기시스템과 관행시스템에 의하여 생산</td><td>구분되는 두 종류 이상의 가축을 유기시스템 가축과 관행시스템 으로 생산</td></tr>
<tr><td colspan="4">※ 친환경농어업 육성 및 유기식품 등의 관리·지원에 관한 법령에서는 신청인이 병행생산을 하는 경우 구분관리계획을 세우도록 규정하고 있으며(고시 제2017-32호), 심사원은 구분관리계획의 합리성 및 실행여부를 점검하여야 한다.</td></tr>
</table>

2) 생산방식 및 심사항목에 따른 오염과 혼입

오염과 혼입은 인증심사의 전 과정에서 고려되어야 할 중요한 심사관리 항목이지만 심사항목별로 분류하면 표 3-6와 같다 (IFOAM/IOIA-Inspectiona Manual, 2000).

표 3-6. 오염과 혼입에 관한 중점적 관리가 필요한 심사항목

심사항목	농림산물	축산물	취급자
종자 및 육묘	오염 및 혼입		
비배관리용 자재	오염		
용수	오염		
토양	오염		
완충지대	오염 및 혼입		
농기계의 공동사용	오염		
농자재의 보관	오염		
생산물의 저장 및 보관	오염 및 혼입		

심사항목	농림산물	축산물	취급자
영농관련 자료 기록상의 논리적 모순점	혼입	혼입	
판매 및 구매 기록상의 모순	혼입	혼입	
종축		혼입	
사료의 구입		오염 및 혼입	
약품의 사용		오염	
깔짚		오염	
음수		오염	
목초지의 확보		오염 및 혼입	
GMO		오염	
동물복지		혼입	
원료농산물			혼입
세척제, 소독제			오염
병해충관리			오염
작업장, 운송시설, 저장시설			오염 및 혼입
작업 기록 및 입출고이력관리의 모순점			혼입

2.4.2. 위해요소중점관리기준(HACCP)과 인증심사

HACCP에서는 생산물의 품질과 안전성을 확보하기 위하여 농축산물이 생산·가공·유통과정을 거쳐 소비자에게 섭취되기 전까지 각 단계에서 발생 될 수 있는 생물학적, 화학적, 물리적 위해요인을 분석(HA, Hazard Analysis)하고 특정 단계에서 위해요인이 발견되면 이를 중점관리 하기 위해 중요관리점(CCP)을 결정한다(축산물위해요소중점관리기준원 참조). 결과적으로 HACCP은 위해요소의 제거를 통한 교정 작업에 주안을 두는 반면에 유기농산물 인증심사는 보호 및 위해요소의 방지에 주력한다는 점에서 큰 차이가 있다. 따라서 인증심사원은 오염이나 혼입의 위험을 확인하기 위하여 HACCP의 접근법을 활용할 수 있으나 HACCP의 기준이 유기농산물 인증심사 기준에 위배될 수 있다는 점을 유의할 필요가 있다.

2.4.3. 추적조사

1) 추적조사의 중요성

추적조사는 기록 문서를 기초로 한 추적 시스템이다. 기록문서는 생산에서부터 수확, 저장, 수송, 가공, 취급, 운송, 판매의 과정에서 생산품과 투입자재의 유기적 완전성을 증명하는데 사용된다. 심사원은 신청인이 기록을 제출 할 의무가 있으며 기록의 제출을 거부하거나 회피할 경우 인증의 중요한 부적합 사항이 된다는 것을 이해시키고 신청인이 기록의 중요성을 알 수 있게 잘 설명해야 한다. 심사원은 신청인이 인증기준과 관련되어 객관적으로 납득 될 수 있는 기록관리 시스템을 만들도록 충분한 정보를 제공하여야한다.

2) 추적조사 대상문서

심사원이 기록 문서를 평가하기 위해서는 기록관리 시스템을 이해할 수 있는 능력이 있어야 한다.

추적조사 대상문서는 최종 생산물 또는 그 원료가 생산 또는 재배된 생산 현장이나 재배포장까지 추적하는데 이용될 수 있어야 한다. 심사원은 먼저 제공된 문서를 검토하고 제공된 문서가 인증기준이 규정하는 사항을 모두 충족하는지도 확인하여야 한다. 농산물의 추적조사를 위한 기록문서는 종자, 모종, 투입자재, 재배방법, 수확, 저장, 수송, 판매 등에 관한 문서들이며 축산물의 추적조사를 위한 기록문서는 가축의 출처, 사료의 성분과 생산지, 의약품의 사용, 운송, 도축, 판매 등에 관한 문서들이다. 취급자 인증에 대한 기록문서는 원료의 출처, 기타 첨가제, 생산, 저장, 수송, 판매 등에 대한 정보를 포함하여 추적이 가능하다. 만일 신청인이 제공하는 문서의 기록이 완벽하지 않거나 기록문서에 문제점이 발견되면 심사원은 신청인에게 이를 분명히 알려야 하며 사안의 중요성에 따라 확인서를 받을 수 있다. 심사원은 필요할 경우 비료사용처방서, 용수분석결과, 농약잔류분석결과, 투입재의 non-GMO 확인, 원료, 장비와 운송설비의 청소기록, 사료배합비율, 임대 영수증(토지, 설비, 건물), 투입재 라벨, 병충해관리 일지, 육종기록 등 추적조사에 직접적으로 요구되지 않는 추가적인 보조문서를 요구하여야 한다. 이들 보조문서는 추적조사 시 기록을 보충하고 입증하는데 유용한 정보를 제공하기도 하며 투입재의 사용량과 제품명, 날짜 등이 불확실 할 때 보조문서를 참고 할 수 있다. 추적조사와 보조문서의 정보는 일치할 수도 있고 일치하지 않을 수도 있다. 불일치한 정보에 대해서는 부가적인 조사가 이루어져야 하고 심사원은 이를 인증기관에 보고하여야 한다.

3) 추적조사의 방법

(1) 농산물의 추적조사

심사원은 농산물의 추적조사를 위해 농장에서 임의로 농산물을 선택하고 선택된 농작물의 종자와 모종의 식재에서부터 투입된 농자재, 수확에 이르기 까지 농산물의 생산과 관련된 전 과정을 조사하여야 한다. 심사원에게 제공된 기록문서에는 종자·모종의 출처, 이식방법, 사용된 자재의 출처, 자재의 사용량과 사용한 날짜, 생산량 등이 포함되어 있어야 하며 심사원은 생산량과 판매량이 적절한지, 인증기준에 부합하는 종자와 모종이 사용되었는지, 적절한 자재를 사용하였는지 등을 확인하도록 한다.

(2) 축산물 및 재포장품의 추적조사

축산물의 추적조사는 가축의 출처(구입, 출생기록 등), 가축과 축산물의 판매, 도축 에 대한 기록, 의약품과 수의사의 처방전, 사료의 원료 라벨, 방목지의 기록 등을 포함한다. 심사원은 축사 면적당 가축의 수가 적절한지, 가축 수 당 공급된 사료량이 적절한지, 축산물의 생산량과 판매량이 적절한지를 확인하여야 한다. 재포장품의 추적조사에서는 생산물의 포장품에서부터 원료까지의 추적을 실시한다. 심사원은 신청인이 소지한 원료의 거래명세서와 원료의 인증서 등을 확인하여야 하며 표본의 추적을 통하여 원료량과 포장품의 양이 적절한지 평가한다. 가내 재포장의 추적조사도 원료의 확인 및 표본 추적 등 동일한 방식으로 진행 한다.

4) 추적조사에 있어서 로트번호

로트번호는 제품을 확인하고 생산지로 연결하기 위해 생산자가 지정하는 코드로서 완제품의 라벨, 포장상자, 운송 송장, 판매 송장에 표시된다. 심사원은 인증품의 추적조사를 위하여 로트번호를 갖는 것이 원칙임을 신청인에게 설명하도록 하며 로트번호를 확인하여 제품의 원료나 기타 입하된 제품을 추적할 수 있어야 한다.

재포장품의 경우 재포장과정에서 다양한 원료를 혼합하여 제품을 생산하기도 하는데 혼합제품에 사용되는 주요 원료는 유기인증을 받은 농축산물 이어야 함을 명확히 하여야 한다. 심사원은 원료가 혼합되는 경우 로트번호를 이용한 추적조사가 어려워지며 이처럼 원료를 추적할 수 없을 경우 재포장 완제품은 유기인증을 받지 못하는 잠재적 부적합 요인이 될 수 있음을 생산자에게 설명하여야 한다. 판매된 유기 제품에 대해 소비자가 불만을 갖거나 문제를 일으킬 경우 제품의 추적조사는 매우 중요해진다. 심사원은 추적조사를 통해 생산과정 중 어느 지점에서 오염이 발생했는지 알아내고 오염된 제품의 회수를 결정 한다. RPC(Rice Processing Complex, 미곡종합처리장)를 이용한 미곡류의 도정과정에서 이러한 원료의 혼합에 의한 관행생산물의 혼입은 흔하게 일어날 수 있으므로 유의하여야 한다.

2.4.4. 시료의 채취

심사원은 기준에 따라 분석용 시료(토양, 용수, 퇴비, 생산물, 사료 등)를 채취한다(표 3-7). 시료는 표준화된 방법으로 채취, 취급, 보관, 수송 되어야 하며 시료를 채취하는 목적에 따라 양분분석용 시료와 잔류진단용 시료로 나누어지며 채취 장소와 방법은 달라질 수 있음을 유의하여야 한다. 시료 채취에는 여러 장비들이 사용되며 이러한 장비들은 일회용이 아닌 이상 다른 시료의 채취에도 이용되므로 이용된 장비를 세척하지 않고 재사용할 경우 채취시료를 오염시킬 수 있다. 따라서 시료 채취장비의 세척은 매우 중요하며 시료채취장비는 시료채취 전과 후에 반드시 세척되어야 한다. 먼저 알콜로 세척한 다음 물로 헹구고 마지막에 증류수로 닦아낸다. 심사원의 손도 오염원이 될 수 있으므로 일회용 장갑을 이용한다. 일회용 장갑은 각 시료채취 시 마다 바꿔 착용 한다. 심사원은 시료를 채취한 후 반드시 용기에 라벨을 붙여야 한다. 라벨에는 생산자, 주소, 전화번호, 채취일, 채취시간, 채취장소 등을 적는다. 라벨까지 완벽하게 적힌 시료는 되도록 빨리 분석기관으로 보내도록 한다. 분석기관의 분석실로 보내지기 전 시료는 안전성이 보장된 곳에 보관되어야 한다.

표 3-7. 시료채취 주요사항

시료 채취 시 필요한 물품	시료채취계획	시료채취절차
• 볼펜, 네임펜, 메모지, 줄자, 테이프, 카메라, 라벨 • 시료 봉투, 아이스박스, 채수병, 거즈, 코니칼 튜브 • 모종삽, 전지가위, 낫, 1회용 비닐장갑, 장화, 위생복(방역복, 우의) • 아세톤, 알콜, 증류수 • 시료채취기록 용지, 노트북	1) 문제 지역의 특징을 기록 (주변식생, 인접농지, 완충지대, 풍향 등) 2) 관련인과의 대화 (생산자, 수송자, 농장 노동자, 이웃 등) 3) 격자 지도와 경사도 지도를 통한 예측(가능할 경우) 4) 오염원으로 의심되는 물질의 조사 5) 시료채취	1) 시료용기를 개봉한다. 2) 세척된 채취도구로 시료를 채취한다. 3) 채취한 시료를 용기에 넣는다. 4) 용기가 열리지 않게 테이프를 이용하여 잘 봉한다. 5) 시료정보가 적힌 라벨을 시료용기에 붙인다. - 시료의 개수, 채취일, 채취시간, 채취자, 분석항목 등 6) 시료에 대해 기록한다. 7) 사용한 채취도구를 세척한다.

1) 비배관리를 위한 양분 분석용 시료

친환경농어업 육성 및 유기식품 등의 관리·지원에 관한 법령에서는 비배관리를 위한 양분분석용 시료의 채취방법은 규정하고 있지 않아서 심사원이 채취할 의무는 없으나 생산자 교육을 위하여 필요한 사항이다. 비배관리를 위한 양분 분석용 시료의 채취 방법은 다음과 같다.

구분	내용
토양	유기농산물 생산을 위해 토양의 비옥도관리는 매우 중요하다. 토양을 효과적으로 관리하기 위해서는 먼저 토양 내 유효양분(available nutrient)의 함량을 알아야 한다. 이를 위해 양분 분석용 토양시료를 채취하고 채취한 시료를 분석실로 보낸다. 분석실에서는 토양시료의 분석을 통해 pH, EC(전기전도도), 유기물, 유효인산, 치환성양이온(칼륨, 칼슘, 마그네슘), 유효규산(미곡의 경우)의 함량을 알아낸다. 일반적으로 토양시료는 필지 별로 채취되는데 한 필지 당 최소 10개 이상의 지점에서 시료를 채취해야한다. 밭토양의 경우 지표에서부터 10cm, 논토양은 15cm까지 토양을 채취한다. 보통 각 지점마다 100g의 토양을 채취한다. 채취된 토양시료를 혼합하고 그 절반을 분석실로 보낸다.(약 500g-600g) 남은 토양시료는 결과통보 시까지 보관해야한다. 시료가 담긴 용기는 열리지 않게 테이프나 스템플러로 잘 봉하고 시료용기 위에 라벨을 붙인다. 필지 내에서 토양의 채취 위치는 지도상에 표시되어야 한다.
식물체	식물체의 필요한 부위(잎, 줄기 등)를 잘라서 시료봉투에 담는다. 필요하다면 다양한 식물체를 섞어 대표시료를 얻을 수도 있다. 채취된 시료는 성분의 변화가 일어나지 않도록 잘 보관해야 하며 되도록 빨리 분석실로 보낸다. 시료봉투에는 토양시료와 마찬가지로 필요사항을 기재한 라벨을 부착한다.

2) 잔류진단용 시료

부정이 의심되거나 오염이 우려되는 경우 등의 상황에서 잔류분석을 위한 시료의 채취가 이루어진다. 잔류진단용 시료를 채취하기 위해서는 먼저 시료채취 계획을 세우는 것을 원칙으로 한다. 신청인이 제출한 자료(지적도, 경영관련자료 등) 및 신청인의 과거 이력 등을 참조하여 오염의 가능성을 예측한다. 예측된 결과를 토대로 오염이 가장 적을 것 같은 지역과 가장 많을 것 같은 지역을 나누어 각 지점에서 시료를 채취한다. 채취된 잔류진단용 시료는 채취지점 별로 각각 분리 보관한다. 잔류진단용 시료의 채취 방법은 다음과 같으며 상세한 채취 방법 및 검사항목은 제5장 유기농산물 인증심사 방법을 참조한다.

구분	내용
토양	시료채취 계획에 따라 예측된 각 지점에서 토양시료를 채취한다. 시료채취 방법은 양분 분석용 토양 시료의 채취방법과 같다. 그러나 잔류진단용 시료는 양분분석용 시료처럼 채취 후 혼합해서는 안 된다. 채취된 토양시료는 토양 내 잔류농약, 중금속 등의 존재유무와 함량을 확인하는데 사용된다.
생산물	식물체의 각 부위별로 오염물질의 잔류량이 다르다. 따라서 시료를 채취할 때 식물체의 각 부위를 고루 채취 하는 것이 좋다. 채취된 시료는 살균용기에 보관하여야 하며 성분변화가 일어나기 전에 되도록 신속하게 분석실로 보낸다.
용수	용수는 보통 수원 별로 채취된다. 채수병을 이용하며 약 2-4L 정도 채취한다.
퇴비	항생물질이나 기타 유해성분의 존재유무를 검사하기 위해 퇴비를 채취한다.

3) 시판용 시료

오염여부를 판단하기 위한 시판품의 수거는 법에 따라 국립농산물품질관리원의 소관업무이나 시판품 등 완제품의 시료도 위에서 기술한 채취 방식과 유사하다. 포장된 제품의 경우 포장된 상태 그대로 수집한다. 필요하다면 원료에서 복합시료를 채취할 수도 있다. 포장이 되지 않은 제품의 경우는 위에 기술된 방식과 동일하게 수집한다.

2.4.5. 유전자 조작 관련 심사

1) 유전자 조작 생물의 정의

모든 생물은 DNA 라는 유전물질을 가지고 있다. DNA에 포함된 유전정보는 생물체를 형성하고 기능을 나타내게 한다. 유전자조작생물은 이러한 DNA의 특성을 이용한 유전자재조합을 통해 만들어진다. 유전자조작생물이란 기존 생물의 DNA에 다른 생물의 DNA를 재조합하여 만들어낸 새로운 형질을 갖는 생물을 말한다.

2) 유전자 조작 제품

유전자 조작 제품에는 영농관련 투입재(농약, 비료, 사료, 모종, 종자, 종축 등), 가공식품의 원료, 가공첨가제 등이 있다(표 3-8).

표 3-8. 유전자조작 생산물

구분	내용
작물	콩, 알팔파, 사과, 살구, 가지, 아보카도, 바나나, 보리, 블루베리, 잠두, 브로콜리, 양배추, 당근, 카사바, 밤, 완두콩, 감귤류, 코코아, 코코넛, 커피, 오이, 아마씨, 마늘, 포도, 자몽, 호프, 키위, 부추, 상추, 망고, 카사바, 멜론, 겨자, 귀리, 올리브, 양파, 오렌지, 파파야, 땅콩, 배, 후추, 박하, 파인애플 ,자두, 감자, 호박, 유채, 쌀, 딸기, 사탕무, 사탕수수, 해바라기, 고구마, 담배, 토마토, 호두, 수박, 밀, 옥수수, 목화, 아마 등
식품류	알콜, 베이킹 믹스, 베이킹 파우더, 맥주, 시리얼, 버터, 치즈, 껌, 초콜릿, 콜라, 과자, 콘플레이크, 각설탕, 달걀, 식품 보충제, 냉동식품, 과일 주스, 햄, 벌꿀, 아이스크림, 잼, 레모네이드, 마가린, 마요네즈, 육류와 소시지 제품, 우유, 국수, 파스타, 피자, 감자칩, 소스, 연어, 두유, 두부, 토마토 케첩, 야채 주스, 식물성 기름, 포도주 등
식품재료및 첨가물	아미노산, 아스팔탐, 베타 카로틴, 바이오틴, 카라멜, 카라멜색소, 카라멜 설탕, 카로티노이드, 셀룰로오스, 구연산, 코발아민, 옥수수 가루, 시스테인, 시스틴, 덱스트린, 에틸 말톨, 에틸 셀룰로오스, 지방산, Fructose, 그루코닉산, 포도당, 포도당 시럽, 글루탐산, 글리세린, 구아닐릭산, 이노시네이트, 인버타아제, 아이소말트, 락토플라빈, 락토오스, 레시틴, 류신, 라이신, 라이소자임, 맥아 설탕, 말토덱스트린, 말톨, 말토오스, 만니톨, 메티오닌, 메틸 셀룰로오스, 모노글리세라이드, 디글리세라이드, 니신, 페닐알라닌, 식물 오일, 폴리덱트로오스, 유채 기름, 리보플라빈, 솔비톨, 콩가루, 콩기름, 콩 레시틴, 녹말, 설탕, 해바라기 기름, 감미료, 타피오카, 토코페롤, 트리할로스, 트립토판, 바닐라향, 바닐린, 비타민 B_{12}, 비타민 B_2 (리보플라빈), 비타민 C, 비타민 E, 크실리톨, 효모 추출물 등

구분		내용
효소		Acetolactate decarboxylase, Aminopeptidase, Amylase, Asparaginase, Catalase, Cellulase, CGTase, Chymosin, Galactosidase, Glucanase, Glucose isomerase, Glucose oxidase, Hemicellulase, Hexose oxidase, Laccase, Lactase, Lipase, Lipoxygenase, Mannanase, Pectinase, Pectinesterase, Phytase, Protease, Pullulanase, Transglutaminase, Xylanase 등
투입재	제초제	옥수수 글루텐 (Bt 옥수수 유도체) 등
	살충제	*Bacillus thuringienis*, vegetable oil sprays(유채, 옥수수, 콩, 면화씨) 등
	비료	*Rhizobia* 접종원, 콩, 유채, 면실박 등
동물		rBST을 처리한 가축, 질환모델동물, 인간장기생산 동물, 유용 생리활성물질생산 동물, 부산물 품질 향상 동물, 내병성 향상 동물, 가축 개량 등
사료		아미노산 보조제·백신·담체·충전제·먼지억제제·사료보조제·비타민 등이 첨가된 사료, 유전자변형원료(옥수수, 대두박, 면실박, 유채박, 알팔파)를 사용한 사료 등

3) 유전자 조작 심사요령

유전자 조작 여부에 대한 심사요령은 다음과 같다.

구분	내용
농산물	1) 심사원은 먼저 사용된 종자와 모종이 GMO인지 확인해야 한다. 이를 위해 종자와 모종의 구입영수증을 확인하고 필요한 경우 non-GMO를 증명하는 서류를 요구한다. 유전자 조작이 될 수 있는 작물의 경우 제출 서류의 진위 여부를 확인해야 한다. 2) 농자재도 종자와 모종과 같은 방법으로 심사된다. 심사원은 제공된 서류를 정확하게 평가하고 이를 검증한다. 농자재가 유전자 조작되지 않았는지, GMO로부터 유래되지 않았는지 등을 확인한다. 의심되는 점이 있다면 이를 심사보고서에 기재한다. 3) 전환기간 중에도 유전자조작 투입재를 사용해서는 안 된다. 신청인은 전환기간에 GMO가 사용되지 않았음을 증명할 기록을 갖추어야 한다. 심사원은 인증기관기준에 제시된 전환기간을 확인하고 이 기간 동안 신청인이 금지된 투입재를 사용했는지 확인한다. 4) 타가수분 하는 작물의 경우 GMO유전자의 혼입이 일어날 수 있다. 따라서 심사원은 잠재적 유전자 부동에 대한 위해성을 평가하기 위하여 다음의 사항을 확인하여야 한다. (1) 재배포장 주변의 관행농지에서 GMO작물을 재배하는가? (2) 어떤 종류의 GMO작물인가? (3) 관행농지의 GMO작물 재배지역으로부터 완충지대가 적절한가? (4) 관행농지의 GMO작물 재배지역으로부터의 풍향은 어떠한가? (5) 주변농지에서 GMO작물을 재배한다면 이에 대한 대책은 있는가?

구분	내용
축 산 물	1) 농장에서 사육되고 있는 가축은 출처가 명확해야 한다. 가축을 입식하려는 경우 해당 가축은 인증기준에 맞게 사육된 가축이어야 한다.(그렇지 않으면 전환기간을 거쳐야 한다.) 신청인은 가축이 유전자조작 되지 않았고 유전자조작 사료와 의약품이 이용되지 않았음을 증명하여야 한다. 심사원은 사료와 보조제의 성분을 확인하여야 한다. 방목지와 사료작물 재배지에서 재배되는 작물도 GMO가 아니어야 한다. 2) 가축의 의료기록도 심사의 대상이 된다. 인증 받으려는 가축에 호르몬제(rBST, 번식호르몬 등), 항생제 등을 사용해서는 안 된다. 심사원은 축사와 그 주변을 둘러보고 금지된 약품이 있는지 확인한다. 가축을 관찰할 때는 가축에 주사자리가 있는지 확인한다. 젖소의 경우 우유 생산량이 적절한지 확인해야 한다. 3) 신청인은 사용된 제품과 가축이 GMO가 아니라는 기록을 갖고 있어야 한다. 심사원은 조사된 내용과 제공된 자료를 비교하여 의심되는 점이 있을 경우 인증기관에 보고한다.

4) 유전자 분석

유전자 분석은 투입재가 유전자 조작 되었다고 의심되거나 유기생산물이 GMO로 부터 보호되지 않았다고 생각될 때 실시된다. 심사원은 시료채취방법에 따라 시료를 채취한다. 이렇게 채취된 시료는 적절하게 취급되어 분석실로 보내진다. 타가수분 하는 작물(옥수수, 유채)의 경우 비의도적으로 GMO 유전자가 혼입될 수 있다. 그러므로 투입재 특히 타가수분 하는 작물의 종자가 non-GMO 인지 꼭 확인해야 한다.

2.4.6. 허위 행위의 탐지 및 예방

심사원의 중요한 책임 중 하나는 잠재적 위반행위를 예방하는 것이다. 이를 예방하기 위해 심사원은 신청인에게 관련사항을 충분히 설명해야 한다. 이해의 부족(고의적이지 않은)으로 발생한 위반행위도 인증 취소로 이어질 수 있기 때문에 신청인의 이해 정도를 확인하는 것도 중요한 일이다. 서류심사 시 심사원은 신청인이 제출한 서류를 꼼꼼히 검토하고 사실여부를 확인해야 한다. 이 과정에서 서류상 위반행위(문서의 변조)가 발견될 수도 있다. 현장심사 시에는 신청인이 제출한 서류상의 정보가 심사원의 관찰 내용과 일치 하는지 확인한다. 일치하지 않는다면 신청인에게 이에 대해 질문한다. 신청인은 이 질문에 대해 확실히 답하지 못할 수도 있다. 이 경우 심사원은 신청인 이외의 사람들과도 대화하여야 한다. 투입재 공급자, 노동자, 이웃한 포장의 주인이 그 대상이 된다. 심사원은 이들과의 대화에 대해 정확한 기록을 남겨야 한다. 대상인물의 이름과 그 사람의 주장을 함께 기록하도록 한다. 추후에 발생될지 모르는 법적 소송에서 이는 중요한 자료가 될 것이다. 심사원은 의심이 되는 점을 신청인에게 질문할 수 있다. "3.2.3. 현장심사에 있어서 면담 및 질문의 요령"에서 기술한 STAR기법에 따른 질문은 일반적 STAR 질문과 거짓파악을 위한 STAR질문으로 구분할 수 있다. 거짓파악을 위한 STAR질문의 경우 인증신청인이 심문당하는 느낌을 주지 않도록 특별히 유의하여야 한다.

표 3-9. 일반적 질문 및 거짓 파악을 위한 STAR 질문

구분	일반적 질문	거짓 파악을 위한 질문
S	• 000 병해충이 발생하였을 때의 상황을 말씀하여 주십시오. • 어떻게 하여 000 병해충이 발생하게 되었나요?	• 그와 유사한 병해충이 최근에 발생하였던 적이 있나요? • 그 당시의 상황에서 아직도 기억에 남는 것은 무엇인가요?
T	• 000 병해충 발생에 대하여 어떻게 대처하셨나요?	• 그 당시의 조치들을 구체적으로 말씀하여 주십시오. • 그 당시의 조치들 중 다르게 했으면 좋았을 조치는 무엇인가요?
A	• 000 병해충을 방지하기 위하여 어떤 노력들을 하셨나요?	• 000 병해충을 방지하기 위하여 취하신 행동들을 구체적으로 그리고 단계적으로 설명하여 주십시오.
R	• 000 병해충을 방지하기 위하여 노력하신 결과가 어떻든 가요?	• 000 병해충을 방지하기 위하여 노력하신 결과 얻은 성공과 실패는 무엇입니까? • 이상 말씀하신 것을 누가 알고 있으신가요?

농축산물의 생산량과 판매량, 가공품의 원료량과 생산량을 비교 하는 것도 허위행위의 탐지에 도움이 된다. 유기농산물의 경우 재배작물, 재배면적, 그 해의 지역 평균 생산량 등의 자료를 이용하여 생산량이 적절한지 확인한다. 축산물의 경우 도축된 마리 수, 평균육량 등을 이용하여 확인한다. 재포장 및 가공품의 경우 투입·산출 계산을 통해 생산량이 적당한지 확인할 수 있다. 때때로 심사원의 질문이 신청인에게 제공되는 '유용한 정보'일 수 있다. '유용한 정보'를 입수한 신청인은 심사원에게 발각되기 전 허위행위의 증거를 없애 버릴 수 있다. 따라서 심사원은 자신의 질문이 신청인에게 '유용한 정보'가 되지 않도록 주의해야 한다. 허위행위를 발견하는 즉시 증거자료(사진, 보조문서 등)를 수집하고 신청인이 증거를 없애버릴 시간적 여유를 두지 않아야 한다. 심사를 하는 동안 의심되는 점에 대해 확실한 답을 얻지 못할 수도 있다. 이러한 경우 결과보고서에 이를 기재 하여 인증기관에 보고하도록 한다. 정확한 확인이 필요한 경우 인증기관은 추가심사를 실시할 것이다.

2.5. 심사보고서작성

2.5.1. 심사 보고서의 구성

심사보고서는 표 3-10과 같이 서두, 본론, 요약, 첨부로 구성된다.

표 3-10. 심사보고서의 구성

구분	내용	비고
서두	성명, 주소, 현장심사 일정, 인증신청내역 등	
본문	• 신청인의 인증신청동기와 인증제도에 대한 이해 정도 • 농장이력 확인 결과	적합 사항과 부적합 사항을 기술하되 잠재적 부적합(쟁점) 사항에 대하여 상세히 기술한다.

구분	내용	비고
본문	• 농장의 전환기간 확인 결과 • 제출된 인증품 생산계획서의 이행여부 확인결과 • 제출된 경영관련자료의 진위여부 확인결과 • 토양의 평가결과 • 용수원 평가결과 • 완충지대(보호시설) 설정여부와 평가결과 • 작부체계 확인결과[윤작(혼작)에 따른 두과·녹비·심근성 작물의 재배여부] • 허용된 종자와 모종의 사용 여부 • 허용된 농자재의 사용 여부 • 오염과 혼입의 위험성 평가 결과(관행포장, 관행농산물로 부터의 격리여부 등) • 농산물의 생산량 및 판매량 확인결과 • 인증표시 확인 결과 • 시료채취 내역 • 시료채취 위치 • 기타 특이사항 • 기타 인증판정에 도움이 되는 사항	
요약	쟁점 사항을 요약한다(본론에서 언급되지 않은 사항은 요약부분에 기록하지 않는다.)	<쟁점 사항의 기술의 예> 홍길동에 의하여 신청된 쌀의 유기인증을 심사함에 있어서 다음의 쟁점사항은 잠재적 부적합 요인으로 판단됨. 1) ------ 2) ------
첨부	추가자료	목록화하여 첨부할 것

2.5.2. 심사보고서 작성의 원칙

심사보고서는 표 3-11과 같이 사실성, 간결성, 정확성, 완전성을 갖추고 있어야 한다. 인증 종류별 심사보고서 작성의 구체적인 예는 개인인증의 경우 제5장 유기농산물 인증심사 방법, 제6장 유기축산물 인증심사 방법, 제7장 취급자 인증심사 방법을 참조하기 바라며 단체인증의 경우는 제4장 단체인증 심사론을 참조하기 바란다.

표 3-11. 인증심사보고서 작성의 원칙

구분	작성요령	비고
사실성	심사보고서는 객관적인 사실을 기초로 작성되어야 한다. 개인적 생각이나 추측은 보고서의 질을 떨어뜨린다. 보고서에 기재되는 모든 사항은 증명되어야 하며 이를 증명할 수 있는 자료를 첨부해야 한다. 구두로만 확인하여 객관성이 없는 사항을 열거하는 것은 피해야 하며 필요하다면 서면확인서를 받아두는 것도 좋다.	보고서는 법정에서 증거서류로 사용될 수 있는 공식문서이다.
간결성	심사보고서는 간결하게 작성되어야 한다. 이를 위해 심사원은 인증기준에서 요구하는 사항만 보고서에 기재하도록 한다.	불필요한 내용의 기재를 막기 위해서 내용 뒤에 인증기준을 나열하기 보다는 그 조항을 간결하게 표시하는 것이 더 낫다.
정확성	보고서의 내용은 인증기관이 정확하게 이해할 수 있도록 작성되어야 한다. 정확한 문법과 명확한 용어를 사용하여 인증기관이 보고서를 잘못 해석하는 일이 없도록 해야 한다.	객관적 사실의 보고를 위하여 수동태의 문장으로 기록하는 것도 좋은 방법이다.
완전성	심사보고서는 완전성을 갖추어야 한다. 이는 심사보고서가 인증판정에 필요한 모든 정보를 포함하고 있어야 함을 의미한다.	심사보고서는 신청자의 정보에서 부터 최종면담에 이르기까지 인증판정을 위한 완전한 정보를 갖추고 있어야 한다.

2.5.3. 심사보고서의 제출

현장심사가 끝나면 심사원은 심사보고서를 작성하게 된다. 심사보고서는 인증심사의 결과물로서 심사과정의 모든 정보를 포함하고 있으므로 인증기관과 신청인 모두가 심사보고서를 통해 유용한 정보를 얻을 수 있다. 인증기관은 심사보고서를 인증판정에 근거로서 사용하며 신청인은 심사보고서를 통해 자신이 개선해야할 사항을 알게 된다. 따라서 심사원은 현장심사가 끝나고 보고서 작성을 완료하기 전에 보고서의 내용을 신청인에게 설명하도록 하고 잠재적 부적합 사항이 존재할 경우 신청인의 해명을 듣도록 한다. 이는 부적합 사항이 심사원의 평가 오류로 부터 발생될 가능성을 배제할 수 없기 때문이다. 심사원이 신청인에게 심사보고서의 내용을 전달하는 과정은 흔히 최종면담(Exit interview)에서 이루어진다. 심사현장이 아닌 다른 장소에서 심사보고서가 작성될 경우에도 최종 면담은 현장심사에 있어서 빠질 수 없는 부분이다. 최종면담의 과정에서 잠재적 부적합 사항에 대하여 신청인이 예방, 개선 및 보호조치를 스스로 세웠다면 심사원은 이를 심사보고서에 기재하고 관련 서류(이행계획서, 협약서 등)를 첨부하여야 한다. 현장심사 과정에서 자료의 변경이나 추가 자료가 생성되면 이를 보고서에 명시하여야 한다.

제4장

단체인증 심사론

1. 단체의 구성 및 인증심사
2. 내부관리시스템
3. 단체인증심사의 절차
4. 인증품 생산계획서 및 인증심사보고서 작성 요령

1. 단체의 구성 및 인증심사

1.1. 단체인증의 의미와 단체의 구성 요건

1.1.1. 단체인증의 의미

단체인증에서의 심사는 인증기관의 심사원이 단체를 대상으로 단체의 내부관리시스템을 심사하는 외부심사(external inspection)와 단체의 내부심사원이 단체의 개별 조직원을 대상으로 자체적으로 생산과정을 조사하는 내부심사(internal inspection)로 구분할 수 있다. 단체에 대한 외부심사에 있어서 심사의 핵심은 단체의 내부관리시스템(Internal Control System, ICS)이 심사대상이 된다는 점이다. 심사원이 개별 농가를 방문하여 심사하는 것은 내부관리시스템을 평가하기 위한 과정 중의 일부이며, 개별농가 자체가 심사의 대상이 되지 않는다는 점은 단체인증심사에 있어서 반드시 유의하여야 할 사항이다. 단체인증은 단체를 구성하는 조직원, 생산품의 종류, 생산방식 등 단체의 특성에 따라 인증기준을 위반할 확률이 다르므로 인증기관에 의한 외부심사는 단체의 구성형식, 단체구성원의 유형에 따라 심사의 관리요점을 달리하여야 한다. 내부심사원에 의하여 수행되는 내부심사 역시 단체의 특성에 따른 내부규정에 따라서 이루어지므로 외부심사나 내부심사에 있어서 단체의 유형은 심사의 절차나 요령을 결정하는 중요한 인자이다.

친환경농어업 육성 및 유기식품 등의 관리·지원에 관한 법령에 따른 국내 유기농인증제도에서도 단체인증제도를 운용하고 있다. 그러나 단체의 내부관리시스템의 구성과 관리방법 등은 국제적 수준에 미치지 못하는 것이 현실이다. 본 서에서는 국내 단체인증의 내부관리시스템이 나아가야 할 방향에 대해 제시하고자 한다. 따라서 본서에서 기술된 단체인증제도의 기준과 용어가 친환경농어업 육성 및 유기식품 등의 관리·지원에 관한 법령상의 것과 다소 차이가 있을 수 있다. 친환경농어업 육성 및 유기식품 등의 관리·지원에 관한 법령에 따른 국내 유기농인증제도에서의 생산관리자는 생산자단체 소속 농가의 생산지침서의 작성 및 관리, 영농 관련 자료의 기록 및 관리, 인증을 받으려는 신청인에 대한 인증기준 준수 교육 및 지도, 인증기준에 적합한 지를 확인하기 위한 예비심사 등을 담당하는 자를 말한다. 국제인증에서 말하는 내부관리자(내부심사원, 생산관리자 등)의 포괄적 역할을 담당하고 있다. 따라서 국내의 생산관리자는 단체의 내부관리시스템을 운용하는 중추적인 역할을 한다고 말할 수 있다. 그러나 생산관리자에 요구하는 사항의 다양성과 중대성 만큼 생산관리자의 자격요건은 높지 않고(양성교육(4시간)과 기본교육(2년 1회 이상), 생산관리자 업무 수행에 따른 별다른 보수도 제공되지 않는 것이 대부분이라 생산관리자의 전문성을 요구한다는 것은 어려울 것이다. 또한 예비심사를 실시하는 주체와 객체 사이에 이해관계에 대해 금하고 있지 않아 예비심사의 실효성이 의심된다. 본서에서는 내부관리시스템을 운영할 능력이 있는 대규모 단체를 기준으로 작성되었으며, 소규모 단체의 경우 체계화된 내부관리시스템을 운영하는데 한계가 있다. 따라서, 본 장에서 기술하고 있는 단체 인증의 정의 및 절차는 장기적으로 우리나라의 단체인증제도가 지향하여야 할 모델이라 할 수 있겠다.

1.2.2. 단체의 구성 요건

단체인증을 신청하기 위하여 개별 생산자가 모여 이룬 단체의 구성요건은 여러 가지로 정의 될 수 있다. 그 대표적인 예로는 공동생산자 단체(CGG: Community Growers Group)가 있다. 이들은 대부분 자재의 구매, 농산물생산, 판매를 공동으로 하고, 개별 생산자가 생산물을 소유하고 있으나 단체의 규약에 따라 생산과 판매가 이루어진다. 우리나라에서는 작목반, 작목회, 영농조합법인 등의 다양한 형태로 공동 생산자 단체가 구성되어 있다. 단체인증을 위한 생산자단체는 일반적으로 생산 기술이 낮고 대단위의 저장이나 가공 시설 운영하기 어려우며 체계적인 마케팅이 어려운 소농들(Small Holders Group)로 구성된다. 이러한 소농들은 인증된 농산물을 판매하여 얻은 소득이 낮아서 판매되는 농산물에 비해 개인농가의 인증비용이 크며 인증기관과의 의사소통도 어려워 단체인증을 필요로 하게 된다. 개발도상국의 농업은 대부분 소농들에 의해 이루어지고 있으며, 2000년 초부터 소농들로 구성된 단체인증이 증가하면서 인증기관들이 자체적인 심사기준과 방법을 적용하여 농가들에게 혼란을 초래하게 되었다. IFOAM은 유기농 발전 역시 소농에 의해 이루어진다고 판단하여 국제적으로 통일된 단체 인증심사 방법론을 마련하기 위해 2001년부터 매년 세 번에 걸친 워크숍을 진행하여 소농에 대한 정의, 단체의 부적합 요건, 제재사항, 추가심사 인원을 정하는 방법 등에 관한 매뉴얼을 제작하여 인증기관은 물론 소농단체가 활용할 수 있도록 하였다. 생산자단체를 구성하는 적정 조직원의 수는 단체의 위험도를 최소화하고 인증심사의 효율성에 따라 결정함이 원칙이다. 공동생산자 단체의 구성요건(표 4-1)과 소농의 특징(표 4-2)을 정리하면 다음과 같다.

표 4-1. 생산자단체의 구성요건

구분	구성 요건
지리적 위치 및 영농방법	• 단체의 구성은 농장이 지리적으로 근접해 있고 표준화된 영농 방법에 의하여 생산방식이 유사한 작목들을 재배하는 조직원들로 구성되어야 한다. 따라서, 농장의 형태가 여러 가지인 경우 수도작, 밭작물, 시설, 과수 등 생산과 관리가 유사한 품목을 기준으로 구성되어야 한다.
규모	• 단체의 규모는 실질적이고 효과적인 관리가 가능한 적정규모이어야 한다.
내부관리 시스템	• 단체는 내부관리시스템을 규정하는 정관, 조직구성 및 간부역할에 관한 자료, 의결방식, 회의록, 회원 명단, 내부심사체계 등에 대한 명문화된 지침문서(내부지침서)를 보유하여야 한다. • 내부관리시스템에 따라 인증기준의 준수에 관한 전반적인 관리를 수행할 수 있는 내부관리자(생산관리자, 내부심사원 등)를 두어야 한다. • 단체는 문서화된 내부관리시스템에 따라 정기적으로 조직원들에 대한 교육과 조직원들이 인증기준을 지키고 있는지를 확인하는 자체점검을 실시하여야 하며, 그 결과를 바탕으로 위반자에 대한 벌칙의 부과 등 지속적으로 조직을 관리하여야 한다.
출하 및 판매 관리	• 단체인증의 명의는 생산자 개인적인 용도로 사용되지 않는다. 따라서 인증품은 단체 명의로 출하되어야 하며 표시사항, 출하량 등은 단체에 의하여 관리되어야 한다.
인증기관과의 의사소통	• 인증기관에 대한 모든 의견개진과 대화는 단체의 명의를 사용하여야 하며, 조직원은 인증에 관하여 개별적으로 직접 인증기관과 접촉하지 않는다.
재정	• 단체는 조직의 관리를 위한 충분한 재정과 물적 자원을 보유하고 있어야 한다.

표 4-2. 소농의 특징

구분	특징
생산기술	• 생산기술 수준이 낮은 시스템으로 구성된 농가
마케팅 능력	• 스스로 마케팅하는데 한계가 있다.
농장운영능력	• 대단위 농장 운영능력에 한계가 있다. • 저장·가공시설에 한계가 있다. • 농장이 주로 가족노동에 의하여 관리되는 농가
인증기관과의 의사소통 여부	• 인증기관과 의사소통에 한계가 있다.
인증비용	• 판매되는 농산물의 가격에 비하여 인증비용이 과도

1.2. 단체인증에서 표본심사

1.2.1. 표본심사의 필요성

단체의 서류심사 및 현장심사는 단체의 구성요건 만족도와 위험평가의 결과에 따라서 심사원은 심사관리 요점을 달리하여야 하며 심사의 효율을 높이기 위하여 표본심사를 실시할 수 있다. 우리나라의 농업은 쌀농사를 중심으로 하는 소규모의 집약적 농업이며 농법이 유사한 농업 형태를 띤다. 유가인증 농가들 또한 지역별로 거의 비슷한 방식으로 농사를 짓고 있으며 이들 인증농가 중 80~90%는 단체인증을 받고 있어서, 우리나라에서 단체인증은 전체 인증의 주요 부분을 차지하고 있다. 과거 유기농산물의 경우에는 생산자 단체에 속한 모든 생산자가 심사를 받고 심사원은 소속농가 모두에 대한 보고서를 작성하여야 했다. 전수조사를 하는 이유는 모든 농가를 예외 없이 확인함으로써 오염, 혼입, 기준위반 등의 잠재적 부적합 사항의 위험을 최소화하려는 것이었다. 그러나 동일한 농사법을 통하여 종자, 자재, 장비 등을 사용하고 단일한 수매기준에 따라 수확이 이루어지며, 하나의 통로를 거쳐 판매가 이루어지는 단체의 경우, 전수조사를 통한 심사방법이 효율적이지 못할 수 있다. 또한 단체에 대한 심사는 개별농가의 심사와는 다른 요소(예 : 조직화, 임원, 수매, 회원관리, 내부관리시스템, 생산관리자 등)가 포함되어 있기 때문에 개별 농가의 심사요령을 단체심사에 적용할 경우 단체의 핵심적 요소에 대한 심사와 평가를 놓칠 수도 있다. 따라서 단체에 대한 심사의 효율성을 증대시키고 인증비용을 절감하기 위하여 인증기관은 표본심사 방법을 도입하게 되었다.

1.2.2. 표본의 추출 및 표본심사

단체 규모가 증가함에 따라 표본농가의 수는 증가하게 되는데 일반적으로 단체를 구성하는 조직원 수의 제곱근을 표본의 최소 농가수로 정하고 있으며, 정확한 표본농가의 수는 2.3 내부관리시스템의 위험요소와 관리방안에 따른 단체의 위험도 평가결과에 따라서 증가할 수 있으므로 단체인증에서 단체의 위험평가는 매우 중요하다고 할 수 있다. 또한 단체의 규모가 작아서 내부관리시스템을 구성할 수 없으면 조직원 전체를 대상으로 전수심사를 실시하여야 한다.

표본 농가를 심사함에 있어서 인증심사원은 두 가지를 확인하여야 한다. 첫째, 생산자단체 심사의 대상은 생산자단체 자체이며 단체에 소속된 농가가 심사의 최종 대상이 될 수는 없으므로 단체가 내부관리시스템에 따라 관리되고 있는지를 확인해야 한다. 따라서 인증심사원은 내부관리시스템을 먼저 파악하고, 내부관리자에 의하여 소속 회원들이 잘 관리되고 있는지를 심사하여야 한다. 다시 말해서, 생산자 단체심사의 목적은 내부관리시스템의 적정성과 실효성을 확인하는 것이라고 할 수 있다. 둘째, 잠재적 부적합사항을 확인하는 것이다. 잠재적 부적합사항은 인증의 여부를 결정하는 매우 중요한 심사관리 요점이다. 모든 표본농가에게 잠재적 부적합사항이 나타나면 안 된다. 따라서 심사원은 개별 농가를 방문하였을 때 오염, 혼입, 기준위반을 일으킬 수 있는 잠재적 요소를 찾는 데에 주력하여야 한다. 표본심사의 경우에 '생산자에게 유리하다'라고 생각할 수도 있지만 꼭 그런 것만은 아닌 것이다. 그것은 표본으로 정해진 모든 생산자가 인증기준에 적합하여야 단체가 인증이 되고 표본농가 중 한 생산자라도 부적합한 심사결과가 나올 경우 그 단체의 모든 생산자는 인증을 받을 수 없게 되기 때문이다. 일반적인 표본농가의 선정 및 표본심사의 요령은 다음과 같다.

표 4-3. 표본농가의 선정 및 심사 요령

<table>
<tr><th>항목</th><th>세부 요건</th><th>비고</th></tr>
<tr><td>표본농가의 선정</td><td>친환경농어업 육성 및 유기식품 등의 관리·지원에 관한 법령에서는 친환경농산물정보시스템에서 무작위로 추출한 농가를 대상으로 다음 표에 따라 표본농가 수를 선정하되, 서류심사과정에서 잠재적 부적합사항이 확인된 농가를 추가 선정할 수 있도록 하고 있다.
<table>
<tr><td>구성원수 (호)</td><td>5~ 15</td><td>16~ 24</td><td>25~ 35</td><td>36~ 48</td><td>49~ 63</td><td>64~ 80</td><td>81~ 99</td><td>100~ 120</td><td>121 이상</td></tr>
<tr><td>표본 농가</td><td>4 이상</td><td>8 이상</td><td>10 이상</td><td>12 이상</td><td>14 이상</td><td>16 이상</td><td>18 이상</td><td>20 이상</td><td>20% 이상</td></tr>
</table></td><td rowspan="2">인증심사원은 인증기관에 의하여 결정된 심사방법에 따라 심사를 실시하여야 하며, 자의적으로 전수심사 또는 표본심사를 결정하지 않는다. 따라서 전수조사를 실시할지 아니면 표본심사를 실시할지는 인증기관과 생산자단체 사이에 충분한 의논을 통하여 결정하여야 한다.</td></tr>
<tr><td>표본심사</td><td>친환경농어업 육성 및 유기식품 등의 관리·지원에 관한 법령에서는 다음과 같이 표본심사를 진행하도록 규정하고 있다.
(1) 전체 구성원을 심사한 경우 구성원별로 각각 적합과 부적합으로 판정한다.
(2) 표본심사를 하는 경우 심사대상자가 모두 적합한 경우에만 단체에 대해 적합으로 판정을 하고, 부적합 농가가 발생한 경우에는 단체에 대해 부적합으로 판정한다.
* 표본심사를 하는 경우에도 단체 구성원의 전체 재배지에 대해 신청서 상의 재배품목과 실재배면적의 일치 여부, 제초제 사용 여부는 반드시 확인하여야 한다.</td></tr>
</table>

1.3. 생산자단체의 설계

1.3.1 단체설계의 형태

단체인증을 위한 생산자 단체의 설계형태는 1) 유기농업을 목적으로 인근지역에서 협동 조직의 형태로 꾸려진 작목반(근래에는 소형 영농조합법인으로 등록하고 있음), 2) NGO가 조직한 농민 모임으로서 중형 영농조합법인, 농업회사법인, 3) 지역(단위) 농협, 대형생활협동조합과 같이 유통업자나 중간수집상과의 계약조직의 형태로 구성한 작목반이나 작목회 등을 들 수 있다. 이들 조직의 장점과 단점은 다음과 같이 요약할 수 있으며 단체의 설계형태에 따라 심사관리 요점의 가중치는 달라지게 된다.

표 4-4. 단체설계의 형태

형태	사례	장점	단점
협동조직(작목반)	소비자와의 직거래가 많으며 고정된 판로가 적고, 생협, 대형마트, 백화점에 납품하는 소형단체로 이루어진다.	구성원들의 유기농업에 대한 의지와 책임감이 강하여 단체의 운영에 대한 이념적, 사회학적 자체 조정 능력을 보유하고 있으며 유기농업을 하기 이전부터 조직된 단체가 많다.	마케팅, 프로젝트 수행 경험이 부족하여 새로운 체계로의 변화에 대하여 보수적이다.
NGO가 조직한 농민모임	자체판로가 많으며 생협, 대형마트, 백화점에 납품하는 중형단체로서 중소형 영농조합법인으로 이루어진다.	NGO와의 긴밀한 관계로 영농자금의 조달이 용이하고 유기농산물 시장에 대한 바람직한 접근과 투명한 관리가 이루어지 농민의 권익에 대한 관심이 높다.	구성원들의 책임감이 약하고 마케팅 경험이 적다. 단체의 자주적 시스템에 대한 고민 보다는 개인농가 중심으로 관리가 이루어진다.
유통, 가공업자, 중간수집상과의 계약에 의한 조직	포전매매가 많으며 생협조직, 대형마트, 백화점 등 고정된 출하처에 납품을 위해 조직된 단체로 이루어진다.	단체의 마케팅 경험이 많아서 생산물의 시장 접근성이 좋고 유통업자와의 협력에 따른 생산물의 품질보증 및 품질관리 경험이 많다.	단체의 구성원들이 계약을 체결한 업자에 매우 의존적이며 개별적이어서 생산자 관리가 어렵고 생산자들의 권익보다는 유통업자의 이윤창출을 목적으로 운영되어 인증관련 위험성이 높다.

1.3.2. 생산자단체 설계의 원칙

1) 생산자단체의 주체와 여건

유기농업을 하기 위해서는 적절한 여건(인근지역의 경작자, 단지화된 농지)이 조성되어야 하며 농가의 수익성이 보장될 수 있는 계약된 출하처가 있어야하고 가능할 경우 농민 조직(작목반, 작목회), NGO, 유통업자간의 연계가 바람직하다.

2) 환경 친화적인 자원의 순환을 원칙으로 하여야 한다.

생산자의 경제적 이익만을 목적으로 하는 것은 위험하며 운영진과 개별 경작자 모두 '유기농업'의 이념적 목표에 동의가 필요하다. 따라서 개별 경작자들이 유기농업의 목표를 함께 인식하여 생산자단체의 운영이 유기농업의 목표에 접근해야 한다.

3) 생산지침서 정보

설계 시 반드시 내부관리시스템의 운영을 위한 내부지침서가 있어야 하며 운영진은 그 매뉴얼을 통해 조직의 개요, 등록된 생산자, 생산과정 등에 대한 다음의 자료들을 갖추고 있어야 하고 심사원은 이를 확인하여야 한다.

생산자와 작목반(규정, 교육현황 등)의 현황

재배포장(축사) 현황(최대, 최소, 평균 규모 등)

작물재배(가축사육) 현황
표준화된 농사(사양)법
기타(수매에 대한 약정 등의 자료들)

2. 내부관리시스템(Internal Control System, ICS)

2.1. 내부관리시스템의 정의 및 필요성

2.1.1. 내부관리시스템의 정의

내부관리시스템이란 작목반이나 조합 등 개별 경작자들이 모여서 이루어진 조직의 내부 운영 및 관리체제(그림 4-1)를 말한다. 단체인증 시 이것은 인증기관의 주요 심사대상이 되는 것이고 개별경작자들이 인증기준에 적합하게 관리될 수 있는지를 판단하는 데 가장 중요한 지표가 된다. 단체인증심사는 내부관리시스템이 잘 설계되고 운용되고 있는지를 확인하여 조직의 영농체계가 유기 인증 기준에 적합하여 결국 유기농산물이 인증에 적합한 제품임을 보증하는 과정인 것이다. 내부관리시스템은 기본적으로 다음과 같은 여건을 갖추어야 한다.

1) 개별 생산자를 인증기관의 기준에 맞게 관리할 수 있도록 구속력을 갖는 운영진
2) 자체적인 점검과 교육
3) 자체적인 승인 프로그램과 인증기준 부적합한 자에 대한 통제
4) 생산자와 재배포장에 관한 관리와 데이터를 문서화

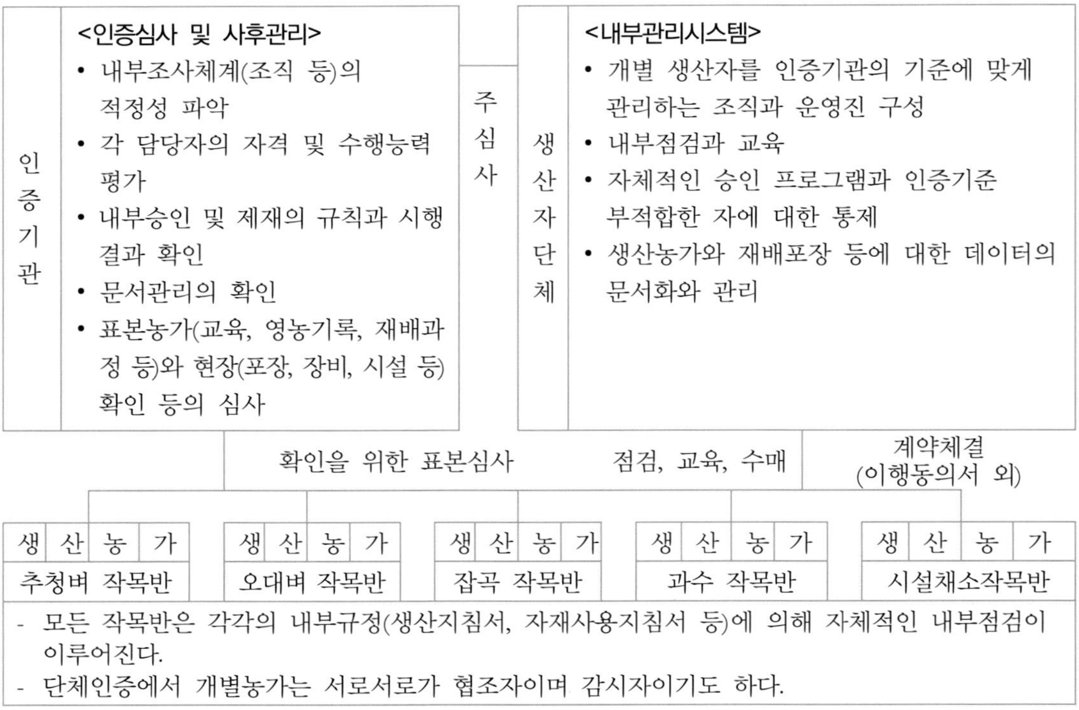

그림 4-1. 내부관리시스템의 운영 체제

2.1.2. 내부관리시스템의 필요성

내부관리시스템은 유기농산물의 인증관리를 위해서 필요하기도 하지만 생산자의 수준 향상을 통해 농민의 권익을 높이기 위해서도 꼭 필요하다. 내부관리시스템을 만든다는 것은 조직화된 운영을 한다는 것이고, 농업구조 발전을 위한 자발적이고 민주적인 활동인 것이다.

2.2. 내부관리시스템의 조직과 구성

2.2.1. 내부관리시스템의 조직 및 생산관리자

1) 내부관리 시스템의 조직

내부관리시스템은 규정화된 문서체계를 통하여 단체의 가입·탈퇴 등의 절차, 관련 문서의 양식, 내부평가, 계약, 교육, 생산지침 등의 수립에 관한 내용과 단체의 법적인 상태, 조직, 임무, 구성원의 권리와 의무, 의사결정 절차, 표준검사양식 등을 포함하여야 한다. 생산자단체의 조직체계는 생산자단체와 관계된 모든 사람(경작자 포함)이 알고, 인식하는데 용이하도록 관리자(책임자), 행정담당자, 생산관리자, 회계담당자, 수매담당자 등으로 구성하여 관리하여야 한다(그림 4-2). 생산지침서 등을 포함한 내부관리지침서(내부관리기준서)는 인증기관이 요구하는 모든 조건을 반영하여야 하고, 운영진에 의해 평가되고 개정되어야 한다.

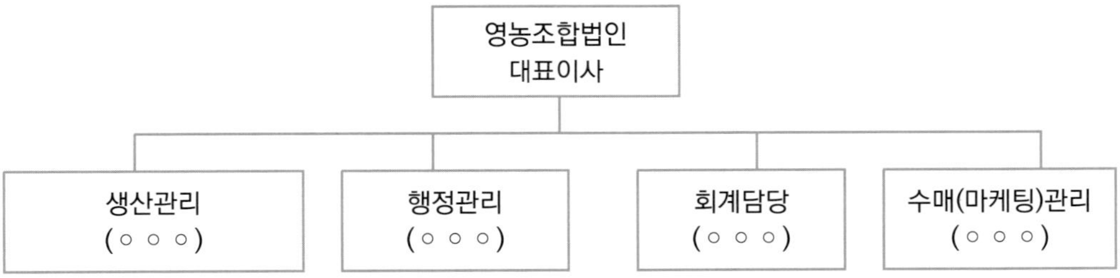

그림 4-2. 생산자단체의 조직체계 예시

2) 생산관리자의 기본적 자격

생산관리자는 그 지역의 문화, 전통 등을 이해할 수 있는 자로 그 단체의 구성원과 이해의 상충이 없어야 하므로 단체의 구성원을 생산관리자로 선임하는 것은 바람직하지 못하다. 인증기관은 생산관리자에 의해 작성된 내부관리시스템 문서들이 모두 인증기준에 적합한지 정기적인 검토가 필요하다. 친환경농어업 육성 및 유기식품 등의 관리·지원에 관한 법률에서는 생산관리자의 일반적인 요건을 국립농산물품질관리원 또는 국립농산물품질관리원장이 지정하는 교육기관이 실시하는 4시간 이상의 양성교육 및 보수교육(2년 1회)을 수료한 자로 정하고 있다.

2.2.2. 내부관리시스템의 구성 및 문서화된 요소

1) 내부관리시스템의 구성

내부관리시스템의 구성 항목에 따른 구성 원칙 및 세부사항은 표 4-5와 같다.

표 4-5. 내부관리시스템의 구성

항목	구성 원칙 및 내용	세부 사항
내부관리 시스템의 기반 여건 파악	• 내부관리시스템을 공고히 하기 위해서는 계획 수립단계에서 이 과제를 위한 충분한 재정과 물적 자원과 기반이 필요하다. • 효과적이고 문서화된 내부관리시스템에 따라 모든 농가에 대하여 인증기준을 지키고 있는지를 확인하는 내부조사체계가 이루어져야 한다. • 내부조사 결과와 그에 대한 조치가 기록되어 생산자조직 자체의 관리가 이루어지고 있다는 것이 확인되어야 한다. • 단체 내의 모든 생산자들이 개별 인증이 아닌 하나의 단체의 인증서로 운용되고 있다는 것을 인식하여야 한다.	• 내규(정관, 규약, 생산지침서, 자재사용지침서 등) • 농장 기록, 지도 • 전환 규정 • 연간 심사 규정 • 이해의 충돌(생산자와 임직원), 그 해결방안과 예방책 • 위험평가의 시행과 그 자료 • 사회적 통제, 공동체 관리(그 지역의 문화에 따름) • 문서화된 수확 후 관리절차/제품 관련자료/취급량 • 기타
생산관리자의 자격과 조건	• 생산관리자는 법정 교육을 이수하여야 하고, 훈련을 받아야 하며, 독립적이어야 한다.	• 생산관리자와의 계약서 • 생산관리자의 훈련(교육) 내역
임직원, 생산자교육 및 재배포장, 품목, 사용자재에 대한 자료	• 모든 임직원들이 내부관리시스템을 만드는 일에 동참하고 운영하여야 하며 만약 그 단체에서 관행농산물을 다루고 있을 때에는 그 관행농산물 관계자도 같이 포함되어야 한다. • 정관 등의 규정, 조직구성도 및 간부역할에 관한 자료, 의결방식, 회의록, 회원 명단, 교육(영농, 인증, 내부시스템 등), 내부감사체계 등에 대한 문서화된 지침과 자료가 있어야 하며 임직원은 그 내용을 수행하여야 한다. • 조직원들은 자신이 무엇을 해야 하는지 인지하도록 이해할 수 있는 교육이 실시되어야 한다. • 모든 생산자들은 인증기준을 준수하고 내부관리시스템에 따른 내부심사를 허용한다는 이행동의서를 제출하여야 한다.	• 직원의 훈련 및 교육 내역 • 생산자 의무에 대한 서약서 (이행동의서) • 농가목록의 정기적 업데이트: 재배포장의 위치(지도 또는 도면), 규모, 작목 현황, 검사자료(비료사용처방서, 잔류농약검사서, 수질검사서 등) 등이 단체의 조직도에 따라 정기적으로 업데이트 • 농가당 작성된 내부심사(점검) 보고서 • 신규생산자의 가입 결정조건 (작목반원의 동의, 위원회 의결 등) • 내부 제재(制裁)의 시행과 그 자료 • 품목별 재배 매뉴얼, 생산지침 • 자재사용 지침 및 공동구매에 대한 규약

항목	구성 원칙 및 내용	세부 사항
수매(출하) 및 기타	• 내부점검을 통하여 생산관리자에 의한 점검결과의 기록 ⇨ 승인 및 등재 ⇨ 최초 수확 전 방문 ⇨ 수매과정에서 정보에 대한 재확인 등 공동출하 내역이 명확히 추적되어야 한다.	• 수매(출하)기준 규정: 약정서, 이행동의서 등 • 병행생산농가의 출하 관리규정 • 완충 공간 농산물의 출하 관리규정
이행동의서	• 일반적 사항	• 친환경인증기준의 세부사항 준수 : 생산자가 따라야 할 재배 규칙, 수매 절차에 관한 규정의 준수 • 제재사항 : 각종 규정이나 기준 위반 시 적용되는 벌칙 준수 • 업무적 출입·조사에 동의 : 생산관리자 및 인증기관 관계자의 농장 및 각종 창고의 방문과 관련자료의 열람을 허용 • 기타 약정에 관한 사항(약정 취소 요건 등을 포함)의 준수
	• 단체의 특성에 따라 포함될 수 있는 기타 사항	• 생산품 관련 사항 : 생산자 자신이 생산한 것만을 수매, 공동 판매에 따른 개별 판매 금지, 생산품의 품질에 관한규정 준수 • 내부관리시스템을 위하여 필요한 사항 : 수매 예상 물량의 사전 통지, 교육 이수, 내부관리 수수료 지불

2) 내부관리시스템의 구성을 위하여 필요한 문서

내부관리시스템의 구성을 위하여 필요한 문서는 다음과 같이 정리될 수 있다.

(1) 단체의 관리 및 운영을 나타내는 구조화된 문서(단체의 조직도)
(2) 관리자(단체의 대표, 생산관리자 등)관련 인사파일
(3) 내규(내부관리규정, 내부관리지침서, 내부관리기준서) : 정관, 규약, 생산지침서, 자재사용지침서 등
(4) 전환 규정
(5) 단체와 생산관리자와의 고용계약서
(6) 직원과 생산관리자의 훈련(교육) 내역
(7) 연간 심사 규정
(8) 생산자 의무에 대한 서약 양식
(9) 농장 기록, 지도
(10) 농가당 작성된 내부점검보고서

(11) 신규조직원의 가입 의결 절차(작목반원의 동의 여부, 가입 의결 방법 등)
(12) 내부 제재(制裁)의 시행과 그 자료
(13) 생산자와 단체 임직원의 이해의 충돌에 따른 해결방안과 예방책
(14) 위험평가의 시행과 그 자료
(15) 농가목록의 정기적 업데이트
(16) 단체가 소속된 지역의 문화에 따른 사회적 통제 및 공동체 관리 관련 규정
(17) 문서화된 수확 후 관리절차/ 생산품관련자료(규격, 품질 등)/ 생산 및 수매량 관련 문서
(18) 기타 단체의 특성에 따른 문서

2.3. 내부관리시스템의 위험요소와 관리방안

인증품의 품질에 영향을 줄 수 있는 위험요소는 모든 단계에서 내부관리시스템에 의해 주지되어 측정되고 보고되어야 한다. 최초의 위험요소 관측은 반드시 이루어져야 하며, 사고를 최소화하기 위하여 필요한 모든 조치가 이루어져야 한다.

2.3.1. 잠재적 위험요소와 중대한 부적합 요인

심사원은 잠재적 위험요소를 평가하고 그 대책을 마련하여야 하며, 인증기관은 중대한 부적합 요인에 대하여서는 인증취소 또는 생산품의 리콜을 결정할 수도 있다(표 4-6).

표 4-6. 잠재적 위험요소 및 중대한 부적합 요인

분류	요인
잠재적 위험요소	• 잘못된 영농정보나 영농기술지도 • 구성원에 대한 불명확한 자료의 기록(등록 = 재배포장의 지번, 면적, 전환기간, 작목 외) • 이웃 관행농지와의 완충거리 및 오염 요소 • 관행농산물과 병행생산 • 타인의 부탁에 의한 비인증품의 혼입 • 개별 생산자가 임의로 자재를 사용(화학비료나 유기합성농약, 제초제가 아닐지라도 사용이 불가한 제품) • 개별 생산자가 기록을 하지 않는 경우 • 인증을 받지 않은 농장의 생산물 수매 • 개별 생산자가 임의로 인증서와 인증스티커를 사용
중대한 부적합 요인	• 사위에 의한 인증 • 유기농과 비유기농을 혼합 • 부적합 사항이 계속되고 교정이나 개선에 실패 • 내부관리시스템이 농장의 부적합 사항을 발견하는 능력이 결여 • 내부관리시스템이 상시 운영되지 않아 구성원들의 인증관리가 이루어지지 않을 경우 • 내부 심사를 실시하지 하지 않음 • 농가목록을 업데이트하지 않았음

2.3.2. 위험평가

위험 평가를 하기 위해서, 현장조사 전에 농장 위치에 대한 자세한 지도(도면)와 내부관리시스템, 각 농장에 대한 인접지역의 상태, 생산과정과 농산물의 이동경로 등에 관련된 정보들이 충분히 준비되어 있어야 하며 농가와 농장의 확인이 명확히 이루어져야 한다. 위험평가의 최대 변수는 인증심사원이며 위험 평가가 성공적으로 수행되기 위해서는 인증심사원이 내부관리시스템의 평가자로서 잘 훈련되어야 하고 위험평가를 수행하는 중의 화술, 지역 문화, 농가의 행동에 대한 충분한 사전지식이 필요하며 평가자로서의 능력, 관심, 통찰력이 요구된다.

1) 위험평가의 순서

위험평가는 다음의 순서에 따라서 이루어진다.

(1) 기본 정보가 정확한지 체크
(2) 위험요소의 첫번째 리스트 확인(간략한 초안)
(3) 내부관리시스템 담당자를 포함한 직원과의 토의
(4) 직원들이 위험요소를 인지하고 있는지 체크
(5) 내부관리시스템에서 다루어진 위험요소를 확인
(6) 체크리스트를 통해 주요 위험요소를 체크
(7) 문서 찾기
(8) 현장에서의 위험평가 결과를 확정
(9) 결정 : 내부관리시스템이 문제점 해결을 할 수 있는지? 그렇지 못한지?
(10) 부적합 사항에 대해 어떤 조치가 필요한지 체크

2) 농가수 결정 및 추가심사

인증심사원은 위험평가의 결과에 따라 심사할 지역, 작물, 조직구성과 구성원 등을 결정하되 이를 결정하는 과정과 특정 농가수를 결정하게 된 근거 사유가 문서화되어야 한다. 1.2. 단체인증에서 표본심사의 요령에 따라 표본농가수가 결정되면 심사원은 생산관리자의 내부점검이 잘 이루어 졌는지를 평가하기 위하여 표본심사를 실시하되 필요할 경우 추가심사를 실시한다.

2.3.3. 위험인자 및 관리

1) 위험인자의 분류

위험인자는 그 원인에 따라 외부적 위험과 내부적 위험으로 분류할 수 있다(표 4-7).

표 4-7. 외부적 위험인자와 내부적 위험인자

외부적 위험인자	내부적 위험인자
• 개별농가가 병행생산을 하고 있다. • 공동체 내에 병행생산이 있다(유기농 회원과 일반회원). • 이웃한 농가가 유기농을 이해하지 못한다. • 수확량 예상이 치밀하지 못하다.	• 단체의 목적이 무엇인가? • 내부관리시스템의 규정, 기준 등에 대해 생산단위에서 모르는 사실이 있다. • 유기농에 대한 교육과 훈련에 적극적이지 않다. • 공동체 사안에 관심이 없다. • 구역이 많이 떨어져 있다.

외부적 위험인자	내부적 위험인자
• 화학자재에 대한 접근성이 좋다. • 완충지대의 뜻과 필요성에 대해 동의하지 않는다. • 유기농과 비유기농의 가격차가 커서 유기농으로 수매하고 싶어 한다. • GMO가 뭔지 모른다. • 교육·훈련 프로그램에 관심이 없다. • 임대한 필지가 바뀔 가능성이 크다.	• 생산관리자가 독립적이지 않다. • 리더와 직책 등 조직에 따른 운영이 체계적이지 않다. • 문서를 조작할 가능성과 내부관리의 기록이 솔직하지 않다. • 정보의 소통이 원활하지 못하다. • 회원들 간에 유사성이 없다. • 용수원이 제각각이다. • 상업적으로 유기농에 접근하는가?

2) 잠재적 위험요소의 사례 및 관리

심사원이 현장심사 시 흔히 발견할 수 있는 잠재적 위험요소 및 그 관리대책을 요약하면 다음 표 4-8과 같다.

표 4-8. 잠재적 위험요소의 사례 및 관리

항목	잠재적 위험요소	관리 대책
생산 현장	• 오염	• 사용자재, 상토, 종자, 육묘장, 비산, 수계의 오염 가능성 점검 및 대책 마련
	• 병행생산에 따른 혼입	• 생산자의 모든 포장과 작목의 점검을 의무화 • 유기농업만을 하는 농민만을 회원으로 가입 또는 계약 • 병행생산하고 있는 작목이 있을 경우 수매금지. • 생산자는 모든 포장을 유기농으로 전환하는 조건으로 계약 • 생산관리자가 비인증 농산물이 혼입되지 않도록 현장에 입회하여 수매
수매	• 인증을 받은 농산물과 이웃집이나 친척이 농사지은 농산물을 혼입하여 수매할 가능성	• 면적에 따른 적정 생산량 산출 : 계획된 생산량이 적정한지 심사, 수매 직전 작황을 확인하고 수매 시 초과된 양을 확인 • 같은 작물을 재배하는 자신의 재배포장과 가족과 이웃의 명단과 재배포장을 신고(등록하여 점검) • 인증을 받지 않은 재배포장의 생산물을 수매하는 것은 엄격히 금지된 부정행위(사위)임을 철저히 교육 • 생산관리자의 입회하에 현장에서 직접 수매
포장/출하	• 비유기 농산물을 유기농산물 용기에 담아 출하	• 해당 생산자의 수매기록과 출하기록을 비교 분석하여 추적조사를 실시함.
내부 관리 시스템	• 인증사무담당자가 자주 바뀌어서 훈련이 아직 미흡한 상태. • 내부관리에 대한 방법론이 아직 정립되지 않았을 경우.	• 내부관리에 필요한 정기 교육 실시 의무화 • 내부관리시스템의 모든 부분에서, 관리하는 모든 직원은 주요 관리 포인트를 숙지 • 위험요소는 시간에 따라 변하므로 정기적인 검토 시스템 마련

3) 위험요소의 반복적 점검

내부관리시스템이 완전하다 할지라도 생산자와 재배포장에 대하여서는 서류검토와 생산자방문의 절차를 통하여 반복적인 점검이 필요하다. 신규 생산자 등록 시 생산자에 대한 재배포장 점검은 특히 중요하며, 재배포장의 점검 시에는 농장의 도면 작성은 필수적이고, 인증관리에 필요한 정보는 반드시 표기할 필요가 있다. 반복적 점검이 필요한 항목은 표 4-9와 같다.

표 4-9. 반복적 점검이 필요한 위험 요소

<table>
<tr><th rowspan="2">항목</th><th rowspan="2">절차</th><th colspan="2">점검사항</th></tr>
<tr><th>일반적 점검사항</th><th>신규농가 및 재배포장의 추가의 경우
부가 점검사항</th></tr>
<tr><td>서류
심사</td><td>서류
검토</td><td>• 구성원 명단
• 토지대장(농지원부, 임차계약서 등) 및 지적도
• 토양의 전환 상태 확인
• 면적과 생산계획량(과수의 경우 나무 수)
• 이행동의서 보관</td><td>• 입회양식 작성
• 이행동의서 서명
• 생산계획서
• 영농기록
• 서류상 필지의 확인
• 농법, 각종자재 등 조사
• 재배포장에 유기합성농약과
• 화학비료를 마지막으로 사용한 자료 확인(자료가 없을 시에는 증언과 서명)</td></tr>
<tr><td rowspan="2">현장
심사</td><td>생산자
방문</td><td>• 생산자의 의무사항을 설명
• 재배포장
• 자재창고, 장비 등 확인</td><td></td></tr>
<tr><td>재배
포장</td><td>• 농장의 도면작성 확인
(1) 각 필지가 어디에 위치하는지 (생산자단체가 부여한 농장의 코드번호 권장)
(2) 농장의 주변 조건(방향, 관행 농지의 정보표시, 경사도, 입수로, 퇴수로, 바람방향 등)
(3) 주요 기준점 표시(예 : 농장의 중심지역, 관리사,
창고, 수원지 등)
(4) 작성 날짜 기록</td><td>• 관행포장을 포함한 모든 필지 방문
• 인증농가가 연장신청 시 신규로 재배포장을 추가할 때에는 신규 생산자의 포장과 동일한 방법으로 확인
• 도면, 지적도 확인</td></tr>
</table>

2.4. 내부적 시스템 관련문서의 작성

인증기관의 인증 기준은 생산원칙을 정한 것이므로 현장의 농민들이 읽고 이해하는데 어려움이 있을 수 있다. 그러므로 내부관리시스템에서는 생산지침을 포함한 모든 내부관리기준이 단체의 조직원들에게 명료하게 전달되고 동의가 될 수 있도록 구체적이고 상세하되, 쉬운 표현으로 작성하여 조직원이 이해하기가 쉽도록 작성되어야 한다. 그러나 내부관리 기준의 작성에 있어서 단체 및 단체가 속한 지역적 특성을 고려할 수는 있으나 인증기관의 인증기준 범위 내에서 고려되어야 하며 인증기관에서 요구되는 수준보다 높은 수준의 인증기준으로 작성할 수는 있어도 낮은 수준으로 작성할 수는 없다.

2.4.1. 내부관리지침서의 작성 및 내부조사체계 요소

1) 내부관리지침서의 작성

내부관리지침서는 인증기관의 인증기준 숙지 ⇨ 지역과 단체의 특성 분석 ⇨ 내부기준의 초안 작성 ⇨ 내부기준으로 결의 또는 승인의 절차를 통하여 작성하되 표 4-11과 같은 사항을 고려하여 그 내용을 작성한다.

표 4-11. 내부관리지침서 작성시 고려사항

고려사항	세부 내용
1) 인증기준의 어떤 부분이 우리 단체와 관계가 있는가? 2) 인증기관으로부터 요구되는 최소한의 기준보다 강화된 기준을 어떻게 적용할 것인가? 3) 생산과정의 지속적이고 효과적인 관리를 위하여 필요한 부분은 어떤 것인가? 4) 인증기준이 단체의 영농시스템 또는 농법과 관계된 것은 어떤 것이 있는가? 5) 내부규정들이 실현가능하고 생산자와 관리자들이 충분히 이해하고 숙지할 수 있는가?	1) 병행생산에 있어서 생산단위의 분명한 규정 (예) 생산자가 친환경농산물과 같은 품목의 관행농산물을 일부 재배하고 있을 경우 친환경농산물과 관행농산물 생산단위의 분명한 구분이 필요하다. 2) 모든 생산단위의 생산 또는 관리 규정. (예) 종자, 육묘장, 육묘방법, 토양 및 비배관리, 자재사용, 병충해 방제, 약정된 품목의 목록, 토양유실 방지, 경축순환시스템 등에 관한 세부 규정 3) 수확 및 수확 후 관리관련 규정 4) 전환기간 관련 규정 5) 신규생산자의 가입절차 및 조건

2) 내부점검체계 요소

심사원은 내부점검시에 관리되고 있는 내부관리조사서에 생산관리자의 서명이 있는지와 점검결과에 관한 문서(예비심사보고서)에 조직원의 서명이 있는지 확인하되 다음의 사항이 점검되었는지 확인한다.

(1) 영농기록 관리의 수준과 그 내용
(2) 친환경농업 포장(이웃 관행농지와의 완충 공간 포함)과 관행농업 포장
(3) 같은 품목의 병행생산 여부
(4) 주변의 환경여건(축사 등)

(5) 용수로, 퇴수로
(6) 자재창고와 각종장비, 건조시설, 저장시설(입출고관리)
(7) 기타, 시정해야할 사항

2.5. 내부관리지침서 및 내부관리조사서의 예시

2.5.1. 생산지침서를 포함한 내부관리지침서의 예시

생산지침서는 내부관리지침서의 일부로 작성될 수 있으며 작목별로 여러 특성이 있으나, 유기농산물 인증기준의 기본적인 내용을 준수하여야 한다. 심사원은 단체들이 제출하는 생산지침서를 포함한 내부관리지침서의 예시를 찾아보고 이들 내부관리지침서에 익숙하여야 한다.

2.5.2. 내부관리조사서 예시

1) 생산관리자의 내부조사 자료(년 5~6회 점검)

성명 : 000　　　　날짜/시간 : 2019년 01월 15일 00시　　　　점검자 : 홍길동

지번/지목	토양상태/시설현황	작물	점검내용/다음작물	영농기록	건의사항
명동리 381/시설	양호 / 시설660m^2 * 3동	쪽파	12/25 2.5톤 전량출하/ 고추육묘1500주 파종예정 2월중순	양호	고추 동당 4이랑으로 추천
세부내역	- 영농기록 : 2.5톤의 쪽파를 1kg으로 2500개를 1월 12일부터 14일까지 소포장하여 1월15일에 자가 차량으로 ㅇㅇ친환경영농조합으로 출하하였음. - 고추 : 종자-녹광(풋고추용) 2봉 파종예정, 퇴비 : ㅇㅇ퇴비(품목고시 ㅇㅇ호) 30포/20kg				

2) 내부 조사된 자료를 작목반별, 개인별로 정리한 자료

ㅇㅇ작목반 생산자 현황　　　　<2019년작성일> 1차 : 5/30, 2차 : 8/30, 3차 : 11/30

순번	성명	개인별 필지수	지번	품목 (품종)	재배 면적 ㎡	생산량 점검 추이						교육 실적	내부점검		농장 인증이력			
						전체 수량 t			생산량/ 1,000㎡				일정	결과	인증종류		최종사용일	
						예정량	생산량	수매량	예정량	적정량	적정성 (%)				최초/ 인증일	현재	화학 비료	합성 농약
1	서공주	1	서울리 20	쌀(추청)	3000	1.5	1.4	1.4	0.5	0.5	100	3/15	5/25 8/21 11/30	o o o	무/08.6.2 유/10.6.2	유기	07.8.	07.8
		2	21	쌀(추청)	2000	1.0	1.0	0.6	0.5	0.5	100							
	소계				5000	2.5	2.4	2.0	0.5	0.5	100							
2	김동태	1	부산리 111	쌀(오대)	2000	0.9	0.8	0.8	0.45	0.5	100	3/15	5/27 8/22 11/30	o o o	무/09.6.5 유/11.6.5	유기	08.8	08.8
		2	112	쌀(오대)	1000	0.5	0.4	0	0.5	0.5	100							
		3	부산리 115	쌀(추청)	2000	1.1	1.1	1.1	0.55	0.5	110				무/10.6.5	유기 예정	09.8	09.8
		4	116	쌀(추청)	3000	1.6	1.5	1.5	0.53	0.5	107							
	소계				8000	4.1	3.8	3.4	0.51	0.5	102							

※ 생산량과 수매량(밑줄)은 생산, 수매 이후에 기록된 내용임

3) 내부심사보고서(예비심사보고서)

내부심사원은 필요할 경우 단체에 소속된 조직원을 개별적으로 또는 표본심사를 통하여 내부심사 대상 조직원에 대한 개별적인 내부심사보고서를 작성하여 보관할 수 있다. 내부심사보고서의 작성요령은 제5장 유기농림산물 인증심사 방법, 제6장 유기축산물 인증심사 방법, 제7장 취급자 인증심사 방법의 인증심사보고서 작성 요령을 참조하기 바란다. 생산관리자는 단체에 소속된 농가에 대하여 개별적으로 예비심사를 실시하고 예비심사보고서를 작성하여 보관하여야 한다.

3. 단체인증심사의 절차

단체인증에서의 심사는 인증기관의 심사원이 생산자단체를 대상으로 단체의 내부관리시스템을 통하여 생산자 단체가 잘 설계되고 운용되고 있는지를 확인하여 조직의 영농체계가 생산하는 농산물이 유기인증기준에 적합한 제품임을 보증하는 과정을 심사하는 외부심사(external inspection)와 생산자단체의 생산관리자가 단체의 개별 조직원을 대상으로 자체적으로 내부관리시스템을 점검하는 내부심사(internal inspection)로 구분할 수 있다. 생산관리자에 의하여 수행되는 내부심사는 단체의 내부규정에 따라서 자체적으로 이루어지게 되므로 단체의 특성에 따라 그 절차와 내용이 달라질 수 있으며, 인증기관의 심사원에 의하여 수행되는 외부심사에서는 서류심사와 현장심사, 위험평가, 추가심사 등을 통하여 1) 내부관리시스템의 적정성, 2) 재배과정 조사, 3) 문서관리, 4) 내부승인 및 제재(制裁)의 규칙과 시행결과, 5) 생산자(표본농가)와 현장심사, 6) 담당직원의 자격 및 수행능력 등을 심사한다.

3.1. 심사의 단계

단체인증심사는 1) 문서검토, 2) 단체의 유형 및 조건 확인, 3) 사무실 방문 4) 사무실에서 확인한 내용과 현장의 내용이 일치하는지 확인하기 위한 포장과 생산자 심사, 5) 단체의 인증기준 위반 위험도를 평가하는 위험평가, 6) 위험평가의 결과에 따라 필요할 경우 생산현장의 방문을 통하여 실시하는 추가심사, 7) 최종면담의 과정을 거친다. 서류심사는 내부관리시스템 검토, 농장파일 열람, 내부조사(농가와 농장, 장비 등) 결과의 검토, 직원들과 면담, 생산자 명단 검토, 위험요소 체크 등으로 이루어지며, 현장심사는 생산현장에서의 조사를 통하여 사무실에서 확인한 내용과 현장의 내용이 일치하는지 확인하는 과정이라고 할 수 있다. 각 단계별 심사관리 요점과 심사요령은 표 4-12와 같다.

표 4-12. 단계별 심사관리 요점 및 심사요령

단계		심사관리요점	심사요령
서류심사	1) 문서 검토	생산계획서 및 관련 문서를 검토한다.	1) 내부관리관련 문서의 검토 • 내부관리 규정과 절차의 검토 • 내부관리시스템의 기술적인 운영 체제 검토 2) 생산계획서 및 과거 인증 조건의 검토 과거의 인증심사보고서 / 인증기관의 코멘트 / 인증조건의 검토

단계		심사관리요점	심사요령
서류심사	2) 단체의 구성요건	단체의 구성요건 확인	단체의 구성요건에 따라 생산자단체에 해당되는지 확인
	3) 사무실 방문	• 단체의 대표, 행정관리 담당자, 생산관리자와의 면담, 각종 문서(생산지침서를 포함한 내부관리지침서 등) 검토를 통하여 내부관리시스템을 평가한다. • 이전 내부관리 시스템 평가에서 문제점으로 제기된 조건들에 대한 검토 • 심사대상 시설 및 농가 방문 순서 결정	1) 내부관리 시스템의 평가는 2.2 내부관리시스템의 조직과 구성 및 2.3 내부관리시스템의 위험요소와 관리방안을 참조하여 잠재적 부적합 사항과 제재(制裁) 사항에 대하여 심사한다. 내부점검에서 발견된 위반사항이 정확히 체크되는가? 위반자에게 내규에 따른 제재가 가해지고 있는가? 등을 확인한다. 2) 내부관리지침서(내부관리기준서, 생산지침서 등)를 통하여 다음의 사항을 확인할 수 있어야한다. • 단체유형, 작목반, 작목회, 영농조합법인, 농협조직, 생산자들과 계약한 유통업자 등 • 농장 단위에 대한 분명한 확인 • 운영시스템에 대한 기술(예를 들어 중앙에서 통제하는지, 각 지부들에 의한 것인지) • 단체와 각 농가와의 관계, 소속 농가와 이익의 분배관계가 어떠한지?
현장심사	4) 포장과 생산자 심사	• 내부관리시스템에 의한 조사결과와 현장을 비교 • 무작위와 목적성 심사를 병행한다. • 생산자 인터뷰 및 영농기록 점검	• 사무실에서 확인한 내용과 현장의 내용이 일치하는지 확인 • 무작위심사는 일반적 상황을 파악하기 위해 실시하며, • 목적성 심사는 발견된 문제가 얼마나 심각한지 파악하기 위해 시행한다. • 집하(수매) 구역의 특성, 지역적인 구간, 위험도, 중요도, 직원의 의견 등을 참조하여 무작위와 목적성 심사대상을 결정한다. • 필요할 경우 1.2. 단체인증에서 표본심사에 따라 표본심사를 실시할 수 있다 • 심사할 당시가 수확이나 건조할 시기가 아닐 경우 수확 및 저장 순서에 대한 시뮬레이션을 시행한다.
	5) 위험평가	• 방문심사 후 사무실(유사한 곳)에서 친환경인증에 문제점이 되는 중대한 위험 요소가 무엇인지 검토	• 위험 평가는 2.3.2 위험평가에 따라 심사원 단독 또는 내부관리시스템 담당자와 함께 시행하며, 위험평가 결과에 따라 추가심사 여부를 결정한다.

<table>
<tr><th colspan="2">단계</th><th>심사관리요점</th><th>심사요령</th></tr>
<tr><td rowspan="2">현장심사</td><td>6) 추가심사</td><td>• 내부관리시스템에 의해 위험요소가 인식되었는지, 그것을 최소화 하였는지 확인한다.
기준에서 벗어난 것이 확인되었을 때는 내부관리시스템을 통해 어떻게 다루어지고 있는지를 조사한다.</td><td>• 위험평가 결과에 따라 추가로 심사가 필요할 경우에만 시행하나, 대부분의 경우, 심사원은 추가적으로 생산자를 방문하게 된다.</td></tr>
<tr><td>7) 최종 면담</td><td>• 심사의 주요 결과(권고사항, 잠재적 조건 등)의 공유와 동의 및 이들의 확인 서명</td><td>• 단체의 관리자나 내부관리시스템 책임자와 함께 수행한다.
• 잠재적 부적합 사항에 대하여 심사원은 누구에게 책임이 있는지(개별농가? 내부관리시스템 관리자인가? 단체운영자인가? 인증서 소유자인가?) 판단할 수 있도록 하여야 하나, 조직 전체가 책임지는 것을 원칙으로 하여야 한다. 다만 책임소재가 정확히 추적가능하고, 추가적인 부분이 훼손되지가 않았다면, 개별 농가의 책임으로 할 수도 있다.</td></tr>
</table>

3.2. 심사보고서 작성

단체에 대한 심사보고서는 개별농가의 심사와는 다른 요소인 조직, 임원, 회원관리, 내부관리시스템, 생산관리자, 수매 등에 대한 서류와 현장을 확인한 결과 등을 포함하여 작성하여야 한다. 심사보고서에 첨부하는 인증심사 자료는 심사한 농가별로 작성하고, 전체 구성원에 대한 서류심사 내역과 단체의 유형분류 근거를 추가하도록 규정하고 있다. 단체인증 심사보고서의 작성요령은 표 4-13과 같이 정리할 수 있으나, 구체적인 심사보고서의 작성 요령은 4. 인증품 생산계획서 및 인증심사보고서 작성요령을 참고하기 바란다.

표 4-13. 단체인증 심사보고서 작성 요령

항목	기재사항
일반사항	• 유기농에 대한 일반적인 원칙이 준수되고 있는지를 기재하며 전환기간, 경영관련자료, 토양관리, 종자, 육묘, 모종, 시비, 퇴비, 병해충, 잡초관리, 토양검사, 수질검사, 농약잔류 검사, 수확, 구분관리, 저장, 운반, 수매, 표시사항 등 기본적인 인증심사보고서 작성요령을 따른다.

항목	기재사항
내부관리시스템	• 법적인 상태, 조직관리, 의사결정 절차, 책임자에 대한 사항, 부서별 권한과 의무 • 내부관리시스템의 문서화의 정도, 절차, 표준검사 양식, 품질관리 체계 • 기준에서 미달될 경우 제재조치와 그에 따른 시스템의 문제점 검토 및 시정 조치 사항 • 생산관리자의 자격과 고용(계약서의 서명 확인) 후 교육훈련의 과정, 그리고 단체의 구성원의 속해 있는지와 생산관리자로서의 독립성을 갖고 있는지의 여부 • 생산관리자가 단체 구성원과의 이해의 충돌은 없었는가? 그 처리방법과 예방책은?
단체의 유형 및 구성원	• 단체의 구성요건을 명확히 하고, 지리적으로 근접하고 유사한 생산방식의 작목들로 구성되어있는지 확인하고 다음의 사항을 점검한다. • 구성원들은 내부관리시스템을 충분히 이해하고 실천하고 있는가? • 각 구성원에 대해 일반사항 항목에 대한 자료가 변경 시 그 최신의 자료로 갱신되고 있는가? • 모든 구성원은 정기적으로 인증기준 준수여부를 확인하였고 위반 시 자체 벌칙을 부과하고 있으며, 인증기준과 관련된 정기적인 교육을 실시하고 있는가?
인증농산물의 수확과 구분관리와 저장과 수매(출하)	• 인증품은 단체 명의로 표시하여 출하 하고 단체에서 표시사항 등을 관리되고 있는지 확인한다.
기타 보고서에 포함되어야 할 요소	• 직전 심사(사후관리 포함) 시 문제점에 대한 조치의 적합성 여부 • 새로운 '인증 조건' • 인증을 위한 추천 사항

4. 인증품 생산계획서 및 인증심사보고서 작성 요령

단체 인증의 인증품 생산계획서와 인증심사보고서는 단체의 유형에 따라 구분하여 작성될 수 있다. 규모가 크고 조직적인 생산자단체 인증은 내부관리시스템의 심사에 주안점을 두고 심사하며 규모가 적은 소농단체인증은 개별농가의 심사에 심사의 초점을 맞추어야한다. 영농의 특성상 대부분의 단체인증은 작물을 생산하는 단체에 해당하며 축산물의 경우 단체인증이 드물다. 여기서는 단체인증에서 작물의 생산계획서 및 심사보고서의 작성법을 설명하기로 한다.

4.1. 생산계획서의 작성 예시

작물 생산계획서

(생산자단체용)

<작성요령>

1. 인증을 신규로 신청하시는 분은 본 양식을 모두 작성하여야 합니다.
2. 연장신청자는 지난번 생산계획서와 비교하여 변경된 부분만을 작성하셔도 됩니다.
3. 농장의 지적도, 농장의 과거 경영관련 자료, 토지대장 및 section 3에서 요구하는 기타 자료 (토양검사 성적서, 농약잔류검사 성적서, 수질검사 성적서, 토양시비처방서 등)들을 첨부하십시오.
4. 해당 없는 부분은 “해당없음”에 표기하십시오.
5. 각 페이지의 왼쪽 모서리에 성명을 기입하시고 작성 후 서명하십시오.
6. 상세히 작성하시지 않을 경우 인증처리 과정이 늦어질 수도 있으니, 필요하시면 다른 용지를 이용하여 상세히 기술하여 주십시오.

<table>
<tr><td colspan="6">SECTION 1 : 일반사항</td></tr>
<tr><td colspan="6">신청일자 :</td></tr>
<tr><td colspan="6">단 체 명 :</td></tr>
<tr><td colspan="6">신청자 성명 :</td></tr>
<tr><td colspan="6">생산관리자 성명 :</td></tr>
<tr><td colspan="6">작성담당자 성명 :</td></tr>
<tr><td colspan="2"></td><td colspan="2">심사장소(사무실)</td><td colspan="2">신청자
심사장소와 동일 합니까?
예 ( ) 아니오( )</td></tr>
<tr><td colspan="2">주 소</td><td colspan="2"></td><td colspan="2"></td></tr>
<tr><td rowspan="4">연
락
처</td><td>전 화</td><td colspan="2"></td><td colspan="2"></td></tr>
<tr><td>휴대폰</td><td colspan="2"></td><td colspan="2"></td></tr>
<tr><td>팩 스</td><td colspan="2"></td><td colspan="2"></td></tr>
<tr><td>이메일 주소</td><td colspan="2"></td><td colspan="2"></td></tr>
<tr><td colspan="2">웹 사이트</td><td colspan="2"></td><td colspan="2"></td></tr>
<tr><td colspan="2">심사 받으실 농장
필지의 주소</td><td colspan="4"></td></tr>
<tr><td colspan="2">심사가 가능한 일시</td><td colspan="4"></td></tr>
<tr><td colspan="6">과거에 타 인증기관에 인증을 신청하신 적이 있으신가요?
ㅁ 네 ㅁ 아니오
“네” 라면 다음을 기록하여 주십시오.</td></tr>
<tr><td colspan="2">인증(신청)경력</td><td>1) 인증기관명</td><td></td><td></td><td></td></tr>
<tr><td colspan="2"></td><td>2) 신청연도</td><td></td><td></td><td></td></tr>
<tr><td colspan="2"></td><td>3) 신청결과</td><td></td><td></td><td></td></tr>
<tr><td colspan="2"></td><td>4) 인증 유효기간</td><td></td><td></td><td></td></tr>
</table>

작년에 타 인증기관으로부터 인증을 받으셨을 경우 인증서 복사본과 인증부가조건이 기술된 서류를 제출하십시오.

다른 인증기관으로부터 이동한 경우, 인증이 거부되거나, 인증 부적합 통지서를 받았거나, 인증이 정지되거나, 인증이 취소되거나, 인증을 포기한 적이 있습니까?

ㅁ 네 ㅁ 아니오 ㅁ 해당없음

"네"일 경우, 인증 거부 통지서, 인증기준 위반 통지서, 인증 정지 통지서, 인증 취소 통지서, 인증 포기서, 보정 내역서 등의 사본을 제출하여 주십시오.

1. 내부관리시스템은 인증 프로그램에 대한 생산 계획서를 가지고 있습니까?

ㅁ 네 ㅁ 아니오

2 생산관리자는 단체가 적용하고 있는 인증 프로그램에 대한 인증기준을 이해합니까?

ㅁ 네 ㅁ 아니오

3. 단체가 법인체입니까? 네 ( ) 아니오( )

법인일 경우 법인대표자 성명 :

4. 단체의 조직원 중 한 사람이라도 1년에 유기생산품 판매 수익이 US$5,000 이상인 사람이 있습니까?

ㅁ 네 ㅁ 아니오

"네"라면 이 조직원 들은 그 사항을 확인 할 수 있는 자료를 제출하여야 하며, 별도의 개별신청이 필요합니다.

SECTION 2 : 요구사항 및 조치사항

작년에 인증기관으로 부터 인증을 위하여 부과된 요구 사항이 있습니까?

ㅁ 네 ㅁ 아니오

만약 있다면 아래의 표에 부과된 요구사항과 그에 따른 조치 사항을 간단히 작성하여 주십시오. 필요하시면 첨부가 가능합니다. 이전에 인증신청이 부적합 판정을 받았을 경우, 부적합 통보서를 참조하십시오.

요구사항		조치사항
1.		
2.		
3.		
4.		

SECTION 3 : 생산 계획 및 영농관련 정보

1) 단체의 인증을 받기 위해서 최소 지난 36개월 동안의 전환기, 관행농지를 포함한 모든 농지의 영농관련자료가 요구됩니다. 단체내의 모든 하부단체의 정보에 대해서도 심사원이 확인할 수 있어야 합니다.
2) 영농자료는 해당 필지가 유기농(O), 전환기 유기농(T), 관행 농지(C)인지 각각 구별하고, 각 필지지번과 면적(m^2, 헥타 등), 식재작물, 투입 자재들을 당해년도를 포함하여 기재 하십시오(반드시 사용일시와 사용양을 포함). 지적도는 완충지대, 인접지의 사용 등이 표기되어야 한다.
3) 하부단체에 대한 정보는 각 하부단체의 이름, 연락 가능한 사람의 이름과 주소, 조직원 수가 포함되어야 하고 이러한 정보는 별도의 문서로 제출하여야 합니다.

1. 인증을 위해 신청하는 필지는 단체에 의하여 3년 이상 유기적으로 관리 하였습니까? □ 네 □ 아니오

"아니오"라면 새로 임차하거나 구매한 필지에 지난 3년 동안 투입한 자재와 재배했던 작물에 대한 세부내역을 이전의 관리자로부터 받아 제출하여야 합니다.

2. 인증을 신청한 모든 필지들이 단지화되어 있습니까? □ 네 □ 아니오

인증을 신청한 단체내의 각 하부단체의 모든 사항을 아래의 표에 작성 하십시오.
각 하부단체 이름(하부단체가 없는 경우 단체 이름), 생산품목, 총 생산면적, 생산계획량을 작성하십시오. 이 표의 총면적은 토지대장, 지적도, 첨부 1 : 단체 조직원 정보와 일치 하여야 합니다.

하부단체 이름	토지지번	생산품목	총면적 (m^2)	생산계획량

3. 단체내의 비유기농 필지들은 유기농으로 전환중에 있습니까?
□ 네 □ 아니오 □ 해당없음
"아니오"라면 단체내의 모든 필지들을 향후 5년안에 유기농으로 전환할 계획들을 설명하십시오.

SECTION 4 : 종자, 파종, 종자보관, 종자 처리

1) 유기종자가 상업적으로 구매할 수 없는 경우를 제외하고 유기종자를 사용하여야 하며 허용되지 않는 화학적인 종자 처리는 원칙적으로 금지 되어 있습니다.
2) 묘목은 반드시 유기적으로 생산되어야 합니다.
3) 비유기 다년생 작물은 특정 기간동안 유기적으로 관리된 후 인증품으로 수확, 판매할 수 있습니다.
4) 비유기 종자의 사용이 불가피하면 인증기관에 연락하십시오
5) 비유기 종자나 양묘(산출묘, planting stock)를 사용하였다면, 반드시 비유기 종자의 원료나 양묘를 사용한 자료를 보관하셔야 합니다
6) 간작 작물을 위한 종자 및 파종 정보도 포함하여 기술하여 주십시오.
7) 만약 비유기 묘목을 사용할 경우, 묘목이 유기적으로 관리가 시작 되었을 때를 입증하는 기록을 보관 하셔야 합니다 .

1. 현 작기에 사용을 했거나 사용하실 모든 종자, 파종, 종자보관, 종자 처리에 대해서 기술하십시오. 적절한 박스에 체크하고 요구되는 사항을 기록하십시오. 모든 종자와 묘목, 접종재료의 라벨과 영수증, 그리고 Non-GMO가 이용되지 않았음에 대한 진술서를 심사원이 확인 할 수 있어야 합니다.

□ 종자/묘목/육묘장(산출묘, planting stock)을 사용하지 않음
□ 종자/묘목/육묘장(산출묘, planting stock)을 사용함

종자/묘목/육묘장(산출묘, planting stock)을 사용하거나 사용할 예정인 경우 디음의 표를 작성하여 주십시오.

종자/종류/상표	유기 (v)	처리안함(v)	처리함(v)	처리의 종류/상표	
				살균제	접종원

2. 사용하신 종자/종묘에 대하여 어떤 자료를 보관하고 있습니까?

□ 유기인증서 사본 □ 기록 □ 영수증

□ 종자 검색 기록 □ 종자 Tag □ non-GMO 진술서 □ GMO 분석성적서 □ 송장 □ 선하증권

□ 기타(자세히 서술) :

SECTION 5 : 토양관리 및 비배 관리

1) 윤작을 포함한 토양 및 비배관리는 반드시 토양을 비옥하게 하여 작물의 영양을 관리하며 자연자원을 보호하고 토양의 침식을 방지해야 합니다.
2) 모든 투입 자재들은 반드시 사용 전에 승인이 된 것이어야 합니다.
3) 신청자는 반드시 비배 관리 규정을 확인해야 하며, 유기 생산계획을 효율적으로 실행할 수 있어야 합니다.
4) 토양, 작물, 수질이 작물의 영양분이나, 병원성미생물, 중금속, 금지된 물질의 잔류물에 의해 오염되지 않도록 관리하여야 합니다.

A. 일반 사항

1. 토양과 작물의 비배 관리를 위한 주요 방법은 무엇입니까?

□ 윤작 □ 녹비작물 □ 간작 □ 작물 잔여물 혼입 □ 심토 □휴경 □ 경작지에서 나온 퇴비 □ 경작지 밖에서 들여온 퇴비 □ 토양개량제 □ 생물학적 제제 □ 토양 미생물 □ 기타(자세히 서술)

2. 단체내의 토양관리 및 작물의 영양관리상에 어떤 문제점이 있습니까?

3. 비배 관리 프로그램의 효율성을 어떤 방법으로 점검하고 있습니까?

□ 토양 검사 □ 미생물 검사 □ 조직 검사 □ 토양 관찰 □ 작물의 건강상태 관찰

□ 작물의 수확량 비교 □ 작물체 검사 □ 기타(자세히 서술)

확인 가능한 검사 결과 사본 첨부하여주십시오

B. 토양 및 비배관리를 위하여 투입한 자재.

1) 토양의 비옥도 관리를 위해 투입한 토양 혼합 성분, 엽면 살포한 투입물, 질병 통제 물질, 첨가제로 사용된 투입물이나 유기나 전환기 토지에 사용하실 투입물을 나열 하십시오. 당해와 3년 이내에 사용되었거나 사용하실 모든 투입물을 영농 자료에 기술하십시오.
2) 생산계획서에 투입하실 자재의 라벨(또는 라벨에 나타나 있지 않다면 전체 성분 목록표)을 제출하십시오. 투입자재의 분석서만으로는 불충분하며 성분목록이 꼭 제출되어야 합니다. 생산계획서를 제출하신 이후에 사용하신 자재들도 심사원이 확인 할 수 있어야 합니다.
3) 토양의 비옥화를 위해 미량영양소를 투입 하셨다면, 결핍을 증빙하는 토양검사서(시비처방서)를 제출해야 합니다.

□ 사용한 투입물이 없음
□ 사용한 투입물이 있음

사용한 투입물이 있을 경우 아래의 표를 작성하여 주십시오.

자재명(상표명)	자재 유형(일반명)	자재 사용 목적	사용했음(AU)/사용할 계획임(P)

4. 토양 비옥도관리, 잡초관리, 병해충 관리를 위하여 농장 외부로부터 들여온 자재를 사용하였을 경우, 자연친화적 방법(연작, 농장내에서 생산되는 자재의 이용)을 통해서 해결하기 위하여 시도했던 사항을 기술 하십시오.
5. 염도가 높은 비료(질산나트륨, 황화칼륨 등)를 포함한 자재를 사용하였다면 염류 축적을 방지하기 위하여 어떤 방법을 사용했습니까?

□ 염도가 높은 비료를 포함한 자재를 사용하지 않음.

6. 작물 잔해물을 태웁니까? 예( ) 아니오( )

"예"라면 어떤 작물의 잔해물을 태우는지와 태우는 이유를 기술하십시오.

C. 퇴비의 사용

퇴비를 비옥도 프로그램의 한 부분으로서 사용 하였다면, 유기 기준에 의해 생산된 퇴비이어야 하며 덜 숙성된 퇴비가 아니어야 합니다.

□ 해당사항 없음

7. 퇴비의 원재료와 첨가물의 리스트를 작성하십시오. 구매한 퇴비의 경우 원재료와 첨가물이 표시된 라벨을 제출하시오.
8. 퇴비의 부숙을 위하여 어떤 방법을 사용하십니까?

□ 용기내 혼합 □ 퇴비더미 □ 기타(자세히 서술)

9. 부숙 직전 퇴비의 C/N(탄소 : 질소) 비율은 얼마입니까?

퇴비의 부숙과정에서 온도를 측정합니까? 예( ) 아니오( )

"예"라면 얼마의 온도를 얼마로 유지합니까?

얼마나 오래 그 온도를 유지합니까?

퇴비더미를 얼마나 자주 뒤집어 주십니까?

D. 비료(축분)의 사용

□ 비료(축분)을 사용하지않음
□ 비료(축분)을 사용함

비료(축분)을 사용할 경우 다음을 작성하여 주십시오.

10. 어떤 형태의 비료를 사용 합니까?

□ 액체 □ 반고체 □ 알갱이 □ 완전부숙 □ 침전물 □ 기타 (자세히 기술)

11. 어떤 종류의 작물을 재배 합니까? (인증을 신청한 모든 작물 표시)

□ 사람이 먹지 않는 작물
□ 작물의 식용부위가 토양과 직접 접촉하지 않음
□ 작물의 식용부위가 토양과 직접 접촉함

식용작물을 재배하고 부숙이 덜된 비료를 사용하였다면, 영농자료나 다른 자료에 비료의 사용 날짜를 반드시 기재해야 합니다.

12. 사용하는 비료의 출처를 표기하십시오?
□ 농장에서 생산된 비료 □ 농장밖에서 들여온 비료
13. 비료를 제조하기 위하여 사용한 원재료와 첨가물의 리스트를 작성하십시오(건초, 짚, 나무껍질/부스러기, 과일 씨나 부산물 등). 농장 밖으로부터 들여온 원재료를 사용하였다면, 원재료의 첨가물에 대한 목록표를 제출하시고(가능할 경우) 공급자로부터 금지물질(제초제, 냄세 제저제 등)이 포함되지 않았음을 증명하는 문서를 받아 제출하여야 합니다.
14. 토양이나 작물, 물이 비료(축분)에서 나온 유출액체에 의하여 오염되는 것을 방지하는 방법은 무엇입니까?
15. 단체의 구성원이 농장 밖으로부터 들여온 축분을 사용할 경우 축분의 출처를 기술하고 그 출처가 유기 인증된 시설(축사)에서 너온 것인지 기술하시오

출처 :
축분을 생산하는 가축의 종류 :
축분생산 장소 : 예) 퇴비사, 돈사, 축사, 계사, 사료저장고 등
축분 출처의 인증기관 :

E. 토양의 보존 및 수질

생산과정에서 토양과 수질이 개선 또는 유지되어야 합니다. 토양의 침식을 최소화 하여야하며, 작물을 금지물질로 오염시키지 않는 관수방법을 사용하여야 합니다.

토양의 보존

16. 단체를 구성하는 필지 가운데 토양 침식 문제가 존재합니까?
□ 예 □ 아니오
"예"라면 토양 침식 문제가 있는 필지와 구체적인 문제점을 기술하십시오
토양 침식 문제가 있는 필지 :
문제점 :
17. 토양 보호를 위해 무엇을 하십니까?
□ 계단식 경작 □등고선경작 □ 띠경작(strip cropping) □ 심경 □ 겨울 간작 □ 보존 경작(기술)
□ 영구적인 관개수로 □ 바람막이/방풍설비 □ 방화대 □ 수목 한계선 이용 □ 보존 연못
□ 강가 관리 □ 야생생물 거주지 유지 □ 기타(자세히 기술):

관수

18. 무슨 목적으로 물을 사용하십니까?
□ 관개, □ 엽면 살포, □ 작물세척, □ 온실,
□ 기타(상세히 설명) :
19. 수원
□지하수 □강, 시냇물, 연못 □샘물 □도시 상수도 □관수 □기타(자세히 기술):

작물의 세척을 위해 물을 사용하였다면 최근의 수질검사자료를 첨부하십시오.
20. 관수 시스템 유형.
□ 없다 □ 점적drip) □ 침수(flood) □ 회전 살수(center pivot)
□ 기타(자세히 서술):
21. 관수 시스템을 통해서 어떤 자재가 투입됩니까?
□ 투입되는 자재 없음
22. 관수 라인이나 노즐을 세척하기 위해 어떤 물질을 사용하십니까?
□ 해당없음
23. 관수 시스템을 다른 신청자와 공유합니까?
□ 네 □ 아니오
공유한다면, 공유자는 관수 라인이나 노즐을 세척하기 위해 어떤 물질을 사용하십니까?
24. 관수 시스템을 비유기농가와 공유할 경우 관수 시스템의 세척 기록을 보관하고 있습니까?
□ 네 □ 아니오 □ 해당사항 없음

수질

25. 수질을 보호하기 위하여 어떤 노력을 하십니까? □ 해당없음
□ 수로에 가축접근 방지 울타리 설치 □ 물의 사용시간 제한 □ 표면장력계를 이용한 점검
□ 점적 □ 스프링 쿨러 사용,
□ 기타 (자세히 설명) :
26. 수질이 오염된 적이 있습니까?
□ 네 □ 아니오
"네" 라면 자세히 설명하십시오.
오염장소 :
오염 원인 :
오염 방지를 위한 조치사항 :

SECTION 6 : 작물 관리

토양 양분을 최대한 활용하고, 잡초방제, 병해충예방, 식물의 영양 겹핍이나 과잉을 관리하는 윤작을 요구합니다. 윤작은 잔디, 간작, 녹비작물 등을 포함하며, 작물의 생육 강화를 위해 적절한 종을 선택 하셔야 합니다. 잡초관리 및 병해충관리를 위하여 지난 3년 동안 사용했거나 앞으로 사용예정인 자재 들을 영농 자료에 기록하셔야 합니다.

A 윤작

1. 주로 사용되는 윤작 작물은 무엇입니까?(예, 옥수수, 콩, 자주개자리– 2년 구간으로 반복)

B. 잡초 관리 계획

2. 문제되는 잡초는 무엇 입니까?
3. 어떠한 잡초 방제 방법을 사용 합니까?
□ 윤작 □ 경운 □ 잡초종자의 유입 예방 □ 파종 시기 조절 □ 토양 온도 모니터링
□ 적절한 종(fast emerging varieties) 사용 □ 기계적 개간 □ 예초기 이용 □ 손으로 직접 제거
□ 낫으로 베기 □ 가축 이용 □ 화염 방사
□ 수증기 이용 □ 전기적 방법 이용 □ 휴경 □ 비 화학적인 덮개 □ 비닐(플라스틱) 멀칭
□ 옥수수 글루텐 사용

□ 비늦물 사용 □ 제초제 살포
□ 기타(자세히 서술) :

4. 상기의 잡초관리 방법을 사용하는 주기나 날짜를 기록하고 있습니까? (예를 들어 특정 필지에서 경운 하거나 태운 날짜) □ 네 □ 아니오

5. 비닐(플라스틱) 멀칭을 사용할 경우, 추수나 재배가 끝나고 제거 하십니까?
□ 네 □ 아니오 □ 비닐(플라스틱) 멀칭을 사용하지 않음
제거하지 않는다면, 그 이유는 무엇입니까?

6. 만약 멀칭에 신문지나 다른 재활용 종이를 사용한다면, 광택이 있거나 잉크가 있는 종이를 사용하십니까?
□ 네 □ 아니오

C. 해충 관리 계획

7. 문제되는 해충의 종류를 기술하십시오.

8. 작물에 충해를 통제하기 위해 어떤 방제 방법을 사용하십니까? □ 해당없음
□ 윤작 □ 적절한 작물종의 선택 □ 천적을 이용 □ 파종 시기 조절 □ 혼식(companion planting)
□ 개구리 □ 새 이용 □ 손으로 잡기 □ 곤충 잡는 작물 이용 □ 물리적 장애물 설치 □ 덫 사용
□ 미끼 이용 □ 해충종합관리 시스템(IPM) □ 해충 기피제 사용 □ 허용된 자재 사용
□ 제한적으로 허용된 자재 사용 □ 금지된 자재를 제한적으로 사용
□ 기타(자세히 서술)

9. 상기의 해충관리 방법을 사용하는 주기나 날짜를 기록하고 있습니까? (예를 들어 충해에 대해 특정 필지나 작물에 자재를 투입한 날짜)
□ 네 □ 아니오

D. 병해 관리 계획

10. 작물에 문제되는 병해는 무엇입니까?

11. 병해를 예방하기 위해 어떤 방법을 이용 합니까? □ 해당없음
□ 윤작 □ 포장 소독 □ 적절한 작물종 선택 □ 살균제의 살포 □ 식재(파종) 간격 조절
□ 병원균 관리 □ 토양생산성 수지(soil balance) 조절 □ 햇빛노출 이용 □ 혼작(companion planting)
□ 허용된 자재 사용 □ 제한적으로 허용된 자재 사용 □ 금지된 자재를 제한적으로 사용
□ 파종이나 재배 시기 조절 □ 기타 (자세히 서술)

12. 잡초방제/충해방제/병해방제를 위해 투입된 자재들이 지자체 혹은 중앙정부에 의해 실시된 병해충 방제 프로그램에 의해 일부 필지에 사용 되었거나, 실험을 위해 사용된 적이 있습니까?
□ 네 □ 아니오
"네"라면 실시된 방제프로그램을 설명하여 주십시오.
실시기관명 :
실시기간 :
실시목적 :
실시된 필지 :
실시프로그램 내용 :

SECTION 7 : 유기적 완전성 유지 관리

유기 재배 필지는 금지된 물질과 인접지로부터 보호하기 위해서 인접지와의 뚜렷한 경계가 있어야 하며 인접지와의 완충지역을 필요로 합니다. 인접지는 농경지, 목초지, 거주지, 휴경지 등을 포함합니다. 완충지대는 인접지의 오염가능성에 따라 바뀔 수도 있습니다. 만일 완충지대에서 농작물이 수확된다면 비유기 농작물로써 저장과 처리를 했다는 것을 증명할 수 있는 기록이 있어야 합니다.

A. 인접지의 사용

1. 신청단체는 단체구성원의 인접지나 인접지에서 재배 되고 있는 작물에 대하여 잘 알고 있습니까?

□ 네 □ 아니오

2. 어떤 형태의 완충지대(작물, 방풍림, 풀밭을 이용한 것 등)를 사용하고 있습니까?
3. 완충 지대의 너비는 어느 정도 입니까?
4. 완충 지대를 어떻게 관리 하십니까?

□경운(갈아엎음) □방치 □수확

5. 완충지대 작물을 수확할 경우 수확된 작물이 어떻게 처리되는 지 설명하고 수확된 완충지대 작물의 혼입을 어떻게 방지하십니까?
   모든 완충지대를 지적도에 분명히 표시하셔야 합니다.
6. 종자와 수확물의 GMO 검사를 수행하십니까?

□ 네 □ 아니오

7. 침출액이나 수로를 통해서 비의도적 오염의 가능성이 있는 필지가 있습니까?

□ 네 □ 아니오

만약 있다면 해당 필지를 지적도에 표시 하십시오.

8. 비의도적 오염을 방지하기 위한 서면 통지(연락) 기관을 표기하여 주십시오 ? □ 해당없음

□ 시군 또는 도로공사

□ 한국전력

□ 항공방제 센터/공항

□ 기타(상세히 설명)

□ 수자원공사

□ 기타(자세히 서술)

9. 유기 재배 포장 주위의 도로에 “농약 살포 금지” 표시판을 게시한 적이 있습니까?

□ 네 □ 아니오

10. 경작지나 경작지 주변이 종종 홍수의 피해를 본적이 있습니까? (10년에 1번 이상)

□ 네 □ 아니오

“네”라면, 피해를 본 경작지 지번을 작성 하십시오.

B. 분할생산과 병행 생산

□ 적용대상 아님.

11. 단체의 구성원중 일부가 동일 작물을 유기농법과 비유기 농법으로 재배 하십니까?

□ 네 □ 아니오

“네”라면, 다음의 표에 유기농, 전환기유기농, 무농약, 관행농법에 의해 재배되는 작물의 종류를 적으시고, 그것들이 육안으로 식별이 가능한지 적어 주십시오. 필요하시면 첨부 가능.

비유기작물 종류/상표	GMO 작물여부	필지 지번	유사한 유기 작물	육안 식별 가능 여부	총 생산 면적 (m^2)	생산물의 용도 (판매, 종자로 사용, 비유기사료 등)
	ㅁ네 ㅁ아니오			ㅁ네 ㅁ아니오		
	ㅁ네 ㅁ아니오			ㅁ네 ㅁ아니오		
	ㅁ네 ㅁ아니오			ㅁ네 ㅁ아니오		
	ㅁ네 ㅁ아니오			ㅁ네 ㅁ아니오		

12. 병행생산되는 작물이 유기작물과 육안으로 식별되지 않을 경우, 동일 필지에서 병행생산 됩니까?

ㅁ 네 ㅁ 아니오

13. 병행 생산된 비유기적 작물이 유기적으로 재배된 지역에서 나온 생산품과 확실히 분리된 저장고에 저장이 됩니까?

ㅁ 네 ㅁ 아니오

"네"라면 저장(예정) 장소와 오염 및 혼입 방지책을 설명하십시오.

저장(예정) 장소 :

오염 및 혼입 방지책 :

14. 병행 생산된 생산품에서 나온 작물을 육안으로 분별하기 힘들경우, 생산관리자가 혼입 방지를 위하여 수확시 방문하는 계획이 있습니까?

ㅁ 네 ㅁ 아니오

"아니오"라면, 어떻게 혼입을 방지할 계획을 가지고 있습니까?

관행생산

ㅁ 관행 생산농가 없음.

15. 단체구성원의 관행필지에서 사용을 금지하고 있는 토양 개량제, 제초제, 농약을 사용하고 있습니까?

ㅁ 네 ㅁ 아니오

"네"라면 사용된 투입 자재를 기술하십시오.

16. 위에서 언급한 투입 자재의 보관 장소를 기술하고 유기농산물의 오염 방지책을 설명하십시오.

사용금지 투입 자재의 보관 장소 :

오염 방지책 :

17. 단체는 GMO 작물이나 GMO 기술이 사용된 작물을 관행 필지에 사용하십니까?

ㅁ 네 ㅁ 아니오

"네"라면, 어디에 GMO작물이 재배되는 필지를 표기하십시오.

"아니오" 라면 관행작물이 GMO가 아니다는 증거 자료를 작성해 주십시오.

C. 장비

유기 농산물 생산을 위해 사용된 모든 장비는 비유기 농산물의 잔여물과 금지된 물질로부터 오염을 방지하기 위해 보호 되어야 합니다. 유기농, 비유기농을 위해 사용된 장비 (완충지대의 수확을 위해 사용되었던 장비를 포함)는 유기필지나 유기농산물에 사용하기 전에 청결하게 유지 되어야 합니다. 또한 이들 장비의 청소일지를 비치하여야 합니다.

18. 장비를 완충지대나 전환기 또는 관행 경작지에서 사용하지 않고 오직 유기 작물에 사용합니까?
□ 네 □ 아니오
19. 임대 장비나 인력을 사용합니까?(경작하거나 수확할 때 등)
□ 네 □ 아니오
"네"라면, 장비와 작업 내용을 작성해 주십시오.
장비명 :
작업내용 :
20. 유기와 비유기를 위하여 사용되는 모든 장비에 대한 세척기록을 보관하고 있습니까?
□ 네
□ 아니오(장비는 완충지대나 전환기 경작지에서 사용하지 않고 오직 유기 작물에 사용합니다)
21. 장비에 사용되는 연료, 기름 등이 누출되지 않도록 사용하고 있습니까?
□ 네 □ 아니오
22. 사용하는 장비가 이전 사용자에 의하여 오염된 경우가 있습니까?
□ 네 □ 아니오
"네"라면 상세히 설명하시오.
장비명 :
오염경로 :
23. 중고장비를 구입하셨다면 깨끗이 세척한 기록을 보유하고 계십니까?
□ 네 □ 아니오

D. 수확

용기나 포장 물질은 반드시 화학적인 살균제나 방부제 혹은 훈증제를 포함해서는 안됩니다. 모든 재사용할 용기는 철저하게 살균되어야 하고 사용에 있어서 어떠한 오염인자도 내포해서는 안 됩니다.

24. 단체의 수확 방법을 설명하고 수확중에 혼입되거나 오염되는 것을 방지하는 방법을 설명하시오. 가능하면 수확과 혼합의 절차를 흐름도로 표시하시기 바랍니다.
25. 수확한 날짜, 수확량 등을 증빙할 수 있는 수확에 관한 기록들을 설명하십시오.
26. 수확에 사용되는 용기는 무엇입니까?
□ 리어카/상자 □ 트럭/상자 □ 마분지/광이나는 상자 □ PVC플라스틱 □ 나무상자
□ 플라스틱 용기
□ 기타 (자세히 서술)
27. 용기가 새것 입니까, 사용했던 것 입니까?
□ 새 것 □ 사용했던 것
사용했던 것이라면 무엇을 담았던 것입니까?
28. 용기는 오직 유기생산품만을 위해서 사용하십니까?
□ 네 □ 아니오
"아니오"라면 유기재배 생산품을 사용하기 전에 청결하게 하거나, 청결하다고 증명할 수 있는 자료를 가지고 계십니까?
□ 네 □ 아니오

E. 수확 후 처리

수확 후 처리 절차는 비유기 작물과 금지 물질에 따른 오염이 없어야합니다.

□ 적용대상 아님.

29. 수확 후 처리 과정과 사용되는 장비(종자세척 장비 포함)를 설명 하십시오.

30. 수확 후 처리 장소와 장비는 유기나 비유기 생산품에 모두 사용 하십니까?

□ 네 □ 아니오

"네"라면, 혼입과 오염이 예방되어 유지관리 되고 있다는 증명이 있어야 합니다.

31. 사용하는 포장 용기의 종류를 표시하시요. □ 해당없음

□ 종이 □ 마분지 □ 나무 □ 유리 □ 금속 □ 호일 □ 플라스틱 □ PVC 플라스틱 □ 광택종이

□ 천연섬유 □ 화학섬유

□ 기타(자세히 서술)

32. 만약 생산품이 식용품으로 판매될 경우, 포장재가 식품포장재로 허용된 포장재입니까?

□ 네 □ 아니오

33. 최종 완제품은 어떠한 형태로 배송됩니까? (개별 생산품, 소포장, 소포장 후 박스 포장 등)

34. 포장지는 유기농산물에 오염을 시킬 수 있는 물질로 처리되어 있습니까?

□ 네 □ 아니오

"네"라면, 무슨 물질입니까?

35. 불필요한 포장은 피하고 있습니까?

□ 네 □ 아니오

F. 작물저장

신청자는 반드시 유기농산물과 비유기농산물을 혼입과 오염으로부터 방지하기 위해 유기 생산물을 구분하여 저장하여야 합니다.

□ 저장창고 없음

□ 저장창고 있음

저장창고가 있을 경우 저장창고(임차한 곳까지 포함)의 현황을 기록하여 주십시오.

저장창고 고 번호	단체/하부 단체명	저장작물의 형태 (알곡, 건초, 야채, 뿌리, 열매 등)	저장창고 유형 (사일로, 저온 저장고, 건물 등)	수용량	유기전용(OO) 혹은 혼용(ND)

36. 단체는 동일 저장고에 유기농산물과 비유기농산물을 같이 저장하니까?

□ 네 □ 아니오

"네" 라면 유기농산물과 비유기농산물이 구분관리 되는 방식을 설명하십시오.

37. 유기농산물의 저장단위(장소)는 명확하게 표시되어 있습니까?

□ 네 □ 아니오

38. 유기농산물 저장장소가 비유기농산물이나 금지물질로부터 오염되는 것을 어떻게 방지하십니까?
39. 저장을 할 때 해충이나 설치류로부터 어떻게 보호하십니까? □ 해당없음

G. 수송
□ 적용대상 아님
40. 누가 유기농산물의 수송에 대해 책임을 지고 있습니까?
□ 단체구성원 개인 □ 단체 □ 위탁업자
□ 기타(자세히 기술) :
41. 어떻게 유기 농산물을 수송하는지 설명 하십시오.
42. 수송하는 동안 유기 농산물의 완정성을 유지하기 위해 어떤 방법을 사용합니까?
□ 유기전용 수송 □ 적재에 앞서 운송차량 점검 □ 적재에 앞서 수송차량 세척
□ 수송전문업체와 유기농산물 운송 협약 체결
□ 기타(자세히 기술) :

SECTION 8 : 기록보관 시스템

생산과정과 거래내역을 기재하고, 이러한 내용을 5년간 보관하여 재검토 할 수 있도록 해야 합니다. 이러한 기록으로부터 인증품이 판매로부터 수확 되었던 농장/필지까지 추적이 가능해야 합니다.

1. 기록을 얼마동안 보관 하십니까?
2. 소비자 불만 사항 일지가 있습니까? □ 네 □ 아니오
3. 유기농산물 생산을 위해 보관하고 있는 문서를 표시하여 주십시오.

□ 지적도
□ 토지대장
□ 영농일지 (이전 3년)
□ 구입하거나 임차한 땅의 이전 사용 내역에 관한 기록
□ 퇴비 제조 기록
□ 토양 개량제, 종자(묘), 비료, 엽면 살포제, 해충관리제 등의 투입자재 관련 사용 및 기록물 (모든 라벨 포함)
□ 유기 종자 관련 기록물
□ 유기 육묘관련 기록물
□ 성적서 (토양검사, 잔류검사, 수질검사, 품질 검사, 육안 검사)
□ 장비 세척 기록지
□ 근로자 급여 기록물
□ 수확내역(경작지 지번, 수확한 날짜, 수확량이 기록된) 기록지
□ 저장기록(저장장소, 저장현황, 생산 필지 지번, 저장량, 청소 기록 등)
□ 수송할 시 청결 상태 기록지
□ 판매 기록(구입 주문, 계약, 송장, 현금 영수증, 현금 영수증 분개장, 판매 분개장, 등)
□ 수송 기록(무게, 하역위치, 선적 영수증)
□ 인증품거래 증명서
□ 회계 감사 관리 요약본
□ 내부관리 지침

□ 내부점검(심사) 관련 기록
□ 단체 구성 조직원 목록
□ 교육기록
□ 법정 문서(사업자 등록증, 등기부 등본)
□ 기타(자세히 서술) :

4. 관행농산물의 생산을 위해 어떠한 기록물을 보관하고 있습니까? □ 적용대상 아님
□ 지적도
□ 근로자 급여 기록물
□ 수확 기록물
□ 영농 일지
□ 저장 기록물
□ 수송 기록물
□ 투입자재 기록물
□ 판매 기록물
□ 기타(자세히 기록)
또한 이러한 기록물은 심사원이 확인 할 수 있어야 합니다.

5. 유기 농산물에 라벨이 부착되어 있습니까?
□ 네 □ 아니오
"네"라면, 사용되고 있는 라벨의 샘플을 제출하여 주십시오. 로트 번호 체계를 사용하고 있으면 사용하고 있다면, 샘플을 제출하고 로트 번호 체계를 설명 하십시오.

SECTION 9 : 유기 농산물의 연간 생산 및 출하 실적

다음 정보는 (년/월/일/)에서 (년/월/일/)까지의 기록입니다.
수확된 작물의 생산 및 출하 현황을 다음표에 표기하시오

작물명	생산 면적	생산량	판매량	저장량	손실량	저장고 번호

SECTION 10 : 단체의 자격, 경영, 생산자 정보

생산계획서의 이 부분은 단체에 관련한 정보와 단체내의 모든 생산자의 정보를 문서화하기 위함입니다.

A. 자격 필수 조건

1. 단체가 운영하고 있는 모든 필지에 대한 기후, 지리적 요건 그리고 생산에 영향을 줄 수 있는 요소들을 설명해 주십시오.
2. 단체의 내부관리책임자와 경영 책임자의 책임, 권한 의무 등 경영구조를 간단히 설명해 주십시오. (가능하다면 조직도를 첨부하여 주십시오).
3 생산자들은 모두 동일한 농법을 사용합니까? ( )예 ( ) 아니오
"예"라면 어떤 농법인지 설명하여 주십시오.

B. 내부관리시스템

4. ICS의 구조를 간단히 설명해 주십시오(어떻게 구성되고, 누가 구성원인지 등)
5. ICS는 어느 부분에서 수행되고 있습니까?

□ 내부 규정 □ 내부 점검(심사), □ 저장과정, □ 마케팅과정 □ 생산계획 수립 □ 교육
□ 기타(세분화)

6. 조직에는 내부 규정이 있습니까? ( )예 ( )아니오
7. 단체의 운영책임자는 내부규정에 대한 사본을 각 조직원 들에게 제공해 왔습니까? ( )예 ( )아니오
내부 규정은 생산계획서와 함께 인증기관에 제출하여야 합니다.
8. 단체는 생산관리자를 보유하고 있습니까? ( )예 ( )아니오
9. 내부 관리자와 내부 심사원에 대한 자격 조건이 있습니까? ( )예 ( )아니오
10. 내부 심사원들은 그들이 심사하는 조직원들과 이해관계가 상충되지 않습니까? ( )예 ( )아니오
어떻게 이해관계의 상충을 회피하는지 설명하십시오.
11. 단체의 문서들이 내부 관리자와 생산관리자들이 충분한 자격을 갖추었음을 증명할 수 있습니까? ( )예 ( )아니오
12. 단체의 모든 조직원들은 내부 점검을 매년 받습니까? ( )예 ( )아니오
13. 생산관리자는 유기적 완전성에 대한 위험성을 평가합니까? ( )예 ( )아니오
14. 내부관리시스템은 생산관리자의 업무수행 능력을 평가하기 위해 생산관리자의 개별적인 심사 보고서를 사용 합니까? ( )예 ( )아니오
15. 새로운 조직원이 단체에 가입하기 전 심사를 받습니까? ( )예 ( )아니오
16. 조직원들은 인증기관의 인증 심사와 인증 기준을 준수 하겠다는 동의서에 서명합니까? ( )예 ( )아니오
17. 조직원들은 단체로부터 기술적인 지원/도움을 받습니까? ( )예 ( )아니오
18. 내부 규제(처분)정책이 실효합니까? ( )예 ( )아니오
19. 내부관리 시스템은 내부심사를 통해 유생산기준을 준수 하지 않는다고 판명된 조직원을 탈퇴시키기 위한 적절한 절차를 가지고 있습니까? ( )예 ( )아니오
20. 조직원의 부적합 사항과 그에 대한 처분에 관련된 문서가 보관되고 있습니까? ( )예 ( )아니오
21. 단체의 모든 조직원들은 단체인증 기준과 유기 생산에 관한 교육을 받아 왔습니까? 그리고, 인증 기준을 준수하기 위해 따라야 하는 절차를 잘 알고 있습니까? ( )예 ( )아니오

SECTION 11 : 서약서

1. 신청서에 있는 모든 진술들은 사실임을 서약 합니다.
2. 지난 3년 동안 단체가 유기농으로 관리한 필지 어떤 곳에서도 금지된 규정을 위반하지 않았습니다.
3. 불시의 점검과 생산품을 검사하기 위해 시료를 채취 하는 것에 대해 동의합니다.
4. 신청서를 접수 했지만, 인증되지 않을 수 있음에 동의합니다.
5. 인증기관의 인증 기준, 인증 요구 사항에 따르는 것에 동의합니다.
6. 인증기관에 심사지 위치 정보, 신청인 연락 정보, 법적 상태, 단체 운영의 소유권 혹은 통제권을 서면으로 알리는 것에 동의합니다.
7. 인증기관의 기준에 의한 모든 수수료를 지불할 것에 동의합니다.
8. 인증기관에 대한 임무와 책임을 수행하고 따를 것에 동의합니다.

9. 신청한 인증 프로그램 대한 기준/규정을 알고 있고, 신청한 농산품을 이러한 기준/규정에 의해 재배하고 있음을 서약 합니다.

신청인 서명 ______________________ 날짜 ______________________

첨부 문서

( ) 단체의 조직원 정보
( ) 모든 필지의 지적도(인접지와 경작지 확인을 위함)(조직원 1인)*
( ) 토지대장(조직원 1인)*
( ) 지난 3년간 소유 했거나 임대한 경작지의 증거 서류 (생산자가 최소 36개월 동안 신청한 필지를 관리 하지 못했을 경우)
( ) 수질검사 성적서(물을 사용하여 농산물을 세척할 경우 필수)
( ) 토양 및 농약 잔류 검사 성적서
( ) 생산품 라벨과 MSDS표를 작성 하십시오.(종자 정보/ non-GMO 진술서 포함)
( ) 유기 작물 라벨(유기 작물을 포장시)
( ) 이전 인증서
( ) 추적조사 기록
( ) 내부심사보고서(조직원 1인)*
( ) 내부지침서
( ) 유기재배자 명단
( ) 전환기재배자 명단

* 조직원 1 인은 동일한 조직원에 대하여 1 조(set)의 문서를 제출함

첨부물 목록

첨부 1 : 단체의 조직원 정보

1) 각 단체와 하부 단체의 정보를 작성해 주십시오.(가능하다면 조직원 목록의 전자파일을 사용하십시오.)

필요하면 첨부 가능

2) 조직원이 연속 2년동안 연매출액이 5,000만원을 초과하면 "*"를 표시해 주십시오.

3) 각 조직원이 판매를 목적으로 재배한 작물이 유기농이면(O), 전환기이면(T), 관행이면(C)로 작성해 주십시오.

4) 이 목록표를 가능하면 엑셀 시프리트시트에 작성하여 주십시오

재배자(조직원) 명단

유기 재배자(조직원) 명단:

코드 또는 ID	조직원 이름	단체 혹은 하부단체 이름	참여 년도	최종 내부심사 날짜	최종 외부 심사 날짜	작물	유기농(O), 전환기(T), 관행 (C)	전체면적 (헥타르, 에이크, 평)	생산 계획량

단체 내의 전체 조직원수 : 명

인증을 신청한 전체 면적("O"상태로 표시된 전체 면적) : m^2

전체 유기 생산 계획량 : kg

전환기 재배자(조직원) 명단 : 전환기 1차년도, 2차년도, 3차년도를 "T1, T2, T3 "로 표시 하십시오. "T3"에 해당할 경우 인증이 가능 합니다.

코드 또는 ID	재배자(조직원) 이름	단체 혹은 하부 단체명	참여 년도 (T1, T2, T3)	마지막 내부 점검 날짜	작물	전환기 (T), 관행(C)	전체면적 (m^2)	생산 계획량 (kg)

단체 내의 "T3" 재배자(조직원)수 : 명

인증이 가능한 "T3" 지역의 전체 면적(T3 상태에 있는 모든 작물) : m^2

"T3" 생산 계획량(인증이 가능한) : kg

단체 내의 "T1", "T2" 재배자(조직원)수 : 명

전환기에 있는 전체 면적("T1", "T2" 상태에 있는 모든 작물) : m^2

"T1"과" T2"의 생산 계획량 : kg

4.2. 인증 심사 보고서 작성예시

작물 심사 보고서

(생산자단체용)

이 보고서는 생산자단체에서 제공한 정보와 생산계획서 검토를 바탕으로 실제 현장과의 모순점이 있는지 확인하고 지적하여주십시오. 모든 질문에 철저히 답하고, 쟁점사항 등을 SECTION 11. 요약에 기술하여 주십시오. 잠재적 부적합 사항에 대해서는 최종면담 항목에 기록하여 주십시오.

<table>
<tr><td colspan="3">SECTION 1 : 일반사항</td></tr>
<tr><td colspan="3">단체명 :</td></tr>
<tr><td>신청인 성명 :</td><td colspan="2">생산관리자 성명 :</td></tr>
<tr><td colspan="3">면담자 성명 :</td></tr>
<tr><td colspan="3">심사원 성명 :</td></tr>
<tr><td>심사 일자 :</td><td>심사 시작 시간 :</td><td>심사 종료 시간 :</td></tr>
<tr><td colspan="3">※ 단체운영에 관한 일반적 사항에 대하여 심사에 참여한 사람들 이해도를 평가하여 주십시오.
※ 생산계획서상의 질문에 대한 대답이 정확한지, 어떠한 모순점들이 있는지 기록하여 주십시오.</td></tr>
<tr><td colspan="3">SECTION 2 : 시정 및 조치사항</td></tr>
<tr><td colspan="3">※ 이전 심사에서 시정 요구사항이 있을 경우 시정 요구사항들을 해결하기 위해 적절한 조치들이 취해졌는지 기술하여 주십시오.</td></tr>
<tr><td colspan="3">SECTION 3 : 생산계획 및 영농관련 정보</td></tr>
<tr><td colspan="3">※ 생산관리자가 영농정보에 관련된 모든 서류를 확인했는지, 단체 구성원의 필지관련 정보가 정확한지, 생산계획서의 영농관련 정보와 일치하는지 평가하여 주십시오
※ 생산계획서상의 단체의 영농정보에 관한 질문에 대한 대답이 정확한지, 어떤 모순점들이 있는지 등 단체의 영농 정보에 대하여 평가하여 주십시오.</td></tr>
<tr><td colspan="3">SECTION 4 : 종자, 파종, 종자보관, 종자처리</td></tr>
<tr><td colspan="3">※ 단체의 유기종자에 관한 정책과 비유기종자의 사용에 대한 규정이 준수되는지, 파종시 환경오염의 문제가 있는지, 종자 및 파종 관련 서류에 대한 문제점이 있는지 기술하여 주십시오.
※ 생산계획서상의 이 부분의 질문에 대한 대답이 정확하지, 어떤 모순점들이 있는지등 종자/파종, 종자취급에 대하여 평가하여 주십시오.</td></tr>
<tr><td colspan="3">SECTION 5 : 토양관리 및 비배관리</td></tr>
<tr><td colspan="3">※ 단체의 토양관리 및 비배관리정책과 준수여부에 관하여 기술하여 주십시오.
※ 생산계획서상의 토양관리 및 비배관리에 관련된 모든 질문에 대한 대답이 정확한지 어떤 모순점들이 있는지 평가하여 주십시오.</td></tr>
</table>

SECTION 6 : 작물 관리

※ 작물관리 관련 모든 서류의 유지관리와 금지된 자재의 사용여부 등에 대하여 기술하여 주십시오.
※ 생산계획서상의 작물관리관련 질문에 대한 대답이 정확한지, 어떤 모순점들이 있는지 단체의 작물 관리에 대하여 평가하여 주십시오.

SECTION 7 : 유기적 완전성 유지 관리

SECTION7A, 7B, 7C

※ 유기농이 아닌 인접필지나 관행 생산품으로 부터의 의도하지 않는 오염에 대한 완충지대가 설정되어 있는지 확인 하십시오.
※ GMO의 사용, 병행 생산품, 장비들의 사용에 대하여 기술하여 주십시오.

SECTION7D, 7E, 7F

※ 단체의 조직원은 인증기준을 이해하고 준수하기 위하여 충분히 노력하였습니까?
※ 저장 창고의 청소 주기는 유기적 완전성을 유지하기 위해 적절 합니까? 수확, 수확 이후의 처리, 저장, 운송과정에서 관행이나, GMO로부터 비의도적 오염기능성에 대해 주목하여야 할 부분을 기술하여 주십시오.
※ 생산계획서상의 유기적 완전성 유지관리에 대한 질문에 대한 답이 정확한지 그리고 어떤 모순점들이 있는지 지적하고 유기적 완전성을 증명 할 수 있는 서류들을 제출하여 주십시오.

SECTION 8 : 기록 보관 시스템

※ 기록관리시스템에서 단체의 최종 생산품을 무작위로 선택하여 생산량과 판매량에 대하여 판매로부터 저장, 수확, 작물 관리, 재배, 종자까지 추적조사하고 그 결과를 기술하여 주십시오.
※ 병행생산의 경우 유기농산물과 비유기농산물이 구분관리되고 각각 별개의 프로그램에 의하여 구분판매 판매 되었다는 것을 확인하고 판매량과 생산량이 일치한다면 검토된 서류를 열거하십시오. (필요시 추가 페이지에 작성하세요.)
※ 단체의 기록이 정확하고 잘 업데이트되고 있는지와 체계적으로 보관되는지에 관하여 평가하여 주십시오.

SECTION 9 : 유기 농산물 생산, 출하 실적

※ 최소한 1개의 유기 작물과 모든 병행생산된 농산물에 대한 생산량과 판매량의 연간재고품 (annual inventory balance) 실사를 실시하십시오.
※ 실사한 결과로부터 생산량, 판매량, 저장량, 손실량을 계산하여 표로 나타내고, 어떤 모순점이 있는지 지적하여 주십시오 (필요시 추가 페이지에 작성 하세요.)
※ 혼입이 되었다는 증거가 있는지, 제공된 정보가 각 작물에 대해 정확한지, 어떤 모순점들은 없는지 등 유기 농산물의 생산, 출하 실적에 대한 평가서를 제공하여 주십시오.

SECTION 10 : 단체의 자격, 경영, 생산자 정보				
	예	아니오	해당 없음	심사 결과
A. 자격의 필요조건				
1. 단체나 단체를 구성하는 하부 단체의 생산자들 모두가 유사한 생산 및 경영체계를 운영하고 있으니까? 그렇지 않으면 설명 하십시오.				
2. 생산과정과 경영구조가 제출된 생산계획서에 기술된 바와 일치합니까?				
3. 경영이나 단체의 마케팅이 일관성 있게 공동으로 이루어집니까?				
4. 단체에 속한 구성원 개인이 생산품을 단체의 외부에서 인증품으로 판매하고 있습니까? 그렇다면 누구인지 확인하여 주시고, ICS가 이러한 사항을 확인하고 적절한 제제를 가하였는지 확인하십시오.				
5. 단체는 ICS가 활동할 수 있도록 지원할 수 있는 충분한 재원을 확보하고 있읍니까? 그렇지 않다면 설명 하십시오.				
B. 내부관리 시스템				
6. ICS는 기준들의 이해를 돕기 위한 교육을 실시하고 있습니까?				
7. 인증기관에 제출된 내부규정들과 단체에 활용되고 있는 내부규정 사이에 괴리가 있습니까?				
8. 새로운 조직원이 단체에 가입할 때 내부 심사를 받습니까?				
9. 단체의 모든 회원들이 유기농 기준을 준수하고 내부점검과 인증기관의 점검을 허락한다는 계약서에 서명 했습니까?				
11. 단체는 생산관리자를 고용하고 있습니까?				
12. 생산관리자는 생산자들과 consulting 등 이해관계가 있습니까?				
12. 생산관리자는 단체와 이해관계에 따른 제척 회피 사유가 있습니까?				
13. 생산관리자가 자기 자신이나 자기가 속한 공동체의 유기 생산품이나 포장에 대해 심사를 합니까? 만약 그렇다면 심사받은 생산자와 해당 생산관리자의 이름을 기록하십시오.				

14. 단체가 여러 개의 하부단체나 공동체로 구성되었을 경우 생산관리자는 자기 자신이 속한 하부단체나 공동체를 제외한 구성단체를 심사합니까?				
15. 내부관리시스템은 생산자의 준수사항을 평가하기 위해서 생산자에 대한 개별적인 심사(개인심사)를 수행합니까? 그렇지 않고 표본심사를 수행할 경우 개인의 부적합 사항을 어떻게 확인하는지 설명 하십시오.				
16. 내부심사 보고서는 인증기준에 관한 모든 사항들을 점검하고 있습니까?				
17. 모든 생산자에 대해 최소한 1번 이상의 연간 내부심사가 이루어집니까?				
18. 생산자들이 내부점검 현장에 참여 하였습니까?				
19. 인증기관의 인증심사원은 내부심사자에 의해 수행되었던 내부심사의 방법과 절차에 따라 표본심사를 수행 하였습니까?				
20. 단체의 ICS에 의해 채택된 점검 방법들은 생산자들이 인증기준을 준수 했다고 확신할 수 있습니까? (확신할 수 없다면 14~15부분에 자세히 설명해 주십시오.)				
21. 단체의 ICS에 따른 내부점검 방법은 인증받은 생산자들이 단체의 내부규정을 준수 했다는 것을 확신하여 주기에 충분합니까?				
22. 표본심사 22-1. "1.2. 단체인증에서 표본심사"의 절차와 방법에 따라 표본심사를 실시하고 그 결과를 기술하시오. 그 결과가 단체의 ICS에 따른 내부점검결과와 일치합니까? 그렇지 않다면 설명해 주십시오. 22-2. 단체의 내부심사관련 기록들이 표본심사시 발견된 사항들과 일치합니까? (예, 내부심사보고서의 내용, 생산량 평가 등이 정확합니까?)				
23. 생산자들은 내부관리 기준(생산지침서, 생산계획서 등)을 이해하고 있습니까? 그렇지 않다면 설명해 주십시오.				
24. 생산자가 내부관리기준을 준수하지 않거나 부적합 사항이 발견되었을 때 이에 대하여 제제를 가한 기록이 있습니까?				
25. 모든 제제들은 내부관리지침에 명시된 절차에 따라 부과되었습니까?				
26. 제제에 따라 부과된 교정활동이 기록되었습니까?				

27. 단체는 생산자의 관리 상태에 따라 정리된 명부를 보관합니까? a. 현재 인증이 유효한 생산자 명단? b. 전환기간 중에 있는 생산자 명단? c. 행정처분, 벌칙 등으로 제제받은 생산자 명단?				
28. 인증품 판매에 의한 소득이 U$5,000/년을 초과하는 생산자가 있습니까? 이 경우 "첨부2 표본심사개요"에 표시하고 "첨부3 개별농가 이력관리 및 포장관리"에 별도로 점검을 받고 있다는 명확한 근거를 제시하여 주십시오.				
29. 단체는 생산자들을 위해 교육을 실시합니까?				
30. 생산자와 내부심사자들의 교육에 대한 문서화된 기록이 있습니까?				
31. 단체는 각 생산자와 각 하부단체에 대한 서류들을 유지관리하고 있읍니까?				

32. 하부단체 마다 1건 이상의 생산관리자에 의한 내부심사과정을 목격하는 목격심사를 실시하고 그 결과를 기술하시오. 단, 생산관리자가 인증기준을 상세히 알고 있고, 내부심사기록이 충분히 문서화 되어 있으며, 인증기준의 내부관리기준에 대한 적합성 여부를 판단할 수 있다면 생산관리자에 의한 표본심사결과를 첨부하여 목격심사를 대치할 수 있다.

33. 단체의 내부관리시스템의 전반적인 효율성과 단체의 구성원이 인증기준에 대한 준수여부를 확인하는 능력, 내부규정의 실행 능력, 내부지침의 수준에 대해서 평가해 주십시오. 회계감사, 추적조사, 표본심사, 추가심사, 목격심사 중에 관찰한 사항들과 기타 ICS를 평가할 수 있는 요인들을 이용하여 내부관리시스템의 평가 결과를 서술하시오.

SECTION 11 : 요약

상기 1-10항까지의 심사 결과를 쟁점사항 위주로 간단히 기술

이 보고서에 포함된 정보는 심사원(심사팀), 인증기관, 국립농산물품질관리원의 비밀로 유지됩니다. 이 보고서는 인증의 컨설팅 혹은 선전의 목적으로 이용되지 않습니다. 모든 관찰 및 조사 내용은 친환경농어업 육성 및 유기식품 등의 관리·지원에 관한 법령의 인증기준에 기초를 둡니다. 아래 서명함으로써, 위에 지적된 모든 농장 운영에 대하여 인증 신청자와 이해 관계가 상충되지 않음을 확인하며, 인증심사가 친환경농어업 육성 및 유기식품 등의 관리·지원에 관한 법령에 따른 인증절차에 의해 심사가 진행되었음을 확인합니다. 최종면담과 증빙자료 등 모든 문서를 첨부합니다.

인증심사 결과 보고일자 : 20 년 월 일

심사원 성명 : 서명 : 일시 : 년 월 일
심사원 성명 : 서명 : 일시 : 년 월 일
첨부물 리스트

첨부번호	서류명	비고
1	최종면담	
2	표본심사개요	
3	개별농가 이력관리 및 포장관리	
4		
5		

첨부 1. 최종면담

면담대상자 성명 : 서명 : 일자 : 심사원 성명 : 서명 : 일자 : 성명 : 서명 : 일자 :

첨부 2. 표본심사개요(예시)

1. 표본농가의 선정 방법 :
   17명 중 유기전환기 신규농가 4명과 무작위로 2명을 포함 총 6명의 표본농가를 선정함.

2. 내부심사개요

조직원			재배포장 및 완충지대				생산계획량(t)	예정량/1,000㎡	평균/1,000㎡	생산량 적정성	비고
성명	인증구분	면담실사대상여부	품목(품종)	필지수	재배포장면적(㎡)	완충면적(㎡)					
1	유기연장		쌀(오대)	15	56,938	5필지 2,000	28.47	0.5	0.5	100%	
2	유기연장		쌀(오대)	4	12,620	3필지 800	5.81	0.5	0.5	100%	
3	유기연장	0	쌀(오대) 건고추	5 1	4,946 660	1필지 330 양호	10.45 0.17	0.5 0.26	0.5 0.25	100% 103%	
4	유기연장		쌀(오대)	2	6,131	양호	3.07	0.5	0.5	100%	
5	유기연장		쌀(오대)	6	11,255	양호	5.63	0.5	0.5	100%	
6	유기연장		쌀(오대)	7	26,787	양호	13.39	0.5	0.5	100%	
7	유기연장		쌀(오대)	4	11,028	1필지 330	5.51	0.5	0.5	100%	
8	유기연장		쌀(오대)	5	12,995.1	양호	6.50	0.5	0.5	100%	
9	유기연장		쌀(오대)	2	12,204	2필지 800	6.10	0.5	0.5	100%	
10	유기연장		쌀(오대)	2	7,164	양호	3.58	0.5	0.5	100%	
11	유기연장		쌀(오대) 건고추	15 1	21,991 1000	1필지 200 양호	10.50 0.3	0.5 0.3	0.5 0.25	100% 120%	
12	유기연장	0	쌀(오대)	1	9,724	1필지 300	4.86	0.5	0.5	100%	
13	유기연장		쌀(오대)	1	8,808.8	1필지 600	4.40	0.5	0.5	100%	
14	유기연장 전환기 신규	0	쌀(오대)	3 1	17,813.8	2필지 480	8.91	0.5	0.5	100%	
15	유기연장 전환기 신규	0	쌀(오대)	2 2	27,771.6	3필지 800	13.89	0.5	0.5	100%	
16	유기연장 전환기 신규	0	쌀(오대)	2 1	11,891	1필지 400	5.95	0.5	0.5	100%	
17	유기연장 전환기 신규	0	쌀(오대)	4 3	34,129	3필지 1,600	16.11	0.5	0.5	100%	
총17농가 중 6명 면담				84	297,898	양호	147.50				

첨부 3. 개별농가 이력관리 및 포장관리

일련번호 : / 성 명 : 작성일 : 20 년 월 일

(1) 필지현황(생산계획량의 적정성 판단결과) 단위 : ㎡, 톤, 톤/1,000㎡

<table>
<tr><th rowspan="2">인증 종류</th><th colspan="2">품목(윤작)</th><th rowspan="2">농장주소 (리/지번)</th><th rowspan="2">재배면적 (㎡)</th><th rowspan="2">완충면적 (㎡)</th><th rowspan="2">전체수확 예정량(톤)</th><th rowspan="2">예정량/ 1,000㎡당</th><th rowspan="2">통계청 평균 /1,000㎡당</th><th rowspan="2">적정성 (%)</th></tr>
<tr><th>전년</th><th>당년</th></tr>
<tr><td></td><td></td><td></td><td></td><td></td><td></td><td></td><td></td><td></td><td></td></tr>
<tr><td></td><td></td><td></td><td></td><td></td><td></td><td></td><td></td><td></td><td></td></tr>
<tr><td></td><td></td><td></td><td></td><td></td><td></td><td></td><td></td><td></td><td></td></tr>
<tr><td></td><td></td><td></td><td></td><td></td><td></td><td></td><td></td><td></td><td></td></tr>
</table>

(2) 심사내용

<table>
<tr><th>구분</th><th colspan="2">조사항목</th><th>기록 및 조사 내용</th><th>기타</th></tr>
<tr><td rowspan="4">생산 과정</td><td rowspan="4">생산, 및 출하 기록</td><td>필지별 생산량에 대한 기록과 재배면적 대비 생산/출하량은 적정한가?</td><td></td><td></td></tr>
<tr><td>완충지대 생산량에 대한 기록은?</td><td></td><td></td></tr>
<tr><td>저장, 보관, 판매량, 판매처 기록내용</td><td></td><td></td></tr>
<tr><td>표시사항 적정여부?</td><td></td><td></td></tr>
<tr><td rowspan="3">전환 내역</td><td colspan="2">영농일지 기록기간은?</td><td></td><td></td></tr>
<tr><td colspan="2">친환경농업 실천경력 및 교육이수내역은?</td><td></td><td></td></tr>
<tr><td colspan="2">과거 인증 사례 및 전환기간은?</td><td></td><td></td></tr>
<tr><td rowspan="6">전년도 영농 관련 자료</td><td rowspan="2">토양관리</td><td>사용자재명, 용도, 방법은?</td><td></td><td></td></tr>
<tr><td>토양중금속, 토양검정 결과는?</td><td></td><td></td></tr>
<tr><td>비배관리</td><td>사용자재명, 용도, 방법은?</td><td></td><td></td></tr>
<tr><td>병해관리</td><td>사용자재, 용도, 방법, 시기, 효과</td><td></td><td></td></tr>
<tr><td>해충관리</td><td>사용자재, 용도, 방법, 시기, 효과</td><td></td><td></td></tr>
<tr><td colspan="2">제한 및 금지물질 사용은?</td><td></td><td></td></tr>
<tr><td rowspan="8">금년도 계획 재배 관리 및 방법</td><td colspan="2">윤작 형태 및 실시방법?</td><td></td><td></td></tr>
<tr><td colspan="2">잡초방제 방법 및 사용자재는?</td><td></td><td></td></tr>
<tr><td rowspan="2">토양 관리</td><td>사용자재명, 용도, 방법은?</td><td></td><td></td></tr>
<tr><td>토양중금속, 토양검정 결과는?</td><td></td><td></td></tr>
<tr><td>비배관리</td><td>사용자재명, 용도, 방법은?</td><td></td><td></td></tr>
<tr><td>병해관리</td><td>사용자재, 용도, 방법, 시기, 효과</td><td></td><td></td></tr>
<tr><td>해충관리</td><td>사용자재, 용도, 방법, 시기, 효과</td><td></td><td></td></tr>
<tr><td colspan="2">기타</td><td></td><td></td></tr>
<tr><td>용수</td><td colspan="2">사용용도, 방법, 시기 및 수질검사는?</td><td></td><td></td></tr>
<tr><td rowspan="2">종자 및 종묘</td><td colspan="2">종자, 종묘, 묘목의 사용실태 및 수급방법?</td><td></td><td rowspan="2">친환경재배 가능성 여부</td></tr>
<tr><td colspan="2">상토제조 방법 및 구입처는? 전지방법?</td><td></td></tr>
<tr><td rowspan="4">농장 관리</td><td colspan="2">자재보관 상태는?</td><td></td><td></td></tr>
<tr><td colspan="2">영농규모 및 관행재배여부</td><td></td><td></td></tr>
<tr><td colspan="2">장비관리상태(종류 및 수량)는?</td><td></td><td></td></tr>
<tr><td colspan="2">수확 후 처리방법은?</td><td></td><td></td></tr>
<tr><td rowspan="3">기타</td><td colspan="2">추적조사 등</td><td></td><td></td></tr>
<tr><td rowspan="2">금지물질의 마지막 사용 내역 (시기/자재)</td><td>유기합성농약</td><td></td><td rowspan="2"></td></tr>
<tr><td>화학비료</td><td></td></tr>
</table>

(3) 개별농가 면담결과 작성일 : 20 년 월 일

심사원 :	작목반 :	농가명 :	연령 :	전화 :

인증구분	리/동	지번	면적㎡	형태	전년 품목 (전/후작)	올해 신청품목		관리실태	완충거리
						(전/후작)	예정량kg		

<table>
<tr><td colspan="2">전환기간 : 입문 : / 최초인 증 : /</td><td colspan="3" rowspan="3">관행필지 :</td></tr>
<tr><td>인증이해도 :</td><td>교육현황 :</td></tr>
<tr><td>영농기록 :</td><td>출 하 량 :</td></tr>
<tr><td colspan="2">종자/육묘(날짜/장소) : /</td><td colspan="3">금지자재 최종 사용한 날짜와 제품</td></tr>
<tr><td>잡초방제 :</td><td>용수 :</td><td>유기합성농약</td><td>화학비료</td><td>기타</td></tr>
<tr><td colspan="2">병충해발생/방제내역 :</td><td rowspan="2"></td><td rowspan="2"></td><td rowspan="2"></td></tr>
<tr><td colspan="2">토양관리 :</td></tr>
<tr><td colspan="5">사용농자재 :</td></tr>
<tr><td colspan="5">기타 :</td></tr>
</table>

개별농가 면담 내역서 작성요령

- 심사원 : 누가 심사를 했나?
- 작목반 : 작목반의 몇 번째인지를 기록(예-산계 15) = 산계작목반의 15번째를 의미 함
- 농가명 : 단체에서 직책이 있을 경우 직책도 기입
- 형 태 : 논<경지정리(경정), 산골, 일반>, 밭, 시설 등
- 수확량(예정) : 12년 수확예정량
- 관리실태 : 현재 논의 상황 - 주변여건, 논의 관리상태 등 - 필지방문 시 확인 후 기록
- 완충거리 : 농로를 중심으로 동서남북(좌/우)로 판정 후 기록 - 이상 없을 시는 양호
- 전환기간 : 친환경인증 입문 년도(최초인증일/ 인증종류의 변경일자 등)
- 인증이해도 : 점수(1 = 최하~5 = 최상), 인증에 대한 이해도와 실천력 어떤 수준인지?
- 교육현황 : 개인, 단체 - 인증기관에서 받은 교육의 년/월/일
- 영농기록 : 없으면 0점, 점수(1 = 최하~5 = 최상)로 판단하여 기록
- 출하량 : 전년도 수매량과 영농기록장에 기록여부(생산이력제의 중요한 요소임을 강조)
- 용수로 확인 : 필수 - 관행논의 용수유입 여부
- 관행필지 : 논(관행논 - 품종, 혼입 여부를 질문), 밭, 축산 등을 구분 - 평수, 재배작목, 사육규모 등 기록
- 금지된 자재의 최종 사용한 날짜와 제품 : 유기합성농약, 화학비료, 기타(호르몬제, GMO 등)
- 종자/육묘(날짜, 장소) : 영농기록상(문답)의 종자 및 모종의 량과 파종, 정식일 등등
- 잡초/병충해방제, 토양관리, 사용자재 : 영농기록 내용 또는 문답으로 확인(공동이 아닌 개별적으로 실행하는 작업에 대한 것도 기록)
- 기타 : 특이사항, 일손능력, 기타 인증에 참고될 사항

제5장

유기농산물 인증심사 방법

1. 유기농산물 인증의 개요
2. 유기농산물 인증심사요령
3. 품목별 인증심사의 예시
4. 인증심사보고서 작성 예시

1. 유기농산물 인증의 개요

유기농산물은 농산물인증 단계 중 가장 높은 수준의 인증단계이며 장기적으로 육성되고 있는 미래지향적 인증이라 말할 수 있다. 유기농산물 인증을 간단히 요약하면 화학비료 및 유기합성농약을 사용하지 않고 농산물을 생산하는 방식에 대한 인증이다. 농산물은 식량작물 재배업, 채소작물 재배업, 과실작물 재배업, 특용작물 재배업, 약용작물 재배업, 버섯 재배업, 임산물 생산·채취업으로 생산되는 산물을 포함한다. 인증품의 포장을 뜯어 내용물이나 포장단위를 변경하거나 가공하지 아니한 상태로 단순처리한(절단, 세척 등) 후 다시 포장할 경우 취급자 인증을 받아야 하며, 농산물을 인공적으로 처리하여 형태나 성질을 변화시킨 제품은 유기가공식품 인증을 받아야 한다.

2. 유기농산물 인증심사요령

2.1. 생산계획서(OSP: Organic System Plan)의 검토

생산계획서는 인증신청자가 빈칸 없이 작성하여야 하며 해당사항이 없을 경우 해당사항 없음이라고 표기하도록 한다. 심사원은 작성된 생산계획서를 다음과 같은 요령으로 검토한다.

인증품 생산계획서

(농산물용)

1. 신청인

가. 신청인 정보

살펴보기

- 신청인의 기본정보를 기록하며 신청서의 내용과 일치하는지 확인한다.
  단, 2인 이상 시 5)항에 단체를 표시하고 개인별로 인증품 생산계획서를 제출받아 확인한다.(벼를 재배하는 생산자 단체가 공동으로 재배관리하고 수확·판매하면서 경영비와 수익금을 일괄 정산하는 경우에는 단체 공동의 인증품 생산계획서를 1건으로 작성·관리가능)

1) 성명		2) 연락처(전화번호)	
3) 생년월일 또는 사업자등록번호			
4) 주소			
5) 인증신청단위	□ 단체(단체명 :) □ 개인		

* 단체의 경우 생산자 단체 공통사항을 별도 첨부하여 주십시오.

나. 신청 내용

살펴보기

- 신청 및 인증의 종류를 확인한다.

1) 신청 종류	□ 신규 신청 □ 인증갱신 신청 □ 인증품 유효기간 연장신청
2) 인증 종류	□ 유기농산물 □ 무농약농산물(□유기농업 전환시작)

*인증품 유효기간연장 신청은 해당되는 항목만 기재합니다.

2. 신청내역

- 인증신청하려는 재배포장 내역 및 품목별 생산 계획을 모두 기재하여 주십시오.

살펴보기

- 기재된 지번 및 면적은 이를 확인할 수 있는 자료(공부상면적 등)와 비교해가며 정확하게 기재되었는지 확인한다.(신청면적은 공부상면적과 같거나 작아야 한다.)
- 품목별 재배면적과 생산량을 기입하며 생산량에 대하여 면적당 생산량이 적절한지 확인한다.

소재지	지번	품목명	재배면적 (㎡)	생산계획량 (kg)	전년도 생산량(kg)	비고 (작기횟수)

3. 재배작기

- 인증을 받으려는 품목의 재배작기를 기재하여 주십시오.

살펴보기

- "작물별 생육기간"의 2/3가 경과하지 않았는지를 확인하여 신청 접수가 가능여부를 판단한다.
  * 작물별 생육기간 *
  1) 3년생 미만 작물 : 파종일부터 첫 수확일까지
  2) 3년 이상 다년생 작물(인삼, 더덕 등) : 파종일부터 3년의 기간을 생육기간으로 적용
  3) 낙엽수(사과, 배, 감 등) : 생장(개엽 또는 개화) 개시기부터 첫 수확일까지
  4) 상록수(감귤, 녹차 등) : 직전 수확이 완료된 날부터 다음 첫 수확일까지

품목명	파종일	수확기간	판매기간

4. 재배포장·용수·종자

가. 재배포장이 중금속 등으로 오염되었거나 주변에 금속광산, 폐기물 매립지 등 오염원이 있습니까?(있다면 그 오염원이 무엇인지 기재하여 주십시오)

□ 예( ) → **살펴보기** 토양 중금속 분석을 실시한다.

□ 아니오

나. 재배포장의 토양에 대해 최근 2년간 실시한 토양검정 결과가 있습니까?

□ 예

□ 아니요 → **살펴보기** 농촌진흥청, 농업기술원 또는 농업기술센터에 토양검정분석을 의뢰하도록 요구한다.

토양검정 결과가 있는 경우 그 결과를 제출하여 주십시오.

다. 재배포장의 토양검정 결과 유기물함량이 적정치 이하이거나 염류가 과도하게 집적된 경우에는 개선대책을 제시하여 주십시오. → **살펴보기** 개선대책이 인증기준에 적합한지 확인한다.

라. 재배포장에 최근 2년(무농약은 1년) 이내에 화학비료와 유기합성농약이 투입된 사실이 있나요? (있다면 그 사용 내역을 아래 서식에 기재하여 주십시오.) □예 □ 아니오

사용자재명	사용 장소(농장소재지)	최종 사용일	비 고

마. 영농과정에서 사용하는 재배용수는 무엇입니까?

□ 하천수 □ 호소수 □ 지하수 □ 수돗물 □ 자연빗물 □ 기타(   )

바. 최근 5년 이내에 실시한 재배용수에 대한 검정결과가 있는 경우 이를 제출하여 주십시오.

□ 검정결과 제출 □ 검정결과 미제출

사. 종자의 사용내역을 기재하여 주십시오.

살펴보기

- 종자의 종류에 대한 확인자료를 제출받아야 한다.

종자명	사용량	구매처	종자종류

※ 종자의 종류는 유기, 무농약, 일반종자(무처리), 일반종자(농약소독)로 구분하여 기재

아. 종묘를 구입한 경우 사용내역을 기재하여 주십시오.

살펴보기

- 종묘 및 육묘과정이 인증기준에 부합하는지 확인한다.

종묘명	사용량	구매처	종묘종류

※ 종묘의 종류는 유기묘, 무농약묘로 구분하여 기재

자. 유전자 변형농산물로 표시된 종자를 사용한 사실이 있습니까? (구매한 종자의 포장재 또는 공급자 증명서를 제출하여 주십시오)

□ 예 □ 아니요

차. 인증신청필지 주변에 농약비산 등으로 인한 오염될 우려가 있습니까?
ㅁ 예　　　　　　　　　ㅁ 아니요

오염될 우려가 있는 경우 이에 대한 관리대책을 제시하여 주십시오.

살펴보기

- 현장심사 시 관리대책에 대한 이행여부를 확인하여야 한다.

5. 재배방법

가. (무농약재배에 한함) 화학비료의 연간 사용계획(기 사용량 포함)을 기재하여 주십시오.

살펴보기

- 화학비료의 연간 사용 계획이 인증기준에 적합한지 확인한다.

자재명	성분함량	사용 가능량	사용시기	사용장소 (농장소재지)	사용한 양	사용할 양

나. 잡초 및 병해충에 대한 관리계획을 기재하여 주십시오.

살펴보기

- 잡초 관리계획이 인증기준에 적합한지 확인한다.
- 병해충 관리계획이 인증기준에 적합한지 확인한다.

◈ 잡초 관리계획 :	◈ 병해충 관리계획 :

다. 최근 3년간의 작부체계(윤작) 이행 및 계획을 기재하여 주십시오.(무농약은 생략 가능)

소재지	지번	년		년		년	
		작물명	재배기간	작물명	재배기간	작물명	재배기간

살펴보기

- 유기농산물 인증 신청시 윤작계획에 대한 적합성 여부를 확인한다.

6. 신청인 확인 사항

가. 인증품 생산계획서를 작성한 사람은 누구입니까?
ㅁ 신청인(　　　　　)이 직접 작성함
ㅁ 신청인의 요청에 따라 아래 대리인이 작성하였으며, 신청인(　　　　　)이 확인함

성 명	생년월일 (사업자등록번호)	주소	연락처	소 속

나. 인증신청인은 아래 주의사항을 반드시 확인하고 서명하여 주시기 바랍니다.

신청인 주의사항 위에 작성된 내역은 사실 그대로 작성된 것이며, 만일 사실과 다른 내용이 있는 경우에는 「친환경농어업 육성 및 유기식품 등의 관리·지원에 관한 법률」 제24조에 따른 인증취소 및 같은 법 제60조에 따른 벌칙 처분(3년 이하의 징역 또는 3천만원 이하의 벌금)에 이의 없음을 확인하고 이에 서명합니다.

20 년 월 일

신청인 : (서명 또는 인)

2.2. 경영관리

1) 경영관련자료

항목	구비요건		관련 서류
	친환경농어업 육성 및 유기식품 등의 관리·지원에 관한 시행규칙 (이하 "규칙") 별표 3	국립농산물품질관리원 고시 제2017-32호(이하"고시) 별표 1	
경영관리	1) 별표 4에 따른 경영 관련 자료를 기록보관하고, 국립농산물품질관리원장 또는 인증기관의 장이 열람을 요구할 때에는 이에 응할 것 [별표 4] 경영관련자료 경영 관련 자료에 기재할 사항은 다음과 같다. 가.농산물·임산물 1) 재배포장의 재배 사항을 기록한 자료 : 품목명, 파종·식재일, 수확일 2) 농산물·임산물 재배포장에 투입된 토양개량용 자재, 작물생육용자재, 병해충관리용 자재 등 농자재 사용 내용을 기록한 자료 : 자재명, 일자별 사용량, 사용목적, 사용가능한 자재임을 증명하는 서류 3) 농산물·임산물의 생산량 및 출하처	1) 경영관련 자료의 기록기간은 규칙 별표 4 제1호가목에 따라 최근 2년 이상으로 한다. 다만, 재배품목과 재배포장의 특성에 따라 다음 각 호와 같이 단축하거나 연장할 수 있다. 가) 생육기간이 3개월 미만인 싹을 틔워 직접 먹는 농산물, 어린잎채소, 버섯류는 경영관련 자료를 최근 6개월 이상 기록하여야 한다. 나) 매년 수확하지 않는 다년생 작물(예 : 인삼, 더덕 등)을 2년 이상 재배하고 있는 경우 경영관련 자료를 파종일 이후부터 기록하여야 한다. 다만, 작물재배를 위해 포장관리를 하는 경우에는 포장관리를 시작하는 날부터 기록할 수 있다. 2) 재배하고 있는 농산물 중 일부만을 인증 받으려고 하는 경우 인증을 신	- 경영관련자료 - 자재거래내역 - 생산출하내역 - 인증품 생산계획서

<table>
<tr><th rowspan="2">항목</th><th colspan="2">구비요건</th><th rowspan="2">관련 서류</th></tr>
<tr><th>친환경농어업 육성 및 유기식품 등의 관리·지원에 관한 시행규칙 (이하 "규칙") 별표 3</th><th>국립농산물품질관리원 고시 제2017-32호(이하"고시) 별표 1</th></tr>
<tr><td>경영관리</td><td>별 판매량을 기록한 자료 : 품목명, 생사량, 출하처별 판매량
4) 유기합성 농약 및 화학비료의 구매·사용·보관에 관한 사항을 기록한 자료 : 자재명, 일자별 구매량, 사용처별사용량·보관량, 구매영수증
5) 1)에서 4)까지의 기록기간은 최근 2년간으로 하되 재배품목과 재배포장의 특성 등을 감안하여 국립농산물품질관리원장이 정하는 바에 따라 3개월 이상 3년 이하의 범위에서 그 기간을 단축하거나 연장할 수 있다.</td><td>청하지 않은 농산물의 재배과정에서 사용한 유기합성농약 및 화학비료의 사용량과 해당농산물의 생산량 및 출하처별 판매량(병행생산에 한함)에 관한 자료를 기록보관하되 그 기간은 최근 2년 이상으로 한다.
3) 1)과 2)에 정한 경영관련 자료와 농산물의 생산과정 등을 기록한 인증품 생산계획서 및 필요한 관련정보는 국립농산물품질관리원장 또는 인증기관의 장이 심사 등을 위하여 제출 또는 열람을 요구하는 때에는 제공하여야 한다.</td><td></td></tr>
<tr><td colspan="4"><심사요령>
- 제출된 경영관련자료의 기록기간이 기록 시작일 부터 인증 신청일까지 2년 이상인지 확인한다. 단, 단축이나 연장 사유의 작물일 경우 위 사항을 참조하여 경영관련자료의 기록기간을 조절할 수 있다.
- 경영관련자료의 기록기간을 단축할 수 있는 품목을 심사할 경우에는 최근 6개월 이상의 기록이나 재배 시작일 이후 6개월 이상의 기록을 확인한다.
- 경영관련자료의 기록기간을 연장할 수 있는 품목을 심사할 때에는 파종일 이후부터 경영관련자료가 기록되었는지 확인한다. 포장관리를 시작하는 날부터 경영관련자료를 기록한 경우에는 해당 기록을 포함하여 확인한다.
- 경영관련자료에 주요 농작업의 내용과 날짜가 기록되어 있는지 확인하고, 금지물질(유기합성농약, 화학비료 등)의 사용 여부나 재배작물별 주요농작업의 기록을 확인한다.
- 투입자재 사용에 대한 적정성여부(투입자재의 종류, 성분, 사용량, 사용목적, 사용날짜, 보관장소, 재고량, 2년 동안의 거래내역서)를 확인한다.
- 인증을 받으려는 농산물의 생산량, 출하처별 판매량, 생산출하내역을 확인한다.
(전년도생산량≥전년도 출하처별 판매량, 생산계획량≒년 평균 생산량)
(작목별 평균생산량 확인 - 농사로(www.nongsaro.go.kr) 〉농산물소득정보 〉농축산물소득자료집)
인증신청자가 최근 1년간 구매한 유기합성농약 및 화학비료의 구매량, 구매처, 사용량 및 보관량 등을 확인한다.
- 경영관련자료에 기록된 사항과 관련된 증빙서류(출하내역, 농자재 거래내역 등)를 비교해 가며 심사를 진행한다.
- 재배하고 있는 농산물 중 일부만을 인증 받으려고 하는 경우, 인증신청하지 않은 농산물의 재배과정에서 사용한 자재(종류, 사용량, 사용시기) 확인, 재배필지, 재배면적, 재배품목 등을 확인한다. 또한, 인증신청하지 않은 농산물의 생산량과 출하처별 판매량 등도 확인한다.
- 신청인이 직접 제출한 서류 외 인증기관에서 요구한 서류의 종류를 확인하고, 요구한 서류가 인증기관에 제출되었는지 확인한다.</td></tr>
</table>

2) 생산자단체

항목	구비요건		관련 서류
	규칙별표 3	고시별표 1	
단체관리	2) 신청자가 생산자단체인 경우에는 생산관리자를 지정하여 소속 농가에게 교육 및 예비심사 등을 실시하도록 할	4) 생산자단체로 인증 받으려는 경우 인증신청서를 제출하기 이전에 다음 각 호의 요건을 모두 이행하고 관련 증명자료를 보관하여야 한다. 가) 소속 농가에게 인증기준에 적합하게 작성된 생산지침서를 제공하여야 한다. 나) 소속 농가에게 최신의 인증기준과 인증농가가 준수하여야 하는 사항에 대해 교육하여야 한다. 다) 소속 농가의 인증품 생산과정이 인증기준에 적합한 지에 대한 예비심사를 하고 심사한 결과를 별지 제5호 서식에 기록하여야 한다. 라) 가)부터 다)까지의 업무를 수행하기 위해 국립농산물품질관리원장이 정하는 자격을 갖춘 생산관리자를 1명 이상 지정하여야 한다. 5) 4)의 라)에 의한 생산관리자는 국립농산물품질관리원장 또는 국립농산물품질관리원장이 지정하는 교육기관이 실시하는 4시간 이상의 양성교육 및 보수교육(2년 1회)을 수료한 자로 지정하여야 한다. 6) 생산관리자는 신규 단체로 인증된 날로부터 6개월 이내에 지정하되 4)다)의 예비심사는 인증갱신 시부터 적용되며, 생산관리자의 인증취소, 경영이양 등 부득이한 사유로 교체 지정이 필요한 경우 그 사유가 발생한 날로부터 1개월 이내에 새로운 생산관리자를 지정하여 운영하여야 한다. 이 경우 5)에 정한 생산관리자 양성교육 및 보수교육의 이수 기한은 교체 사유가 발생한 날로부터 6개월 이내로 한다. 7) 최근 2년 이내에 제19조에 따른 교육기관에서 3시간 이상(갱신 신청의 경우 2시간 이상) 친환경농업에 대한 교육을 받아야 한다. 다만, 5)에 따른 생산관리자 교육을 받은 자는 이 교육을 받은 것으로 본다.	예비심사보고서 생산자단체공통사항 생산지침서

항목	구비요건		관련서류
	규칙별표 3	고시별표 1	

<심사요령>
- 생산관리자의 단체관리 방법(생산지침서 작성 및 관리, 경영관련자료의 기록 및 관리, 인증품 출하관리 등)을 확인한다.
- 생산지침서의 적정여부(종자(종묘)구입 및 보급, 육묘방법, 자재사용 및 구입, 혼입방지계획, 오염우려지역 방지대책, 배부방법 등)를 확인한다.
- 생산관리자의 단체 지도방법(인증기준 교육 및 지도 등)을 확인한다.
- 생산관리자가 심사한 예비심사 결과를 확인하고 인증기준에 적합한지를 확인한다.
- 생산관리자의 인적사항(이름, 나이, 소속 등)을 확인한다.
- 단체(작목반)의 적정여부(조직도, 가입절차, 상벌규정, 비상연락체계 등)를 확인한다.

2.3. 재배포장·용수·종자

1) 재배포장

(1) 유해성분(중금속, 잔류농약) - 토양

항목	구비요건		관련서류
	규칙 별표 3	고시 별표 1	
재배포장	1) 재배포장은 최근 1년간 인증취소 처분을 받지 않은 재배지로서 「토양환경보전법 시행규칙」에 따른 토양오염우려기준을 초과하지 않으며, 주변으로부터 오염 우려가 없거나 오염을 방지할 수 있을 것	1) 재배포장의 토양은 주변으로부터 오염 우려가 없거나 오염을 방지할 수 있어야 하고, 「토양환경보전법 시행규칙」 별표 3에 따른 1지역의 토양오염우려기준을 초과하지 아니하며, 유기합성농약 성분이 검출되어서는 아니 된다. 다만, 유기합성농약 성분의 검출량이 0.01mg/kg 이하인 경우에는 불검출로 본다.	- 토양중금속 분석성적서 - 토양잔류농약 성적서 - 시료수거확인서

<심사요령> - 중금속
- 재배포장 인근지역이 공장폐수·생활하수·축산폐수 유입지역, 원광석·고철야적지 주변 지역, 금속제련소 주변지역, 폐기물적치·매립·소각지 주변지역, 금속광산 주변지역, 신청이전에 중금속 등 오염물질이 포함된 자재를 지속적으로 사용한 지역인지 확인한다. 「토양환경보전법」에 따른 토양측정망 및 토양오염실태조사 결과 오염우려기준을 초과한 지역의 주변지역인지 확인한다.
- 친환경농산물정보시스템을 이용하여 중금속오염우려지역 체크[친환경인증관리정보시스템(인증관리/인증신청등록/필지수)에 재배포장의 지번을 등록 완료하면 자동으로 확인가능]를 통해 확인한다.
- 토양 중금속 분석항목 : 토양오염우려기준이 설정된 성분 중 해당지역에서 오염이 우려 되는 특정성분(특정성분을 한정할 수 없는 경우 카드뮴, 구리, 비소, 수은, 납, 6가크롬, 아연, 니켈을

검정함)을 분석한다. 다만, 제주특별자치도의 경우「제주특별자치도 설치 및 국제자유도시 조성을 위한 특별법」제374조에 따른 토양오염우려기준에서 규정하고 있는 성분(해당 기준을 적용함)
- 토양시료 채취 방법 : 중금속오염 우려지역은 모든 필지에 대하여 토양분석을 실시해야한다. 재배포장의 토양은 대상 모집단의 대표성이 확보될 수 있도록 Z자형 또는 W자형으로 최소한 10개소 이상의 수거지점을 선정하여 채취한다.

<심사요령> - 잔류농약
- 재배포장의 최근 1년 이내 재배이력(농약 사용 여부, 친환경농산물인증 여부 등)을 확인한다.
- 재배포장의 농약 사용 여부(포장주변에서 농약사용 흔적 발견, 창고 내 유기합성농약과 친환경자재를 구분 없이 보관 등)를 확인한다.
- 생산물을 채취할 수 없을 경우 또는 생산물 검사보다 토양검사가 실효성이 높은 경우(토양에 직접 사용하는 농약 등)에 시료를 채취한다.
- 토양시료 채취 방법 : 재배포장의 토양은 대상 모집단의 대표성이 확보될 수 있도록 Z자형 또는 W자형으로 최소한 10개소 이상의 수거지점을 선정하여 채취한다. 밭 토양은 10cm/ 논 토양은 15cm 깊이까지 흙은 100g씩 채취하여 균일하게 혼합하여 2등분 한 후 1점은 전문 시험연구기관에 송부하고 나머지 1점은 결과통보 시까지 보관한다.(시료수거량은 시험연구기관이 검사에 필요한 수량으로 한다.)

(2) 유해성분(중금속, 잔류농약) - 배지

항목	구비요건		관련서류
	규칙 별표 3	고시 별표 1	
재배포장		9) 버섯류와 싹을 틔워 직접 먹는 농산물 및 어린잎채소의 재배에 사용되는 배지는 다음 각 호의 요건을 모두 충족하여야 한다. 가)「토양환경보전법 시행규칙」별표 3에 따른 1지역의 토양오염우려기준을 초과하지 아니하여야 하며, 잔류농약은 검출되지 아니하여야 한다. 다만, 잔류농약의 검출량이 0.01mg/kg 이하인 경우에는 불검출로 본다. 나) 유기농산물의 인증기준에 맞게 생산된 것 또는 산림 등 자연상태에서 자생하는 식물 및 그 부산물로 조성되어야 한다. 다만, 작물의 적정한 영양공급을 위해 규칙 별표 1 제1호가목1)의 자재를 사용할 수 있으나 버섯류 재배에 이용하는 식물성 유래의 물질은 전단의 조건에 충족된 것만 사용할 수 있다.	- 배지중금속 분석성적서 - 배지잔류농약 성적서 - 시료수거확인서 - 배지조성표

<table>
<tr><th rowspan="2">항
목</th><th colspan="2">구비요건</th><th rowspan="2">관련서류</th></tr>
<tr><th>규칙 별표 3</th><th>고시 별표 1</th></tr>
<tr><td colspan="4"><심사요령>
- 배지는 토양오염우려기준을 초과하지 않아야 하므로 중금속 분석을 실시한다.
- 배지는 잔류농약이 검출되지 않아야 하므로 잔류농약 분석을 실시한다.
- 시료 채취 방법 : 재배에 사용되는 배지는 대상 모집단의 대표성이 확보될 수 있도록 최소한 10개소 이상의 수거지점을 선정하여 균일하게 혼합하여 2등분 한 후 1점은 전문 시험연구기관에 송부하고 나머지 1점은 결과통보 시까지 보관한다.(시료수거량은 시험연구기관이 검사에 필요한 수량으로 한다.)
- 중금속 분석 항목 : 토양오염우려기준이 설정된 성분 중 해당지역에서 오염이 우려 되는 특정성분(특정성분을 한정할 수 없는 경우 카드뮴, 구리, 비소, 수은, 납, 6가크롬, 아연, 니켈을 검정함)을 분석한다.
- 배지의 조성과 함량을 확인한다.
- 배지의 원료의 출처 및 사용가능여부를 확인한다.</td></tr>
</table>

(3) 비옥도 및 염류집적

<table>
<tr><th rowspan="2">항
목</th><th colspan="2">구비요건</th><th rowspan="2">관련서류</th></tr>
<tr><th>규칙 별표 3</th><th>고시 별표 1</th></tr>
<tr><td>재
배
포
장</td><td></td><td>2) 재배포장의 토양에 대해서는 매년 1회 이상의 검정을 실시하여 토양 비옥도가 유지·개선되고 염류가 과도하게 집적되지 않도록 노력하며, 토양비옥도 수치가 적정치 이하이거나 염류가 과도하게 집적된 경우 개선계획을 마련하여 이행하여야 한다. 벼를 재배할 경우에는 토양환경정보시스템(http://soil.rda.go.kr)에서 제공하는 유기자원 사용처방서를 참고할 수 있다.
3) 2)에 의한 토양 검정 결과 토양비옥도(유기물)와 염류집적도(전기전도도)가 적정 수준을 유지하는 경우 다음 해의 토양검정을 생략할 수 있다.</td><td>- 비료사용처방서</td></tr>
<tr><td colspan="4"><심사요령>
- 토양의 정기적인 검정여부를 확인한다(토양검정 시기, 횟수, 의뢰기관, 채취방법 등을 확인한다.).
- 검정 결과들을 비교 분석하여 토양 개선 여부를 확인한다.
- 적정 양분 공급 계획에 따라 사용된 투입자재(목적, 사용량, 사용시기, 사용효과 등)를 확인한다.
- 토양검정결과 토양비옥도 수치가 적정치 이하이거나 염류 집적도가 높은 경우 토양비옥도 및 염류집적에 관한 개선계획의 적정성과 이행 여부를 확인한다.</td></tr>
</table>

(4) 전환기간

항목	구비요건		관련 서류
	규칙 별표 3	고시 별표 1	
재배포장	2) 작물별로 국립농산물품질관리원장이 정하여 고시하는 전환기간 이상을 다목의 재배방법에 따라 재배할 것	6) 재배포장은 인증받기 전에 다음 가) 또는 나)의 전환기간 이상 다목에 따른 재배방법을 준수하여야 한다. 가) 다년생 작물: 최초 수확 전 3년의 기간 나) 가) 외의 작물 및 목초: 파종 또는 재식 전 2년의 기간 7) 6)에 따른 재배포장의 전환기간은 인증기관의 감독이 시작된 시점부터 인정되며, 전환기간을 생략하거나 그 일부를 단축 또는 연장하는 대상은 다음과 같다. 가) 생략대상은 다음 각 호와 같다. i) 8)에 해당하는 산림 등 식용식물의 자생지 ii) 싹을 틔워 직접 먹는 농산물, 어린잎채소(토양재배 제외), 버섯류의 재배 시설 및 포장 iii) 인증 유효기간 종료 후 경과기간이 3개월 이내로 다목의 재배방법을 지속적으로 준수한 것이 객관적으로 인정되는 경우 iv) 외국정부 또는 IFOAM의 유기기준에 따라 인증 받은 경우로 국립농산물품질관리원장 또는 인증기관장 확인 결과 다목의 재배방법을 준수한 것으로 인정되는 경우 나) 단축대상 : 재배포장에 최근 2년간 유기합성농약과 화학비료를 사용하지 않은 것이 객관적으로 인정되는 경우로 토양검정결과 염류가 적정범위를 벗어나지 않는 경우(전환기간을 단축하여도 최소 1년 이상이 되어야 한다) 다) 연장대상 : 재배포장에 과거에 사용한 유기합성농약과 화학비료의 영향이 지속되고 있는 것이 객관적으로 인정되는 경우	- 경영관련자료

<심사요령>

- 신청품목의 전환기간 적용 유형을 확인한다.
- 전환기간을 생략하거나 그 일부를 단축 또는 연장가능 한 사유에 대해 심사하고 전환기간의 시작시점과 종료시점을 신청인에게 안내한다.

(5) 자생하는 재배포장

항목	구비요건		관련 서류
	규칙 별표 3	고시 별표 1	
재배 포장		8) 산림 등 자연상태에서 자생하는 식용식물의 포장은 다목에서 정하고 있는 허용자재 외의 자재가 3년 이상 사용되지 아니한 지역이어야 한다.	

<심사요령>
- 자연상태에서 자생하는 식용식물의 재배포장에 최근 3년간 투입된 자재가 [규칙 별표 1]에 해당되는 자재인지 확인한다.

(6) 완충지대 및 보호시설

항목	구비요건		관련 서류
	규칙 별표 3	고시 별표 1	
재배 포장		4) 재배포장 주변에 공동방제구역 등 오염원이 있는 경우 이들로부터 적절한 완충지대나 보호시설을 확보하여야 하며, 해당구역에서 생산된 농산물에 대한 구분관리 계획을 세워 이행하고, 재배포장 입구나 인근 재배포장과의 경계지 등의 잘 보이는 곳에 유기농산물·유기임산물 재배지임을 알리는 표지판을 설치하여야 한다.	

<심사요령>
- 재배포장 주변에 오염원이 있는지 확인한다.
- 완충지대 및 보호시설의 확보 여부를 확인한다.
- 완충지대 및 보호시설의 종류(품종이 다른 작물의 재배, 방풍림, 풀, 오염방지를 위한 보호시설 등), 관리내역, 훼손여부 등을 확인한다.
- 완충지대 생산물 구분관리(생산, 수확, 저장, 출하 등) 계획의 수립 및 이행 여부를 확인한다.
- 유기농산물 재배지임을 알리는 표지판의 설치여부를 확인한다.

(7) 재배포장의 이력

항목	구비요건		관련 서류
	규칙 별표3	고시 별표1	
재배 포장	1) 재배포장은 최근 1년간 인증취소처분을 받지 않은 재배지로서 「토양환경보전법 시행규칙」에 따른 토양오염우려기준을 초과하지 않으며, 주변으로부터 오염 우려가 없거나 오염을 방지할 수 있을 것	5) 재배포장은 최근 1년간 인증기준 위반으로 인증취소처분을 받은 재배지가 아니어야 한다.	

<심사요령>
- 친환경인증관리정보시스템(인증관리 〉 인증히스토리조회)을 통하여 인증취소 여부를 확인한다.

2) 용수

항목	구비요건		관련 서류
	규칙 별표3	고시 별표 1	
용수	3) 재배용수는 농업용수 이상의 수질이어야 하며, 농산물의 세척 등에 사용되는 용수는 먹는 물의 수질기준에 적합할 것	10) 용수는 「환경정책기본법 시행령」 제2조 및 「지하수의 수질보전 등에 관한 규칙」 제11조에 따른 농업용수 이상이어야 한다. 다만, 하천·호소의 생활환경기준 중 총 인 및 총 질소 항목과 지하수의 수질기준 중 질산성 질소 항목은 적용하지 아니하고, 농산물의 세척에 사용되는 용수와 싹을 틔워 직접 먹는 농산물, 어린잎채소의 재배에 사용되는 용수는 「먹는물 수질기준 및 검사 등에 관한 규칙」 제2조에 따른 먹는 물의 수질기준에 적합하여야 한다. 11) 10)의 항목별 기준치 충족여부는 공인검사기관의 검정결과에 의하며, 하천·호소의 경우 최근 1년 동안 한국농어촌공사, 환경부 등에서 일정 주기(월별 또는 분기별)로 검사한 검정치의 산술평균값을 적용할 수 있다. 이 경우 신청일 이전의 정기적인 검사성적을 확인할 수 없으면 가장 최근에 실시한 검정치를 적용한다.	- 수질분석 성적서

<심사요령>

- 재배기간 동안 지속적으로 관개하거나 작물 수확기에 생산물에 직접 관수하는지를 확인한다.
- 사용하는 용수의 종류(하천수, 호소수, 지하수, 수돗물, 자연빗물 등)를 확인한다.
- 관수 방법(점적관수, 침수, 스프링클러 등)을 확인한다.
- 최근 5년 이내 검사가 이루어지지 않은 용수를 사용하는 경우 해당 용수를 채수하여 수질분석을 의뢰한다. 수질 분석 결과, 수질기준에 적합한지 확인한다.
- 하천·호소수의 경우 한국농어촌공사, 환경부 등에서 최근 1년 동안 검사한 검정치의 산술평균값을 적용하여 수질기준 적합 여부를 확인할 수 있다.
  (물환경정보시스템(http://water.nier.go.kr), 농촌용수종합정보시스템(https://rawris.ekr.or.kr) 등 참조)
- 채수 방법 : 재배용수의 수원별로 조사한다. 다만, 용수원의 격리거리 및 지형적인 입지조건 등이 유사하여 수질의 편차가 크게 나타나지 아니할 것으로 판단되는 경우에는 용수원 전체 또는 일부를 하나의 용수원으로 간주하여 시료를 채수할 수 있다.
- 전문 시험기관이 필요로 하는 양은 약 2~4L로 한다.

3) 종자

항목	구비요건		관련 서류
	규칙 별표 3	고시 별표 1	
종자	4) 종자는 최소한 1세대 이상 다목의 규정에 따라 재배된 것을 사용하며, 유전자변형농산물인 종자는 사용하지 아니할 것	12) 종자·묘는 최소한 1세대 또는 다년생인 경우 두 번의 성장기 동안 유기적으로 재배한 식물로부터 유래된 것을 사용하여야 한다. 다만, 인증사업자가 위 요건을 만족시키는 종자·묘를 구할 수 없음을 인증기관에게 증명할 수 있는 경우, 인증기관장은 다음 순서에 따라 허용할 수 있다. 가) 우선적으로 유기합성농약으로 처리되지 않은 종자 또는 묘의 사용 나) 규칙 별표 1 제1호가목1)·2)의 허용물질과 다른 물질로 처리한 종자 또는 묘(육묘 시 유기합성농약이 사용된 경우 제외)의 사용 13) 종자는 「농수산물품질관리법」 제2조제11호에 따른 유전자변형농산물을 사용할 수 없다.	- 종자(종묘) 거래내역서 - non-GMO 확인서 - GMO 분석 성적서 - 무소독 종자확인서 - 육묘 확인서 - 유기농산물인 증기준에 적합하다는 인증자료

<심사요령>

○ 유기종자(종묘)를 사용한 경우

- 자가 채종한 유기종자인 경우 경영관련 자료 기록, 품종, 채종량, 보관방법 등을 확인하고 필요시 잔류농약 분석을 실시한다.
- 채종이 불가능한 품종으로 구입한 유기종자인 경우 종자의 출처(종자의 종류, 상표명, 구입량, 거래처, 인증서 등)를 확인하고 필요시 잔류농약 분석을 실시한다.
- 종묘의 출처(무소독 확인서, 모종거래량, 육묘장 이름, 일반모종과 구분관리 여부, 인증서 등)를 확인한다.

○ 유기합성농약으로 처리되지 않은 일반 종자(종묘)를 사용한 경우

- 유기종자를 구입할 수 없음을 증빙하는 증명자료에 대한 인증기관의 승인 및 영농일지 기록 여부를 확인한다.
- 종자의 소독에 사용된 자재가 있을 경우 유기농산물 인증기준에 적합하다는 입증자료를 확인하고 필요시 잔류농약 분석을 실시한다.

○ 보급종이나 일반종자를 사용한 경우

- 유기종자나 유기합성농약으로 처리되지 않은 일반 종자(종묘)를 구입할 수 없음을 증빙하는 증명자료에 대한 인증기관의 승인 및 영농일지 기록 여부를 확인한다.
- 종자(종묘) 사용 승인서를 작성하여 보관 또는 심사보고서에 첨부한다.

<table>
<tr><th rowspan="2">항목</th><th colspan="2">구비요건</th><th rowspan="2">관련 서류</th></tr>
<tr><th>규칙 별표 3</th><th>고시 별표 1</th></tr>
</table>

유기종자 관련 참고 사항		
유기종자의 기준	유기종자란 유기적으로 재배된 농작물에서 채종된 종자를 의미한다. 즉 유기합성농약, 화학비료 등 인위적으로 합성된 제품이 아닌 유기자재만을 이용하여 생산하고 채종된 종자이다.	농진청 유기농업기술서9, 유기종자 생산매뉴얼, 2011
유기농에서 유기종자 사용 관련 규정	유기농에서는 유기종자를 사용하는 것이 원칙이며, GMO종자나 화학적으로 처리한 종자를 사용할 수 없다. 다만 일반적인 방법으로 유기종자를 구할 수 없을 때는 예외로 한다.	국제유기농운동연맹(IFOAM)
유기종자, 유기합성농약을 처리하지 않은 종자 등 구할 수 없음을 증빙하는 증명자료의 인정 범위	기술센터, 종자원, 종자회사, 인증사업자(3개소) 중 2개 기관 이상에서 유기(무농약), 유기합성농약 처리하지 않은 종자를 구할 수 없음을 확인 받은 자료	친환경농어업 육성 및 유기식품 등의 관리·지원에 관한 법률
대표적인 유전자 변형 농산물	콩, 옥수수, 목화, 유채 등	
종자(종묘) 사용 승인서	(아래 서식 참조)	

종자(종묘) 사용 승인서

※ [ ]에 해당되는 곳에 √ 표시를 합니다.

승인 요청일		접수자	
인증 사업자	성명(단체명)	인증번호	
	대표자 성명	인증품목	
	주 소	전화번호	
일반종자 사용사유			
승인 여부	□ 승인 □ 불승인	승인 일자	
육묘	□ 자가 □ 위탁		

승인자(인증심사원) : 성명 서명

2.4. 재배방법

1) 화학비료와 유기합성농약

항목	구비요건		관련 서류
	규칙 별표 3	고시 별표 1	
재배 방법	1) 화학비료, 유기합성농약은 사용하지 않을 것	1) 화학비료와 유기합성농약을 전혀 사용하지 아니하여야 한다.	- 잔류농약분석 성적서 - 자재거래내역서 - 비료사용처방서
<심사요령> - 최근 1년간 화학비료, 유기합성농약 구입내역(제품명, 성분함량, 구입처, 구입량)과 사용내역(제품명, 사용량, 사용목적, 사용필지, 재고량 등)을 확인한다. - 경영관련 자료를 확인하여 신청필지에 화학비료, 유기합성농약이 사용되었는지 확인한다. - 화학비료와 유기합성농약을 사용하지 않고 병해충 방제 및 예방이 어떻게 이루어지는지 확인한다. - 다음 각 호 중 하나에 해당되는 경우 생산물의 잔류농약 분석을 실시하여 심사한다. ✓ 최근 1년 이내에 농약이 검출된 경우 ✓ 유기합성농약으로 처리된 종자를 사용한 경우 ✓ 관행재배지로부터 오염 우려가 있는 경우 ✓ 서류심사 및 현장심사 결과 농약사용이 의심되는 경우 ✓ (유기합성농약을 구매한 내역이 있으나 그 사용처가 불분명 한 경우 등) ✓ 단체심사 시 선정된 표본농가 ✓ 신규 개인 신청농가 - 시료 채취 방법 : 시료 채취는 모집단의 대표성이 확보될 수 있도록 작물 재배지 형태 또는 적재상태·진열형태 등을 고려하여 Z자형 또는 W자형으로 최소한 6개소 이상의 수거 지점을 선정하여 채취한다. 다만, 외관 및 냄새 등 기타 상황을 판단하여 이상이 있는 것 또는 의심스러운 것을 우선 수거할 수 있다.			

2) 윤작

항목	구비요건		관련 서류
	규칙 별표 3	고시 별표 1	
재배 방법	2) 장기간의 적절한 윤작을 실시할 것	2) 두과작물·녹비작물 또는 심근성작물을 이용하여 다음 각 호의 어느 하나의 방법으로 장기간의 적절한 돌려짓기(윤작)계획을 수립하고 이행하여야 한다. 다만, 나목 7)가) ⅰ)·ⅱ)에 정한 전환기간 생략대상은 예외로 한다. 가) 3년 이내의 주기로 두과작물, 녹비작물 또는 심근성작물을 일정기간 이상 재배하여 토양에 환원(還元)한다.(다만, 매년 수확하지 않는 다년생 작물(예 :	- 경영관련 자료

<table>
<tr><th rowspan="2">항목</th><th colspan="2">구비요건</th><th rowspan="2">관련 서류</th></tr>
<tr><th>규칙 별표 3</th><th>고시 별표 1</th></tr>
<tr><td></td><td></td><td>인삼)은 파종 이전에 두과작물 등을 재배하여 토양에 환원한다.)
나) 2년 이내의 주기로 식물분류학상 “과(科)”가 다른 작물을 재배하되 재배작물에 두과작물, 녹비작물 또는 심근성작물을 포함한다.
다) 2년 이내의 주기로 담수재배작물과 원예작물을 조합하여 답전윤환재배(畓田輪換栽培)한다.
라) 매년 두과작물, 녹비작물, 심근성작물을 이용하여 초생재배(草生栽培)한다.</td><td></td></tr>
<tr><td colspan="4"><심사요령>
- 윤작 생략대상에 해당되는지 확인한다(배지 등을 이용하는 경우 윤작필요 없음).
- 윤작계획의 적정성을 확인한다.
- 경영관련 자료 등을 통해 윤작계획의 이행여부를 확인한다.</td></tr>
</table>

3) 영양공급

<table>
<tr><th rowspan="2">항목</th><th colspan="2">구비요건</th><th rowspan="2">관련 서류</th></tr>
<tr><th>규칙 별표 3</th><th>고시 별표 1</th></tr>
<tr><td>재배 방법</td><td></td><td>3) 토양에 투입하는 유기물은 유기농산물의 인증기준에 맞게 생산된 것이어야 한다.
4) 2) 및 3)에 따른 방법으로 작물의 적정한 영양공급 또는 토양의 영양상태 조절이 불가능한 경우에 규칙 별표 1 제1호가목1)의 물질이나 법 제37조에 따라 공시된 유기농업자재를 사용할 수 있으나, 그 용도 및 사용 조건·방법에 적합하게 사용하여야 한다.</td><td>- 자재거래내역서
- 인증서
- 사용가능한 자재임을 입증할 자료</td></tr>
<tr><td colspan="4"><심사요령>
- 토양에 투입하는 유기물(유기물의 종류, 출처, 인증번호 등)이 적정한지 확인한다.
- 윤작 및 유기물 투입을 통한 작물의 영양공급 및 토양의 영양상태 조절 방법과 조절 가능 여부를 확인한다.
- 사용한 물질이 규칙 별표1 제1호가목1)에 해당되는지 확인한다.
- 사용한 자재가 유기농업자재로 공시된 제품인지, 용도와 사용 조건·방법에 맞게 사용하였는지 확인한다.
(유기농업자재 확인 방법: 농사로(http://www.nongsaro.go.kr) 〉 영농기술 〉 친환경유기농업 〉 유기농업자재)</td></tr>
</table>

4) 가축분뇨를 원료로 하는 퇴비·액비

항목	구비요건		관련 서류
	규칙 별표 3	고시 별표 1	
재배 방법	3) 가축분뇨를 원료로 하는 퇴비·액비는 유기농축산물·무항생제축산물 인증 농장이나 경축순환농법으로 사육한 농장에서 유래한 것을 완전히 부숙하여 사용할 것	5) 가축분뇨를 원료로 하는 퇴비·액비(이하 "가축분뇨 퇴·액비"라 한다)는 유기농축산물·무항생제축산물 인증 농장 및 경축순환농법으로 사육한 농장에서 유래된 것만 사용할 수 있으며, 완전히 부숙(썩혀서 익히는 것을 말한다)시켜서 사용하되, 과다한 사용, 유실 및 용탈 등으로 인하여 환경오염을 유발하지 아니하도록 하여야 한다. 다만, 유기농축산물·무항생제축산물 인증 농장 및 경축순환농법으로 사육하지 아니한 농장에서 유래된 가축분뇨로 제조된 퇴비는 항생물질이 포함되지 아니하여야 하고, 유해성분함량은 「비료관리법」 제4조에 따라 농촌진흥청장이 비료 공정규격설정 및 지정에 관한 고시에서 정한 퇴비규격에 적합하여야 한다.	- 유기(무항생제) 축산물 인증서 - 항생물질 잔류 분석성적서 - 유해성분분석 성적서 - 자재거래 내역서

<심사요령>
- 가축분뇨의 출처(유기농축산물·무항생제축산물 인증농장, 경축순환농법으로 사육한 농장, 제품화된 가축분뇨, 구입량, 구입처, 가축분뇨 종류 등)를 확인한다.
- 가축분뇨를 완전히 부숙하여 사용하는지 확인한다.
- 퇴·액비의 과다한 사용 및 유실·용탈 등으로 인하여 환경오염을 유발하지는 않는지 확인한다.
- 유기축산물(무항생제축산물, 경축순환농법 사육 농장)으로부터 유래되지 않은 퇴·액비를 사용하는 경우, 항생물질 및 유해성분함량을 확인하기 위해 시료를 채취하고 분석을 의뢰한다.

5) 병해충 및 잡초

항목	구비요건		관련 서류
	규칙 별표 3	고시 별표 1	
재배 방법	4) 병해충 및 잡초는 유기농업에 적합한 방법으로 방제·조절할 것	6) 병해충 및 잡초는 다음의 방법으로 방제·조절하여야 한다. 가) 적합한 작물과 품종의 선택 나) 적합한 돌려짓기(윤작)체계 다) 기계적 경운 라) 재배포장 내의 혼작·간작 및 공생식물의 재배 등 작물체 주변의 천적활동을 조장	- 자재거래내역서

항목	구비요건		관련 서류
	규칙 별표 3	고시 별표 1	
재배 방법		하는 생태계의 조성 마) 멀칭·예취 및 화염제초 바) 포식자와 기생동물의 방사 등 천적의 활용 사) 식물·농장퇴비 및 돌가루 등에 의한 병해충 예방 수단 아) 동물의 방사 자) 덫·울타리·빛 및 소리와 같은 기계적 통제 7) 병해충이 6)에 따른 기계적, 물리적 및 생물학적인 방법으로 적절하게 방제되지 아니하는 경우에 규칙 별표 1 제1호가목 2)의 물질이나 법 제37조에 따라 공시된 유기농업자재를 사용할 수 있으나, 그 용도 및 사용 조건·방법에 적합하게 사용하여야 한다.	

<심사요령>

- 병해충 및 잡초의 방제·조절이 기준에 적합한 기계적·물리적 및 생물학적인 방법으로 이루어지는지 확인한다.
- 기계적, 물리적 및 생물학적인 방법으로 병해충 방제·조절이 가능한지 확인한다.
- 병해충 방제·조절을 위해 사용한 물질이 규칙 별표1 제1호가목 2)에 해당되는지 확인한다.
- 병해충 방제·조절을 위해 사용한 자재가 유기농업자재로 공시된 제품인지, 용도와 사용 조건·방법에 맞게 사용하였는지 확인한다.
  (유기농업자재 확인 방법 : 농사로(http://www.nongsaro.go.kr) 〉 영농기술 〉 친환경유기농업 〉 유기농업자재)

2.5. 생산물 품질관리 등

1) 저장 및 수송

항목	구비요건		관련 서류
	규칙 별표 3	고시 별표 1	
생산물의 품질 관리 등	1) 유기농산물·유기임산물의 수확·저장·포장·수송 등의 취급과정에서 유기적 순수성이 유지되도록 관리할 것	1) 유기농산물의 저장, 수송 및 포장 시 저장·포장장소와 수송수단의 청결을 유지하고, 외부로부터의 오염을 방지하여야 하며, 유기농산물이 아닌 농산물과 혼합하여서는 아니 된다. 특히 유기농산물을 포장하지 아니한 상태로 일반농산물과 함께 저장 또는 수송하는 경우에는 그 구별을 위하여 칸막이를 설치하는 등 다른 농산물과의 혼합 또는 오염을 방지하기 위한 조치를 하여야 한다.	

<table>
<tr><th rowspan="2">항목</th><th colspan="2">구비요건</th><th rowspan="2">관련 서류</th></tr>
<tr><th>규칙 별표 3</th><th>고시 별표 1</th></tr>
<tr><td colspan="4"><심사요령>
- 유기농산물의 저장장소 및 수송수단의 청결을 유지, 외부로부터의 오염 방지 여부를 확인한다.
- 저장·포장장소와 수송수단의 청결 유지 및 외부 오염 방지 방법을 확인한다.
: 저장·포장장소의 청결상태, 청소주기, 청소방법, 외부 오염물질방지 여부 등 확인
: 수송수단의 청결상태, 수송용기 종류, 수송방법, 청소주기, 청소방법, 외부오염물질 방지여부 등 확인
- 유기농산물과 유기농산물이 아닌 농산물의 혼합여부 및 혼입방지방법을 확인한다.
- 유기농산물을 포장하지 않은 상태로 일반농산물과 함께 저장(수송)하는 경우, 구분관리계획의 적정성을 확인하고 구분관리 모식도, 현장사진등 계획의 이행여부를 확인한다.</td></tr>
</table>

2) 수확 후 병해충 관리 및 위생관리

<table>
<tr><th rowspan="2">항목</th><th colspan="2">구비요건</th><th rowspan="2">관련 서류</th></tr>
<tr><th>규칙 별표 3</th><th>고시 별표 1</th></tr>
<tr><td>생산물의 품질관리 등</td><td>1) 유기농산물·유기임산물의 수확·저장·포장·수송 등의 취급과정에서 유기적 순수성이 유지되도록 관리할 것</td><td>2) 병해충 관리 및 방제를 위하여 다음 사항을 우선적으로 조치하여야 한다.
가) 병해충 서식처의 제거, 시설에의 접근방지 등 예방조치
나) 예방책이 부적합한 경우 기계적·물리적 및 생물학적 방법을 사용
다) 병해충이 기계적·물리적 및 생물학적인 방법으로 적절하게 방제되지 아니하는 경우에 규칙 별표 1 제1호가목 2)의 물질을 사용 할 수 있으나 유기농산물에는 직접 접촉되지 아니하도록 사용
3) 저장구역 또는 수송컨테이너에 대한 병해충 관리방법으로 물리적 장벽, 소리·초음파, 빛·자외선, 덫(페로몬 및 전기유혹 덫을 말한다), 온도조절, 대기조절(탄산가스·산소·질소의 조절을 말한다) 및 규조토를 이용할 수 있다.
4) 저장장소와 컨테이너가 유기농산물만을 취급하지 아니하는 경우에는 그 사용 전에 규칙 별표1 제1호가목2)에 해당하지 아니하는 농약이나 다른 처방으로부터의 잠재적인 오염을 방지하여야 한다.
5) 유기농산물을 세척하거나 소독하는 경우 규칙 별표 1 제1호다목 1)의 허용물질 중 과산화수소, 오존수, 이산화염소수, 차아염소산수를 사용 할 수 있으나, 유기농산물에 잔류되지 않도록 관리계획을 수립하고 이행하여야 한다.
6) 방사선은 해충방제, 식품보존, 병원의 제거 또는 위생의 목적으로 사용할 수 없다.</td><td>- 자재거래내역서</td></tr>
</table>

항목	구비요건		관련 서류
	규칙 별표 3	고시 별표 1	
		11) 수확 및 수확 후 관리를 수행하는 모든 작업자는 품목의 특성에 따라 적절한 위생조치를 취하여야 한다. 12) 수확 후 관리 시설은 주기적으로 청소하고 사용하는 도구와 설비는 위생적으로 관리하여야 한다.	

<심사요령>

- 수확 후 처리과정에서 실시하는 병해충 관리방법을 확인한다.
  : 예방조치, 예방책이 부적합한 경우 기계적·물리적 및 생물학적 방법을 사용
- 병해충이 예방조치·기계적·물리적 및 생물학적 방법으로도 관리가 되지 않아 방제물질을 사용한 경우, 해당 물질이 규칙 별표 1 제1호가목2)에 적합한지 확인한다. 방제 물질이 유기농산물에 직접 접촉되지 않는지 확인한다.
- 저장 및 수송을 위한 병해충 관리 및 방제의 방법과 사용된 자재의 적정성 여부를 심사한다.
- 유기농산물의 세척(소독)을 위해 자재를 사용하는 경우 해당 자재가 허용된 것인지 확인하고, 세척(소독)자재의 잔류 방지를 위한 관리계획의 적정성과 이행 여부를 확인한다.
- 방사선의 사용여부, 종류, 사용목적 등을 확인한다.

3) 포장재 및 인증 표시사항

항목	구비요건		관련 서류
	규칙 별표 3	고시 별표 1	
생산물의품질관리등	1) 유기농산물·유기임산물의 수확·저장·포장·수송 등의 취급과정에서 유기적 순수성이 유지되도록 관리할 것	7) 유기농산물 포장재는 「식품위생법」의 관련 규정에 적합하고, 가급적 생물 분해성, 재생품 또는 재생이 가능한 자재를 사용하여 제작된 것을 사용하여야 한다. 9) 인증품 출하 시 인증품의 표시기준에 따라 표시하여야 하며, 포장재의 제작 및 사용량에 관한 자료를 보관하여야 한다. 10) 인증표시를 하지 않은 농산물을 인증품으로 판매하여서는 아니 된다. 다만, 포장하지 않고 판매하는 경우에는 납품서, 거래명세서 또는 보증서 등에 표시사항을 기재하여야 한다.	- 포장재 및 표시사항 샘플

<심사요령>

- 포장재가 「식품위생법」의 관련 규정에 적합한지 확인한다(식약처 고시 식품용 기구 및 용기·포장 공전).
- 포장재의 재질, 생물 분해성여부, 재생품여부를 확인한다.
- 포장재의 제작, 사용량, 재고량 등에 관한 자료의 관리여부를 확인한다.
- 인증 표시사항의 준수여부를 확인한다.
  : 인증사업자의 성명 또는 업체명, 전화번호, 포장작업장 주소, 인증번호, 생산지 등
- 포장하지 않고 거래하는 경우 납품서, 거래명세서 또는 보증서 등에 인증관련 사항의 표시 여부를 확인한다.

4) 유기합성농약 성분 검출

항목	구비요건		관련 서류
	규칙 별표 3	고시 별표 1	
생산물 의품질 관리등	2) 유기합성농약 성분은 검출되지 않을 것. 다만, 농업용수에 의한 오염, 바람에 의한 비산 및 그 밖에 불가항력적인 요인인 것으로 입증되는 경우에는 「식품위생법」 제7조제1항에 따라 식품의약품안전처장이 고시한 농약 잔류 허용기준의 20분의 1이하까지 허용	8) 유기합성농약 성분은 검출되지 아니하여야 한다. 다만, 다음 어느 하나에 해당하는 것으로 입증되는 경우에 한하여 허용하되, 그 허용 기준은「식품위생법」 제7조제1항에 따라 식품의약품안전처장이 고시한 농약잔류 허용기준 및 적용 방법에 의한 20분의 1 이하여야 한다. 가) 인근 관행농업의 포장으로부터 바람에 의한 비산 나) 관개 또는 이웃 포장의 배수 등 농업용수에 의한 오염 다) 그 밖에 불가항력적인 요인	- 생산물 잔류 농약 성적서 - 객관적인 자료

<심사요령>
- 입증자료, 조사 등을 통해 유기합성농약 성분이 검출된 경우 검출 원인을 확인한다.
- 비의도적인 원인에 의해 유기합성농약 성분이 검출된 경우 검출량이 농약잔류 허용기준의 20분의 1이하인지 확인한다.
- 위 사항이 객관적으로 입증이 된 경우 해당 사항의 향후 개선대책을 확인하고 재발가능성을 확인한다.
- 농산물의 농약 잔류허용기준 조회 : https://www.foodsafetykorea.go.kr/foodcode/02_01.jsp

2.6. 기타 사항

1) 싹을 틔워 직접먹는 농산물

항목	구비요건		관련 서류
	규칙 별표 3	고시 별표 1	
기타	1) 토양을 기반으로 하지 않는 농산물·임산물은 수분 외에는 어떠한 외부투입 물질도 사용하지 아니할 것	1) 콩나물과 숙주나물 등 싹을 틔워 직접 먹는 농산물은 그 원료가 유기농산물이어야 한다. 2) 토양을 기반으로 하지 않는 농산물은 수분공급 외에는 어떠한 외부투입 물질도 허용이 금지된다.	- 원료거래내역서 - 인증서 - 원산지증명서 - 원료잔류농약성적서 - 경영관련자료

<심사요령>
- 원료가 유기농산물인지 확인한다(인증여부, 원료의 출처, 구매량, 구매처, 생산량 등).
- 토양을 기반으로 하지 않는 농산물의 경우 수분 공급이외에 외부자재의 투입 여부를 확인한다.

2) 어린잎채소

<table>
<tr><th rowspan="2">항목</th><th colspan="2">구비요건</th><th rowspan="2">관련 서류</th></tr>
<tr><th>규칙 별표 3</th><th>고시 별표 1</th></tr>
<tr><td>기타</td><td>1) 토양을 기반으로 하지 않는 농산물·임산물은 수분 외에는 어떠한 외부투입 물질도 사용하지 아니할 것</td><td>3) 어린잎채소는 다음 각 호 어느 하나의 요건에 충족하여야 한다.
가) 유기종자를 사용하는 경우 다음 각 호의 요건을 모두 충족하여야 한다.
ⅰ) 생산에 필요한 시설 및 장비, 작업장 등을 갖추어야 한다. 다만, 다목의 유기재배기준에 적합하게 재배하는 경우 갖추지 않을 수 있다.
ⅱ) 수분공급과 규칙 별표 1 제1호가목 1)의 허용물질 외에는 어떠한 외부 투입 물질도 허용되지 않는다.
ⅲ) 생산에 이용되는 용수는 「먹는물 수질기준 및 검사 등에 관한 규칙」 제2조에 따른 먹는물의 수질기준에 적합하여야 한다.
ⅳ) 기타 규칙 및 이 고시에서 정한 유기농산물 인증기준을 준수하여야 한다.
나) 유기합성농약이 처리되지 않은 비유기종자를 사용하는 경우로 다음 각 호의 요건을 모두 충족하여야 한다.
ⅰ) 다목의 유기재배기준에 적합하게 재배하여야 한다.
ⅱ) 위 가)의 ⅱ)·ⅲ)·ⅳ) 요건에 충족하여야 한다.</td><td>- 종자거래 내역서
- 인증서
- 무소독 종자 확인서
- 시설 현황도
- 수질 성적서</td></tr>
<tr><td colspan="4"><심사요령>
- 사용하는 종자를 확인한다.
: (인증여부, 유기합성농약 처리 여부, 종자의 출처, 구매량, 구매처, 종자생산(재배)방법, 생산량 등).
- 보유시설 및 장비, 작업장, 작업장면적 등을 확인한다.
- 수분 공급이외에 외부자재의 투입 여부, 투입자재의 적정여부를 확인한다.
- 최근 5년 이내 검사가 이루어지지 않은 용수를 사용하는 경우 해당 용수를 채수하여 수질분석을 의뢰한다. 수질 분석 결과, 수질기준에 적합한지 확인한다.</td></tr>
</table>

3) 산림 등 자연 상태에서 자생하는 식용식물

항목	구비요건		관련 서류
	규칙 별표 3	고시 별표 1	
기타		6) 산림 등 자연 상태에서 자생하는 식용식물을 굴취·채취하는 경우 다음의 요건을 모두 충족하여야 한다. 가) 채취지역은 뚜렷이 구분될 수 있도록 채취예정구역도(축척 6천분의 1부터 1천200분의 1까지의 임야도 또는 위성항법장치에 채취예정면적을 표시한 것을 말한다)를 작성하여 해당지역에서 채취하여야 한다. 나) 채취예정량을 산정할 수 있도록 채취예정수량 조사서를 제시하여야 한다. 다) 채취는 「산림자원의 조성 및 관리에 관한 법률」 제36조 등 관련법령을 준수하여야 한다. 라) 채취과정에서 해당지역 내 자생환경의 안정이 침해받지 않도록 하고 종의 유지에 문제가 없을 정도로 채취한다. 마) 인증을 받으려는 채취지역 이외의 지역에서 같은 품목을 채취하거나 취급하여서는 아니 된다.	- 채취예정 구역도 - 채취예정 수량조사서 - 채취허가증

<심사요령>
- 작성된 채취예정구역도를 확인하고 해당지역에서만 채취가 이루어지는지 확인한다.
- 채취예정수량 조사서를 통해 생산계획량이 적정한지 확인한다.
- 특별자치도지사·시장·군수·구청장이나 지방산림청장으로부터 채취 허가를 받았는지 확인한다.
- 「산림자원의 조성 및 관리에 관한 법률」 등 관련법령을 적용하여 심사한다.
- 채취과정에서 자생환경의 안정을 침해하는지와 채취로 인하여 종의 유지에 문제를 일으키는지 확인한다.
  : (채취방법, 채취수량, 종 유지 방안, 복구방법 등)
- 인증신청하지 않은 지역에서 같은 품목을 채취하거나 취급하는지 확인한다.

4) 기타

항목	구비요건		관련 서류
	규칙 별표 3	고시 별표 1	
기타	2) 식물공장에서 생산된 농산물·임산물이 아닐 것	4) 식물공장에서 생산된 농산물은 제외한다. 5) 유기 종자·묘는 이 호의 유기농산물 인증기준에 적합하게 재배해야 한다. 다만, 작물의 적정한 영양 조절이나 병해충 관리가 어려운 경우에는 별표 1 제1호가목1)·2)의 물질이나 법 제37조에 따른 공시제품을 사용할 수 있으나, 그 용도 및 사용 조건·방법에 적합하게 사용하여야 한다.	

항목	구비요건		관련 서류
	규칙 별표 3	고시 별표 1	
기타		7) 병행생산의 경우 유기농산물과 일반농산물 또는 인증종류가 다른 농산물의 구분 관리 계획을 세워 이를 이행하여야 한다. 8) 인증을 받으려는 농장(포장) 내에 유기합성농약과 화학비료를 보관하여서는 아니 된다. 9) 규칙 및 이 고시에서 정한 유기농산물의 인증기준은 인증유효기간동안 상시적으로 준수하여야 하며, 이를 증명할 수 있는 자료를 구비하고, 국립농산물품질관리원장 또는 인증기관이 요구하는 때에 관련 자료 제출 및 시료수거, 현장 확인에 협조하여야 한다. 10) 유기농산물의 생산 및 취급(수확·선별·포장·보관 등)에 이용되는 기구·설비를 세척·살균 소독하는 경우 규칙 별표 1 제1호다목 2)의 물질을 사용할 수 있으나, 유기농산물·유기임산물 및 기구·설비에 잔류되지 않도록 관리계획을 수립하여 이행하여야 한다. 11) 인증을 받으려는 농장에서 발생한 폐비닐, 사용한 자재 등의 환경오염 물질이 주변 농경지나 농업용수를 오염시키지 않도록 관리하여야 하며, 인증농장 및 인증농장 주변에서 쓰레기를 소각하는 행위를 하여서는 아니 된다.	

<심사요령>

- 식물공장에서 재배하는 농산물에 대하여 인증 신청한 경우 해당 인증 신청을 반려한다.
- 유기 종자·묘를 생산하려는 경우 유기농산물 인증기준에 적합하게 재배하는지 확인한다.
- 병행생산시 구분관리 계획의 적정성과 이행 여부를 확인한다.
  : 병행생산 작물(품종), 수확, 저장, 생산량, 출하처별 판매량, 포장재(표시사항) 등
- 인증을 받으려는 농장(포장)에 유기합성농약이나 화학비료를 보관하고 있는지 확인한다.
- 유효기간동안 상시적인 인증기준 준수 및 증빙자료의 구비 여부를 확인한다.
  : 생산과정조사 결과 참조, 경영관련자료 참조 등
- 국립농산물품질관리원장 또는 인증기관이 요구하는 자료의 제공 여부를 확인한다.
- 기구·설비의 세척·살균 소독에 사용한 물질이 규칙 별표1 제1호가목 1)에 해당되는지 확인한다.
- 세척·살균 소독에 사용한 물질이 기구·설비에 잔류하지 않도록 하는 관리계획의 적정성과 이행 여부를 확인한다.

3. 품목별 인증심사의 예시

3.1. 미곡류의 인증심사 예시

3.1.1 미곡류 특징(http://www.nics.go.kr 국립식량과학원 참조)

1) 미곡류(벼)는 재배조건별로 다음과 같이 분류할 수 있다.

분류기준	분류	
재배조건	논벼(水稻)	우리나라에서 재배되는 대부분의 벼를 말하며 50cm 이하의 물깊이에서 재배됨.
	밭벼(陸稻)	산간 고원지 밭상태에서 재배될 수 있도록 발달된 벼를 말함.
	심수도(深水稻)	0.5～1m의 물깊이에서 자라는데 열대지역 저습지대에 적응함.
	부도(浮稻)	물의 깊이가 1～6m 되는 동남아시아 및 서부 아프리카 큰강 하류지역에서 우기에 물이 깊어짐에 따라 줄기 신장이 촉진이 잘되는 특성을 지닌 벼를 말함.
배유형태	메벼	배유가 반투명하고 녹말이 약 15~35%의 아밀로오스와 나머지의 아밀로펙틴으로 구성되어 있으며 주로 밥쌀용이나 가공용으로 사용됨.
	찰벼	배유가 불투명하고 녹말이 아밀로펙틴으로만 구성되어 있으며 주로 떡쌀용으로 사용되어짐.
기타	생육기의 이르고 늦음	극조생종, 조생종, 중생종, 만생종
	키의 길고 짧음	단간종, 중간종, 장간종
	벼알의 크기	소립종, 중립종, 대립종
	까락의 있고 없음	무망종, 유망종
	특이한 특성	유색미, 향미, 양조미, 유백미 등

2) 육묘방법에는 다음 육묘장소에 따라 못자리를 만들어 육묘하는 못자리 육묘(중묘)와 못자리 없이 실내에서 다단식으로 육묘하는 실내육묘(어린모)로 구분한다.

육묘	못자리 육묘 (중묘)	보온절충 못자리	파종한 육묘상자를 못자리에 치상하고 비닐을 덮어 육묘함	

		부직포 못자리	파종한 육묘상자를 못자리에 치상하고 부직포를 덮어 육묘함	
		마른 못자리	흙이 담긴 육묘상자를 마른 못자리에 배치한 후 파종하고비닐을 덮어 육묘함	
	실내 육묘 (어린모)		실내에서 자동화된 시스템에 의하여 파종하여 못자리를 만들 필요 없이 실내에서 선 반식으로 다단 육묘함	

3) 육묘일수에 따라 다음과 같이 구분된다.

육묘일수에 의한 모 종류 구분			
모종류	육묘일수 (일)	파종량 (g/상자)	상자 소요량 (개/10a)
어린모	8~10	200~220	15~18
치 묘	20~25	150~180	20~25
중 묘	30~35	110~130	30~35

3.1.2. 미곡류 주요 발생병해충

1) 미곡류의 주요발생 병해충은 다음과 같이 나타난다.

벼 생육단계별 주요병해 발생시기(농진청표본영농교본.06)			
못자리시기	초기(6~7월 초순)	중기(7월중 → 8월중순)	후기(8월 중 → 9월말)
키다리병 모도열병 깨씨무늬병	잎도열병	잎도열병 잎집무늬마름병 흰입마름병 이삭도열병(조생종)	이삭도열병 잎집무늬마름병 흰잎마름병 깨씨무늬병

벼 생육단계별 주요병해 발생시기(농진청표본영농교본.06)			
못자리시기	초기(6~7월 초순)	중기(7월중 → 8월중순)	후기(8월 중 → 9월말)
		키다리병 깨씨무늬병	
벼잎 선충	애멸구 벼물바구미 벼잎벌레	벼멸구, 애멸구 흰등멸구 벼물바구미 이화명나방 혹명나방	벼멸구 흰등멸구 이화명나방 혹명나방

2) 미곡류의 주요병해의 세부사항은 다음과 같다.

도열병

특 징

벼 도열병은 우리나라뿐 아니라, 세계적으로 쌀을 생산하는 모든 지역에서 피해를 많이 받고 있는 매우 중요한 병이다. 병원균은 벼의 모든 부분을 침입할 수 있는데 침입부위에 따라 잎도열병, 이삭목도열병, 이삭가지도열병, 벼알도열병, 마디도열병 등으로 구분할 수 있다.

발병조건

- ○ 여름철 저온 및 일조 부족
- ○ 대기중 높은 습도 및 장시간 이슬 지속
- ○ 출수기 이후 잦은 강우 → 이삭도열병
- ○ 잎도열병은 사질토, 이삭도열병은 점질토에서 발병 용이
- ○ 질소질비료 과용
- ○ 만식재배(적기재배(適期栽培)보다 늦게 씨앗을 뿌리거나 모를 옮겨 심는 재배법)

방 제

- ○ 늦은 이앙을 지양한다
- ○ 밀식을 지양하고 통풍이 잘되도록 한다.
- ○ 3요소를 균형있게 시비하고, 질소질비료의 과용을 피한다.
- ○ 냉수는 우회수로 돌려대기로 수온을 올려준다.
- ○ 내병성 품종을 선택 재배한다.
- ○ 건전종자를 선택하고 종자소독을 철저히 한다.

잎집무늬마름병(문고병)

이 병은 벼를 재배하고 있는 곳이면 세계 어느 지역이든지 도열병 다음으로 발생이 많은 중요한 수도 병해중의 하나이다. 이 병은 재배시기가 앞당겨져 고온기인 8월 상·중순에 개화 결실하는 시기에 주로 발생하며 질소 시비과다, 따른 밀식 및 과번무 등으로 병발생이 심해진다. 특히, 잎집무늬마름병의 발생면적이 늘어나면서 병해에 의한 피해가 크지만, 농민 중에서는 풍년병이라고 믿고 있어 방제에 소홀할 뿐 아니라 피해에 대한 인식도 부족한 형편이다.

발병조건

- ○ 최적온도 28~32℃, 상대습도 96%이상
- ○ 질소질 비료 과용
- ○ 밀식재배
- ○ 콩과 같은 작물과 윤작

방 제

- ○ 밀식을 피한다.
- ○ 질소질비료를 과용하지 않는다.
- ○ 논 써레질후 논 한쪽 구석에 몰린 균핵을 제거한다.
- ○ 통풍을 좋게 한다.
- ○ 이양시기를 늦추거나 중만생종을 심어 생육후기 고온조건을 회피
- ○ 발병주율 20% 일 때 방제한다.

흰잎마름병(백엽고병)

이 병은 세균에 의한 병으로 보통 출수기 전후에 나타나지만, 상습 발병지나 발생이 심한 해에는 본답 초기에 발병하며, 드물게는 묘판에서도 발병된다. 저습지대의 관수 피해 논과 해안지대의 풍수해 피해지역에서 심하게 발생하 며, 피해가 심할 경우 20~30%의 수량감소를 가져오는 경우도 있다.

발병 조건

- ○ 이병성 품종의 재배
- ○ 저습지대 관수피해 논
- ○ 풍수해 피해지역
- ○ 질소질 비료 과용

방 제

- ○ 볍씨 소독을 철저히 하고, 기계적인 상처가 생기지 않도록 주의한다.
- ○ 유기물 시용하고 질소질 비료 과용을 금지한다.
- ○ 병원균의 월동처인 논 주변의 잡초 제거한다.
- ○ 발병상습지 및 이병성 품종을 심은 논은 적용약제를 예방위주로 살포하여 주고 폭풍우가 지나간 다음이나 침수후에도 반드시 약을 살포하여 방제해야 한다.

줄무늬잎마름병(호엽고병)

이 병은 애멸구에 의해 전염되는 바이러스병으로, 우리나라에서는 남부지방에서 많이 발생하였지만, 최근에는 전국에서 발생하여 피해를 주고 있다. 이 병을 매개하는 애멸구는 논둑의 잡초, 밀밭, 보리밭, 자운영밭 등에서 월동하고 봄에 못자리에 나타나 병원바이러스를 매개한다. 보통 모내기 이후에 발생하고 특히 분얼기에 발생이 많다. 파종기나 이앙기가 빠르거나, 파종량이 많을 때, 질소질 비료를 과용한 경우 발생이 증가하며, 답리작 지대에서 많이 발생한다.

발병 조건

- ○ 조기파종 및 조기이앙
- ○ 밀파
- ○ 질소질 비료 과용

방 제

- ○ 저항성 품종을 선택하여 재배한다.
- ○ 이앙시 벼를 얇게 심는다.
- ○ 생육초기에 질소질비료의 과용을 삼간다.
- ○ 조파나 만파를 피한다.
- ○ 보리밭 및 본답 초기 약제 방제한다.
- ○ 병든 식물체는 일찍 제거한다.
- ○ 매개충의 월동처인 논 주변의 잡초를 제거한다.

키다리병

이 병은 종자전염병으로 벼를 재배하는 모든 지역에서 분포·발생한다. 주로 개화기에 비산하던 병원균

의 분생포자가 볍씨 속에 침입하거나 종자 표면에 붙어서 월동하여 볍씨가 발아할 때 상처를 거쳐 어린 조직에 침입한다. 이 병은 유묘기부터 출수기까지 계속하여 발생한다.

발병 조건

- ○ 발병 최적온도는 30~35℃ 상대습도 90%
- ○ 고온 육묘
- ○ 조식재배 (생육기간을 연장시키기 위하여 제철보다 일찍 파종하거나 이식하여 재배하는 것)
- ○ 종자소독 소홀
- ○ 질소과용

방 제

- ○ 건전한 종자를 채종하여 사용한다.
- ○ 염수선하고 종자소독을 철저히 한다.
- ○ 못자리나 본답 초기에 병든 식물은 즉시 제거한다.

깨씨무늬병

깨씨무늬병은 전국에서 발생하고 특히 사질논이나 노후화답에서 흔히 발생한다. 병에 걸린 짚이나 볍씨에서 균사 또는 포자 형태로 월동하여 1차 전염원이 되고 분생포자의 공기전염에 의해 2차 전염된다. 이 병은 모·잎·이삭목·볍씨 등에 발생한다. 이 병은 이병된 종자를 소독하지 않은 경우와 피해를 입은 볏짚을 논에 그대로 시용한 경우에 발병이 유인된다. 또한 사질답·누수답·노후화답·배수가 불량한 경우·영양분의 부족하면 발생한다.

발병 조건

- ○ 모래땅이나 유기물이 적은 노후화 된 논이나 염해 논에서 발병
- ○ 최적온도 25~30℃ 이며 12시간 암조건
- ○ 조기이앙, 본논의 얕은 경운, 재식본수 증가
- ○ 출수 및 개화기 때 저녁의 온도가 낮으면 발병

방 제

- ○ 3요소 균형시비를 하고 특히 칼리와 규산질 비료를 충분히 준다.
- ○ 유기물투입 및 배수 등을 꾀하여 토양의 이화학적 성질을 개량하여 지력을 증진시킨다.
- ○ 종자소독을 철저히 한다.
- ○ 발병즉시 제거
- ○ 간척지답에서는 염분의 농도가 증가되지 않도록 관리

3) 미곡류의 주요충해는 다음과 같다.

벼멸구

특징

벼멸구는 중국 남부지역에서 6~7월 남서풍을 타고 비래하는 해충으로 우리나라에서는 남서해안 지역이 주비래지역이며 피해도 역시 이 지역에서 많이 발생하며, 비래가 빠른 해에는 6월 하순부터 발생하여 3세대를 경과하면서 증식하여 피해를 준다. 벼멸구는 볏대의 아랫부분 주로 수면위 10cm 부위에 서식하면서 흡즙하여 벼의 생육 및 수량에 영향을 미친다. 벼멸구 피해를 받은 부분이 마치 둥근모양으로 고사되므로 그 피해를 'Hopperburn'이라고 한다.

피해

- ○ 벼멸구의 발생 및 피해는 비래량에 크게 좌우된다.
- ○ 볏대 아랫부분을 흡즙하므로 피해를 입으면 쉽게 도복된다.
- ○ 피해를 받으면 생육이 위축되고, 심하면 벼가 말라 죽는다.
- ○ 피해시기에 따라 수량감소를 초래하며, 쌀의 품질도 떨어진다.
- ○ 조생종에서 보다는 만생종 품종에서 피해가 많다.
- ○ 척박한 토양보다 비옥지에서 피해가 많다.
- ○ 건답보다는 습답에서 피해가 많다.

흰등멸구

흰등멸구는 벼멸구와 마찬가지로 중국 남부지역에서 6~7월 남서풍을 타고 비래하는 해충으로 우리나라에서 3~4세대를 증식한다. 벼멸구에 비해 비래량이 10배 이상 많으며, 비래 후 1세대의 유충의 밀도가 가장 높고, 일찍 이앙된 논에서는 비래시기가 빠를수록 초기 밀도가 높다.

피해

- ○ 흰등멸구의 피해는 비래성충이 낳은 유충에 의해 나타난다.
- ○ 포장내 균일하게 분포하므로 피해도 균일하게 나타난다.
- ○ 피해를 받으면 하엽이 변색되고, 초장이 감소하여 초기생육이 위축된다.
- ○ 심하게 피해를 받으면 상위엽까지 갈변되고 출수가 지연된다.
- ○ 질소비료를 다량 시비한 논에서 피해가 많은 경향을 보인다.
- ○ 출수기에 성충 및 약충의 피해로 흑점미가 발생된다.
- ○ 피해시기 및 피해정도에 따라 수량 감소 및 쌀 품질 저하를 초래한다.

애멸구

애멸구는 우리나라에서 월동하는 해충으로 연 5회 발생한다. 애멸구의 흡즙에 의한 벼, 맥류의 피해는 좀처럼 나타나지 않으나, 벼줄무늬잎마름병, 벼검은줄오갈병, 보리에 보리북지모자익병의 매개 곤충으로 중요하다.

피해

- ○ 애멸구의 피해는 직접적인 흡즙 피해도 있지만, 작물에 바이러스를 매개하는 매개충으로써 중요시 되고 있다.
- ○ 애멸구는 벼줄무늬잎마름병, 벼검은줄오갈병, 보리북지모자익병을 매개하는 것으로 알려졌다.
- ○ 애멸구 피해는 중북부지방보다 남부지방이 많다.

○ 애멸구는 줄무늬 잎마름병바이러스를 영속 경난전염을 하며, 검은줄 오갈병은 영속 전염하나 경난전염을 거의 하지 않는다.
○ 조식재배시 피해가 증가하는 경향을 나타낸다.

끝동매미충

끝동매미충은 1년에 4~5회 발생하며 4령 약충 으로 논뚝, 밭뚝, 제방등에서 월동한다. 성충과 약충이 기주식물의 즙액을 빨아 먹어 피해를 줄 뿐 아니라 벼오갈병을 매개하며, 특히 출수기에는 벼이삭을 흡즙하여 임실율을 저하시키고 배설물에 의해 그을음병을 유발 시킨다.

피해

○ 벼의 즙액을 흡즙하여 피해를 주는 동시에 벼오갈병을 매개한다.
○ 6월과 7월 고온 다조로 발생이 많은 경우 상위엽, 지엽, 이삭등을 가해하여 임실율이 저하시킨다.
○ 배설물에 의해 그을병이 유발되기도 하며, 생육장애를 가져와 수량 감소를 초래하기도 한다.
○ 피해 이삭은 이삭목이나 가지에 갈색의 반점이 생기며 벼알이 변색되어 얼룩진다.

이화명나방

벼의 대표적인 해충으로 일부 추운 지역을 제외하고는 연 2회 발생한다. 제 1세대 발생 최성기는 6월 상순이며, 제 2화기 발생 최성기는 8월 상순이다. 이화명나방은 월동전인 9~11월 비가 많고 일조가 적으며 12~2월 기온이 높으면 나방의 발생이 많다. 벼 품종은 잎 이 크고 넓으며 생장이 빠르고, 엽록소가 많고 질소 흡수가 많을 때 피해가 많은 경향이며, 극단적으로 이앙이 빠르면 1화기 나방의 산란이 많아 피해가 크게 된다.

피해

1. 제1세대 유충에 의한 피해
○ 묘대기나 본답 이앙 후에 어린벼의 엽초가 황갈색으로 변한다.
○ 피해가 심하면 잎이 시들고, 더 심하면 피해주 전체가 고사 한다.
○ 유충이 줄기속을 가해하면 속잎(心葉)이 황변하고 점차 백색으로 되는 심고현상이 나타난다.
○ 피해주는 초장이 감소되고 분얼이 늦어져 무효분얼이 많아진다.
2. 제2세대 유충에 의한 피해
○ 출수기 직전에 피해를 받으면 출수가 되지 않거나 백수(白穗)가 나온다.
○ 완숙기 이후에 피해를 받으면 결실이 나빠진다.

혹명나방

혹명나방은 해외에서 비래하는 해충으로 발생시기와 발생량이 해에 따라 크게 다르며 특히 남서해안지역이 내륙보다 발생이 빠르며 발생량이 많다. 유충이 벼잎을 한 개씩 세로로 말고 그 속에서 엽육을 갉아먹는다. 질소시비량이 많고 늦게 이앙한 논에서 발생량이 많으며 피해를 받으면 출수가 불량해지며 등숙이 지연되다. 최근에 비래량이 많아지면서 벼의 생육 후기에 방제를 실시하지 않으면 벼의 수량 감소에 큰 영향을 미치고 있다. 일반적으로 혹명나방의 방제적기는 피해잎이 1~2개 보일 때이며 이 시기에 방제를 하지 않으면 급격히 피해가 증가된다. 비래량이 적은 해는 1회 방제로 충분 하지만 비래시기가 빠르고 비래량이 많은 해에는 7~10일 간격으로 2~3회 방제를 해야 한다. 또한 이화명충 2화기 방제시기와 같게 될 경우 동시방제용 약제를 선택하여 동시방제하는 것이 효과적이다.

벼물바구미
벼물바구미는 1988년 경남 하동군에서 처음 발견된 후 전국의 주요 항구인 인천, 울산, 동해 등 수출입 활동이 빈번한 곳에서 부터 발생이 확인된 이래 해가 지남에 따라 발생 지역이 급격히 증가하여 최근에는 거의 전국적으로 발생하고 있는 주요 외래 해충이다. 논 주변의 제방이나 과수원, 야산 등의 낙엽이나 잡초 밑의 표토에서 성충으로 월동하고, 월동성충은 5월 상순경부터 본답으로 이동하여 이앙직후의 어린 벼의 엽육을 가해한다. 부화된 유충은 땅속 뿌리로 내려가 벼의 뿌리를 가해하기 때문에 분얼수 감소와 더불어 양분흡수의 장해 및 지상부의 생육을 억제하는 등 매우 심각한 피해를 주는 해충이다.
피해 ○ 성충은 벼의 잎살을 갉아 먹어 벼 잎에 가는 흰색의 선이 생긴다. ○ 성충 밀도가 높으면 잎 전체가 하얗게 되다가 결국 포기 전체가 고사한다. ○ 유충은 뿌리를 가해한다. ○ 유충의 밀도가 높으면 초장과 뿌리의 감소, 생육지연, 하위엽 황화가 나타나고, 분얼이 감소하며, 출수가 지연되어 수량감수가 크게 나타난다.
벼잎벌레
벼잎벌레는 강원도와 충북일대에서 주로 많이 발생하는 해충으로 연 1회 발생한다. 벼잎벌레의 피해를 받으면 무효분얼이 증가하고 출수가 늦어진다. 성충이나 유충은 습도가 높은 곳을 좋아하며 특히 유충은 건조에 약하여 건조한 바람을 만나면 섭식을 중단하며 밀도가 급속히 감소한다.
피해 ○ 성충, 유충 모두 잎의 엽육을 갉아먹어 피해를 주며 성충보다 유충의 섭식량이 많다. ○ 피해를 입으면 생육이 지연되고 무효분얼이 증대하며 수량이 감소된다.

3.1.3. 서류 심사

서류심사는 신청인이 제출한 서류를 바탕으로 심사를 실시하는 방법으로 생산계획서를 바탕으로 서류심사를 실시한다.

3.1.3.1. 신청내역

1) 신청내역에 대하여 다음과 같은 사항을 확인한다.

항목	심사요령	관련서류
재배포장 신청내역 확인	신청인은 재배필지에 대하여 정확한 지번과 면적을 모르고 신청하는 경우가 많이 있다. 따라서 심사원은 생산계획서의 신청내역에 대한 증빙자료로 토지대장을 제공받아 재배포장의 지번이나 면적이 일치(단, 면적은 토지대장상 면적보다 적거나 같아야 한다.)하는지 확인한다. 토지대장은 지번별 1장으로 발급됨에 따라 여러 필지를 신청한 신청인에게는 농지원부를 요청할 수 있다.	- 토지대장 - 농업경영체 등록 확인서 - 농지원부

항목	심사요령	관련서류
품목별 생산 계획량 적정성 확인	생산계획서의 신청내역 중 품목별 1년 생산계획량이 과거 1년 생산출하내역과 일치한지 확인하며, 작목별 평균생산량과 비교하여 적정성을 확인한다. * 작목별 평균생산량 확인 – 농사로(www.nongsaro.go.kr) 〉 농산물소득정보 〉 농축산물소득자료집	- 과거 1년 생산·출하내역 - 농축산물소득자료집

2) 신청내역에 대한 서류심사결과 다음과 같이 처리한다.

서류심사결과	처리요령
재배필지의 지번, 면적, 토지대장(농지원부) 소유주이름이 모두 일치한 경우	1)항의 재배포장 신청내역확인에 대한 서류심사 종료.
재배필지의 지번이 토지대장(농지원부)의 지번과 다를 경우	신청내역이 잘못 기입된 것인지 토지대장(농지원부)을 잘못 제출한 것인지 농가에게 확인이 필요함으로 신청인에게 서류나 유선으로 서류심사 결과를 통보하고 보완을 요청한다.
재배필지에 대한 토지대장 및 농지원부의 이름이 신청인과 불일치한 경우	신청한 재배필지에 대한 경작자가 신청인이 맞는지 확인이 불가함으로 재배필지에 대한 경작자증빙자료가 필요하므로 신청인에게 서류나 유선으로 서류심사 결과를 통보하고 보완을 요청한다. (경작자 증빙자료에는 임대차계약서나 경작사실확인서로 재배필지의 경작자를 확인 할 수 있다.)
여러 필지를 신청하였으나 1개 이상의 필지가 토지대장이나 농지원부가 없는 경우	신청내역이 잘못 기입된 것인지 토지대장(농지원부)을 빠뜨리고 제출한 것인지 농가에게 확인이 필요함으로 신청인에게 서류나 유선으로 서류심사 결과를 통보하고 보완을 요청한다.
토지대장이나 농지원부를 제출하지 않고 쌀소득등 보전직접지불금 등록(변경)신청서를 해당 읍·면사무소에서 발급받아 제출한 경우	읍·면사무소에서 발급받은 쌀소득등 보전직접지불금 등록(변경)신청서는 해당 읍·면사무소에서 공부상면적을 확인하고 입력하는 자료이기 때문에 토지대장의 대용으로 사용가능함.
생산계획서의 생산량과 과거 1년 생산출하내역과 일치하며, 1년 평균 생산량과 비슷한 결과를 보일 경우	1)항의 품목별 생산계획량 적정성 확인에 대한 서류심사 종료.
생산계획서의 생산량과 과거 1년 생산출하내역과 불일치한 경우	매년 생산량은 조금씩 차이가 있기 때문에 과거 1년 생산출하내역과 생산계획량이 불일치하여도 문제점은 없다. 다만, 과거 1년의 생산출하량과 차이가 10~20%이상 증가나 감소가 있을 경우 현장심사 시 증가나 감소에 따른 원인을 파악하여야 함.
생산계획량과 비교결과 전국 평균량보다 많은 경우	신청인이 농업의 노하우로 평균생산량보다 많이 생산할 수도 있기 때문에 신청인에게 서류나 유선으로 서류심사 결과를 통보하고 전국 평균 생산량보다 많은 이유를 확인하여야 함.

※ 생산계획량 비교 예시

3000평(10,000㎡)에서 150가마(40kg, 조곡)를 생산하였을 경우 평균생산량과 비교하였을 경우 적정한가?

10a당 쌀 평균 생산량(2017년) = 527kg (2017농축산물소득자료집, 농촌진흥청)

조곡 생산량 : 150가마 * 40kg = 6,000kg

도정율 : 6,000kg * 0.7 = 4,200kg

10,000㎡ = 100a임 : 4,200kg/10 = 420kg

∴ 10a당 평균생산량(2017년) 527kg 〉 생산계획서상 10a당 쌀 생산계획량 420kg

3.1.3.2. 재배작기

재배작기에 대하여 다음과 같은 사항을 확인한다.

항목	심사요령	관련서류
품목별 파종일과 수확기간의 적정성 확인	수도작은 표준화된 영농법이 개발되어 파종일(이앙)과 수확기간이 대부분 농가에서 비슷한 결과를 보인다. 파종일과 수확기간을 확인할 수 있는 자료는 경영관련자료에 의존하기 때문에 과거 경영관련자료를 토대로 파종일(이앙)과 수확기간이 비교하여 신청 작물의 재배기간을 확인한다.	- 경영관련 자료

3.1.3.3. 경영관리

1) 경영관리에 대하여 다음과 같은 사항을 확인한다.

항목	심사요령	관련서류
경영관련자료	최근 1년 이상의 경영관련자료 제출여부확인(유기는 2년 이상)하며, 1년 미만인 경우 사유에 대한 적합성을 확인한다.	- 경영관련 자료
유기합성농약	최근 1년간 유기합성농약 관련 자료를 확인하여, 신청한 재배포장에 유기합성농약이 사용됐는지 확인한다.	- 경영관련 자료 - 농자재거래내역
화학비료	최근 1년간 화학비료 관련 자료를 확인하여, 신청한 재배포장에 화학비료가 사용됐는지 확인한다.	- 경영관련 자료 - 농자재거래내역

2) 경영관리에 대한 서류심사결과를 다음과 같이 처리한다.

서류심사결과	처리요령
1년 이상(유기는 2년 이상) 기록하여 제출한 경우	1)항의 경영관련자료에 대한 서류심사 종료.
1년 미만 기록하여 제출한 경우	수도작의 경우 1년 이상의 경영관련자료가 필요함으로 신청인에게 유선이나 문서로 서류심사결과를 알리고 경영관련자료를 1년 이상 제출하도록 보완을 요청한다.

서류심사결과	처리요령
유기합성농약의 구매, 사용, 재고내역의 기록이 없는 경우	1)항의 유기합성농약에 대한 서류심사 종료.
유기합성농약의 구매, 사용, 재고 내역이 있으나 관행재배필지에 사용한 경우	1)항의 유기합성농약에 대한 서류심사 종료하고 현장심사 시 유기합성농약이 구분되어 사용되는지 확인한다.
유기합성농약의 구매, 사용, 재고 내역이 있고 친환경농산물 재배포장에 사용한 경우	서류심사 시 잠재적 부적합사항이 발견되었음으로 신청인에게 서류심사결과를 알린다.
화학비료의 구매, 사용, 재고내역의 기록이 없는 경우	1)항의 화학비료에 대한 서류심사 종료.
화학비료의 구매, 사용, 재고 내역이 있으나 관행재배필지에 사용한 경우	1)항의 화학비료에 대한 서류심사 종료하고 현장심사 시 화학비료가 구분되어 사용되는지 확인한다.
화학비료의 구매, 사용, 재고 내역이 있고 친환경농산물 재배포장에 사용한 경우	화학비료의 사용량을 계산하여 인증기준 준수여부를 판단한다.

3.1.3.4. 재배포장·용수·종자

1) 재배포장·용수·종자에 대하여 다음과 같은 사항을 확인한다.

항목	심사요령	관련서류
재배포장	친환경인증관리정보시스템에 재배포장의 필지를 입력하여 중금속 오염 여부를 확인한다.	
	토양검정결과 비옥도가 적정치 이하거나 염류가 과도하게 집적된 경우로 개선대책의 적정성 확인한다.	- 토양시비처방전 - 개선대책
	수도작의 재배필지는 논둑을 경계로 이루어져 있어 친환경 단지화가 안될 경우 농약 등에 의하여 오염원으로 오염될 우려가 있다. 따라서 오염우려 관리 대책의 적정성을 확인하여야 한다.	
재배용수	재배포장에서 사용되는 재배용수를 확인하고 5년 이내의 성적서가 있는지 확인한다. 수도작은 재배용수로 호소수나 하천수를 주로 사용하며, 해당 용수의 수질은 물환경정보시스템(http://water.nier.go.kr/)이나 농촌용수종합정보시스템(https://rawris.ekr.or.kr)을 확인하여 최근 1년 동안 검사한 검정치의 산술평균값을 적용하여 확인한다.	- 수질분석성적서 (5년이내)
종자	자가채종 종자를 사용하였는지, 보급종자나 구입종자를 사용하였는지 확인한다.	- 종자 거래내역

2) 재배포장·용수·종자에 대한 서류심사결과를 다음과 같이 처리한다.

서류심사결과	처리요령
친환경인증관리정보시스템에 재배포장 필지 입력결과 오염우려지역이 아닐 경우	1)항의 중금속에 대한 서류심사 종료.
친환경인증관리정보시스템에 재배포장 필지 입력결과 오염우려지역으로 나올 경우	현장심사 시 재배포장의 토양시료를 채취하여 토양중금속 분석을 의뢰한다.
개선대책이 인증기준에 적합한 경우	1)항의 개선대책에 대한 서류심사 종료.
개선대책의 사용자재가 허용(시행규칙 별표 1)되지 않은 자재를 사용한 경우	개선대책은 향후 계획임으로 신청인에게 개선대책이 부적합 사항임을 통지하고 개선대책의 보완을 요구한다.
5년 이내 발급된 성적서가 있고 그 결과가 수질기준에 적합한 경우	1)항의 용수에 대한 서류심사 종료
5년 이내 발급된 성적서가 없는 경우	현장심사 시 재배용수를 채취하여 수질분석 의뢰함.
자가채종 종자를 사용하였거나, 친환경재배(무농약 이상)한 농가에게 종자를 구입한 경우	1)항의 종자에 대한 서류심사 종료.
보급이나 구입종자를 사용한 경우	신청인에게 보급이나 구입종자를 사용한 이유를 확인한다.

3.1.3.5. 재배방법

1) 재배방법에 대하여 다음과 같은 사항을 확인한다.

항목	심사요령	관련서류
유기농업자재	유기농업자재인 경우 공시번호를 조회하여 등록여부를 확인하고 공시 자재가 아닌 경우 자재의 조성을 확인하여 시행규칙 별표 1의 허용자재인지 확인한다. *공시자재확인 방법-농사로(http://www.nongsaro.go.kr) 〉영농기술 〉친환경유기농업 〉유기농업자재	- 농자재거래내역
가축분뇨(퇴·액비)	(1) 퇴·액비의 출처가 아래에 해당 되는지 확인한다. 또한 완전히 부숙시켜 사용하였으며, 과다한 사용, 유실 및 용탈 등으로 환경오염을 유발하지는 않는지 확인한다. • 유기농축산물·무항생제축산물 인증 농장에서 유래된 것 • 경축순환농법으로 사육한 농장에서 유래된 것 (2) 퇴비의 출처가 (1)에 해당되지 않는 경우 아래의 조건에 해당되는지 확인하고, 필요한 경우 시료를 채취하여 의뢰한다. • 항생물질이 포함되지 아니하여야 하고, 유해성분함량은 「비료관리법」 제4조에 따라 농촌진흥청장이 비료 공정규격설정 및 지정에 관한 고시에서 정한 퇴비규격에 적합하여야 한다.	- 친환경축산물 인증서 - 퇴비거래내역

2) 재배방법에 대한 서류심사결과를 다음과 같이 처리한다.

서류심사결과	처리요령
유기농업자재를 사용하였으며 농진청에 등록여부를 확인한 경우	1)항의 친환경농자재에 대한 서류심사 종료.
자재를 사용하였으나, 농진청에 등록여부를 확인이 불가능한 경우	신청인에게 해당사항을 통보하고 해당자재의 주요 성분 및 조성을 요청하여 시행규칙 별표 1의 해당자재인지 확인한다.
일반가축분뇨를 사용한 경우	2.4 재배방법 4)에 따른 인증 기준 준수여부를 확인하여야 한다.
친환경축산물인증 받은 퇴비나 경축순환농법 퇴비를 사용한 경우	1)항의 가축분뇨(퇴비)에 대한 서류심사 종료.

3.1.3.6. 생산물의 품질관리

1) 생산물의 품질관리에 대하여 다음과 같은 사항을 확인한다.

항목	심사요령	관련서류
수확후 처리	수확 후 건조하지 않고 수매하거나 농가에서 건조하여 수매하는 두 가지 형태로 나눠지고 있으며, 건조과정에서 혼입의 우려가 있는지 확인하여야 한다.	
	도정과정은 위탁하여 처리하기 때문에 위탁계약서와 취급자인증서의 제출여부를 확인하여야 한다.	- 위탁계약서 - 취급자인증서
포장재	포장재의 표시사항이 인증기준에 적합한지 확인한다.	- 포장재 샘플
저장, 수송, 포장등 과정에서 비인증품과 혼입 관리	비인증품과 혼입방지 관련 계획의 실행가능성이 있는지 확인한다.	- 구분관리계획서

2) 생산물의 품질관리에 대한 서류심사결과를 다음과 같이 처리한다.

서류심사결과	처리요령
자가 건조기를 이용하여 건조할 경우	건조관련 서류심사 종료한다.
마을 공동 건조기를 이용하여 건조할 경우	현장심사 시 혼입여부를 확인하고 혼입방지 대책을 세워 이행하는지 확인한다.
건조하지 않고 미곡처리장으로 수매하는 경우	위탁계약서의 내용을 참조하며, 위탁장소에서 건조과정시 비인증품과 혼입방지 대책을 확인한다.
위탁계약서와 취급자인증서를 제출하였을 경우	위탁처리에 관한 서류심사를 종료한다.

서류심사결과	처리요령
위탁계약서를 제출하였으나 취급자인증서를 제출하지 못한 경우	신청인에게 취급자인증에 준하는 시설기준임을 증빙할 수 있는 서류 보완을 요청한다.
위탁계약서를 특별한 사유로 인하여 제출하지 못한 경우	특별한 사유를 현장심사 시 위탁계약서를 제출하지 못한 사유를 확인한다.
특별한 사유 없이 위탁계약서를 제출하지 못한 경우	신청인에게 해당사항을 통보하고, 보완 요청한다.
포장재의 표시사항이 규칙 별표 2의 사항을 준수한 경우	포장재의 서류심사를 종료한다.
포장재의 표시사항이 규칙 별표 2의 사항을 준수하지 못한 경우	인증 획득 후 해당 포장재의 사용을 금지하며 표시사항을 변경하도록 안내한다.

3.1.3.7. 기타

1) 기타사항에 대하여 다음과 같이 확인한다.

항목	심사요령	관련서류
병행생산	대부분 수도작 신청인은 병행생산을 하고 있음으로 병행생산으로 생산된 관행 및 인증단계가 낮은 수도작에 대하여 재배면적, 생산계획량, 판매처를 정확히 파악하여 혹시 모를 혼입여부를 확인한다.	- 구분관리계획서
포장재	병행생산으로 생산한 농산물의 포장재와 인증품 포장지와 구분되는 지 확인한다.	- 포장지 샘플
구분관리계획	인증품과 비인증품의 구분관리 계획의 적정성을 확인한다.	- 구분관리계획서

3.1.4. 현장심사

3.1.4.1 신청내역

신청내역에 대하여 다음과 같이 현장심사를 진행한다.

항목	심사요령	현장사진
재배 포장 지번	신청필지와 재배포장의 지번일치 여부 확인한다.	
재배 품목	신청서의 품목과 재배포장의 품목이 일치하는지 확인한다.	  재배품목이 다른 경우
생산 계획량	생산계획량 적정성을 확인한다.	농가면담으로 300평당(10a, 1,000㎡) 조곡 생산량 확인하며, 작목별 평균생산량을 참조하여 비교한다. * 작목별 평균생산량 확인 - 농사로(www.nongsaro.go.kr) 〉 농산물소득정보 〉 농축산물소득자료집

3.1.4.2. 경영관리

경영관리에 대하여 다음과 같이 현장심사를 진행한다.

항목	심사요령	현장사진
유기합성 농약 및 화학비료	경영관련자료에 기술된 유기합성농약이나 화학비료의 재고량과 실재고량의 일치여부 및 구분관리를 확인한다.	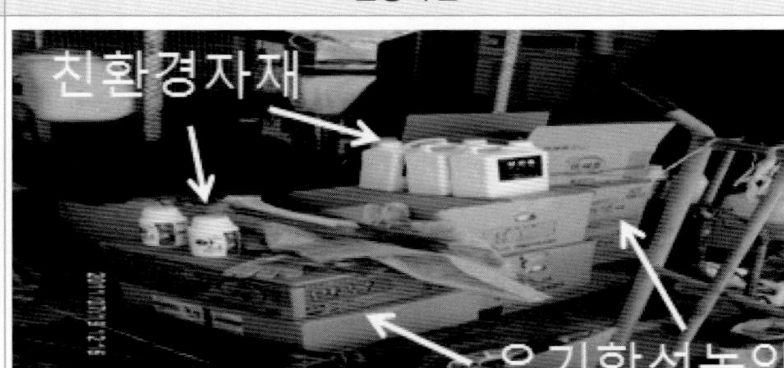 자재의 구분 관리 미흡

항목	심사요령	현장사진
신청인과 면담	신청인과 면담을 통하여 경영관련 자료와 현장의 일치성 및 전반적인 친환경농사에 대하여 확인한다.	

3.1.4.3. 재배포장·용수·종자

재배포장·용수·종자에 대하여 다음과 같이 현장심사를 진행한다.

항목	심사요령	현장사진
재배포장의 오염원	재배포장 주변 오염가능성을 확인하고 생산계획서에서 제시한 완충지대등에 관한 구분관리 이행여부를 심사한다.	 완충지대 미설정 
영양공급	토양의 비옥도와 관련하여 영양불균형으로 표 5-1과 같은 증상이 발생하였는지 확인한다. 영양불균형 시 적정한 영양공급계획의 이행여부를 심사한다.	표 5-1 참조

항목	심사요령	현장사진
재배포장의 용수	재배용수를 채취하여 시험분석기관에 의뢰한다. 수질의 평가기준은 2.3 2) 용수의 심사요령을 참조한다.	
재배포장 주변 흔적	재배포장 주변에 유기합성농약을 사용한 흔적을 발견한 경우 신청인에게 유기합성농약의 사용여부를 확인하고 의심필지에서 시료를 채취하여 잔류농약검사를 의뢰한다.	
재배포장의 표지판	재배포장 주변에 표지판을 설치하여 친환경재배 단지임을 알리고 있는지 확인한다.	
종자소독	종자소독 방법을 확인하고 유기합성농약의 사용여부를 심사한다. 온탕침법을 이용한 경우 온탕침법의 온도 시간등을 질문하여 실제 사용유무를 심사한다. 농자재를 이용하여 소독한 경우 자재가 규칙 별표10에 해당되는 자재인지 확인한다.	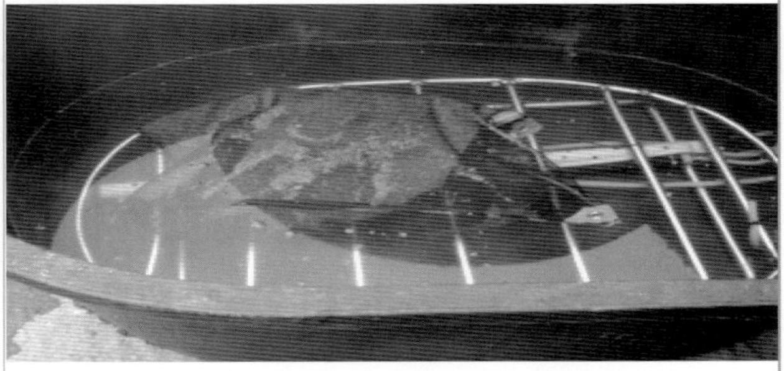 온탕침법(60~65도에서 약 10분 침지 실시)

표 5-1. 벼 영양결핍 시 나타나는 증상(농진청/기술정보/농업기술정보/벼 참조)

영양성분	증상	예시	비고
질소(N)	가지치기가 정지되고 식물체가 자라지 못한다. 새로 나온 잎과 지금 막 나오는 잎을 제외하고는 나머지 대부분의 잎들은 좁고, 짧으며, 꼿꼿이 서서 황록색으로 변한다. 아랫잎들은 엷은 짚 빛깔을 띠면서 말라죽는다.	 과다 적정 부족	
인산(P)	가지치기가 정지되고 식물체가 자라지 못한다. 잎은 좁고, 짧고, 꼿꼿이 서며, 잎의 빛깔 칙칙한 암녹색을 띈다. 어린잎은 건강한 편이나 오래된 잎은 갈색으로 변하여 말라죽는다. 품종에 따라서는 안토시안 색소를 냄으로서 쇠녹빛 또는 자주빛을 나타내기도 한다.	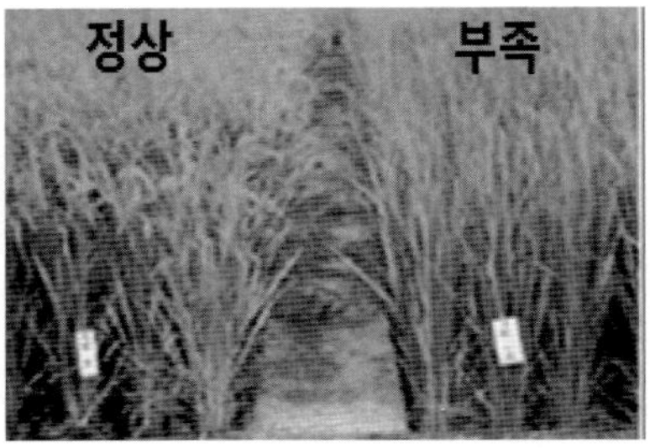	
칼슘(Ca)	결핍이 심하지 않고는 잘 나타나지 않는 특성이 있다. 결핍 증상은 전개되고 있는 윗잎의 끝부분이 백화하고 말리며 쭈글쭈글해진다. 더욱 심한 경우에는 식물체가 자라지 않고 생장점이 죽는다.	-	
칼리(K)	식물체가 잘 자라지 못하고 가지치기는 약간 줄어든다. 잎은 짧아지는데도 불구하고 밑으로 쳐지며 암녹색을 띈다. 아랫잎의 잎끝으로부터 엽맥사이가 황변하기 시작하여 마침내는 엷은 갈색으로 변하여 말라죽거나 때로는 암녹색 잎 위에 갈색반점이 생겨 커지기도 한다.		
마그네슘(Mg)	결핍증상이 심하지 않을 때는 초장이나 가지치기수에 거의 영향을 주지 않는다. 결핍증상은 잎들의 엽각이 커지면서 밑으로 쳐지게 되며 군락상태의 잎들이 물결치는 것처럼 보이고, 아랫잎의 엽맥 사이에서 시작하여 잎 전체가 오렌지 빛깔의 변색현상을 보이는 것이 특징이다.	-	

영양성분	증상	예시	비고
망간(Mn)	식물체는 자라지 않아 작아지지만 가지치기는 정상이다. 줄무늬 백화현상이 잎 끝의 엽맥 사이에서 시작하여 기부로 번지는데 마침내는 암갈색으로 변하여 말라죽는다. 새로 나오는 잎은 짧고 좁으며 연녹색을 띈다.	-	
철(Fe)	전체 잎들이 희게 변색하기 시작하여 마침내 하얗게 된다. 이러한 증상이 나타날 때 철을 시용하면 그 증상이 중지되고 새로 나오는 잎만 백화현상을 보인다.		
아연(Zn)	어린잎의 기부 쪽의 중륵이 백화한다. 아랫잎에서는 갈색 얼룩과 줄무늬가 나타난 다음 생장이 왜소해지지만 가지치기는 계속된다. 엽신의 크기가 줄어드나 엽초는 정상적인 크기를 유지한다. 포장에서는 생육이 불균일하고 성숙이 늦어지는 특징을 보인다. 아연이 부족한 벼잎 증상을 북새병이라고도 한다.	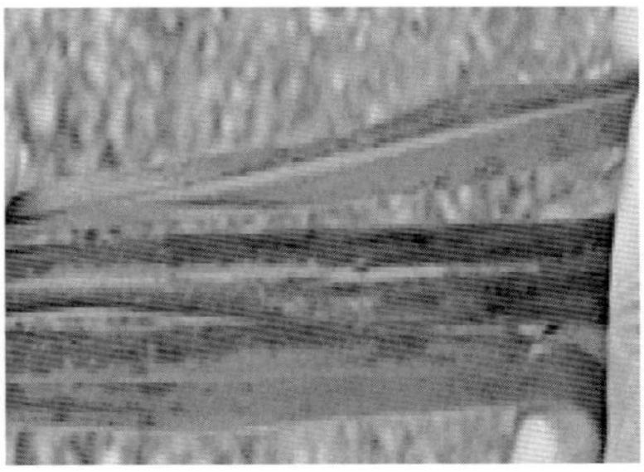	

3.1.4.3. 재배방법

재배방법에 대하여 다음과 같이 현장심사를 진행한다.

항목	심사요령	현장사진
제초제 사용	잡초관리 계획으로 논둑 제초시기와 본답에 제초를 어떠한 방법으로 실시하는지 확인한다. 제초제 사용 흔적 발견 시 잠재적 부적합 사항으로 심사보고서에 기재한다. 예) 재배포장의 논둑은 대부분 동력예취기를 사용하며, 본답은 우렁이를 투입하여 제초한다.	  제초제 사용금지 

항목	심사요령	현장사진
상토	육묘단계를 거친 수도작의 경우 상토의 종류와 조성을 확인하여 금지물질이 포함되어 있는지 확인한다. 유기농산물일 경우 화학비료의 포함여부도 확인한다.	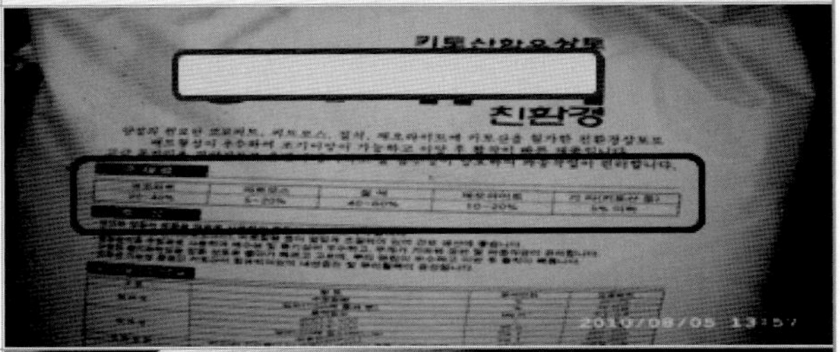
병해충 방제용 또는 토양개량 및 작물 생육용 자재	병해충방제용 또는 토양개량 및 작물생육용으로 사용한 자재는 규칙 별표 1의 목록을 참조하여 적합한 자재인지 확인한다. 단, 유기농업자재(예: 공시-0-0-0)는 유기농산물 생산과정에서 사용 가능한 자재이다.	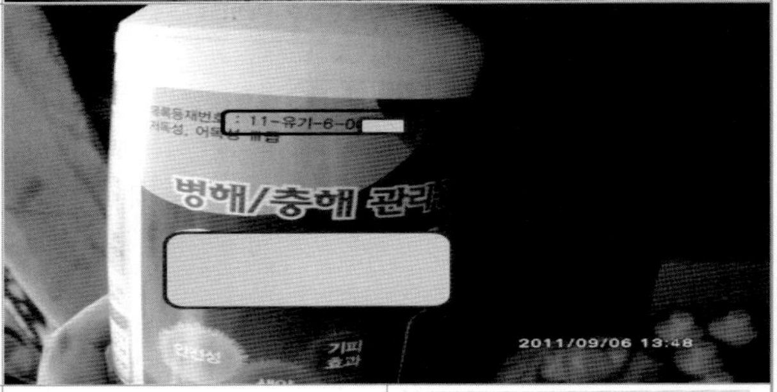
퇴비	퇴비출처를 확인하고, 필요한 경우 시료를 채취하여 분석을 의뢰한다. 퇴비의 평가기준은 2.4 4) 재배방법의 심사요령을 참조한다.	 
화학비료	화학비료가 사용되었는지 확인한다. 자재 거래 내역을 통해 구매내역이 있는 화학비료의 사용처, 사용량 등을 확인한다.(추적감사 등).	
자가제조 농자재	신청인이 직접 제조한 자재를 사용한 경우 사용한 자재가 규칙 별표 1에 해당되는 자재인지 확인하고 제조과정이나 보관상태 등을 심사한다.	 

항목	심사요령	현장사진
생산물 분석	잔류농약분석을 실시하여야 하는 경우(2.4 재배방법 참조), 재배포장의 생산물을 채취하여 잔류농약분석을 의뢰한다.	

3.1.4.4. 생산물의 품질관리

생산물의 품질관리에 대하여 다음과 같이 현장심사를 진행한다.

항목	심사요령	현장사진
건조	수확이후 취급과정에서 건조방법을 확인하고, 건조기를 이용하는 경우 인증종류가 다른 농산물 및 일반농산물의 혼입여부를 심사한다.	
저장	수확물에 대한 저장방법을 확인하며 오염 및 혼입에 대한 방지대책을 심사한다.	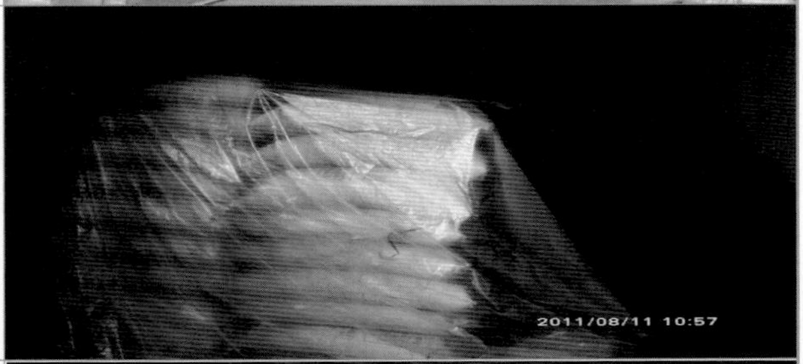
포장재	인증품의 인증표시사항을 확인한다. 포장하지 않고 판매하여 인증표시가 없는 경우 송장이나 거래명세표에 표시사항의 기재여부를 확인한다.	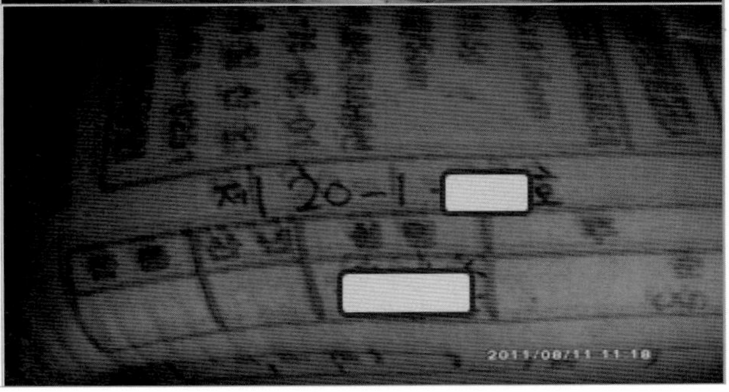

항목	심사요령	현장사진
농기계	농기계의 보관 상태를 확인하고, 일반농산물과의 공동사용에 따른 오염 가능성을 심사한다.	 

3.1.4.5. 기타

항목	심사요령	현장사진
구분 관리 계획	일반농산물과 인증품의 구분관리 계획을 확인한다. 구분관리계획의 이행여부를 확인한다.	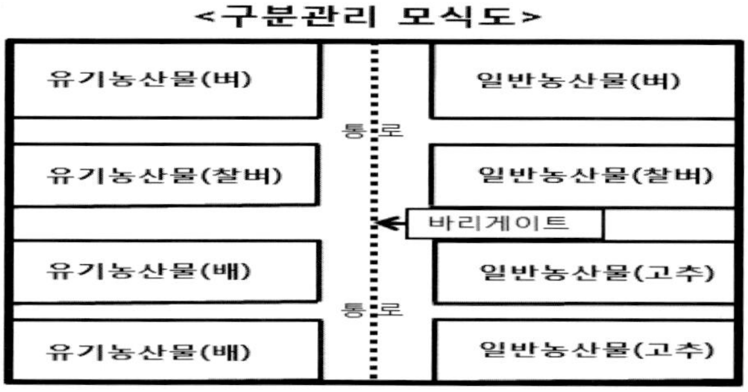

3.2. 과수류의 인증심사 예시

3.2.1. 과수류 특징 (배) (농촌진흥청 / 농업기술정보 / 과수 / 배 참조)

1) 배나무의 생태적 특성

학명	Pyrus pyrifolia NAKAI var.	
분류	장미과	
기상 조건	온도	○ 우리나라에서 현재 재배되는 품종은 남방형 동양배(P.pylifolia) 위주이다. ○ 우리나라의 배재배분포는 서울 이북, 한반도 북반의 함흥을 비롯하여 남부의 울산, 나주, 보성 등 한반도 전역에 걸쳐 이루어지고 있다. ○ 우리나라의 배의 주산지는 연평균기온은 12~15℃ 범위에 있으며(일본의 과수진흥법은 7℃이상 규정), 4~10월 평균기온이 19~21℃가 많으며(일본 과수진흥법 13℃이상 규정), 7~8월 평균기온은 24~26℃, 9월 평균기온은 18℃이상에서 22℃인 지역이다. ○ 경제적 재배온도는 생육기간 중 고온량지수(월평균 5℃이상의 달에서 5℃뺀 온도 합계)가 85℃선이며, 한강이북 지방은 조·중생종 재배는 적합하나 만생종 특히 11월에 수확되는 극만생종은 생육기간 중의 적산온도가 부족하여 성숙미흡, 착색지연 및 식미가 떨어지는 등 과실품질 저하로 미기상이 남부처럼 배재배에 비교적 좋은 곳을 제외한다면 대체로 부적합하다.

학명	Pyrus pyrifolia NAKAI var.	
분류	장미과	
		○ 1일 평균기온 10℃이상 일수가 215~240일이 되어야 좋다. 한국배의 자발 휴면 완료기는 12월하순~1월중순이다.
	강우량	○ 한국배는 생육기간중 강우량이 많고 습윤한 기후조건에 적합한 과수로서 연평균 강우량은 900mm 이상이 좋다 ○ 우리나라 주산지 강우량은 1,000mm 이상으로 충분한 편이다. ○ 생육기간중 기온이 낮고 강우량이 적은 지방에서 생산된 과실은 감미가 적어지고 육질의 유연다즙성이 떨어지고 과실의 크기가 작아지게 된다. 특히 공기습도는 과피색과 밀접한 관계가 있다.
	일조	○ 배나무는 광선 부족에 매우 민감하다. 차광에 의해 배의 건물 생성기능은 타 과수에 비하여 가장 심하게 감소된다. ○ 특히 칼리성분이 부족한 경우 직사광선을 받지 않는 단과지의 과실은 비대생장이 억제되어 소과로 되는 경우가 많다.
재배적지	토양공기	○ 토양내의 산소농도가 부족하면 배나무의 신초생장은 억제된다. ○ 일반적으로 토양 공기 함량이 20%에서 양호한 생육을 하며 고품질 정상과를 생산하며, 10%이하에서는 산소 부족 증세를 일으켜 새로운 뿌리생성이 지장을 받는다고 알려져 있다. ○ 배 뿌리의 발육은 토양공기중의 산소농도가 5%이상이면 표준구 20%에 비하여 크게 떨어지지 않아 뿌리는 포트 하층까지 신장하고 왕성하게 신근을 발생시킨다.
	토양수분	○ 배 묘목생육에 미치는 토양 수분 함량은 30~40%가 가장 양호하며, 20%이하에서는 현저히 억제되고, 15%로 되면 지상부는 생육이 정지되며, 9%에서는 위조되기 시작한다. ○ 배 뿌리는 30~40%의 적습의 수분에서는 외피는 황갈색~선갈색을 나타내고 흡수부가 크게 자라지만 토양수분이 10%내외로 되면 뿌리색은 암갈색으로 변하고 굵기도 가늘어지며 신근이 형성되어도 백색부는 볼 수 없게 된다.
	토양의 내건성 및 내수성	○ 배나무는 수분을 비교적 많이 필요로하며, 토양수분 함량이 9%에서는 잎이 위조된다. ○ 토양수분 함량이 40%가 되면 타과수는 지상부와 뿌리가 고사되어 버리지만 배나무는 뿌리는 대조구의 50%, 지상부는 70%로서 내습성이 강하다. ○ 배수가 나쁜 땅에서는 뿌리가 습해를 받으므로 배수가 잘 되는 땅에서 물이 모자라지 않도록 해주는 것이 긴요하다.
	토양의 비옥도	○ 토심이 깊고 유기물함량이 많으며 토양산도 pH 5.5~6.5가 좋음 ○ 배나무는 비옥하고 경토가 깊은 토양으로서 배수가 잘되고 지하수위가 낮으며, 토양 수분 함량이 높은 사양토, 식양토, 식토 등에 알맞다. ○ 생산력이 높은 우량과원과 불량과원의 토양 각층에서 수분과 공기함량을 비교해 보면 우량원은 공기함량이 많다. ○ 표층에서 60cm 깊이까지 공기 함량이 10%이라도 지하수가 유동하고 있으면 신선한 산소가 용존하고 있어 직근은 토양 깊숙이 신장한다. 지력이 낮고 건조한 사토에 심어진 나무는 영양생장이 불량하고 과실은 수량이 적으며 석세포가 많아 육질이 불량하다.

<table>
<tr><td>학명</td><td colspan="2">Pyrus pyrifolia NAKAI var.</td></tr>
<tr><td>분류</td><td colspan="2">장미과</td></tr>
<tr><td></td><td>지형</td><td>○ 바람이 세지 않으며 배수가 잘되고 늦서리 피해가 없는곳
○ 평지가 제일 좋으며 경사지는 15°미만까지 재배가능
○ 평탄지는 경사지에 비하여 모든 재배관리에 있어서 편리하다. 그러나 배수가 불량하고 지하수위가 높은 평탄지에서는 덕가설 밑부위는 공기 유통이 나빠 공중습도가 높다.
○ 경사지는 수평배수가 잘되고 광선의 수광량이 방향에 따라서는 좋고, 상승기류가 발생되어 공중습도가 낮아 병 발생이 적은 이점이 있으나 경사가 급하면 토양유실이 심하고 재배관리의 기계화가 어려워 재배관리가 힘이 든다.
○ 수체생육은 동향 과수원은 개화기에 서리 피해를 받기 쉽고, 동남향은 여름철 과실비대기에 태풍피해를 받아 낙과되기 쉬우며, 서향은 여름에 건조피해를 받기 쉽다.</td></tr>
<tr><td>생리적 특성</td><td colspan="2">○ 꽃 한 과총에서 5~8개의 꽃이 밑에서 차례로 피어 올라가는데 3~4번째 꽃에서 열린 과실이 좋음
○ 꽃눈분화기는 6중순~8월이며 수분수를 20% 이상 섞어 심고 신고, 황금배는 꽃가루가 없으므로 2품종의 수분수 필요</td></tr>
<tr><td>주요 기술</td><td colspan="2">○ 인공수분에 의한 결실 및 품질향상 : 과중 증대 및 정형과
○ 점적관수 : 7~10일 간격 20~30mm
○ 열매솎기 : 3~4열매송이에 1과씩 남김
○ 토양개량 : 심경, 유기물, 석회시용 등
○ 병해충방제 : 검은별무늬병, 꼬마배나무이, 응애, 깍지벌레 등</td></tr>
</table>

3.2.2. 주요발생병해충

1) 배나무의 주요 병해는 다음과 같다.

1. 검은별무늬병
○ **병징** : 잎, 잎자루, 과실, 과경, 줄기에 발병하나 주로 잎과 과실에 피해가 크다. 처음에는 잎이 엽맥을 따라 뚜렷하지 않은 부정형 또는 타원형의 검은 병반이 생기고 점차 진전되면서 그을음모양의 포자들이 무수히 밀생한다. 과일에는 유과 때부터 검은 부정형의 병반이 생겨 진전되면 검은 그을음병반이 된다. 심하면 창가상으로 변하며 이로 인하여 열매는 움푹해지고 때로는 기형과가 되며 균열이 생긴다. 신초에도 검은 그을음병반이 생기며, 심하면 병반주위가 창가상으로 굳어지고 쪼개지며, 부러지기도 한다.
○ **병원균(Venturia nashicola)** : 주로 잎의 표면에 분생포자(分生胞子)를 형성하나 드물게는 자낭포자(子嚢胞子)도 형성한다. 그을음모양으로 보이는 것이 바로 분생포자이고, 자낭포자는 낙엽위에 군생(群生)한다.
○ **발생생태** : 병원균은 낙엽 또는 눈의 비늘 속에서 월동한다. 자낭각의 형성은 2월 하순경부터 시작되며 자낭포자는 4월 상순에 성숙되기 시작해서 4월 중순 이후에 비가 오면 비산되어 제1차 전염원이 된다. 또 전년 가을에 눈의 비늘 속으로 침입되어 감염을 일으킨 부위에서는 봄에 분생포자가 형성되어 제1차 전염원이 된다. 잎에 대한 감염 적온은 15~20℃이며, 최저 8℃, 최고는 28℃ 정도로

서 물이 있을 때 48시간 이내에 침입이 끝나며, 잠복기간은 전개 5~6일된 어린잎은 7~10일, 성엽은 최고 35일, 일반적으로 15~16일이나 전엽 후 1개월이 지난 잎에는 거의 감염되지 않는다. 병원균은 각피 침입후 포복균사로 자라면서 자좌모양으로 발달하고 분생자경을 만들고 분생포자가 형성되는 5~6월에 심하고 여름에는 일시 중지되었다가 가을에 다시 발생하게 되면 10월까지 계속된다.

○ 방제방법

- **경종적 방제** : 병든 낙엽과 가지는 1차 전염원으로서 중요한 역할을 한다. 따라서 전정 시 병든 가지와 낙엽은 반드시 제거하여 땅속에 묻든지 불에 태운다. 검은별무늬병에 요소와 같은 질소질 비료를 가을에 시비했을 때 낙엽이 더 빨리 부식화되어 자실체인 위자낭각(pseudothecia)의 생성률을 낮춘다.
- **화학적 방제** : 인편이 2~3mm 이상 나왔을 때 즉 꽃이 인편에 숨어 있을 때 석회유황합제 5~7도액을 살포하여 병원균 수를 줄인다. 개화기부터 낙화기까지는 열매 및 잎이 병원균에 쉽게 침입할 수 있으므로 강우 직후에 습도가 95% 이상 지속되는 시간이 12시간 이상일 때 꼭 전문약제를 살포해야 한다. 전문약제로는 훼나리, 시스텐, 헥사코나졸, 트리후민 등이 있다. 일반적으로 치료약제는 강우 시작한 날로부터 3~4일 이내에 약제를 살포하면 치료할 수 있다. 낙화기 이후 약제방제는 열매 및 잎이 25~30일 정도 자란 조직에는 병원균의 침투가 힘들므로 봉지씌우기 전까지는 지속적으로 강우전이나 후에 전문약제를 살포한다. 가을방제(낙엽 10~15일전)는 병원균이 꽃눈의 비늘 속으로 침입하여 다음 해의 전염원이 되므로 이 시기에 예방위주로 1회 정도 뿌려준다.

2. 붉은별 무늬 병

1. 병징

배나무에는 어린 잎, 어린 열매, 햇가지에 발생한다. 잎에는 처음 등황색의 아주 작은 점무늬가 생기고 커지면서 나중에 그 위에 많은 과립체(녹병자기)를 형성한다. 이 과립체는 점차 검은색으로 변하고 단맛이 있는 끈끈한 물질을 분비한다. 등황색의 점무늬가 생긴지 약 1개월 후의 병무늬 뒷면에는 회색~자갈색의 모상체(毛狀體; 녹포자기)가 생겨 이것이 나중에 엷은 누른색으로 변한다. 개화기를 전후해서 비가 자주 오면 어린 열매와 햇가지에도 잎에서와 비슷한 병징이 생기는데 나중에 모상체로 변하는 것을 볼 수 있다.

배 붉은별무늬병의 병징

2. 병원균

Gymnosporangium asiaticum Miyabe et Yamada(붉은별무늬병균)과 G. shiraianum Hara(세모붉은별무늬병균)가 배나무에 기생한다. Gymnosporangium은 담자균류, 녹병균목, 자루녹병균과(pucciniaceae)에 속한다. G. shiraianum은 겨울포자, 소생자, 녹병포자 및 녹포자를 형성하며 여름포자 시대는 없다. 이 병원균은 순활물기생균에 속하나 계통에 따라 녹병포자로부터 배양이 가능하다는 보고도 있다.

3. 발생환경

병원균은 4~5월까지 배나무에 기생하고 6월 이후에는 향나무류에 기생하며 여기서 균사형태로 겨울을 난다. 4~5월에 비가 오면 향나무에 형성된 겨울포자퇴는 불어서 젤리처럼 되고 이때에 겨울포자는 발아하여 소생자(小生子)를 형성하게 된다. 이 소생자가 바람에 의해서 배나무로 옮겨지게 되고 어린 잎, 햇가지 및 열매 등의 각피 또는 기공을 통해서 침입하며 잠복기간은 8~9일 이다. 전엽(展葉)후 25일 이상이 경과된 잎은 병에 걸리지 않는다.

향나무에 생긴 겨울포자퇴의 겨울포자가 발아하기 위해서는 반드시 비가 와야한다. 강우량은 많을수록 좋으나 강우의 지속시간이 적어도 6~8시간 이상이어야 한다. 겨울포자의 발아 최적온도는 13~20℃이고 7℃이하 또는 30℃이상에는 발아하지 않는다. 소생자는 건조에 극히 약하고 생명력이 짧다. 녹포자는 성숙 이후에 가장 발아력이 와성하며 적온은 10~27℃이고 발아관의 신장은 25℃부근에서 가장 좋다. 소생자와 녹포자의 유효전반거리는 1.5km 정도라고 하는데 배나무와 향나무가 가까울수록 감염이 잘된다.

배나무 약제살포시기와 붉은별무늬병 발생정도

약제살포시기	배나무 발병엽율(%)
강 우 직 전	0.2
강 우 직 후	12.2
강우 1일후	18.0
강우 2일후	24.2
무 살 포	100

4. 방제방법

가. 대부분의 경제성 재배품종은 감수성이므로 저항성 품종의 재배에 의한 방제는 어렵다.

나. 배나무 재배지역에서는 향나무류의 식재를 피하는 것이 효과적이다. 적어도 1㎞ 이상 격리시키는 것이 안전하다. 또 정원수로 심을 때에는 배나무과에 속하는 화목류와 향나무류는 혼식하지 말고 가능하면 거리를 두고 심는 것이 좋다.

다. 4월 20일경부터 5월 20일까지 비오기 전 또는 비온 직후 약제를 뿌리는데 이기간에 2~3회 정도만 처리하면 된다. 약제로서는 티디폰, 훼나리, 마이탄, 트리아디메놀, 후루실라졸, 디디코나졸, 부탄엠, 샤프롤, 누리만, 비타놀 등이 있다.

라. 배종합정보시스템(www.pear.go.kr)의 예찰 및 방제 정보를 이용하여 약제 처리시기를 결정하면 효과적으로 방제가 가능하다.

3. 검은점병

1. 증상

검은 점병은 5월 중하순경부터 웃자란가지 기부잎과 열매송이 잎이 성엽이 되어 경화되면서 발생한다. 초기에는 대부분 잎 표면에 투명하게 보이는 황색반점이 발생하기 시작하여 황색반점 의 표면이 점차 적자색으로 변하면서, 곧 흑갈색으로 변한다. 흑갈색 반점은 시간이 지나면서 갈색으로 색택이 옅어지며 후기에는 점차 회백화되어 조직이 고사하면서 종종 구멍이 생기기도 한다. 구멍이 나지 않은 반점의 죽은 부분은 함몰되어 경계가 뚜렷하다. 반점의 모양은 초기에는 주로 타원형 또는 부정다각형의 반점이 잎의 가장자리나 소엽맥 주위에서부터 발생하나 시간이 지나면서 심해져 잎 전체로 번진다.

반점의 크기는 초기에 직경이 0.9~2.5mm의 범위(평균 1.47mm)로 일단 발생하면 대부분 더이상 커지지 않지만 발병최성기에 갈수록 작은 반점이 합쳐져 큰 반점이 되고 점차 불규칙한 병반으로 확대되어 잎이 지저분해진다. 가을에 발생하는 잎은 주로 여름에 자란 잎에서 발생하는데 황색 반점이 적자색에서 흑갈색으로 변하는 과정에서 기온이 15℃ 이하로 떨어지는 시기에 도달하면 흑갈색으로 변하지 못하고 잎에 그대로 황색과 적자색으로 남아 있는 경우도 있다. 그러나 이 병 은 병징상으로 볼 때 대부분의 검은무늬병과 혼동하고 있으나 아래와 같은 면에서 쉽게 구별할 수 있다.

첫째, 검은 점병은 주로 타원형,부정다각형의 모양이 많은데 비하여 검은무늬병은 주로 원형 이다. 둘째, 검은점병은 주로 성엽의 경화된 잎에 전면적으로 일제히 발생하지만 검은병은 주로 유엽과 유과에 발생하면서 그 크기도 대, 소 불균형으로 한 시기에 일제히 발생하지 않는다. 셋째, 검은점병은 소엽맥간에 발생하지만 검은무늬병은 엽맥에도 발생한다. 넷째, 검은점병의 경우는 발병한 잎이 뒤틀리지 않지만 검은무늬병은 반점주위에 황색을 띄면서 뒤틀리는 특징이 있다. 이러한 결과로 볼 때 우선 병징상에서 검은병과 큰 차이가 있고 또한 검은점무늬병은 검은 무늬병에 저항성인 신고에서 가장 심하게 발생한다는 면에서 검은무늬병과는 명백히 다르다.

배나무 잎 검은 점병의 증상

2. 발병환경

이 병의 발생시기는 웃자람가지 기부의 잎이 성엽이 되어 굳어지는 시기다. 즉 중부지방은 5월 중, 하순경에 반점이 발생하기 시작하여 6월초에는 20~30%의 발병율에 달한다. 6월 중, 하순에는 발병의 최대치에 이르며 7월이 되어 기온이 올라가면 발생이 정지된다. 이 상태가 8월가지 계속 되다가 기온이 서늘해지는 9월 하순부터 다시 발생하기 시작하여 10월 중순까지 계속된다. 발병 의 최적온도 조건은 주간 23~25℃ 야간에 17~19℃이다. 이보다 낮은 온도에서도 발병하지만 병징 발현은 늦어진다. 또한 주간에 29℃ 이상되는 날이 계속되면 발생이 정지된다. 가지별로 반점 발생 위치를 보면 신초당 대체로 3/4 이하의 기부에서 발생이 많고 선단부에서는 발생이 적다. 신초 기부에서 10번째 잎까지는 잎당 병반수가 약 30개 이상으로 심하게 발생한 잎이 25% 이상되고, 10번째 이상잎은 병반수가 10개 미만으로 적다. 따라서 아랫잎으로 갈수록 병반이 많고 윗잎으로 갈수록 병반이 적거나 없다. 일단 한번 발생한 나무에서는 매년 발생하게 되는데 해가 더해가면서 그 정도가 심해진다.

대체로 나무전체에 발생하지만 몇 개의 가지에 한정해서 발생하는 경우도 있다. 본 병은 고접 갱신한 과수원에서 많이 발생하고 있는데 그 이유는 이병된 접수로부터 전염된 것으로 생각된다. 발생이 심한 나무는 조기에 낙엽이 되어 수세가 쇠약해지며 과실이 비대되지 않아 수량이 정상적 인 나무보다 약 50%정도 감소된다. 그리고 낙엽이 심하면 일소증상이 발생하여 동고병의 원인이 되기도 한다.

3. 방제대책

검은점병은 현재 시판되는 어떠한 약제로도 방제하거나 예방할 수 없다. 그러므로 무병묘목을 생산해서 심고 잘 관리하는 것이 최상의 방법이다. 무병묘목을 생산하는 방법은 여러 가지가 있겠으나 먼저 무병모수를 잘 선정해야 한다. 그리고 모든 묘목생산 및 고접할 접수는 무병모수 로부터 접수를 채취하여 접목을 해야한다. 무병모수 선정은 기존의 나무에서 현재까지 병징이 없는 나무에 지표식물(ps-95)을 접목하여 검정하는 방법이 있다.

대부분 접목 당년에 병징이 나오지만 경우에 따라서는 2-3년후에 병징이 나타나는 경우도 있다. 접목방법은 아접하는 경우에는 8~9월, 절접하는 경우에는 3~4월에 하는 것이 좋다. 또한 검정할 나무당 2곳 이상 접목검정을 해야 안전하다. 다른 한 방법은 열처리에 의한 방법으로 주간 30~40℃ 야간 30℃의 생육상에 1개월 정도 열처리하여 생장점 배양을 하는 방법이 있으나 이 방법은 정밀한 기술을 요하므로 숙련된 기술자가 필요하다.

농가에서 현재 이병에 걸렸다고 성과기에 접어든 나무를 베어내면 경제적 손실이 상당히 크다. 따라서 발병엽율이 80% 이상되는 나무는 베어내는 것이 경제적이다. 또한 발병엽율이 중정도 되는 나무는 수황배, 감천배, 행수, 풍수, 신수 등과 같은 저항성 품종으로 고접갱신하고, 그 이하 가벼운 증세를 보이는 나무에서는 과실의 비대를 정상적으로 만드는 것이 중요하다. 과실 비대는 곧 세포비대를 촉진시키므로써 대과를 생산할 수 있다. 따라서 세포비대와 가장 관계깊은 것이 저장양분이다. 저장양분은 세포비대뿐만 아니라 다음 해의 발아, 개화에도 중요하므로 저장양분을 유지하기 위해서는 수확후에도 늦게까지 건전한 잎을 유지하는 것이 중요하나 검은점병에 걸리면 늦게까지 건전한 잎을 유지하는 것이 곤란하다. 따라서 수세관리와 과실비대를 위해서는 적과를 검은점병이 발생한 잎만큼 반드시 실시하여야 충실한 과실을 얻을 수 있다.

2) 배나무의 주요 충해는 다음과 같다.

1. 콩가루벌레(黃粉蟲)

가. 가해상태

곳을 좋아하는 해충이어서 봉지를 씌운 과실에 피해가 많다. 최근 수출을 위하여 봉지씌우기가 성행하므로 더욱 주의를 필요로 한다. 피해과실은 표면에 콩가루를 뿌려 놓은 것처럼 벌레가 달라붙어 즙액을 빨아먹는데 피해부위는 곧 검은색으로 변하여 썩는다.

나. 형태

모양을 하고 있으며, 성충(成蟲)은 날개가 없고 등황색이며 보통형, 유성형, 산성형, 간모로 나뉘어진다. 간모는 이른봄 월동란에서 부화하며 길이가 0.8mm 정도, 몸의 나비가 0.5mm 정도이고 보통형은 간모의 알에서 생겨 단위생식을 하며 진딧물과는 달리 알을 낳는다. 산성형은 암수가 될 알을 낳으며, 유성형은 암컷과 수컷으로 나뉜다.

다. 생활사

6~10회 발생하고, 대개는 알로 줄기의 거친 껍질 틈에서 월동하나 남부 지방에서는 약충(若蟲)으로 월동하는 것도 있다. 결실된 후인 6월 하순~7월 상순경에는 열매꼭지를 통해 봉지를 씌운 과실로 침입하여 즙액을 빨아먹는데 여름에는 번식이 왕성하여 5~6일이면 부화하고, 1주일이면 성충(成蟲)이 되며, 약 3주일 동안 생명을 유지한다. 9월 중순이 되면 산성형이 나타나기 시작하여 큰알과 작은알을 낳는데 큰알은 암컷, 작은 알은 수컷이 되어 교미 후 알을 낳고 산란 최성기는 10월 중·하순이다.

라. 방제법(防除法)

(1) 이른봄에 나무의 거친 껍질을 긁어서 불에 태우고 기계유유제 25배액을 살포한다.
(2) 봉지를 씌울 때는 수프라사이드유제를 살포한 후에 봉지를 씌우거나 유황 가루를 묻힌 솜을 열매꼭지에 감고 봉지를 씌운다.
(3) 여름철 약제살포시에는 나무줄기에 약제가 충분히 묻도록 살포한다.
(4) 무대재배(無袋栽培)를 하면 발생이 적다.

2. 복숭아 심식 나방

가. 가해상태

과실에만 피해를 준다. 알에서 깨어난 애벌레는 과실 표면에 작은 구멍을 뚫고 들어가며, 바늘구멍처럼 작게 뚫고 들어간 자리는 다소 움푹하게 들어간다. 과실 속에 들어간 어린 벌레는 열매살(果肉) 속을 이리저리 다니기 때문에 과실은 울퉁불퉁한 모양이 된다.

나. 형태

성충은 길이가 7~8mm 정도이고 몸색은 암갈색~회황갈색이며, 겹눈은 적색이다. 알은 지름이 0.3mm 정도의 납작한 원형이며, 유백색 또는 적색이다. 유충은 황색 또는 등홍색이며, 길이는 12~15mm 정도이고 복숭아를 먹어 들어가는 유충은 색이 조금 더 진하다.

다. 생활사

표면에 부착된 알에서 해가 질 때부터 밤사이에 부화된 어린 벌레는 과실로 뚫고 들어가며 열매살 속을 불규칙하게 갱도를 뚫고 먹어 들어간다. 성장하면 과심부로 먹어 들어가며, 다 자라면 과실에서 나와 땅에 떨어져 땅속에 숨거나 피해 과실과 함께 떨어진다. 다 자란 유충은 땅 속에서 실을 토하여 고치를 만들며, 편원형 고치는 노숙유충(老熟幼蟲)으로 월동할 때 만든다. 성충으로 우화(羽化)할 때는 반드시 고치를 다시 만든다.

편원형 고치는 아무리 일찍 만들어도 그대로 월동하며, 이들은 대체로 땅속 10cm이내의 깊이에 있다가 이듬해 5~6월에 방추형 고치를 다시 만들어 성충이 된다. 성충은 1~2회 발생하며 제1회 성충은 6월 상·중순, 제2회 성충은 8월 중순~9월 상순에 우화(羽化)하는데 해가 질 무렵 성충이 땅속에서 기어 나온다. 우화한 성충은 5~7일 동안 산란하며 산란은 대체로 오후 8~9시 사이에 이루어지고, 알은 7~9일이 지나면 부화하게 된다.

라. 방제법

(1) 유충이 토양 속에서 월동하므로 5월 하순과 7월 하순에 토양살충제를 지면에 골고루 살포하고 긁어 준다.
(2) 6월 중순부터 9월 하순까지 파프수화제(엘산, 씨디알), 피리다 수화제(오후나크) 등을 살포한다.
(3) 피해 과실은 회복이 불가능하며, 약제방제 효과가 없으므로 유충이 빠져나가기 전에 따서 물에 담가 죽인다.
(4) 피해가 심한 과수원에서는 성충이 알을 낳기 전인 6월 상순 이전에 봉지를 씌운다.

3. 배나무 방패 벌레

가. 가해상태

성충과 어린 벌레들이 집단으로 모여 잎의 뒷면에서 즙액을 빨아먹으므로 잎이 회색 내지 갈색으로 변하며, 심하면 낙엽 된다.

나. 형태

성충은 반투명한 앞날개에 그물모양의 맥(脈)이 발달되어 있는 모양이며, 길이는 약 3.5mm 정도이다. 알은 길이가 0.6mm 정도이고 유백색이며, 구부러진 모양이고 어린 벌레는 길이가 1.6mm 정도이며, 담황색으로 날개가 없고 배의 양쪽에 여러 개의 돌기가 있다.

다. 생활사

성충으로 월동하여 1년에 3~4회 발생하는데 잎 뒷면의 주맥(主脈)에 15~30개의 알을 낳고 그 위를 성충의 몸에서 나오는 분비물로 덮는다. 알 기간은 4~5일, 약충기간은 약 17일 정도이며 성충의 수명은 약 10일이다. 어린 약충은 모여 살다가 다 자라면 흩어지게 된다.

라. 방제법

(1) 원줄기 하부, 조피 틈, 잡초 등에서 월동하므로 조피 제거작업을 실시하며, 낙엽을 모아 태운다.
(2) 5월 하순~6월 중순까지의 초기방제에 주의하고 수확 후 발생되는 경우에는 약제를 살포하여 월동 밀도를 줄인다.
(3) 방제약제로는 휴면기에 기계유유제를 살포하고, 메프제(mep) 또는 나크(nac)제를 살포한다.

4. 꼬마배나무이

가. 가해상태

유충과 성충이 어린잎, 꽃봉오리, 새가지, 과일 등에 모여 살면서 즙액을 빨아먹으므로 잎이 말리고, 그을음병을 유발하며 낙엽에 이르게 된다.

나. 형태

성충은 길이가 2mm 정도이며 암갈색이다. 다리가 잘 발달되어 있어 뛸 수 있으며, 알은 유백색 내지 황적색이고, 한쪽이 가는 타원형이다. 약충은 납작한 타원형이고 녹색으로 흑갈색의 홍색 반문(斑紋)이 있다.

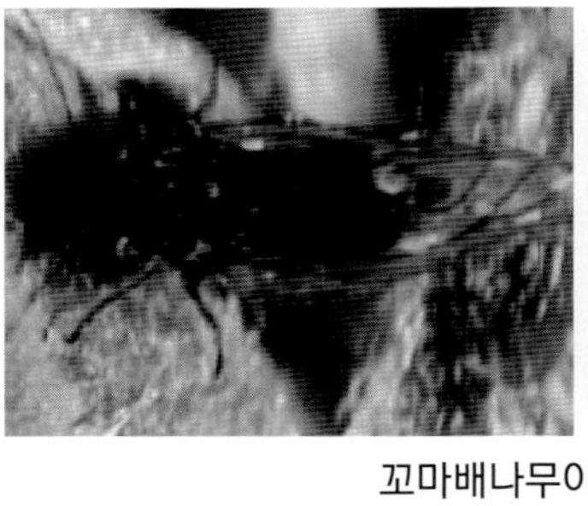

꼬마배나무이의 성충과 피해

다. 생활사

1년에 1회 발생한다. 성충으로 과수원 부근의 잡초에서 월동하였다가 봄철 발아기에 성충이 날아와 어린 눈과 꽃봉오리에 군데군데 1개씩 알을 낳으며, 2~4주일 동안 100~1,000개의 알을 산란한다. 약충기간은 3~4주일이다.

라. 방제체계

(1) 꼬마배나무이 발생은 기상과 밀접히 관련되어 있기 때문에 철저한 발생예찰을 바탕으로 연간 방제대책을 세워야 한다.

(2) 첫째 월동기 발생밀도를 철저히 예찰하여야 한다. 2월 중순경 배나무 거친껍질 밑을 살펴보아 벌레가 있는지를 확인하고 월동성충이 나무위로 모두 올라오는 3월 상순경이 방제적기이다. 이때는 기계유유제를 살포하며 기계유유제는 성충에 대하여 약 85%정도의 방제효과를 갖고 있는 것으로 밝혀졌다. 월동밀도가 낮은 경우는 기계유유제 1회 살포로도 효과적으로 방제할 수 있다.

(3) 둘째는 개화전 발생상황을 철저히 예찰하여야 한다. 월동밀도가 낮은 경우는 월동기 기계유유제로 충분히 방제되나, 월동밀도가 높은 경우는 개화전 방제가 필요하다. 즉 개화전부터 월동성충이 산란한 알이 부화하여 과경틈이나 엽병틈 등으로 깊이 숨게 되므로 낙화 후에는 방제효과가 떨어진다. 현재 이미다클로프리드가 방제약제로 고시되어 있으며 마이탁, 디디브이피, 오트란, 아바멕틴 등도 효과가 있다. 개화전까지 방제를 마무리한 경우는 낙화 후부터는 다른 해충과 동시방제 하면 된다. 개화전까지 방제를 마무리하지 못한 경우에는 낙화 후 방제를 해야 한다. 이때는 약제가 과경틈이나 엽병틈 깊숙이 들어갈 수 있도록 10a당 300ℓ 이상 충분량 살포하는 것이 중요하다.

(4) 셋째는 수확후 철저히 예찰하여야 한다. 수확 후에 다발생하는 경우 월동밀도가 높아져 다음해 다발생하게 되므로 필요에 따라 약제를 살포한다.

(5) 방제시 주의할 점은 꼬마배나무는 약제에 대하여 쉽게 저항성(내성)을 획득하므로 월동기부터 수확 후까지 방제시기를 분산시켜서 약제방제가 동일한 시기에 집중되지 않도록 해야 한다.

3.2.3. 서류 심사

3.2.3.1. 신청내역

과수류의 신청내역에 대한 심사는 3.1.3.1의 신청내역과 동일하게 심사 진행한다.

3.2.3.2. 재배작기

재배작기에 대하여 다음과 같은 사항을 확인한다.

항목	심사요령	관련서류
품목별 파종일과 수확기간의 적정성 확인	과수류는 다년생 작물이며 한번 식재하여 매년 수확하는 작물로 재배작물의 수령을 확인할 수 있다.	

3.2.3.3. 경영관리

경영관리에 대한심사는 3.1.3.3과 동일하게 심사 진행한다.

3.2.3.4. 재배포장·용수·종자

1) 재배포장·용수·종자에 대하여 다음과 같은 사항을 확인한다.

항목	심사요령	관련서류
재배포장	3.1.3.4 재배포장 참조	
재배용수	재배포장에서 사용되는 재배용수를 확인하고 5년 이내의 성적서가 있는지 확인한다.	- 수질분석성적서(5년이내)

항목	심사요령	관련서류
묘목	묘목 유기합성농약을 처리하지 않고 재배되었는지 확인한다.	- 묘목 거래내역 - 묘목에 유기합성농약 처리되지 않았다는 확인서

2) 재배포장·용수·종자에 대한 서류심사결과를 다음과 같이 처리한다.

서류심사결과	처리요령
친환경인증관리정보시스템에 재배포장 필지 입력결과 오염우려지역이 아닐 경우	3.1.3.4 재배포장의 중금속해당 항목에 대한 서류심사 종료.
친환경인증관리정보시스템에 재배포장 필지 입력결과 오염우려지역일 경우	현장심사 시 재배포장의 토양시료를 채취하여 토양중금속 분석을 의뢰한다.
개선대책이 인증기준에 적합할 경우	해당 항목에 대한 서류심사 종료.
개선대책의 사용자재가 허용(시행규칙 별표 1)되지 않은 자재를 사용한 경우	개선대책은 향후 계획임으로 신청인에게 개선대책이 부적합 사항임을 통지하고 개선대책의 보완을 요구한다.
5년 이내의 성적서가 있는 경우	수질분석성적서의 적합성 여부를 확인한다.
관개하지 아니하며, 자연강우만 이용하는 경우	해당 항목에 대한 서류심사 종료.
5년 이내의 성적서가 없을 경우	현장심사 시 재배용수를 채취하여 수질분석 의뢰함.
유기합성농약의 처리하지 않은 묘목을 이식한 경우	1)항의 묘목에 대한 서류심사 종료.
유기합성농약을 처리한 묘목를 이식한 경우	이식 후 매년 수확하는 작물로 작물의 전환기간인 최초 수확 전 3년을 준수한 경우이면

3.2.3.5. 재배방법

재배방법에 대하여 3.1.3.5과 동일하게 심사 진행한다.

3.2.3.6. 생산물의 품질관리

1) 생산물의 품질관리에 대하여 다음과 같은 사항을 확인한다.

항목	심사요령	관련서류
수확후 처리	수확 후 저장·포장방법을 확인하고 위탁여부를 확인한다.	- 위탁계약서

2) 생산물의 품질관리의 서류심사결과에 대하여 다음과 같이 처리한다.

서류심사결과	처리요령
직접 포장 및 저장한 경우	현장심사시 포장재와 저장장소를 확인한다.
위탁하여 포장 및 저장한 경우	위탁계약서를 확인한다.

3.2.3.7. 기타

1) 기타항목에 대하여 다음과 같은 사항을 확인한다.

항목	심사요령	관련서류
혼입여부 점검	생산량, 판매량, 평균생산량 비교하여 적정한지 확인한다.	- 출하내역

2) 기타항목의 서류심사결과에 대하여 다음과 같이 처리한다.

서류심사결과	처리요령
생산량보다 판매량이 작거나 같을 경우(생산량≥판매량)	혼입여부에 대한 서류심사 종료.
생산량보다 판매량이 클 경우 (생산량 < 판매량)	신청인에게 해당사항을 통보하고, 판매량이 큰 이유를 확인 한다.

3.2.4. 현장심사

3.2.4.1. 신청내역

신청내역에 대하여 다음과 같이 현장심사를 진행한다.

항목	심사요령	현장사진
재배포장 지번	신청필지와 재배포장의 지번일치 여부를 확인한다(지적도, GPS등 이용).	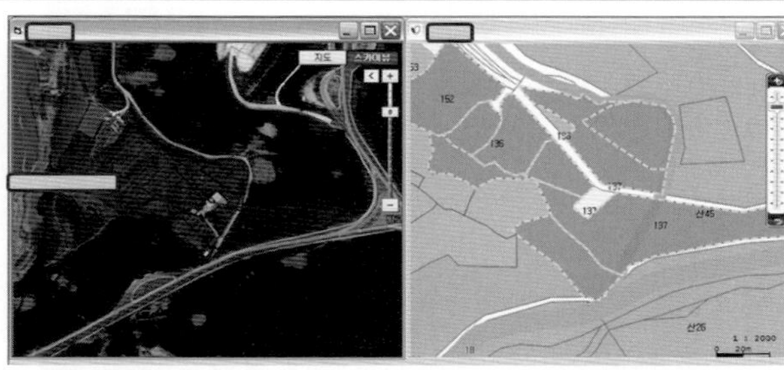
재배포장 품목	재배포장에 신청품목 맞는지 확인	 
생산 계획량	주당 착과수와 농장의 배나무 주수를 확인하여 생산량과 비교확인한다(착과수*주수≒생산계획량).	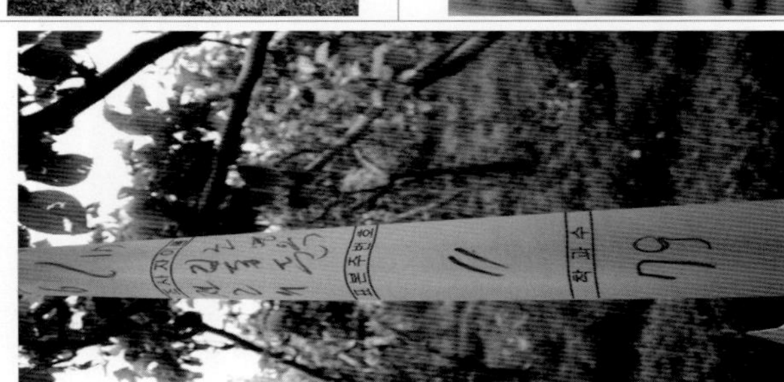 보험에 가입하여 조사하여 부착한 자료

3.2.4.2. 경영관리

경영관리에 대하여 다음과 같이 현장심사를 진행한다.

항목	심사요령	현장사진
유기합성농약 및 화학비료	경영관련자료에 기술된 유기합성농약이나 화학비료의 재고량과 실재고량의 일치여부 및 구분관리를 확인한다.	
신청인과 면담	신청인과 면담을 통하여 경영관련 자료와 현장의 일치성 확인한다.	

3.2.4.3. 재배포장·용수·종자

재배포장·용수·종자에 대하여 다음과 같이 현장심사를 진행한다.

항목	심사요령	현장사진
재배포장 주변 오염원	재배포장 주변 오염가능성을 확인하고 생산계획서에서 제시한 완충지대등에 관한 구분관리 이행여부를 심사한다.	

항목	심사요령	현장사진	
		 보호시설 설치	
재배포장의 비옥도	재배포장의 토양 상태를 직접 확인하여 토양의 비옥도 정도를 확인한다. 비료사용 처방서를 보고 영양상태가 부족할 경우 개선대책을 심사한다.	 재배포장 토양의 실제 확인	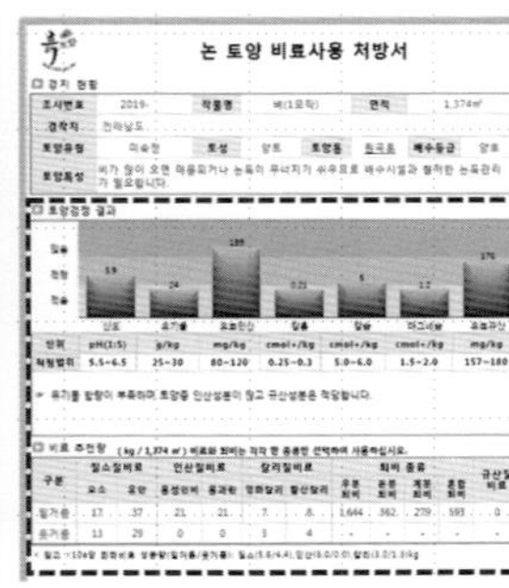 처방서를 통해 토양 상태 확인
재배포장의 용수	재배포장의 관개방법과 수원을 확인하고 5년 이내에 성적서가 없을 경우 수질을 채취하여 분석을 의뢰한다.	 재배포장의 관개	 재배포장의 수원
재배포장의 표지판	재배포장 주변 관리대책 확인(표지판 설치)	 	

3.2.4.3. 재배방법

재배방법에 대하여 다음과 같이 현장심사를 진행한다.

항목	심사요령	현장사진	
잡초관리	재배포장의 잡초관리 상태를 확인하며, 잡초관리 계획이 적정한지 심사한다.		
		 제초관련 농기계	
병해충관리 (트랩)	병해충관리로 사용한 트랩의 상태나 방제 효과를 확인한다.		
병해충방제용 또는 토양개량 및 작물생육용으로 사용한 자재	병해충방제용 또는 토양개량 및 작물생육용으로 사용한 자재는 규칙 별표 1의 목록을 참조하여 적합한 자재인지 확인한다. 단, 유기농업자재(예:공시-0-0-0)는 유기농산물 생산과정에서 사용가능한 자재이다.	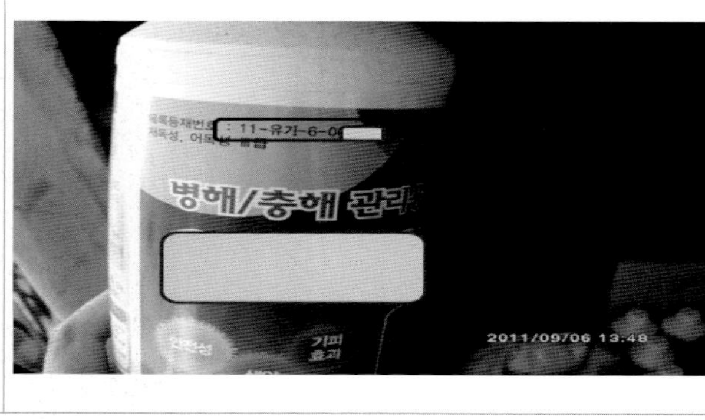	

항목	심사요령	현장사진	
퇴비	퇴비출처를 확인하고, 필요한 경우 시료를 채취하여 분석을 의뢰한다. 퇴비의 평가기준은 2.4 4) 재배방법의 심사요령을 참조한다.		
화학비료	화학비료가 사용되었는지 확인한다. 자재 거래 내역을 통해 구매내역이 있는 화학비료의 사용처, 사용량 등을 확인한다.(추적감사 등).	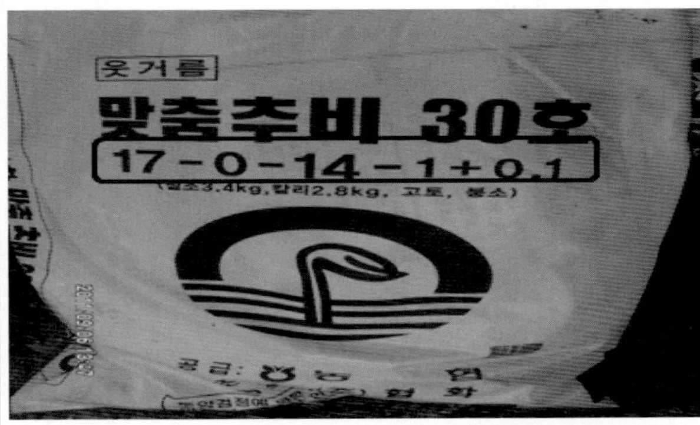	
자가제조 자재	신청인이 직접 제조한 자재를 사용한 경우 사용한 자재가 규칙 별표 1에 해당되는 자재인지 확인하고 제조과정이나 보관상태 등을 심사한다.		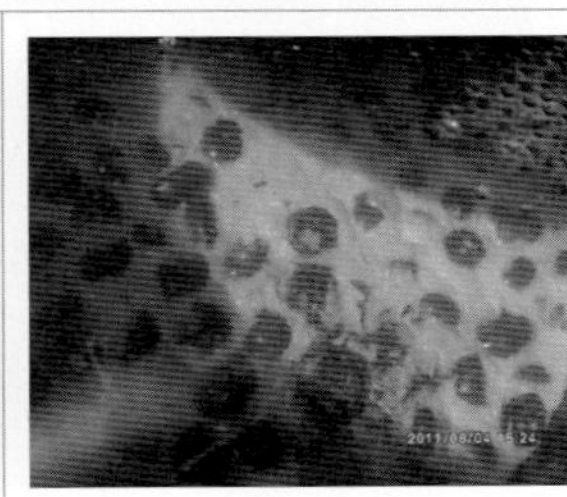

3.2.4.4. 생산물의 품질관리

생산물의 품질관리에 대하여 다음과 같이 심사한다.

항목	심사요령	현장사진
수확이후 취급	수확이후 취급과정을 확인한다.	

항목	심사요령	현장사진	
저장	저장창고 상태를 확인하여 오염이나 혼입여부를 심사한다.		
배 과실 봉지	배 과실 봉지의 구입 및 사용 내역을 확인하여 생산계획량을 역추적한다(추적감사 등).	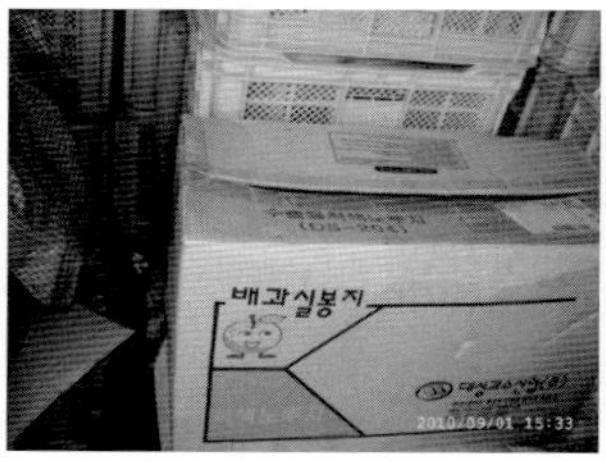	
농기계	농기계의 보관 상태를 확인하고, 일반농산물과의 공동사용에 따른 오염 가능성을 심사한다.		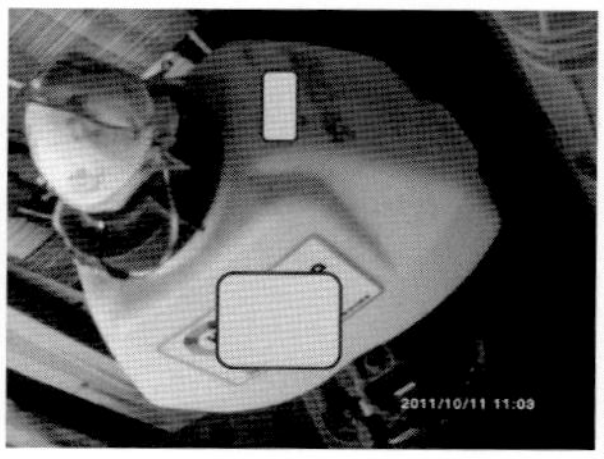

3.2.4.5. 기타

기타사항에 대하여 다음과 같이 현장심사를 진행한다.

항목	심사요령	현장사진
구분관리 계획	일반농산물과 인증품의 구분관리 계획을 확인한다. 구분관리계획의 이행 여부를 확인한다.	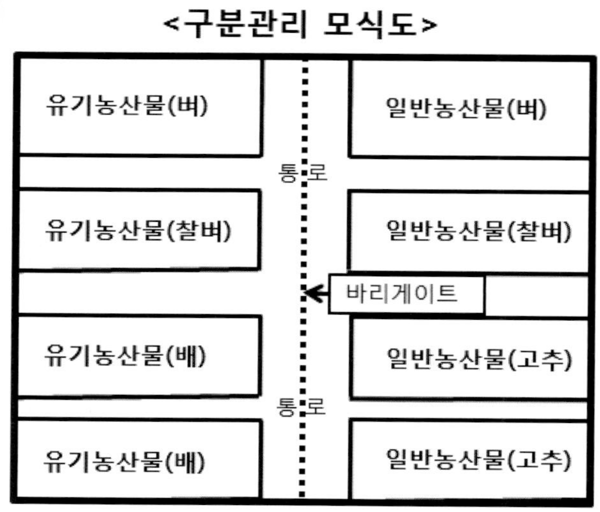

4. 인증심사보고서 작성 예시

친환경농산물 인증 심사보고서

1. 신청인

신청자 성명 :

면담대상자 성명 :

심사원 성명 :

심사일자	서류심사 : 월 일 시 ~ 월 일 시 현장심사 : 월 일 시 ~ 월 일 시 총 심사 시간 : 시간
신청구분	☐ 신규신청 ☐ 인증갱신신청 ☐ 인증품유효기간연장신청 ☐ 인증변경승인신청
인증구분	☐ 유기농산물 ☐ 무농약농산물(유기 전환) ☐ 무농약농산물

갱신 신청의 경우 과거 인증심사 과정에서 지적(요구)사항이 있는지

☐ 있음 ☐ 없음

- 만약 지적(요구)사항이 있으면 아래 표에 따라 개선 사항을 나열 (칸이 부족할 경우 별지를 추가)

지적(요구)사항	개선사항

2. 신청내역의 심사결과

(1) 재배포장 내역

소재지	지번	면적 (m^2)	소유 또는 임차 여부	재배품목(1년간)		
				이전 작물	현 작물	이후 작물

1) 신청한 재배포장의 공부상면적을 확인할 수 있는 자료 제출여부

☐ 제출 ☐ 미제출

2) 신청한 재배포장의 지적도와 재배포장의 일치여부 ☐ 일치 ☐ 미 일치

(2) 인증신청 품목내역

품목명	재배면적(m^2)	생산계획량(kg)	전년도 생산계획량(kg)	전년도 생산량(kg)

1) 생산계획량이 평균생산량과 비교하여 적정한지 □ 적정 □ 부적정
2) 과거 인증 경력(인증번호) :

(3) 인증을 받으려는 품목(이후작물 포함)의 재배 작기

품목명	파종일	수확기간	판매기간

- 신청내역에 대하여 심사한 내용을 종합적으로 기재

3. 경영관리 및 단체 관리

(1) 최근 2년간(무농약 1년) 경영관련 자료를 제출하였는지 □ 제출 □ 미제출
(2) 경영관련 자료 작성 기간 : (년 월 일 ~ 년 월 일)
(3) 경영관련 자료 단축 및 연장사유에 해당되는 작물인지 □ 예 □ 아니오
- "예"라면 단축 및 연장 사유는?

(4) 경영관련 자료에 기록된 사항은?

1) 재배포장의 재배사항을 기록한 자료
□ 품목명 □ 파종·식재일 □ 수확일
2) 농산물·임산물 재배포장에 투입된 토양개량용 자재, 작물생육용자재, 병해충관리용 자재 등 농자재 사용 내용을 기록한 자료
□ 자재명 □ 일자별 사용량 □ 사용목적 □ 사용가능한 자재임을 증명하는 서류
3) 농산물·임산물의 생산량 및 출하처별 판매량을 기록한 자료
□ 품목명 □ 생산량 □ 출하량 □ 출하처별 판매량
4) 유기합성농약 및 화학비료의 구매·사용·보관에 관한 사항을 기록한 자료
□ 자재명 □ 일자별 구매량 □ 사용처별 사용량 □ 보관량 □ 구매영수증

(5) 최근 1년간 유기합성농약 및 화학비료의 구매, 사용, 보관 내역(관행 재배농장 포함)이 있는지
□ 예 □ 아니오
- "예"일 경우 확인된 사실을 기술하시오.

(6) 생산 출하실적

□ 조사기간 : 년 월 일 ~ 년 월 일

품목명	구분	면적(m^2)	생산량(kg)	판매		저장량(kg)
				판매량(kg)	판매처	
	유기					
	무농약					
	관행재배					

(7) 생산자 단체인 경우 아래 사항을 확인 하시오. □ 해당사항 없음
1) 소속농가에게 인증기준에 적합하게 작성된 생산지침서의 제공 여부 □ 적정 □ 부적정
2) 소속농가에게 최신의 인증기준과 인증농가 준수사항에 대한 교육여부 □ 적정 □ 부적정
3) 소속농가의 인증품 생산과정이 인증기준에 적합한지에 대한 예비심사 결과 □ 적정 □ 부적정
4) 국립농산물품질관리원장이 정하는 자격을 갖춘 생산관리자를 1명 이상 지정 여부 □ 적정 □ 부적정

- 경영관리에 대하여 심사한 내용을 종합적으로 기재

4. 재배포장·용수·종자

(1) 재배포장
1) 재배포장이 중금속 등으로 오염되었거나 주변에 금속광산, 폐기물 매립지 등 오염원이 존재 여부
□ 있음 (오염원이 있는 경우 그 내용을 기재)
□ 없음
- 오염원이 있는 경우 토양중금속 분석결과를 기재

2) 토양이 아닌 배지에서 작물을 재배하는 경우 □ 해당사항 없음
① 배지의 토양중금속 분석결과 [토양환경보전법 시행규칙] 별표 3에 따른 1지역의 토양오염우려기준에 적합여부 : □ 적합 □ 부적합
② 배지의 잔류농약 분석결과(불검출 기준 0.01mg/kg 이하)
□ 적합 □ 부적합 □ 분석미실시(사유 :)
<u>③ 배지의 조성의 함량과 유래물질</u>

배지 구성 물질	함량	유기농림산물 인증기준에 맞게 생산된 것	산림 등 자연 상태에서 자생하는 식물 및 그 부산물	규칙 [별표1] 제1호 가목(1)의 자재

3) 재배포장의 토양에 대한 정기적인 검정 여부
□ 있음 □ 없음
4) 토양검정 결과 토양비옥도를 나타내는 수치가 적정치 이하이거나, 염류가 과도하게 집적된 경우
□ 있음 □ 없음
- "있음" 이면 개선대책과 이행 여부를 확인한 결과를 기재
5) 재배포장의 토양에서 잔류농약 분석결과(0.01mg/kg이하는 불검출, 단 0.01mg/kg 이하인 경우라도 이전 검사에서 불검출된 성분이 검출되거나 검출량이 증가한 경우에는 농약을 사용한 경우로 판

단 함).

☐ 적합 ☐ 부적합 ☐ 분석미실시(사유:)

6) 신청품목의 전환기간 적용유형 ☐ 해당사항 없음

☐ 다년생작물 ☐ 목초 ☐ 기타작물 ☐ 생략대상 작물

7) 신청품목의 전환기간 적용 방안 ☐ 해당사항 없음

☐ 기준 적용대상 ☐ 단축대상 ☐ 연장대상 ☐ 생략대상

- 단축, 연장, 생략대상인 경우 사유를 기재하고 증빙자료 첨부

8) 신청품목의 전환기간의 시작일 ☐ 해당사항 없음

→ 　　년 월 일

9) 인증신청 필지의 주변에 오염원(농약방제 구역 등) 존재 여부

☐ 있음 　　☐ 없음

10) 인증신청필지의 주변에 오염원 존재 시 조치사항 ☐ 해당사항 없음

☐ 완충지대 확보 ☐ 보호시설 확보 ☐ 재배포장과 경계지에 표지판 설치

11) 완충지대 확보 시 아래의 사항을 기술하시오. ☐ 해당사항 없음

① 오염될 우려가 있는 필지의 완충지대의 종류

☐ 작물 : (　　) ☐ 방풍림 ☐ 풀 ☐ 기타(상세히 기록) :

② 완충 지대의 넓이 (　　 m^2)

③ 완충 지대의 관리방법

→

12) 산림 등 자연 상태에서 자생하는 재배포장인 경우 아래의 사항을 기술하시오. ☐ 해당사항 없음

① 최근 3년간 실시한 산림 병해충 등 방제내역:

② 최근 3년간 투입된 농자재목록과 자재의 적정여부 　☐ 적정 ☐ 부적정

13) 재배포장이 최근 1년간 인증기준 위반으로 인증취소처분 여부

☐ 인증취소 처분사항 없음 ☐ 인증취소처분 사례 있음

(2) 용수

1) 영농과정에서 사용하는 재배용수는?

☐ 하천수 ☐ 호소수 ☐ 지하수 ☐ 수돗물 ☐ 자연빗물 ☐기타(　　)

2) 관수 시스템의 유형

☐ 없다 ☐ 점적관수 ☐ 침수 ☐ 스프링클러 ☐ 기타(자세히 기술)

3) 최근 5년 이내에 실시한 재배용수에 대한 검정결과(수질관리 관계 법령에 의한 관계 공무원 또는 인증심사원이 입회하여 채취한 성적서)

☐ 적합 　☐ 부적합 ☐ 해당사항 없음(사유 : 　)

4) 하천수와 호소수일 경우 최근 1년 동안 한국농어촌공사, 환경부 등에서 일정주기(월별 또는 분기별)로 검사한 검정치의 산술평균값의 적합여부 □ 해당사항 없음

□ 적합(평균값 :) □ 부적합(평균값 :)

(3) 종자 및 육묘

1) 종자·묘는 최소한 1세대 또는 다년생인 경우 두 번의(무농약농산물은 한 번) 성장기 동안 유기농산물(무농약농산물) 재배방법에 따라 재배한 식물로부터 유래된 것인지

□ 적합 □ 부적합 □ 해당사항 없음(사유 :)

"부적합"이라면 위 요건을 만족시키는 종자·묘를 구할 수 없음을 증명한 내용을 기록

2) 사용한 종자·묘의 종류

□ 유기합성농약으로 처리되지 않은 종자 또는 묘의 사용

□ 규칙 별표 1 제1호가목1)·2)의 허용물질과 다른 물질로 처리한 종자 또는 묘(육묘 시 유기합성농약이 사용된 경우 제외)의 사용

□ 기타(자세히 기술) :

3) 종자는 「농수산물품질관리법」 제2조제11호에 따른 유전자변형농산물인지

□ 적합 □ 부적합 □ 해당사항 없음(사유 :)

- 재배포장, 용수, 종자에 대한 심사 결과를 종합적으로 기재

5. 재배방법

(1) 재배포장에 유기합성농약 사용여부 □ 사용 □ 미사용

(2) 재배포장에 화학비료 사용여부

□ 사용 □ 미사용

(3) 재배포장에 화학비료를 사용한 경우 인증기준의 적정여부 □ 해당사항 없음

□ 권장성분량 1/3 이하 사용 □ 권장성분량 1/3 초과사용

	N	P	K
권장성분량 1/3			
신청인 사용량			
적합 여부	□ 적합 □부적합	□ 적합 □부적합	□ 적합 □부적합

(단위 = 10 a, 1,000 m^2)

<u>(4) 윤작이 필요한 작물여부</u>

□ 윤작 필요 □ 윤작 생략

- 윤작이 생략한 경우 사유 기재

<u>① 윤작의 형태</u> □ 해당사항 없음

☐ 최소 3년 주기로 두과작물, 녹비작물 등을 일정기간 이상 재배하여 토양에 환원
☐ 최소 2년 주기로 식물분류상 "과"가 다른 작물 재배
☐ 최소 2년 주기로 담수재배작물과 원예작물을 조합한 답전윤환재배
☐ 매년 두과작물, 녹비작물, 심근성작물을 이용한 초생재배

② 윤작의 작부체계 ☐ 해당사항 없음

재배포장	재배작물(윤작포함)			
	년	년	년	년

(5) 병해충 및 잡초 방제 방법
☐ 적합한 작물과 품종의 선택 ☐ 적합한 윤작체계 ☐ 기계적 경운
☐ 포장 내 혼작·간작 및 공생식물의 재배 등 작물체 주변의 천적활동을 조장하는 생태계 조성
☐ 멀칭·예취 및 화염제초 ☐ 포식자와 기생동물의 방사 등 천적의 활용
☐ 식물·농장퇴비 및 돌가루 등에 의한 생체역학적인 수단
☐ 동물의 방사 ☐ 덫·울타리·빛 및 소리와 같은 기계적 통제

(6) 인증신청필지에 사용하였거나 사용할 모든 자재를 기재하여 주십시오.

자재명	유기농업자재 공시 번호	상표 및 구매처 (예 : 자가생산)	자재의 사용 목적	사용 가능여부	사용량	계획량
				☐ 적합 ☐ 부적합		
				☐ 적합 ☐ 부적합		

- 유기농업자재 공시 번호가 없을 경우 시행규칙 별표 1 제1호 가목1)·2)의 자재에 해당하는지 배합성분(원료) 기재

(7) 규칙 별표 1 제1호가목2)의 물질이나 법 제37조에 따른 공시 등 제품을 사용한 경우, 그 용도 및 사용 조건·방법에 적합한지
☐ 적합 ☐ 부적합

(8) 가축분뇨를 원료로 하는 퇴비/액비 사용 여부 ☐ 사용 ☐ 미사용

(9) 가축분뇨의 출처 ☐ 해당사항 없음
☐ 유기/무항생제축산물 인증농장 ☐ 경축순환농법으로 사육한 농장 ☐ 신청인 소유의 농장
☐ 인근 축산경영 농장 ☐ 제품화된 가축분뇨

(10) 유기/무항생제축산물 인증 농장 또는 경축순환농법으로 사육한 농장이 아닌 경우
☐ 해당사항 없음
① 항생물질이 포함되지 않았는가? ☐ 예 ☐ 아니오
② 유해성분 함량이 퇴비규격에 적합 여부
☐ 적합 ☐ 부적합

(11) 가축분뇨 퇴비의 사용 방법 □ 해당사항 없음
□ 완숙 퇴비사용 □ 과다사용 □ 유실발생 □ 용탈발생

- 재배방법에 대한 심사결과 윤작, 비배관리, 병충해방제, 잡초방제 등에 대하여 서류 및 현장심사 내용을 종합적으로 기재

6. 생산물의 품질관리

(1) 유기(무농약)농산물의 저장, 수송 및 포장 시 저장·포장장소와 수송수단의 청결을 유지하는지
□ 적정 □ 부적정

(2) 유기(무농약)농산물이 아닌 농산물과 혼합여부
□ 혼합 □ 미 혼합

(3) 유기(무농약)농산물을 포장하지 아니한 상태로 일반농산물과 함께 저장 또는 수송하는 경우 잠재적인 오염방지 대책 □ 해당사항 없음
→

(4) 병해충 관리 및 방제를 위하여 조치사항 □ 해당사항 없음
□ 병해충 서식처의 제거, 시설에의 접근방지 등 예방조치
□ 기계적·물리적 및 생물학적 방법을 사용
□ 규칙 별표 1 제1호가목2)의 물질을 사용할 수 있으나 유기농산물에는 직접 접촉되지 아니하도록 사용
□ 기타(자세히 기술) :

(5) 저장장소와 컨테이너가 유기농산물만 취급하지 아니하는 경우에는 그 사용 전에 규칙 별표1 제1호가목2)에 해당하지 아니하는 농약이나 다른 처방으로부터의 잠재적인 오염 방지 적정성
□ 적정 □ 부적정 □ 해당사항 없음

(6) 유기(무농약)농산물을 세척하거나 소독하는 경우 세척 및 소독 방법
□ 규칙 별표 1 제1호다목1)의 허용물질 중 과산화수소, 오존수, 이산화염소수, 차아염소산수 사용
□ 기타(자세히 기술) :
□ 해당사항 없음

(7) 유기(무농약)농산물에 규칙 별표 1 제1호다목1)의 허용물질 중 과산화수소, 오존수, 이산화염소수, 차아염소산수 사용한 경우 유기(무농약)농산물에 잔류되지 않도록 관리 대책 수립 및 이행 여부
□ 해당사항 없음
→

(8) 방사선의 사용 목적
□ 해충방제 □ 식품보존 □ 병원의 제거 또는 위생의 목적 □ 기타(자세히 기술) : □ 해당사항 없음

(9) 포장재는 「식품위생법」에 적합한지 : □ 적합 □ 부적합

(10) 포장재 재질 : □ 생물 분해성과 재생품 또는 재생 가능한 자재 □ 기타

(11) 인증표시 방법
□ 포장재 인쇄 □ 스티커 제작 □ 송장·거래명세서 □ 해당사항 없음
□ 표시하지 않음 □ 기타(자세히 기술)

(12) 유기(무농약)농산물 인증 표시사항의 적정여부 : □ 적정 □ 부적정 □ 해당사항 없음

(13) 연장심사의 경우 포장재의 제작 및 사용량 □ 해당사항 없음

□ 제작 수량 : □ 사용량 : □ 잔량 :

(14) 포장재 제작 및 사용내역 기록 여부 : □ 기록 □ 미기록

(15) 유기합성농약 검출 여부

□ 농약잔류 허용기준 및 적용방법에 의한 20분의 1초과 검출

□ 농약잔류 허용기준 및 적용방법에 의한 20분의 1이하 검출

□ 미 검출

(16) 유기합성농약 검출량이 농약잔류 허용기준 및 적용방법에 의한 20분의 1이하 검출된 사유의 입증여부

□ 입증 □ 미 입증

- "입증"이라면 입증된 사유를 자세히 기재

- 생산물 품질관리에 대한 심사결과를 종합적으로 기재

7. 기 타

(1) 병행생산

1) 병행생산 품목 : □ 있음 □ 없음

○ 병행생산 내역

품목명	소재지/지번	인증 종류	면적(m^2)	생산량(kg)	출하처	판매량(kg)

2) 병행생산의 경우 유기(무농약)농산물과 일반농산물 또는 인증종류가 다른 농산물의 구분 관리 계획 및 이행의 적정성

□ 적정 □ 부적정

(2) 수경재배 농산물 및 양액재배 농산물 □ 해당사항 없음

1) 수경재배 및 양액재배 방식 □ 순환식 □ 비순환식

- 설계도 등 입증서류 확인내용을 자세히 기술

2) 양액으로 인한 환경 오염이 없도록 처리방법 및 계획의 적정성 □ 적정 □ 부적정

(3) 싹을 틔워 직접 먹는 농림산물 □ 해당사항 없음

1) 원료의 종류

□ 유기농림산물 □ 무농약농림산물 □ 국내산 □ 수입산 □ 기타(상세히 기록)

2) 무농약농산물의 원료가 일반농산물일 경우 유기합성농약의 검출 여부

□ 검출 □ 미검출 □ 해당사항 없음.

(4) 산림에서 채취한 농림산물 □ 해당사항 없음

1) 채취 예정구역도의 정확성 : □ 정확 □ 부정확

2) 채취 예정수량조사서의 적정성 : □ 적정 □ 부적정

3) 채취과정에서 자생환경의 안정 침해우려 및 종의 유지에 문제 여부 : □ 있음 □ 없음

4) 인증 신청 지역이외의 지역에서 같은 품목 채취 또는 취급여부

□ 채취·취급함 □ 채취·취급하지 않음

5) 채취는 「산림자원의 조성 및 관리에 관한 법률」 제36조 등 관련 법령을 준수하는지

□ 준수 □ 미준수

(5) 어린잎채소 □ 해당사항 없음

1) 종자의 종류

□ 유기(무농약) 종자 □ 비유기종자 □ 유기합성농약이 처리되지 않은 종자 □ 기타(자세히 기술) :

2) 생산에 이용되는 용수는 「먹는물 수질기준 및 검사 등에 관한 규칙」 제2조에 따른 먹는물의 수질기준에 적합하는지

□ 적합 □ 부적합 □ 해당사항 없음

3) 규칙 및 고시에서 정한 유기(무농약)농산물 인증기준 준수 여부

□ 준수 □ 미준수

(6) 식물공장에서 생산된 농산물인지 여부

□ 예 □ 아니오 □ 해당사항 없음

<u>(7) 토양을 기반으로 하지 않은 농산물의 경우 수분공급 외에 다른 자재의 사용 여부</u>

□ 사용 □ 미사용 □ 해당사항 없음

(8) 인증을 받으려는 농장(포장)내에 유기합성농약과 화학비료(무농약농산물은 제외)를 보관하고 있는지 여부

□ 예 □ 아니오

(9) 유기(무농약)농산물의 생산 및 취급에 이용되는 기구·설비를 세척·살균 소독하는 경우 적정성

□ 적정 □ 부적정 □ 해당사항 없음

- 기타(병행생산, 양액재배 등) 사항에 대한 심사결과를 종합적으로 기재

8. 요약

상기 1-7항까지의 심사 결과를 쟁점사항 위주로 간단히 기술

인증심사 결과 보고일자 : 20 년 월 일

이 보고서에 포함된 정보는 심사원(심사팀), 인증기관, 국립농산물품질관리원의 비밀로 유지됩니다.

이 보고서는 인증의 컨설팅 혹은 선전의 목적으로 이용되지 않습니다. 모든 관찰 및 조사 내용은 친환경농어업 육성 및 유기식품 등의 관리·지원에 관한 법률에 기초를 둡니다. 아래 서명함으로써, 위에 지적된 모든 농장 운영에 대하여 인증 신청자와 이해 관계가 상충되지 않음을 확인하며, 인증심사가 친환경농어업 육성 및 유기식품 등의 관리·지원에 관한 법률에 따른 인증절차에 의해 심사가 진행되었음을 확인합니다. 최종 면접과 증빙 자료 등 모든 자료를 첨부합니다.

첨부물 리스트

첨부 번호	서류명	비고
1	최종면담	
2		
3		

심사원 성명 : 서명 : 일시 : 년 월 일
심사원 성명 : 서명 : 일시 : 년 월 일

첨부 1 최종면담

면담대상자
성명 : 서명 : 일자 :

심사원
성명 : 서명 : 일자 :
성명 : 서명 : 일자 :

첨부 2 파일 참조
첨부 3 파일 참조

제6장

유기축산물 인증심사 방법

1. 유기축산물 인증의 개요

유기축산물은 환경을 보전하고 소비자들에게 보다 안전한 축산물을 공급하기 위해 가축의 복지를 고려한 사육과정에서 항생제나 화학첨가제를 첨가하지 않은 사료를 사용하며 화학적 가축약품의 사용을 제한하고, 사료에 GMO 농산물 사용 제한, 가축 분뇨의 자원화, 가축생리를 고려한 사양관리 등 친환경농어업 육성 및 유기식품 등의 관리·지원에 관한 법령에서 정한 유기축산물 생산기준에 따라 생산되어야 한다. 가축은 소, 말, 양(염소 등 산양을 포함한다), 돼지, 닭, 노새, 당나귀, 토끼, 개 및 사슴, 오리, 거위, 칠면조, 메추리, 꿀벌, 오소리, 뉴트리아, 타조, 꿩, 십자매, 금화조, 문조, 호금조, 금정조, 소문조, 남양청홍조, 붉은머리청홍조, 카나리아, 앵무, 비둘기, 금계, 은계, 백한, 공작, 지렁이 등 사육이 가능하며 농가의 소득증대에 기여할 수 있는 동물로서 농림축산식품부장관이 정하여 고시하는 동물에 한한다. 축산물은 이들 가축으로부터 로부터 생산되는 고기, 젖, 알, 꿀과 이들의 가공품, 원피(원모피(原毛皮)를 포함한다), 원모, 뼈(골분을 포함한다), 뿔, 내장 등의 가축 부산물과, 로얄제리, 화분 등 가축의 생산물로서 농림축산식품부령으로 정하는 것을 포함한다. 인증품의 포장을 뜯어 내용물이나 포장단위를 변경하거나 가공하지 아니한 상태로 단순 처리한(절단, 세척 등) 후 다시 포장할 경우 취급자 인증을 받아야 하며, 축산물을 인공적으로 처리하여 형태나 성질을 변화시킨 제품은 유기가공식품 인증을 받아야 한다.

2. 유기축산물 인증심사 요령

2.1. 생산계획서(OSP: Organic System Plan)의 검토

생산계획서는 인증신청자가 빈칸 없이 작성하여야 하며 해당사항이 없을 경우 해당사항 없음이라고 표기하도록 한다. 심사원은 작성된 생산계획서를 다음과 같은 요령으로 검토한다.

인증품 생산계획서

(축산물용)

1. 신청인

가. 신청인 정보

살펴보기

- 신청인의 기본정보를 기록하며 신청서의 내용과 일치하는지 확인한다. 단, 2인 이상 시 5)항에 단체를 표시하고 개인별로 인증품 생산계획서를 제출받아 확인한다.

1) 성명		2) 연락처(전화번호)	
3) 생년월일 또는 사업자등록번호			
4) 주소			
5) 인증신청단위	□ 단체(단체명 :) □ 개인		

* 단체의 경우 생산자단체공통사항을 별도 첨부하여 주십시오.

나. 신청 내용

살펴보기

- 신청 및 인증의 종류를 확인한다.

1) 신청 종류	□ 신규 신청 □ 인증갱신 신청 □ 인증품 유효기간 연장신청
2) 인증 종류	□ 유기축산물 □ 무항생제축산물

2. 신청내역

가. 인증신청하려는 사육시설 내역을 모두 기재하여 주십시오.

살펴보기

- 사육시설은 시설별 면적을 기록하며, 건축물대장 등을 통해 각 시설별 면적을 확인할 수 있다. 단, 신청면적은 실제 사육 면적과 같거나 작아야 한다.

구분	소재지	지번	면적(㎡)	비고
사육장				
목초지				
사료포				
분뇨처리시설				
기타시설 등				

3. 사육규모

살펴보기

- 사육 단계별로 구분이 되어 있는지 확인한다.

가. 인증을 받으려는 품목내역을 모두 기재하여 주십시오

품목명	사육규모(마리)			
	계	성축	육성축	자축

나. 인증을 받으려는 품목의 생산내역을 기재하여 주십시오

살펴보기

- 전년도 출하내역과 현재 사육규모를 확인하여 출하계획량이 적절한지 판단한다.

품목명	사육기간	출하기간	출하계획량		전년도 출하량	
			마리수·개수	물량(kg)	마리수·개수	물량(kg)

4. 일반원칙 및 경영 관리

가. 최근 1년간의 동물용의약품의 구매, 사용, 재고 내역을 기재하여 주십시오(관행생산 사용 내역을 포함함)

살펴보기

- 신청농가가 사육중인 모든 축사에 대한 기록 및 문서를 확인하여 신청 가축에 금지물질이 사용되었는지 여부를 심사한다.

자재명	구매일	구매처(연락처)	구매량	재고량	보관장소

자재명	사용일	사용장소	사용량	대상가축

5. 사육장 및 사육조건

가. 사료와 음수의 공급방법을 기재하여 주십시오.

살펴보기

- 현장 심사 시 접근성이 용이한지 확인한다.

사료급여 방법	
음수급여 방법	

나. 사육시설의 단열 및 환기시설을 기재하여 주십시오.

살펴보기

- 현장 심사 시 작동 여부를 확인한다.

단열시설	
환기시설	

다. 축사의 밀도에 관한 다음 사항을 기재하여 주십시오.

살펴보기

- 현장 심사 시 사육단계별 사육두수를 확인한다.

■ 축 종 : ＿＿＿＿＿, ■ 시설형태 : ＿＿＿＿＿

사육단계	축사면적(m^2)	사육두수(마리수)	1두당 평균면적 (면적/두수)	1두당 최저면적 (면적/두수)

* 사육단계는 한우(송아지, 비육우, 번식우), 닭(산란성계, 산란육성계) 등 해당 가축의 축사밀도 기준 산정방식에 따라 작성하고, 축사면적은 실제 사육공간만 해당됩니다.

라. 축사, 농기계 및 기구 등의 소독방법을 기재하여 주십시오.

살펴보기

- 현장 심사 시 장비종류, 병행사용 여부, 소독일지, 소독방법, 청결여부를 확인한다.

마. 축사의 바닥은 청결 및 건조하며, 충분한 휴식공간을 확보하고 있습니까?

살펴보기

- 깔짚의 종류, 교체주기, 거래내역을 확인하고, 현장심사 시에 육안으로 청결 및 건조상태를 확인한다.

바닥시설	
깔짚	
청소방법	

바. (유기 번식돈만 기재) 케이지 사육기간을 기재하여 주십시오.

살펴보기

- 기록상으로 사육기간을 확인하고, 현장심사 시 실제 사육내역을 확인한다.

모돈	
자돈	

사. (유기 가금류만 기재) 홰의 크기, 수면 공간 및 산란 상자 설치여부를 기재하여 주시시오.

살펴보기

- 깔짚의 종류, 교체주기, 거래내역을 확인하고, 현장심사 시에 육안으로 청결 및 건조상태를 확인한다.

홰의 크기	
수면공간	
산란상자	

아. (유기 산란계만 기재) 인공 광 사용시간

살펴보기

- 인공광 설정 조건을 확인한다.

인공광 사용시간	자연 일조시간	합계

자. (유기에 한함) 방목지 또는 운동장 조건을 기재하여 주십시오

살펴보기

- 현장 심사 시에 운동장 면적을 실측한다.

방목지 위치, 면적(m^2)	방목지 위치, 면적(m^2)	방목지·운동장 제한 기간

차. 인증가축과 비인증 가축 또는 인증종류가 다른 가축을 병행 사육하는 경우 다음 사항을 기재하여 주십시오.

병행사육 하지 않을 경우 → 해당없음 □

살펴보기

- 현장 심사 시에 병행사육 여부를 확인한다.

축사(건축물)가 각각 구분되어 있으며 표지판이 설치되어 있습니까? ㅁ 예 ㅁ 아니요
경영관련 자료는 각각 구분하여 기록하고 있습니까? ㅁ 예 ㅁ 아니요
사용하는 사료와 약품 등은 각각 구분하여 보관·사용되고 있습니까? ㅁ 예 ㅁ 아니요
병행사육 가축의 전년도 출하량과 출하처를 기재하여 주십시오 출하량 : 출하처 :
병행사육 가축에 대한 구분관리계획을 기재하여 주십시오

6. 자급사료 기반(유기축산물에 한함)

살펴보기

- 인증 내역이 없을 경우, 유기농산물 인증 기준에 맞게 재배중인지 확인한다.

가. 목초지 또는 사료작물재배지의 인증내역을 기재하여 주십시오

소재지	지번	면적(㎡)	인증내역(인증□, 비인증□)		
			인증번호	인증종류	최초 인증일

나. (가의 비인증의 경우에만 기재) 목초지 또는 사료작물지배지에 최근 1년간 투입된 모든 농자재의 사용내역을 기재하여 주십시오.

사용일자	사용자재 명	사용 장소	사용량	자재종류

7. 가축의 선택, 번식방법 및 입식

살펴보기

- 번식 및 입식 기록과 비교한다.

가. 인증을 받으려는 가축의 번식방법을 기재하여 주십시오?

번식기법	개체식별번호
ㅁ 번식호르몬 처리	
ㅁ 수정란 이식기법	
ㅁ 유전공학을 이용한 번식기법	
ㅁ 자연교배, ㅁ 인공수정	

나. 현재 사육하고 있는 가축의 번식·구입내역을 기재하여 주십시오(병행생산의 경우 일반축사에서 인증축사로 이동하는 것을 포함함)

개체식별번호	입식일(번식일)	마리수	구입연령	구 분
				□ 자가번식 □ 외부입식(일반) □ 외부입식(인증)

* 개체번호식별번호로 관리가 불가한 경우 개체군 관리번호 또는 축사번호별로 구분(이하 같음)

8. 전환기간

살펴보기

- 외부에서 입식을 하거나, 일반가축을 내부에서 입식을 하는 경우가 있는지 확인하다.

가. 현재 사육하고 있는 가축의 인증 전환기간을 기재하여 주십시오

개체식별번호	전환기 시작일	출하예정일	인증 사육기간

9. 사료 및 영양관리

살펴보기

- 사료거래내역과 급여내용이 일치하는지 확인하고, 가축에게 급여 중인 음수가 생활용수기준에 적합한지 확인한다.

가. 인증 받으려는 가축에게 급여한 사료급여 내역을 기재하고, 관련 입증자료를 제출하여 주십시오.

사료명	구입량	급여량	공급자명	첨가물질명	사료종류
					□ 유기사료 □ 무항생제사료 □ 일반사료

나. 가축에게 급여하는 음수가「생활용수기준」에 적합함을 입증하는 서류를 제출하여 주십시오. (최근 5년 이내의 검사성적서, 수도법에 따른 수돗물 이용내역서 등)

10. 동물복지 및 질병관리

살펴보기

- 사용한 동물용의약품에 대한 기록이 있는지 확인하고, 수의사 처방전이 있는지 확인한다.

가. 인증 받으려는 가축에게 사용한 동물용의약품의 사용내역을 구체적으로 기재하고 수의사 처방전을 제출하여 주십시오

약품명	약품사용일	일반 휴약기간	해당가축 출하예정일	수의사 처방전 등 비치 유무

11. 운송·도축·가공과정의 품질관리

살펴보기

- 자가로 하는지 위탁으로 하는지 확인한다.

가. 최근 1년간의 인증품 출하내역을 기재하여 주십시오

출하일	출하량(kg)	출하처	인증표시 여부

살펴보기

- 인증품으로 출하하는지 확인하고, 표시 사항이 기준에 맞는지 확인한다.

나. 현재 사용하고 있는 인증 포장재(샘플) 또는 표시사항과 포장재의 제작 및 사용량을 제출하여 주십시오

포장재 제작일	제작수량	사용량	재고량

〈인증포장재 샘플〉

다. 인증품의 출하절차(운송·도축·가공, 집유·가공 등)와 관련 업체내역을 기재하고 해당업체와의 계약서를 제출하여 주십시오.

살펴보기

- 출하절차에 대하여 확인하고, 단계별로 업체와 계약서가 있는지 확인한다.

단계1( )	단계2( )	단계3( )	단계4( )
작업내역			

구 분	업체명	소재지	연락처(담당자)	작업내역
도축장				
가공장				
판매장				
포장센터				

라. **(가축을 도축·가공하는 경우)** 최근 1년간 출하한 가축의 도축·가공내역을 기재하여 주십시오.

살펴보기

- HACCP을 적용하는 도축장 및 가공장을 이용하고 있는지 확인한다.

개체식별번호	출하일	HACCP 적용여부	
		도축장	가공장

마. **(원유 등을 가공하는 경우)** 최근 1년간 출하한 원유의 가공내역을 기재하여 주십시오.

납유처	납유기간	가공장	Haccp 적용여부

12. 가축분뇨의 처리

살펴보기

- 자가로 하는지 위탁으로 하는지 확인한다.

가. 최근 1년간 가축분뇨 처리내역을 기재하여 주십시오

가축분뇨 처리일	가축분뇨 처리양	가축분뇨 처리방법	관련 업체명/연락처

살펴보기

- 현장 심사 시에 가축분뇨의 관리 상태를 육안으로 확인한다.

나. 운동장 등에서 가축분뇨가 외부로 배출되지 않도록 청결하게 유지·관리하고 있습니까?

□ 가축분뇨가 외부로 배출되지 않음 □ 가축분뇨가 외부로 배출됨

다. 「가축분뇨의 관리 및 이용에 관한 법률 시행규칙」에 따른 신고 또는 허가 내역을 기재하고 관련 증빙서류를 제출하여 주십시요

□ 가축분뇨배출시설허가증 □ 신고대상배출시설설치신고증 □ 신고 또는 허가 면제

라. 가축분뇨 퇴비·액비는 표면수 오염을 일으키지 아니하는 수준으로 사용하고, 장마철에는 사용하지 않습니까?

살펴보기

- 현장 심사 시에 가축분뇨의 관리 상태를 육안으로 확인하고 가축분뇨 퇴비·액비의 환경 오염 여부를 확인한다.

□ 환경오염 없음 □ 환경오염 있음

13. 신청인 확인 사항

가. 인증품 생산계획서를 작성한 사람은 누구입니까?

□ 신청인( )이 직접 작성함

□ 신청인의 요청에 따라 아래 대리인이 작성하였으며, 신청인( )이 확인함

성 명	생년월일 (사업자등록번호)	주소	연락처	소 속

나. 인증신청인은 아래 주의사항을 반드시 확인하고 서명하여 주시기 바랍니다.

신청인 주의사항

위에 작성된 내역은 사실 그대로 작성된 것이며, 만일 사실과 다른 내용이 있는 경우에는 「친환경 농어업 육성 및 유기식품 등의 관리·지원에 관한 법률」 제24조에 따른 인증취소 및 같은 법 제60조에 따른 벌칙 처분(3년 이하의 징역 또는 3천만원 이하의 벌금)에 이의 없음을 확인하고 이에 서명합니다.

년 월 일

신청인 : (서명 또는 인)

2.2. 일반원칙

유기축산물 심사의 일반원칙에는 목초지 접근 및 노천구역방사, 사육두수, 초지 접근, 가축의 생리적 요구에 따른 스트레스 최소화, 가축의 질병관리, 경영관련 자료, 정보요구, 병행사육 조건, 단체심사요건 등이 포함되며 각 항목에 대한 심사요령은 다음과 같다.

1) 경영관리

<table>
<tr><th rowspan="2">항목</th><th colspan="2">구비요건</th><th rowspan="2">관련서류</th></tr>
<tr><th>시행규칙[별표 3]</th><th>고시[별표 1]</th></tr>
<tr><td>경영관리</td><td>1) 별표 4에 따른 경영 관련 자료를 기록·보관하고, 국립농산물품질관리원장 또는 인증기관의 장이 열람을 요구할 때에는 이에 응할 것

[별표 4] 경영 관련 자료
경영 관련 자료에 기재할 사항은 다음과 같다.
나. 축산물
1) 가축입식 등 구입사항과 번식에 관한 사항을 기록한 자료: 일자별 가축 구입 마리수·번식 마릿수, 가축 연령 및 가축 인증 사항
2) 사료의 생산·구입 및 급여에 관한 사항을 기록한 자료: 사료명, 사료의 종류, 일자별 생산량·구입량·급여량, 사용가능한 사료임을 증명하는 서류
3) 예방 또는 치료목적의 질병관리에 관한 사항을 기록한 자료: 자재명, 일자별 사용량, 사용목적, 자재구매 영수증
4) 동물용의약품 구매·사용·보관에 관한 사항을 기록한 자료: 약품명, 일자별 구매·사용량·보관량, 구매 영수증
5) 질병의 진단 및 처방에 관한 자료: 수의사 처방전
6) 퇴비·액비의 발생·처리 사항을 기록한 자료 : 기간별 발생량, 처리</td><td>1) 규칙 별표 4 제1호나목에 따른 경영관련 자료의 기록기간은 최근 1년 이상으로 한다. 다만, 과거에 인증 경력이 없는 신규 신청 사업자의 경우에는 마목1)의 가축의 종류별 전환기간 동안으로 단축할 수 있다.
2) 1)의 경영관련 자료와 축산물의 생산과정 등을 기록한 인증품 생산계획서 및 필요한 관련정보는 국립농산물품질관리원장 또는 인증기관이 심사 등을 위하여 요구하는 경우에는 제공하여야 한다.
3) 사육하고 있는 축산물 중 일부만을 인증 받으려고 하는 경우 인증을 신청하지 않은 축산물의 사육과정에서 사용한 동물용의약품 및 동물용의약품외품의 사용량과 해당축산물의 생산량 및 출하처별 판매량(병행생산에 한함)에 관한 자료를 기록보관하고 국립농산물품질관리원장 또는 인증기관의 장이 요구하는 때에는 이를 제공하여야 한다.</td><td>- 경영관련기록
- 정액(난자)증명서 및 가축인공수정 증명서
- 정액구입명세서
- 가축매매계약서
- 가축분양내역서
- 약품거래내역서
- 백신프로그램
- 처방전
- 등급판정서
- 도축증명서
- 도압증명서
- 도계증명서
- HACCP지정서
- 취급자인정서</td></tr>
</table>

항목	구비요건		관련서류
	시행규칙[별표 3]	고시[별표 1]	
	량, 처리방법 7) 축산물의 생산량·출하량, 출하처별 거래 내용 및 도축·가공업체에 관하여 기록한 자료: 일자별 생산량, 일자별·출하처별 출하량, 일자별 도축·가공량, 도축·가공업체명 8) 1)부터 7)까지의 자료의 기록기간은 최근 1년간으로 한다.	8) 국립농산물품질관리원장 또는 인증기관의 장이 심사를 위하여 축산물의 생산과정 등을 기록한 인증품 생산계획서와 필요한 관련 정보를 요구하는 때에는 이를 제공할 수 있어야 한다.	

〈심사요령〉

[경영관련 자료의 기록 및 관리 기간]

- 제출한 경영관련 자료의 기록·보관 기간이 최근 1년 이상이 되는지 확인한다.
- 경영관련 자료에 대한 사실여부 확인과 누락된 내역이 있는지 확인한다.

[입식기록을 확인한다.]

- 외부입식(구입)시 경영관련 자료 및 가축매매계약서, 가축분양내역서 등 관련 서류를 통해 구입한 개체의 동물용의약품 사용여부, 예방백신 접종내역, 구입처, 구입일, 구입두수, 구입 시 가축사육단계 등을 확인한다.
- 내부입식 시 경영관련 자료를 통해 가축의 입식방법(예: 개체별, 축군별, 축사별 이동여부), 입식일, 입식장소, 입식시 가축사육단계 등을 확인한다.

[번식기록을 확인한다.]

- 번식방법, 수정일, 분만일, 분만두수, 번식용 가축 개체현황 및 관리현황을 확인한다.
- 정액(난자)증명서 및 가축인공수정증명서, 정액 생산/구입내역 등 부가서류를 확인한다.

[질병관리기록을 확인한다.]

- 질병예방 관리계획이 있는지 확인하고, 예방관리방법 및 실시내역을 확인한다.
- 농장에서 발생하는 질병을 확인하고, 질병발생 시 처치방법을 확인한다.

[가축분뇨 관리기록을 확인한다.]

- 처리방법(퇴/액비자원화, 외부처리 등)을 확인한다.
- 처리내역(사용시기, 사용방법, 사용량, 사용장소 등)을 확인한다.

[사료관리 기록을 확인한다.]

- 사료생산 : 생산품목, 생산일, 생산량, 급여량, 보관량을 확인한다.
- 사료구입 : 구매처별 거래명세서를 확인하고, 품목, 구입일, 구입량, 급여일, 급여량, 보관량이 거래내역과 일치하는지 확인한다.
- 구매처별 거래명세서를 확인하고, 품목, 구입일, 구입량, 사용일, 사용량, 보관량이 거래내역과 일치 하는지 확인한다.

[동물용의약품 관리기록을 확인한다.]

<table>
<tr><th rowspan="2">항목</th><th colspan="2">구비요건</th><th rowspan="2">관련서류</th></tr>
<tr><th>시행규칙[별표 3]</th><th>고시[별표 1]</th></tr>
<tr><td colspan="4">- 질병발생 시 동물용의약품을 사용하였다면 처치내역(약품명, 사용목적, 사용일, 사용량, 사용한 개체, 휴약기간 준수여부)을 확인한다.
- 동물용의약품 사용 시 수의사 처방전의 비치 여부를 확인한다.
[생산 및 출하기록을 확인한다.]
- 생산량 : 날짜별 기록을 확인하여 신청서 상 생산계획량과 적정여부를 심사한다.
- 출하량 : 출하처별 계산서 또는 거래명세서를 확인하고, 생산량과 비교하여 출하량이 적정한지 심사한다.
- 도축장 및 가공장명을 확인하고, 해당업체의 HACCP지정 업소 여부, 친환경농산물 취급자 인증 여부를 확인한다.
[병행사육여부를 확인한다.]
- 신청두수와 사육개체현황(농장종합업무기록부, 현황판 등)을 비교한다.
- 병행사육시 일반축사에서 별도로 사용한 동물용의약품의 약품명, 사용목적, 사용일, 사용량, 사용방법 등을 확인한다.
- 일반가축의 생산량 및 출하량 등을 확인한다.
[구비서류 요청]
- 요구한 자료 목록중에 제공되지 않은 자료가 있는지 확인한다.</td></tr>
</table>

2) 생산자단체

<table>
<tr><th rowspan="2">항목</th><th colspan="2">구비요건</th><th rowspan="2">관련서류</th></tr>
<tr><th>시행규칙[별표 3]</th><th>고시[별표 1]</th></tr>
<tr><td>단체 관리</td><td>2) 신청자가 생산자단체인 경우에는 생산관리자를 지정하여 소속 농가에게 교육 및 예비심사 등을 실시하도록 할 것</td><td>9) 생산자단체로 인증 받으려는 경우에는 인증신청서를 제출하기 이전에 다음 각 호의 요건을 모두 이행하고 관련 증명자료를 보관하여야 한다.
가) 소속 농가에게 인증기준에 적합하게 작성된 생산지침서를 제공하여야 한다.
나) 소속 농가에게 최신의 인증기준과 인증농가가 준수하여야 하는 사항에 대해 교육하여야 한다.
다) 소속 농가의 인증품 생산과정이 인증기준에 적합한지에 대한 예비심사를 하고 심사한 결과를 별지 제5호서식에 기록하여야 한다.
라) 가)부터 다)까지의 업무를 수행하</td><td>- 경영관련자료
- 인증품생산계획서
- 예비심사보고서
- 생산자단체 공통사항
- 생산지침서</td></tr>
</table>

항목	구비요건		관련서류
	시행규칙[별표 3]	고시[별표 1]	
		기 위해 국립농산물품질관리원장이 정하는 자격을 갖춘 생산관리자를 1명 이상 지정하여야 한다. 10) 9)의 라)에 의한 생산관리자는 국립농산물품질관리원장 또는 국립농산물품질관리원장이 지정하는 교육기관이 실시하는 4시간 이상의 양성교육 및 보수교육(2년 1회)을 수료한 자로 지정하여야 한다. 11) 생산관리자는 신규 단체로 인증된 날로부터 6개월 이내에 지정하되 9) 다)의 예비심사는 인증갱신 시부터 적용되며, 생산관리자의 인증취소, 경영이양 등 부득이한 사유로 교체 지정이 필요한 경우 그 사유가 발생한 날로부터 1개월 이내에 새로운 생산관리자를 지정하여 운영하여야 한다. 이 경우 11)에 정한 생산관리자 양성교육 및 보수교육의 이수기한은 교체 사유가 발생한 날로부터 6개월 이내로 한다. 12) 최근 2년 이내에 제19조에 따른 교육기관에서 3시간 이상(갱신 신청의 경우 2시간 이상) 친환경농업에 대한 교육을 받아야 한다. 다만, 10)에 따른 생산관리자 교육을 받은 자는 이 교육을 받은 것으로 본다.	

<심사요령>

- 생산지침서의 적정여부(가축입식 등 구입방법과 번식방법, 사료의 생산/구입 및 급여내용, 혼입방지계획, 오염 우려지역 방지 대책 등)를 확인한다.
- 생산지침서의 배부방법을 확인한다.
- 생산관리자의 인적사항을 확인한다.
- 생산관리자(내부관리자)가 단체의 관리방법(생산지침서작성 및 관리, 영농관련 자료의 기록 및 관리, 인증품 출하관리)을 확인한다.
- 생산관리자(내부관리자)가 단체의 지도방법(인증기준 교육 및 지도)을 확인한다.
- 단체(작목반)의 적정여부(조직도, 가입절차, 상벌규정, 비상연락체계)를 확인한다.
- 생산관리자가 심사한 예비심사 결과를 확인하고 인증기준에 적합한지를 확인한다.

3) 목초지 및 방사

<table>
<tr><th rowspan="2">항목</th><th colspan="2">구비요건</th><th rowspan="2">관련서류</th></tr>
<tr><th>시행규칙[별표 3]</th><th>고시[별표 1]</th></tr>
<tr><td>일반</td><td></td><td>4) 초식가축은 목초지에 접근할 수 있어야 하고, 그 밖의 가축은 기후와 토양이 허용되는 한 노천구역에서 자유롭게 방사할 수 있도록 하여야 한다.</td><td></td></tr>
<tr><td colspan="4"><심사요령>
[초식가축(한·육우, 젖소, 양, 사슴)은 목초지에 접근이 가능한지 확인하고, 초식가축이 아닌 경우(돼지, 닭, 오리)는 노천구역에 방사가 가능한지 확인한다.]
- 현장심사 시 방목지 또는 운동장의 활용 여부를 확인한다.
- 현장심사 시 노천구역에 접근이 가능하도록 축사 개방여부를 확인한다.</td></tr>
</table>

4) 사육두수의 적정성

<table>
<tr><th rowspan="2">항목</th><th colspan="2">구비요건</th><th rowspan="2">관련서류</th></tr>
<tr><th>시행규칙[별표 3]</th><th>고시[별표 1]</th></tr>
<tr><td>일반</td><td></td><td>5) 가축 사육두수는 해당 농가에서의 유기사료 확보능력, 가축의 건강, 영양균형 및 환경영향 등을 고려하여 적절히 정하여야 한다.</td><td>- 조사료생산일지
- 유기사료거래내역
- 유기사료급여내역
- 건축물대장(현황도)
- 개체현황표
- 가축분뇨배출시설허가증
- 또는 신고대상배출시설설치신고증</td></tr>
<tr><td colspan="4"><심사요령>
[가축사육두수의 적정성을 심사한다.]
- 유기사료구입내역(거래처, 거래품목, 거래량, 사용량, 보관량)을 확인한다.
- 목초지 및 사료작물재배지 면적과 연간 생산내역(생산품목, 생산량, 사용량, 보관량)을 확인한다.
- 생육 단계별 사육두수와 가축분뇨배출시설설치허가증 또는 신고대상배출시설설치신고증을 통해 사육시설의 면적을 확인한다.
- 가축의 생육단계별 두당 유기사료 급여내역을 확인하여, 사육두수 대비 유기사료의 구입과 생산량은 적정한지 심사한다.</td></tr>
</table>

5) 스트레스 최소화

<table>
<tr><th rowspan="2">항목</th><th colspan="2">구비요건</th><th rowspan="2">관련서류</th></tr>
<tr><th>시행규칙[별표 3]</th><th>고시[별표 1]</th></tr>
<tr><td>일반</td><td></td><td>6) 가축의 생리적 요구에 필요한 적절한 사양관리체계로 스트레스를 최소화하면서 질병예방과 건강유지를 위한 가축관리를 하여야 한다.</td><td></td></tr>
<tr><td colspan="4"><심사요령>
[가축의 생리적 요구에 의한 스트레스를 최소화하기 위해 어떠한 사양관리체계를 하고 있는지 확인한다.]
- 사육밀도, 운동방법, 사료급여형태(건초, 사일리지, 조사료와 농후사료의 비율 등), 사료급여시간, 음수제공 방법 및 시간, 일조시간, 소음, 분변처리, 깔짚 교체 등 해당 농장의 사양관리방법을 확인한다.
- 축사환경(온도, 습도, 축사 내 환기상태 등)이 가축별 요구조건에 적합한지 확인한다.</td></tr>
</table>

6) 질병관리 및 동물의약품 사용

<table>
<tr><th rowspan="2">항목</th><th colspan="2">구비요건</th><th rowspan="2">관련서류</th></tr>
<tr><th>시행규칙[별표 3]</th><th>고시[별표 1]</th></tr>
<tr><td>일반</td><td></td><td>7) 가축 질병방지를 위한 적절한 조치를 취하였음에도 불구하고 질병이 발생한 경우에는 가축의 건강과 복지유지를 위하여 수의사의 처방 및 감독 하에 치료용 동물용의약품을 사용할 수 있다.</td><td>- 수의사 처방전
- 백신 등 예방접종내역
- 약품거래내역서
- 약품사용기록</td></tr>
<tr><td colspan="4"><심사요령>
[수의사의 처방 및 감독 하에 동물용의약품을 사용하였는지 확인한다.]
- 가축의 질병방지를 위한 어떠한 조치를 취하는지 확인한다.
- 농장 내 발생 질병을 확인하고, 발생 질병에 따른 처치내역을 확인한다.
- 동물용의약품이 사용되었다면 수의사의 처방 및 감독 하에 치료가 이루어졌는지 수의사 처방전을 확인한다.</td></tr>
</table>

2.3. 사육장 및 사육조건

1) 사육장 및 사료작물 재배지

항목	구비요건		관련서류
	시행규칙	고시[별표 1]	
사육장 및 사육조건	1) 사육장(방목지를 포함한다), 목초지 및 사료작물 재배지는 「토양환경보전법 시행규칙」에 따른 토양오염우려기준을 초과하지 않아야 하며, 주변으로부터 오염될 우려가 없거나 오염을 방지할 수 있을 것	1) 사육장(방목지를 포함한다), 목초지 및 사료작물 재배지는 주변으로부터의 오염우려가 없거나 오염을 방지할 수 있는 지역이어야 하고 「토양환경보전법 시행규칙」 별표 3에 따른 1지역의 토양오염 우려기준을 초과하지 아니하며, 방사형 사육장의 토양에서는 유기합성농약 성분이 검출되어서는 아니된다. 다만, 유기합성농약 성분의 검출량이 0.01mg/kg 이하인 경우에는 불검출로 본다.	- 토양중금속 검사 성적서

<심사요령>

[사육장 및 사료작물재배지의 토양오염상태를 확인한다.]

○ 서류심사

- 재배포장 인근지역에 공장폐수/생활하수/축사폐수 유입지역, 원광석, 고철야적지 주변지역, 금속제련소, 주변지역, 폐기물적치·매립·소각지 주변지역, 금속광산주변지역, 신청 이전에 중금속 등 오염물질이 포함된 자재를 지속적으로 사용한 지역, 「토양환경보전법」에 따른 토양측정망 및 토양오염 실태조사 결과 참조
- 친환경인증관리정보시스템을 이용하여 중금속 오염우려지역체크(친환경인증관리정보시스템/인증관리/인증신청등록/필지수)에 재배포장의 지번을 등록 완료하면 자동으로 확인 가능

○ 현장심사

- 토양중금속분석항목 : 해당지역에서 오염이 우려되는 특정성분(틀정성분 한정할 수 없는 경우 카드뮴, 구리, 비소, 수은, 납, 크롬, 아연, 니켈)
- 토양중금속 시료채취방법 : 중금속오염 우려지역은 모든 필지에 대하여 토양분석을 실시해야하며, 대상 모집단의 대표성이 확보될 수 있도록 Z자형 또는 W자형으로 최소 10개소 이상의 수거지점을 선정하여 지표에서 밭토양은 10센티미터 논토양은 15센티미터 깊이까지 흙을 100g씩 채취하여 균일하게 혼합하여 2등분한 후 1점은 전문시험연구기관에 송부하고 나머지 1점은 결관 통보 시까지 보관함(전문기과 필요로 하는 양(약 500~600g))

[오염원으로부터 재배지를 보호할수 있는 방법이 설정되어 있는지 확인한다.]

- 보호시설이 오염원을 막을 수 있는지 확인하며, 보호시설의 훼손여부를 확인한다.
- 완충지대(평균 4m이상)확보 여부를 확인하며, 완충지대의 활용 상태와 구분관리계획의 이행여부를 확인한다.
- 사육장 및 사료작물재배지에 유기사육장 및 사료작물재배지임을 알리는 표지판이 있는지 확인한다.

2) 축사에 대한 세부요건

<table>
<tr><th rowspan="2">항목</th><th colspan="2">구비요건</th><th rowspan="2">관련서류</th></tr>
<tr><th>시행규칙</th><th>고시[별표 1]</th></tr>
<tr><td>사육장 및 사육조건</td><td>2) 축사 및 방목 환경은 가축의 생물적, 행동적 욕구를 만족시킬 수 있도록 사육환경과 국립농산물품질관리원장이 정하는 축사의 사육 밀도를 유지·관리할 것</td><td>2) 축사 및 방목에 대한 세부요건은 다음과 같다.
가) 축사 조건
(1) 축사는 다음과 같이 가축의 생물적 및 행동적 욕구를 만족시킬 수 있어야 한다.
(가) 사료와 음수는 접근이 용이할 것
(나) 공기순환, 온도·습도, 먼지 및 가스농도가 가축건강에 유해하지 아니한 수준 이내로 유지되어야 하고, 건축물은 적절한 단열·환기시설을 갖출 것
(다) 충분한 자연환기와 햇빛이 제공될 수 있을 것</td><td></td></tr>
<tr><td colspan="4"><심사요령>
[사료 및 음수 공급시설의 접근성을 확인한다.]
- 가축의 음수조 및 사료조의 접근성과 적동 여부를 확인한다.
[단열/환기시설을 확인한다.]
- 창문위치 및 개수, 출입구, 축사지붕(개폐식, 유리, 투명재재 등)형태 등 축사구조를 확인하고, 실제 현장심사 시 햇빛과 환기가 충분히 이루어지는지 확인한다.
- 환기시설(선풍기, 환풍기, cooler 등) 및 단열시설(보온 등, 열풍기 등)을 갖추고 있는지와 작동여부 및 수량을 확인한다.</td></tr>
</table>

3) 축사의 밀도 조건

<table>
<tr><th rowspan="2">항목</th><th colspan="2">구비요건</th><th rowspan="2">관련서류</th></tr>
<tr><th>시행규칙[별표 3]</th><th>고시[별표 1]</th></tr>
<tr><td>사육장 및 사육조건</td><td>2) 축사 및 방목 환경은 가축의 생물적, 행동적 욕구를 만족시킬 수 있도록 사육 환경과 국립농산물품질관리원장이 정하는 축사의 사육 밀도를 유지·관리할 것</td><td>(2) 축사의 밀도조건은 다음 사항을 고려하여 (3)에 정하는 가축의 종류별 면적당 사육두수를 유지하여야 한다.
(가) 가축의 품종·계통 및 연령을 고려하여 편안함과 복지를 제공할 수 있을 것
(나) 축군의 크기와 성에 관한 가축의 행동적 욕구를 고려할 것
(다) 자연스럽게 일어서서 앉고 돌고 활개 칠 수 있는 등 충분한 활동공간이 확보될 것
(3) 유기가축 1마리당 갖추어야 하는 가축사육시설의 소요면적(단위 : ㎡)은 다음과 같다.</td><td>- 건축물대장
- 건축물현황도
- 가축분뇨배출시설허가증 또는 신고대상배출시설 설치신고증
- 축산업등록증
- 사육두수를 확인할 수 있는 자료(개체현황표, 입추확인서 등)</td></tr>
</table>

항목	구비요건		관련서류
	시행규칙[별표 3]	고시[별표 1]	

(가) 한·육우

시설형태	번식우	비육우	송아지
방 사 식	10㎡/마리	7.1㎡/마리	2.5㎡/마리

① 성우 1마리=육성우 2마리
② 성우(14개월령 이상), 육성우(6개월~14개월 미만), 송아지(6개월령 미만)
③ 포유중인 송아지는 마리수에서 제외

(나) 젖소 (㎡/마리)

시설형태	경산우		초임우 (13~24월령)	육성우 (7~12월령)	송아지 (3~6월령)
	착유우	건유우			
깔짚	17.3	17.3	10.9	6.4	4.3
프리스톨	9.5	9.5	8.3	6.4	4.3

(다) 돼지 (㎡/마리)

구분	웅돈	번식돈				비육돈			
		임신돈	분만돈	종부대기돈	후보돈	자돈		육성돈	비육돈
						초기	후기		
소요면적	10.4	3.1	4.0	3.1	3.1	0.2	0.3	1.0	1.5

① 자돈초기(20kg 미만), 자돈중기(20~30kg 미만), 육성돈(30 ~ 60kg 미만), 비육돈(60kg 이상)
② 포유중인 자돈은 마리수에서 제외

(라) 닭

구분	소요면적
산란 성계, 종계	0.22㎡/마리
산란 육성계	0.16㎡/마리
육계	0.1㎡/마리

① 성계 1마리 = 육성계 2마리 = 병아리 4마리

<table>
<tr><th rowspan="2">항목</th><th colspan="2">구비요건</th><th rowspan="2">관련서류</th></tr>
<tr><th>시행규칙[별표 3]</th><th>고시[별표 1]</th></tr>
<tr><td></td><td></td><td>
② 병아리(3주령 미만), 육성계(3주령~18주령 미만), 성계(18주령 이상)
(마) 오리
<table>
<tr><th>구분</th><th>소요면적</th></tr>
<tr><td>산란용 오리</td><td>0.55m^2/마리</td></tr>
<tr><td>육 용 오리</td><td>0.3m^2/마리</td></tr>
</table>
① 성오리 1마리 = 육성오리 2마리 = 새끼오리 4마리
② 산란용 : 성오리(18주령 이상), 육성오리(3주령~18주령 미만), 새끼오리(3주령 미만)
③ 육용오리 : 성오리(6주령 이상), 육성오리 : 3주령~6주령 미만, 새끼오리 : 3주령 미만
(바) 양
<table>
<tr><th>구분</th><th>소요면적</th></tr>
<tr><td>면양, 산양</td><td>1.3m^2/마리</td></tr>
</table>
(사) 사슴
<table>
<tr><th>구분</th><th>소요면적</th></tr>
<tr><td>꽃사슴</td><td>2.3m^2/마리</td></tr>
<tr><td>레드디어</td><td>4.6m^2/마리</td></tr>
<tr><td>엘크</td><td>9.2m^2/마리</td></tr>
</table>
(4) 축사·농기계 및 기구 등은 청결하게 유지하고 소독함으로써 교차감염과 질병감염체의 증식을 억제하여야 한다.
(5) 축사의 바닥은 부드러우면서도 미끄럽지 아니하고, 청결 및 건조하여야 하며, 충분한 휴식공간을 확보하여야 하고, 휴식공간에서는 건조깔짚을 깔아 줄 것
(6) 번식돈은 임신 말기 또는 포유기간을 제외하고는 군사를 하여야 하고, 자돈 및 육성돈은 케이지에서 사육하지 아니할 것. 다만, 자돈 압사 방지를 위하여 포유기간에는 모돈과 조기에 젖을 뗀 자돈의 생체중이 25킬로그램까지는 케이지에서 사육할 수 있다.
</td><td></td></tr>
</table>

항목	구비요건		관련서류
	시행규칙[별표 3]	고시[별표 1]	
		(7) 가금류의 축사는 짚·톱밥·모래 또는 야초와 같은 깔짚으로 채워진 건축공간이 제공되어야 하고, 가금의 크기와 수에 적합한 홰의 크기 및 높은 수면공간을 확보하여야 하며, 산란계는 산란상자를 설치하여야 한다. (8) 산란계의 경우 자연일조시간을 포함하여 총 14시간을 넘지 않는 범위 내에서 인공광으로 일조시간을 연장할 수 있다.	

<심사요령>

[실제 가축이 활동하는 공간만을 적용하여 두당사육면적이 적정한지를 심사한다.]

○ 서류심사

- 신청면적과 건축물대장상의 면적을 비교한다.
- 가축사육밀도를 계산한다.(예 ; 사육면적 1,000㎡, 사육두수 번식우 100두일 경우 → 1,000㎡/ 100두 = 10㎡/두)

○ 현장심사

- 제출된 서류만으로 사육면적을 확인하기 어려운 경우 사육면적을 실측(한우의 오방면적실측, 오리사육장 내부 실측, 산란계의 케이지크기측정 등)한다.
- 건축물대장상 등의 면적을 적용하되 현장심사 시 통로, 사료 보관 장소, 창고, 퇴비 사 면적을 확인하고, 해당 면적은 가축사육면적에서 제외한다.

4) 사육장 위생관리와 청결 및 소독

항목	구비요건		관련서류
	규칙[별표 3]	고시[별표 1]	
사육장 위생 관리		6) 사육 관련 업무를 수행하는 모든 작업자는 가축의 종류별 특성에 따라 적절한 위생조치를 취하여야 한다. 가) 사육장 입구의 발판 소독조에 대하여 정기적으로 관리하여야 한다. 나) 관리인에 대한 주기적인 위생 및 방역교육을 실시하도록 노력하여야 한다. 다) 젖소일 경우 출입 전후 착유자에 대한 위생관리를 하여야 한다. 7) 농장에서 사용하는 도구와 설비를 위생적으로 관리하여야 한다.	- 소독기록부 - 소독제품 설명서

<table>
<tr><th rowspan="2">항목</th><th colspan="2">구비요건</th><th rowspan="2">관련서류</th></tr>
<tr><th>규칙[별표 3]</th><th>고시[별표 1]</th></tr>
<tr><td></td><td></td><td>가) 사료 보관장소는 정기적인 청소·소독을 하고, 사료저장용 용기, 자동급이기 및 운반용 도구는 청결하게 관리하여야 한다.
나) 음수조 및 급수라인은 항상 청결하게 유지하고, 정기적으로 소독·관리하여야 한다.
다) 젖소의 경우 착유실은 해충, 쥐 등의 침입을 방지하는 시설을 갖추고, 환기, 급수시설 및 수세시설 등은 청결하게 관리하여야 하며, 착유실· 원유냉각기는 주기적으로 세척·소독하는 등 위생적으로 관리하여야 한다.
라) 산란계의 경우 집란실은 해충, 쥐 등의 침입을 방지하는 시설을 갖추고, 환기시설 등은 청결하게 관리하여야 하며, 집란기·집란 라인은 주기적으로 세척·소독하는 등 위생적으로 관리하여야 한다.</td><td></td></tr>
<tr><td>사육장 청결 및 소독</td><td></td><td>(4) 축사·농기계 및 기구 등은 청결하게 유지하고 소독함으로써 교차감염과 질병감염체의 증식을 억제하여야 한다.</td><td>-</td></tr>
<tr><td colspan="4"><심사요령>

[사용중인 농기계의 상태를 확인한다.]
- 농기계의 용도, 사용일, 사용 후 관리내역(청소 및 소독 방법)을 확인한다.

1. [축사소독 방법 및 주기를 확인한다.]
○ 서류심사
- 소독제제품명, 구입일, 구입량, 사용량, 재고량, 유통기한, 제품등록 여부를 확인한다.
- 「동물용 의약품등 취급규칙」제 5조에 따른 동물용의약외품으로 허가 또는 신고된 물질만 사용하였는지 확인한다.
○ 현장심사
- 소독을 실시(화염을 이용한 소독방법, 분무소독방법 등)하는지 확인한다.
- 사용된 소독제가 가축 또는 사료에 접촉되었는지 확인한다.</td></tr>
</table>

5) 축사바닥 및 깔짚

항목	구비요건		관련서류
	규칙[별표 3]	고시[별표 1]	
사육장 및 사육조건		(5) 축사의 바닥은 부드러우면서도 미끄럽지 아니하고, 청결 및 건조하여야 하며, 충분한 휴식공간을 확보하여야 하고, 휴식공간에서는 건조깔짚을 깔아 줄 것	

<심사요령>
[축사 바닥상태 및 깔짚을 확인한다.]
- 축사 바닥상태를 확인하고, 사용된 깔짚 종류, 교체주기, 사용량, 구입처, 건조상태를 확인한다.

6) 번식돈 및 가금류

항목	구비요건		관련서류
	규칙[별표 3]	고시[별표 1]	
사육장 및 사육조건		(6) 번식돈은 임신 말기 또는 포유기간을 제외하고는 군사를 하여야 하고, 자돈 및 육성돈은 케이지에서 사육하지 아니할 것. 다만, 자돈 압사 방지를 위하여 포유기간에는 모돈과 조기 이유한 자돈의 생체중이 25킬로그램까지는 케이지에서 사육할 수 있다. (7) 가금류의 축사는 짚·톱밥·모래 또는 야초와 같은 깔짚으로 채워진 건축공간이 제공되어야 하고, 가금의 크기와 수에 적합한 홰의 크기 및 높은 수면공간을 확보하여야 하며, 산란계는 산란상자를 설치하여야 한다.	

<심사요령>
[번식돈, 자돈의 사육형태를 확인한다.]
- 사육단계별 사육장소, 축사구조, 사육두수를 확인한다.
[가금류의 사육형태를 확인한다.]
- 축사 바닥상태를 확인하고, 사용된 깔짚 종류, 교체주기, 사용량, 구입처를 확인한다.
- 축사 내 시설(횃대, 산란상자 등)의 설치목적, 크기, 수량, 접근성, 위치를 확인한다.

7) 일조시간(산란계)

항목	구비요건		관련서류
	규칙[별표 3]	고시[별표 1]	
사육장 및 사육조건		(8) 산란계의 경우 자연일조시간을 포함하여 총 14시간을 넘지 않는 범위 내에서 인공광으로 일조시간을 연장할 수 있다.	

<table>
<tr><th rowspan="2">항목</th><th colspan="2">구비요건</th><th rowspan="2">관련서류</th></tr>
<tr><th>규칙[별표 3]</th><th>고시[별표 1]</th></tr>
<tr><td colspan="4"><심사요령>
[인공광의 사용 여부를 확인한다.]
- 일조방법(자연광, 인공광) 및 형태(전등형태, 전등수량, 위치 등)를 확인한다.
- 일조시간(자연광일조시간, 인공광 일조시간)을 확인(타이머설정시간 확인)한다.</td></tr>
</table>

8) 방목조건

<table>
<tr><th rowspan="2">항목</th><th colspan="2">구비요건</th><th rowspan="2">관련서류</th></tr>
<tr><th>시행규칙[별표 3]</th><th>고시[별표 1]</th></tr>
<tr><td>사육장및사육조건</td><td></td><td>나) 방목조건
(1) 포유동물의 경우에는 가축의 생리적조건·기후조건 및 지면조건이 허용하는 한 언제든지 방목지 또는 운동장에 접근할 수 있어야 한다. 다만, 수소의 방목지 접근, 암소의 겨울철 운동장 접근 및 비육 말기에는 예외로 할 수 있다.
(2) 반추가축은 가축의 종류별 생리 상태를 고려하여 가)(3)의 축사면적 2배 이상의 방목지 또는 운동장을 확보해야 한다. 다만, 충분한 자연환기와 햇빛이 제공되는 축사구조의 경우 축사시설면적의 2배 이상을 축사 내에 추가 확보하여 방목지 또는 운동장을 대신할 수 있다.
(3) 가금류의 경우에는 다음 조건을 준수하여야 한다.
(가) 가금은 개방조건에서 사육되어야 하고, 기후조건이 허용하는 한 야외 방목장에 접근이 가능하여야 하며, 케이지에서 사육하지 아니할 것
(나) 물오리류는 기후조건에 따라 가능한 시냇물·연못 또는 호수에 접근이 가능할 것</td><td></td></tr>
<tr><td colspan="4"><심사요령>
[방목지 또는 운동장의 토양오염상태를 확인한다.]
- 2.3.1) 사육장 및 사료작물 재배지의 심사요령을 참조한다.
[포유동물의 방목지 또는 운동장의 접근성을 확인한다.]
- 방목장 위치(축사내부 또는 외부) 및 형태(울타리종류, 전기목책, 파이프 등)를 확인한다.
- 면적을 확인하기 위해 실측한다.
- 접근성, 분뇨흔적, 발자국 등을 통해 방목 여부를 확인한다.
[가금류의 개방 사육 여부를 확인한다.]
- 가금류의 축사형태를 확인한다.
- 축사의 개방여부 및 노천구역, 시냇물, 연못 또는 호수의 접근 가능 여부를 확인한다.</td></tr>
</table>

9) 병행사육

항목	구비요건		관련서류
	규칙	고시[별표 1]	
사육장 및 사육조건	3) 유기축산물 인증을 받은 가축과 일반가축(무항생제 가축을 포함한다. 이하 이 표에서 같다)을 병행하여 사육하는 경우에는 철저한 분리 조치를 취할 것	4) 같은 축사 내에서 유기가축과 비유기가축을 번갈아 사육하여서는 아니 된다. 5) 유기가축과 비유기가축의 병행사육 시 다음의 사항을 준수하여야 한다. 가) 유기가축과 비유기가축은 서로 독립된 축사(건축물)에서 사육하고 구별이 가능하도록 각 축사 입구에 표지판을 설치하여야 한다. 나) 입식시기가 경과한 비유기 가축을 유기가축 축사로 입식하여서는 아니 된다. 다) 유기가축과 비유기가축의 생산부터 출하까지 구분관리 계획을 마련하여 이행하여야 한다. 라) 유기가축, 사료취급, 약품투여 등은 비유기가축과 구분하여 정확히 기록 관리하고 보관하여야 한다. 마) 인증가축은 비유기 가축사료, 금지물질 저장, 사료공급·혼합 및 취급 지역에서 안전하게 격리되어야 한다.	- 건축물대장 - 건축물현황도 - 입식 기록

<심사요령>

[병행사육시 인증가축과 일반가축을 구분관리(축사표시여부, 독립축사여부, 인증가축의 안전한 격리 여부, 가축의 입식 등) 하는지 확인한다.]

○ 서류심사

- 축사 내 사육중인 일반가축의 사육단계 및 사료(사료종료, 사료명, 수량, 용도, 수량, 유통기간 등)등을 인증축사와 구분하여 기록/관리하고 있는지 확인한다.
- 일반가축을 인증가축으로 입식하는 경우 입식일, 입식두수, 입식 시 가축사육단계 등의 입식기록을 확인한다.

○ 현장심사

- 인증축사와 일반축사를 구분 표시(표시사항, 표지판위치)하는지를 확인한다.
- 건축물대장 및 건축물현황도, 현장 점검 시 동분리여부를 확인한다.
- 축사는 인증가축 전용축사인지, 인증가축과 일반가축을 번갈아 사육하는지 확인한다.
- 사료 및 음수시설의 위치확인, 축사출입구 등 축사 구조 및 축사분리 여부를 확인한다.

10) 유기합성농약

항목	구비요건		관련서류
	규칙[별표 3]	고시[별표 1]	
자급 사료 기반	4) 유기합성농약 또는 유기합성농약 성분이 함유된 동물용의약품 등의 자재를 축사 및 축사의 주변에 사용하지 않을 것	3) 유기합성농약 또는 유기합성농약 성분이 함유된 동물용의약외품 등의 자재는 축사 및 축사의 주변에 사용하지 아니하여야 한다.	
<심사요령> [축사 및 축사의 주변에 유기합성농약의 사용여부를 확인한다.] - 농장 내에 유기합성농약의 보관여부를 확인하고, 보관하고 있다면 용도와 보관량을 확인한다. - 축사 주변에 유기합성농약의 사용 흔적이 있는지 확인한다.			

2.4. 자급사료기반

1) 목초지 또는 사료작물재배지의 확보

항목	구비요건		관련서류
	규칙[별표 3]	고시[별표 1]	
자급 사료	초식가축의 경우에는 유기적 방식으로 재배·생산되는 목초지 또는 사료작물 재배지를 확보할 것	1) 초식가축의 경우에는 가축 1마리당 목초지 또는 사료작물 재배지 면적을 확보하여야 한다. 이 경우 사료작물 재배지는 답리작 재배 및 임차계약재배가 가능하다. 가) 한·육우 : 목초지 2,475㎡ 또는 사료작물재배지 825㎡ 나) 젖소 : 목초지 3,960㎡ 또는 사료작물재배지 1,320㎡ 다) 면·산양 : 목초지 198㎡ 또는 사료작물재배지 66㎡ 라) 사슴 : 목초지 660㎡ 또는 사료작물재배지 220㎡ 다만, 가축의 종류별 가축의 생리적 상태, 지역 기상조건의 특수성 및 토양의 상태 등을 고려하여 외부에서 유기적으로 생산된 조사료(粗飼料, 생초나 건초 등의 거친 먹이를 말한다)를 도입할 경우, 목초지 또는 사료작물재배지 면적을 일부 감할 수 있다. 이 경우 한육	- 친환경농산물 인증서 - 임차 및 계약재배 계약서 - 농지원부 - 유기사료거래 내역서

항목	구비요건		관련서류
	규칙[별표 3]	고시[별표 1]	
자급 사료		우는 374m^2/마리, 젖소는 916m^2/마리 이상의 목초지 또는 사료작물재배지를 확보하여야 한다. 2) 국립농산물품질관리원장 또는 인증기관의 장은 가축의 종류별 가축의 생리적 상태, 지역 기상 조건의 특수성 및 토양의 상태 등을 고려하여 유기적으로 재배·생산된 조사료를 구입하여 급여하는 것을 인정할 수 있다.	

<심사요령>

[초식 가축의 경우 목초지 또는 사료작물재배의 확보 여부를 확인한다.]

- 재배지의 종류(목초지, 사료작물재배지, 답리작사료작물재배지 등)를 확인한다.
- 재배지확보 방법(자가, 임차, 계약재배 등)을 확인한다.
- 계약재배인 경우 실제 거래내역이 있는지 확인한다.
- 확보한 재배지 면적이 인증신청두수와 비교하여 적정면적을 확보하였는지 심사한다.
- 목초지 또는 사료작물재배지내에 운동장 또는 방목장이 있다면, 해당 면적은 사료작물재배지 면적에서 제외한다.

[외부에서 유기적으로 생산된 조사료를 도입하는지 확인한다.]

- 유기조사료를 구입 시에는 친환경농산물인증서, 사료거래내역서(구매일, 구매품목, 구매량), 계산서, 사용량, 보관량 등을 확인한다.

2) 목초지 또는 사료작물재배지의 재배·생산기준

항목	구비요건		관련서류
	규칙[별표 3]	고시[별표 1]	
자급 사료 기반		3) 목초지 및 사료작물 재배지는 유기농산물의 재배·생산기준에 맞게 생산하여야 한다. 다만, 멸강충 등 긴급 병충해 방제를 위하여 일시적으로 유기합성농약을 사용할 수 있으며, 이 경우 국립농산물품질관리원장 또는 인증기관의 장의 사전승인 또는 사후보고 등의 조치를 취하여야 한다. 4) 가축분뇨 퇴·액비를 사용하는 경우에는 완전히 부숙시켜서 사용하여야 하며, 이의 과다한 사용, 유실 및 용탈 등으로 인하여 환경오염을 유발하지 아니하도록 하여야 한다. 5) 산림 등 자연상태에서 자생하는 사료작물은 유기농산물 허용물질 외의 물질이 3년 이상 사용되지 아니한 것이 확인되고, 비식용유기가공품(유기사료)의 기준을 충족할 경우 유기사료작물로 인정할 수 있다.	- 친환경농산물 인증서 - 긴급 병해충 방제 관련 자료

항목	구비요건		관련서류
	규칙[별표 3]	고시[별표 1]	

<심사요령>

[목초지 및 사료작물 재배지의 재배방법 및 생산방법을 확인한다.]
- 유기농산물 인증기준에 맞게 생산되었는지 확인한다.

[멸강충 등 긴급 병해충 발생여부를 확인하고, 발생 시 처리방법을 확인한다.]
- 시군농업기술센터 인증신청 지역에 긴급 병해충 방제 공문이 시달되었는지 확인한다.
- 유기합성농약 사용여부와 유기합성농약 사용필지의 수확물 처리방법 등을 확인한다.

[가축분뇨를 원료로 하는 퇴비 및 액비를 사용하는지 확인한다.]
- 퇴비 및 액비를 사용하는 경우 부숙 여부, 사용량, 사용방법에 의해 환경오염을 유발하는지 확인한다.

[자연 상태에서 자생하는 사료작물을 사용한 경우 허용자재 외의 자재가 사용되지 아니한 것을 3년 이상의 객관적인 문서를 통하여 확인한다.]
- 해당 읍/면사무소에 해당지역이 항공방제구역인지 확인한다.
- 해당지역을 관리한 기록 및 문서를 확인한다.

2.5. 가축의 선택, 번식 및 입식방법

1) 적합한 품종 및 혈통의 선택

항목	구비요건		관련서류
	규칙[별표 3]	고시[별표 1]	
가축의 선택, 번식방법 및 입식	1) 가축은 사육환경을 고려하여 적합한 품종 및 혈통을 선택하고, 수정란 이식기법, 번식호르몬 처리 또는 유전공학을 이용한 번식기법을 사용하지 아니할 것	1) 가축은 유기축산 농가의 여건 및 다음 사항을 고려하여 사육하기 적합한 품종 및 혈통을 골라야 한다. 가) 산간지역·평야지역 및 해안지역 등 지역적인 조건에 적합할 것 나) 가축의 종류별로 주요 가축전염병에 감염되지 아니하여야 하고, 특정 품종 및 계통에서 발견되는 스트레스증후군 및 습관성 유산 등의 건강상 문제점이 없을 것 다) 품종별 특성을 유지하여야 하고, 내병성이 있을 것	

<심사요령>
- [사육중인 품종을 확인 한다.]
- 주요 가축전염병의 감염 여부를 확인한다.

2) 번식방법

<table>
<tr><th rowspan="2">항목</th><th colspan="2">구비요건</th><th rowspan="2">관련서류</th></tr>
<tr><th>규칙</th><th>고시[별표 1]</th></tr>
<tr><td>가축의 선택, 번식방법 및 입식</td><td>1) 가축은 사육환경을 고려하여 적합한 품종 및 혈통을 선택하고, 수정란 이식기법, 번식호르몬 처리 또는 유전공학을 이용한 번식기법을 사용하지 아니할 것</td><td>2) 교배는 종축을 사용한 자연교배를 권장하되, 인공수정을 허용할 수 있다.
3) 수정란 이식기법이나 번식호르몬 처리, 유전공학을 이용한 번식기법은 허용되지 아니한다.</td><td>- 정액(난자)증명서 및 가축인공수정 증명서
- 정액구입명세서
- 정액생산내역
- 약품거래명세서</td></tr>
<tr><td colspan="4"><심사요령>
[번식방법을 확인한다.]
- 자연교배 시 번식용 가축 개체 현황(마릿수, 암수비율, 산란계의 개체현황 파악 등)을 확인한다.
- 인공수정 시, 정액(난자)증명서 및 가축인공수정증명서, 정액구입내역, 인공수정기구(수정기, 질소통, 정액보관장소), 번식기록 등 번식방법이 인공수정임을 입증할 수 있는 자료 및 기록을 확인한다.
- 수정란이식은 주로 대동물에서 이루어지며, 젖소사육농가에서 초임우에 대해 난산방지 및 한우 생산 목적으로 이루어진다. 한우를 사육하고 있는지 확인한다.
[번식방법의 적정성을 확인한다.]
- 정액(난자)증명서 및 가축인공수정증명서를 확인하여 자연 발정주기 이내에 동일 개체번호에 대한 인공수정이 이루어졌는지 확인한다. 다시 인공수정을 실시하였다면 발정을 위한 호르몬제 사용을 의심한다.
- 해당농가의 주간관리(분만현황)를 확인하고, 분만일이 특정일에 집중되어 있는지 확인한다.
- 약품거래명세서를 통해 호르몬제의 거래 여부를 확인하고, 거래내역이 있다면 사용 목적, 처방전 비치여부를 확인한다.</td></tr>
</table>

3) 입식조건

<table>
<tr><th rowspan="2">항목</th><th colspan="2">구비요건</th><th rowspan="2">관련서류</th></tr>
<tr><th>규칙[별표 3]</th><th>고시[별표 1]</th></tr>
<tr><td>가축의 선택, 번식방법 및 입식</td><td>2) 다른 농장에서 가축을 입식하려는 경우 유기축산의 기준에 맞게 사육된 가축, 젖을 뗀 직후의 가축 또는 부화 직후의 가축 등 일정한 입식조건을 준수할 것</td><td>4) 다른 농장에서 가축을 입식하려는 경우 해당 가축의 입식조건(입식시기 등)이 유기축산의 기준에 맞게 사육된 가축이어야 하며, 이를 입증할 자료를 인증기관에 제출하여 승인을 받아야 한다. 다만, 유기가축을 확보할 수 없는 경우에는 다음 각</td><td>- 유기축산물인 증서
- 가축매매계약서
- 기록(유기사료 전환날짜, 유기 축사입식날짜)</td></tr>
</table>

항목	구비요건		관련서류
	규칙[별표 3]	고시[별표 1]	
가축의 선택, 번식방법 및 입식		호의 어느 하나의 방법으로 인증기관의 장의 승인을 받아 일반 가축을 입식할 수 있다. 가) 이유 직후 또는 부화 직후의 가축인 경우(원유 생산용·알 생산용 가축의 경우 육성축 및 성축 입식 가능) 나) 번식용 수컷이 필요한 경우 다) 가축전염병 발생에 따른 폐사로 새로운 가축을 입식하려는 경우 라) 마목 1)의 최소 사육기간 이상의 최근 인증경력이 없는 농장 또는 사업자가 인증신청 당시 사육하고 있는 일반가축의 육성축 및 성축	
<심사요령> [다른 농장에서 가축을 입식하는지 확인한다.] - 유기축산물인증농가의 가축을 구입하는 경우 해당농가의 유기축산물인증서를 확인하고, 가축매매계약서 등 실제 인증농가와 거래를 확인할 수 있는 자료를 확인한다. - 이유 또는 부화 직후 가축 및 원유생산용, 알생산용, 녹용생산용 가축(성축입식가능)의 경우 가축매매계약서 등 가축 거래를 확인할 수 있는 자료가 있는지 확인하고, 거래내역 (거래일, 거래 시 가축 사육단계, 거래규모) 및 입식내역(입식장소, 입식두수)이 일치하는지 확인한다. [유기가축을 확보할수 없는 경우 입식가능여부의 가축인지 확인한다.] - 이유 또는 부화 직후 가축인지 초생추 계통보증서, 위탁사육계약서 등을 확인한다.			

2.6. 전환기간

1) 전환 시 최소사육기간

항목	구비요건		관련서류
	규칙[별표 3]	고시[별표 1]	
전환기간	일반농가가 유기축산으로 전환하거나 일반가축을 유기농장으로 입식하여 유기축산물을 생산·판매하려는 경우에는 다음 표에 따른 가축의 종류별 전환기간(최소 사육기간) 이상을 유기축산물 인증기준에 따라 사육할 것	1) 일반농가가 유기축산으로 전환하거나 라목4) 단서에 따라 유기가축이 아닌 가축을 유기농장으로 입식하여 유기축산물을 생산·판매하려는 경우에는 규칙 별표 3 제3호마목에서 정하고 있는 가축	- 인증품 생산계획서 - 유기사료 거래명세서

<table>
<tr><th rowspan="2">항목</th><th colspan="2">구비요건</th><th rowspan="2">관련서류</th></tr>
<tr><th>규칙[별표 3]</th><th>고시[별표 1]</th></tr>
<tr><td>전환
기간</td><td>
<table>
<tr><th>가축의 종류</th><th>생산물</th><th>전환기간
(최소 사육기간)</th></tr>
<tr><td>한우·육우</td><td>식육</td><td>입식 후 12개월</td></tr>
<tr><td>젖소</td><td>시유
(시판우유)</td><td>1) 착유우는 입식 후 3개월
2) 새끼를 낳지 않은 암소는 입식 후 6개월</td></tr>
<tr><td rowspan="2">산양</td><td>식육</td><td>입식 후 5개월</td></tr>
<tr><td>시유
(시판우유)</td><td>1) 착유양은 입식 후 3개월
2) 새끼를 낳지 않은 암양은 입식 후 6개월</td></tr>
<tr><td>돼지</td><td>식육</td><td>입식 후 5개월</td></tr>
<tr><td>육계</td><td>식육</td><td>입식 후 3주</td></tr>
<tr><td>산란계</td><td>알</td><td>입식 후 3개월</td></tr>
<tr><td rowspan="2">오리</td><td>식육</td><td>입식 후 6주</td></tr>
<tr><td>알</td><td>입식 후 3개월</td></tr>
<tr><td>메추리</td><td>알</td><td>입식 후 3개월</td></tr>
<tr><td>사슴</td><td>식육</td><td>입식 후 12개월</td></tr>
</table>
</td><td>의 종류별 전환기간(최소 사육기간) 이상을 유기축산물 인증기준에 따라 사육하여야 한다.
5) 1)에 전환기간이 설정되어 있지 아니한 가축은 해당 가축과 생육기간 및 사육방법이 비슷한 가축의 전환기간을 적용한다. 다만, 생육기간 및 사육방법이 비슷한 가축을 적용할 수 없을 경우 국립농산물품질관리원장이 별도 전환기간을 설정한다.</td><td></td></tr>
</table>

<심사요령>

[전환기간의 시작일을 확인한다.]

- 전환기간은 인증기관의 감독이 시작된 시점(인증신청서 접수일자)부터 인정이 된다.

[전환기간의 준수 여부를 확인한다.]

- 전환기간 준수여부 확인은 농장에서 기록하는 자료 외에는 객관적으로 확인할 수 있는 자료가 부족한 실정이다.
- 따라서 유기사료전환날짜 및 유기축사이동날짜 등의 기록을 서류심사를 통해 확인하고, 실제 현장심사 시 해당개체 또는 무리가 유기사료를 섭식하고 있는지, 유기축사에서 사육되고 있는지 농장기록과 비교하여 적정여부를 심사한다.

2) 전환기간의 단축 조건

항목	구비요건		관련서류
	규칙[별표 3]	고시[별표 1]	
전환기간		2) 전환기간은 인증기관의 감독이 시작된 시점부터 기산하며, 방목지·노천구역 및 운동장 등의 사육여건이 잘 갖추어지고 유기 사료의 급여가 100퍼센트 가능하여 유기축산물 인증기준에 맞게 사육한 사실이 객관적인 자료를 통해 인정되는 경우 1)의 전환기간 2/3 범위 내에서 유기사육기간으로 인정할 수 있다. 6) 동일 농장에서 가축·목초지 및 사료작물재배지가 동시에 전환 하는 경우에는 현재 사육되고 있는 가축에게 자체농장에서 생산된 사료를 급여하는 조건 하에서 목초지 및 사료작물 재배지의 전환기간은 1년으로 한다.	- 유기사료 거래 명세서 - 유기사료 생산내역서 - 친환경 농산물 인증서 - 경영관련 자료

<심사요령>

[전환기간의 단축여부를 확인한다.]

- 전환기간 단축 시에 유기사료급여비율(100%), 적정사육밀도, 방목지(또는 운동장, 노천 구역)의 접근, 단열 및 환기시설 등 사육여건이 가축의 생리적 요구에 적정하는지와 유기축산물 인증기준에 맞게 사육하였는지를 객관적인 자료로 증명할 수 있는 시점을 확인한다.

[동일농장에서 가축/목초지 및 사료작물재배지가 동시에 전환하는 경우가 있는지 확인한다.]

- 전환중인 사료작물재배지에서 생산된 사료를 전환중인 가축에게 급여하는지 확인한다.
- 가축과 목초지 및 사료작물재배지를 동시에 전환하는지 확인한다.
- 목초지 및 사료작물재배지에서 생산된 작물의 생산내역(품목, 생산일, 생산량, 사용처, 사용량, 사용일, 보관량)을 확인한다.
- 전환기간 동안 생산된 작물의 생산내역 (품목, 생산일, 생산량, 사용처, 사용량, 사용일, 보관량)을 확인한다.

3) 전환기간 관리

항목	구비요건		관련서류
	규칙[별표 3]	고시[별표 1]	
가축의 선택, 번식방법 및 입식		3) 전환기간의 시작일은 사육형태에 따라 가축 개체별 또는 개체군별 또는 축사별로 기록 관리하여야 한다. 4) 전환기간이 충족되지 아니한 가축을 인증품으로 판매하여서는 아니 된다.	- 경영관련 자료

<심사요령>

[전환기간이 충족되지 아니한 가축을 인증품으로 출하하는지 확인한다.]

- 전환기간에 대한 기록사항을 확인한다.
- 출하한 개체의 전화기간 시작일자와 출하일자를 확인하여 전환기간을 충족하였는지 확인한다.

2.7. 사료 및 영양관리

1) 사료 및 영양관리

<table>
<tr><th rowspan="2">항목</th><th colspan="2">구비요건</th><th rowspan="2">관련서류</th></tr>
<tr><th>규칙</th><th>고시[별표 1]</th></tr>
<tr><td>사료 및 영양 관리</td><td>1) 유기가축에는 100퍼센트 유기사료를 급여하는 것을 원칙으로 할 것. 다만, 극한 기후조건 등의 경우에는 국립농산물품질관리원장이 정하여 고시하는 바에 따라 유기사료가 아닌 사료를 급여하는 것을 허용할 수 있다.
4) 합성화합물 등 금지물질을 사료에 첨가하거나 가축에 급여하지 아니할 것
6) 유기합성농약 또는 유기합성농약 성분이 함유된 동물용의약품 등의 자재를 사용하지 않을 것</td><td>1) 유기축산물의 생산을 위한 가축에게는 100퍼센트 유기사료를 급여하여야 하며, 유기사료 여부를 확인하여야 한다.
2) 유기축산물 생산과정 중 심각한 천재·지변, 극한 기후조건 등으로 인하여 1)에 따른 사료급여가 어려운 경우 국립농산물품질관리원장 또는 인증기관의 장은 일정기간 동안 유기사료가 아닌 사료를 일정 비율로 급여하는 것을 허용할 수 있다.
3) 반추가축에게 담근먹이(사일리지, silage)만 급여해서는 아니 되며, 생초나 건초 등 조사료도 급여하여야 한다. 또한 비반추가축에게도 가능한 조사료(粗飼料) 급여를 권장한다.
5) 유기배합사료 제조용 단미사료 및 보조사료는 규칙 별표 1 제1호나목의 자재에 한해 사용하되 사용가능한 자재임을 입증할 수 있는 자료를 구비하고 사용하여야 한다.
6) 다음에 해당되는 물질을 사료에 첨가해서는 아니 된다.
가) 가축의 대사기능 촉진을 위한 합성화합물
나) 반추가축에게 포유동물에서 유래한 사료(우유 및 유제품을 제외)는 어떠한 경우에도 첨가해서는 아니 된다.
다) 합성질소 또는 비단백태질소화합물
라) 항생제·합성항균제·성장촉진제, 구충제, 항콕시듐제 및 호르몬제
마) 그 밖에 인위적인 합성 및 유전자조작에 의해 제조·변형된 물질
8) 유기합성농약 또는 유기합성농약 성분이 함유된 동물용의약외품 등의 자재를 사용하지 아니하여야 한다.</td><td>- 사료 관련 인증서
- 사료 거래명세서
- 사료 검사성적서
- 사료 성분등록증
- 원료 관련 인증서
- 수입자인증서
- 생산자인증서
- 수질검사성적서
- 동물용의약품 거래내역서</td></tr>
</table>

항목	구비요건		관련서류
	규칙	고시[별표 1]	

<심사요령>

[유기사료를 100%급여하는지 확인한다.]

- 유기사료성분등록증, 원료에 대한 유기인증서, 유기사료거래내역서 등을 통하여 유기사료임을 확인한다.
- 최근 사료거래내역서와 사료급여일지를 제출받아 구입량과 급여량이 일치하는지 확인한다.
- 사료의 보관 및 포장 상태를 확인하고, 금지된 물질로부터 격리되어 있는지, 오염물질로부터 비산의 우려는 없는지 확인한다.
- 포장재 및 송장, 거래명세표에 유기사료임을 확인할 수 있는 표시가 되어 있는지 확인한다.

[일반사료(동물용의약품 포함)를 급여한 경우가 있는지 확인한다.]

- 급여중인 사료에 동물용의약품이 포함되었음이 의심되는 경우, 신청인 입회하에 가축의 먹이로 공급되는 사료를 채취하여 「사료관리법」제22조에 따른 사료검정기관에 사료공정규격에 따라 사료에 사용가능한 동물용의약품 성분검사를 의뢰한다.
- 천재지변, 극한기후조건으로 유기사료의 급여가 어려워 인증기관에 허가를 받고 급여하였는지 확인하고, 일반사료의 급여비율을 확인한다.

[사료급여형태를 확인한다.]

- 어떠한 형태(사일리지, 건초, 생초)로 급여하는지 확인한다.

2) 음수

항목	구비요건		관련서류
	규칙	고시[별표 1]	
가축의 선택, 번식방법 및 입식	5) 가축에게 생활용수 수질기준에 적합한 음용수를 상시 급여할 것	7) 「지하수의 수질보전 등에 관한 규칙」 제11조에 따른 생활용수 수질기준에 적합한 신선한 음수를 상시 급여할 수 있어야 한다.	- 수질검사성적서

<심사요령>

[급수 중인 수질이 생활용수 수질기준에 맞는지 확인한다.]

- 최근 5년 이내의 생활용수 수질기준에 적합한 검사성적서를 확인한다. 검사성적이 없을 경우, 시료를 채취를 하여 분석기관에 수질분석을 의뢰한다.

3) 유전자변형농산물

항목	구비요건		관련서류
	규칙	고시[별표 1]	
사료 및 영양관리	3) 유전자변형농산물 또는 유전자변형농산물에서 유래한 물질은 급여하지 아니할 것	4) 유전자변형농산물 또는 유전자변형농산물로부터 유래한 것이 함유되지 아니하여야 하나, 비의도적인 혼입은 「식품위생법」 제12조의2에 따라 식품의약품안전처장이 고시한 유전자변형식품등의 표시기준에 따라유전자변형농산물로 표시하지 아니할 수 있는 함량의 1/10 이하여야 한다. 이 경우 '유전자변형농산물이 아닌 농산물을 구분 관리하였다'는 구분유통증명서류·정부증명서 또는 검사성적서를 갖추어야 한다.	- 구분관리증명서류 또는 정부증명서

<심사요령>

[사료에 유전자변형농산물등이 혼입되었는지 확인한다.]

- 유전자변형농산물 또는 유전자변형농산물로부터 유래한 것의 혼입 시 증명서류 또는 정부증명서를 보관하고 있는지 확인한다.
- 혼입이 의심되는 경우 정성 및 정량검사를 실시한다.
- 식품의약품안전처장이 고시한 유전자변형농수산물 표시 요령 제3조 제3항 유전자변형이 아닌 농산물을 구분하여 생산·유통한 경우에도 비의도적으로 유전자변형농산물이 혼입될 수 있는 점을 고려하여 유전자변형농산물이 3퍼센트 이하로 포함된 경우에는 제2항 제2호 또는 제3호의 규정에 따른 표시를 하지 아니할 수 있다. 다만, 이 경우 유전자변형이 아닌 농산물을 구분 관리 하였다는 증명서류 또는 정부증명서를 갖추어야 한다.

2.8. 동물복지 및 질병관리

1) 질병예방

항목	구비요건		관련서류
	규칙[별표 3]	고시[별표 1]	
동물복지 및 질병관리	1) 가축의 질병을 예방하고, 질병이 발생한 경우 수의사의 처방에 따라 질병을 치료할 것	1) 가축의 질병은 다음과 같은 조치를 통하여 예방하여야 하며, 질병이 없는데도 동물용의약품을 투여해서는 아니 된다. 가) 가축의 품종과 계통의 적절한 선택 나) 질병발생 및 확산방지를 위한 사육장 위생관리 다) 생균제(효소제 포함), 비타민 및 무기물 급여를 통한 면역기능 증진 라) 지역적으로 발생되는 질병이나 기생충에 저항력이 있는 종 또는 품종의 선택 3) 법정전염병의 발생이 우려되거나 긴급한 방역조치가 필요한 경우에는 「가축전염병예방법」 제15조제1항에 따라 동물용의약품을 주사 또는 투약 등의 필요한 질병예방 조치를 취할 수 있다. 이 경우「가축전염병예방법」제15조제2항에 따른 증명서를 비치하거나 관련 고시를 기재하여야 한다.	- 예방백신 프로그램 - 주사·면역 표시증명서 - 약물목욕, 면역요법, 투약 증명서 - -

<심사요령>

[질병예방방법 확인]

- 축사 내 소독시설(차량소독기, 개인소독기 등)은 갖추어져 있는지, 작동은 제대로 되는지, 주기적으로 소독은 이루어지는지, 사용하는 소독제 는 유통기한이 넘지 않았는지 등 전체적인 방역 시스템을 점검 한다.
- 사료조, 음수조, 축사바닥의 청결상태를 확인하고, 축사 내 질병감염의 원인체가 될 수 있는 파리, 모기, 쥐 등의 서식처가 있는지 확인한다.
- 면역기능증진 및 질병예방을 위해 사용하는 자재가 있는지 확인하고, 사용 시 자재명(원료명), 구입처, 구입량, 급여량, 용도, 재고량을 확인 한다.

[구충제 예방백신 사용여부 확인]

- 사용중인 구충제와 예방백신이 있는지 확인하고, 사용 지침서에 맞게 사용하였는지 확인한다. 구충제의 경우 휴약 기간이 있는 제품이 있으므로 농장에서 사용한 구충제의 약품명을 확인한 후 휴약기간이 있다면 해당약품의 휴약 기간을 2배 이상 경과하고 출하하였는지 확인한다.

[법정전염병에 대한 질병예방조치 사항 확인]

- 법정전염병에 대한 질병예방조치를 취하였을 경우 조치내역을 확인하고, 이에 따른 증명서 비치여부를 확인한다.

항목	구비요건		관련서류
	규칙[별표 3]	고시[별표 1]	
「가축전염병예방법」 제15조(검사·주사·약물목욕·면역요법 또는 투약 등) ① 농림축산식품부장관, 시·도지사 또는 시장·군수·구청장은 가축전염병이 발생하거나 퍼지는 것을 막기 위하여 필요하다고 인정하면 농림축산식품부령으로 정하는 바에 따라 가축의 소유자등에게 가축에 대하여 다음 각 호의 어느 하나에 해당하는 조치를 받을 것을 명할 수 있다. <개정 2013. 3. 23., 2015. 6. 22.> 1. 검사·주사·약물목욕·면역요법 또는 투약 2. 주사·면역요법을 실시한 경우에는 그 주사、면역요법을 실시하였음을 확인할 수 있는 표시(이하 "주사·면역표시"라 한다) 3. 주사·면역요법 또는 투약의 금지 ② 농림축산식품부장관, 시·도지사 또는 시장·군수·구청장은 제1항에 따른 명령에 따라 검사, 주사, 주사·면역표시, 약물목욕, 면역요법 또는 투약을 한 가축의 소유자등의 청구를 받으면 농림축산식품부령으로 정하는 바에 따라 검사, 주사, 주사·면역표시, 약물목욕, 면역요법 또는 투약을 한 사실의 증명서를 발급하여야 한다. <개정 2013. 3. 23., 2015. 6. 22.> ③ 농림축산식품부장관, 시·도지사 또는 시장·군수·구청장은 가축방역을 효율적으로 추진하기 위하여 필요하다고 인정하면 가축의 소유자등 또는 축산관련단체로 하여금 제1항에 따른 검사, 주사, 주사·면역표시, 약물목욕, 면역요법, 투약 등의 가축방역업무를 농림축산식품부령으로 정하는 바에 따라 공동으로 하게 할 수 있다. <개정 2013. 3. 23., 2015. 6. 22.>[전문개정 2010. 4. 12.]			

2) 질병의 치료

항목	구비요건		관련서류
	규칙	고시[별표 1]	
동물복지 및 질병관리	1) 가축의 질병을 예방하고, 질병이 발생한 경우 수의사의 처방에 따라 질병을 치료할 것 2) 질병이 없는데도 가축에 동물용의약품을 투여해서는 안되며, 동물용의약품을 사용한 경우에는 전환기간(해당 약품의 휴약기간의 2배가 전환기간보다 더 긴 경우에는 휴약기간의 2배의 기간을 말한다)을 거칠 것	2) 다음에 해당하는 동물용의약품의 경우에는 사용할 수 있다. 가) 가축의 기생충 감염 예방을 위하여 구충제 사용과 가축전염병이 발생하거나 퍼지는 것을 막기 위한 예방백신의 사용 나) 면역기능 증진을 위한 1)다)의 물질로 제조된 약품의 사용 4) 1)부터 2)까지에 따른 예방관리에도 불구하고 질병이 발생한 경우 「수의사법」 시행규칙 제11조에 따른 수의사 처방에 의해 동물용의약품을 사용하여 질병을 치료할 수 있으며, 이 경우 처방전을 농장 내에 비치하여야 한다. 5) 4)에 따라 동물용의약품을 사용한 가축은 동물용의약품을 사용한 시점부터 마목1)의 전환기간(해당 약품의 휴약기간 2배가 전환기간보다 더 긴 경우 휴약기간의 2배 기간을 적용)이 지나야	- 약품 입출고 관리대장 - 약품거래 명세서

항목	구비요건		관련서류
	규칙	고시[별표 1]	
		유기축산물로 출하할 수 있다. 다만, 2)·3)에 따라 동물용의약품을 사용한 가축은 휴약기간의 2배를 준수하여 유기축산물로 출하 할 수 있다. 6) 약초 및 천연물질을 이용하여 치료를 할 수 있다. 7) 생산성 촉진을 위해서 성장촉진제 및 호르몬제를 사용해서는 아니 된다. 다만, 수의사의 처방에 따라 치료목적으로만 사용하는 경우 「수의사법」 시행규칙 제11조에 의한 처방전을 농장 내에 비치하여야 한다.	

<심사요령>

[약품거래명세서 및 약품입출고기록 등을 통해 주로 사용하는 동물용의약품을 확인한다.]
- 해당 농장에서 빈번히 발생하는 질병을 확인한다.
- 빈번히 발생하는 질병에 대해 예방관리방안 및 처치내역을 확인한다.
- 동물용의약품 보관함에 보관 중인 약품 및 사용 후 버려진 약품을 확인한다.
- 해당 동물용의약품의 사용목적을 확인한다.
- 성장촉진제 및 호르몬제가 사용되는 경우 수의사 처방여부 및 목적을 명확히 확인한다.

[휴약기간의 준수여부를 확인한다.]
- 동물용의약품을 사용한 경우 약품 설명서 및 해당 약품회사 홈페이지를 참조하여 휴약 기간을 확인한다.
- 동물용의약품을 처방한 개체에 대한 출하 관련 자료를 확인하여, 휴약기간의 2배가 지난 후 인증품으로 출하하였는지 확인한다.

3) 물리적 변형

항목	구비요건		관련서류
	규칙[별표 3]	고시[별표 1]	
동물복지 및 질병관리	3) 가축의 꼬리 부분에 접착밴드를 붙이거나 꼬리, 이빨, 부리 또는 뿔을 자르는 등의 행위를 하지 아니할 것. 다만, 국립농산물품질원장이 고시로 정하는 경우에 해당되는 때에는 이를 허용할 수 있다.	8) 가축에 있어 꼬리 부분에 접착밴드 붙이기, 꼬리 자르기, 이빨 자르기, 부리 자르기 및 뿔 자르기와 같은 행위는 일반적으로 해서는 아니 된다. 다만, 안전 또는 축산물 생산을 목적으로 하거나 가축의 건강과 복지개선을 위하여 필요한 경우로서 국립농산물품질관리원장 또는 인증기관의 장이 인정하는 경우는 이를 할 수 있다. 9) 생산물의 품질향상과 전통적인 생산방법의 유지를 위하여 물리적 거세를 할 수 있다.	

항목	구비요건		관련서류
	규칙[별표 3]	고시[별표 1]	

<심사요령>

[축사에서 생산물의 품질향상과 안전축산물 생산을 위해 취해지는 사항을 확인한다.]

- 거세 등 생산물의 품질향상과 안전축산물 생산을 위해 실시하는 조치내역을 확인하고, 각 조치사항별 실시목적, 실시방법, 실시시기, 실시자 등을 확인한다.

4) 처방전

항목	구비요건		관련서류
	규칙	고시[별표 1]	
질병관리	5) 1) 또는 4)에 따른 수의사의 처방에 따라 동물용의약품을 사용하는 경우 처방전을 비치할 것	4) 1)부터 2)까지에 따른 예방관리에도 불구하고 질병이 발생한 경우 「수의사법」 시행규칙 제11조에 따른 수의사 처방에 의해 동물용의약품을 사용하여 질병을 치료할 수 있으며, 이 경우 처방전을 농장 내에 비치하여야 한다.	- 수의사 처방전 - 약품설명서 - 휴약 기간 준수기록 - 잔류물질 검사성적서

<심사요령>

[가축의 치료를 위해 동물용의약품을 사용하였다면, 수의사 처방전의 비치여부를 확인한다.]

- 「수의사법」 시행규칙 제11조에 따라 수의사가 교부하는 처방전을 비치하고 사용하였는지 확인한다.
- 수의사가 발급하는 처방전에 동물의 종류/성별/이름/연령(추정연령)/동물의 소유자 또는 관리인의 성명과 주소/약의 명칭/성분분량/용법/용량/보관방법/사용기간/처방전 발급연월일/동물병원의 명칭/개설장소/전화번호/수의사의성명/면허번호가 적혀 있는지 확인한다.

[동물용의약품을 사용하였는지 확인한다.]

- 동물용의약품의 사용일자와 출하일자를 확인하여, 휴약기간의 2배가 지났음을 확인한다.
- 사육과정에서 동물용의약품을 사용하였거나, 사용가능성이 있는 경우, 농가 및 축산물검사원 또는 자체검사원 입회하에 시료를 채취하여 「농수산물품질관리법」 제99조에 따른 검정기관에 분석(신청인이 사용한 내역이 있는 동물의약품 성분, 신청인이 구매한 내역이 있는 동물용의약품 중 사용처가 불분면한 동물용의약품 성분 등)을 의뢰한다.

2.9. 운송, 도축, 가공과정의 품질관리

1) 운송·도축·가공과정

항목	구비요건		관련서류
	규칙	고시[별표 1]	
운송, 도축, 가공 과정의 품질 관리	1) 살아있는 가축을 수송할 때에는 가축의 종류별 특성에 따라 적절한 위생조치를 취해야 하고, 상처나 고통을 최소화하는 방법으로 조용하게 할 것 2) 가축의 도축 및 축산물의 저장·유통·포장 등 취급과정에서 사용하는 도구와 설비는 위생적으로 관리해야 하고, 축산물의 유기적 순수성이 유지되도록 관리할 것	1) 살아있는 가축의 수송은 가축의 종류별 특성에 따라 적절한 위생조치를 취하고, 상처나 고통을 최소화하는 방법으로 조용하게 이루어져야 하며, 전기 자극이나 대증요법의 안정제를 사용해서는 아니 된다. 2) 유기축산물의 수송, 도축, 가공과정의 품질관리를 위해 다음 사항이 포함된 품질관리 계획을 세워 이를 이행하여야 한다. 가) 수송방법, 도축방법, 가공방법, 인증품 표시방법 나) 인증을 받지 않은 축산물이 혼입되지 않도록 하는 구분 관리 방법 3) 가축의 도축은 스트레스와 고통을 최소화하는 방법으로 이루어져야 하고, 오염방지 등을 위해 「축산물위생관리법」 제9조에 따른 안전관리 인증기준(HACCP)을 적용하는 도축장에서 실시되어야 한다. 4) 도체 및 원유 등 해당 축산물은 가공공정의 오염방지를 위하여 「축산물위생관리법」 제9조에 따른 안전관리 인증기준(HACCP)을 적용(농가에서 직접 가공하는 경우는 제외)하는 축산물 가공장에서 가공되어야 하고, 유기적 방법으로 생산된 원유는 별도 구분하여 집유 및 가공처리를 하여야 한다. 5) 살아있는 가축의 저장 및 수송 시에는 청결을 유지하여야 하며, 외부로부터의 오염을 방지하여야 한다.	- 수송, 도축, 가공 관련 기록 - 인증품생산 계획서

<심사요령>

[살아있는 가축의 수송방법(가축의 상·하차 방법 및 수송차량 등)을 확인한다.]
- 살아있는 가축의 상·하차 시 관리방법을 확인한다.
- 수송차량 내 전기 자극 및 대증요법의 안정제가 있는지 확인한다.
- 인증품 생산계획서에 유기축산물의 수송, 도축, 가공과정의 품질관리를 위한 품질관리계획을 작성하였는지 확인하고, 현장심사 시 이행여부를 확인한다.

[도축 방법 및 가공 방법을 확인한다.]
- 등급판정서, 도축증명서, 도압/도계증명서, 거래명세서 등을 통해 거래업체명을 확인하고, 거래업체가 HACCP지정 장업장인지 확인한다.
- HACCP지정여부는 축산물 안전관리 인증기준원 홈페이지에서 검색하여 확인한다.
- 위탁, 판매계약서를 제출하였을 경우, 위탁한 업체가 취급자 인증기준을 준수하는지와 HACCP 지정 작업장인지 확인한다.
- [살아있는 가축의 저장 및 수송을 확인한다.]
= 수송 시에 일반가축의 혼입에 의한 오염 우려가 있는지 확인한다.

2) 동물용의약품 잔류검사 및 합성물질의 사용금지

<table>
<tr><th rowspan="2">항목</th><th colspan="2">구비요건</th><th rowspan="2">관련서류</th></tr>
<tr><th>규칙</th><th>고시[별표 1]</th></tr>
<tr><td>운송, 도축, 가공 과정의 품질 관리</td><td>3) 동물용의약품 성분은 「식품위생법」 제7조제1항에 따라 식품의약품안전처장이 고시한 동물용의약품 잔류허용기준의 10분의 1을 초과하여 검출되지 않을 것
4) 유기합성농약 성분은 검출되지 않을 것</td><td>6) 유기축산물로 출하되는 축산물에 동물용의약품 성분이 잔류되어서는 아니 된다. 다만, 사목2)·3)·4)에 따라 동물용의약품을 사용한 경우 이를 허용하되, 식품의약품안전처장이 고시한 식품공전의 동물용의약품 잔류 허용기준의 10분의 1 이하여야 한다.
7) 유통 시 발생할 수 있는 유기축산물의 변성이나 부패방지를 위하여 임의로 합성물질을 첨가할 수 없다. 다만, 물리적 처리나 천연제제는 유기축산물의 화학적 변성이나 특성을 변화시키지 아니하는 범위에서 적절하게 이용할 수 있다.</td><td></td></tr>
<tr><td colspan="4"><심사요령>
[동물용의약품을 사용하고 잔류가 의심될 경우 인증품으로 출하 시 동물용의약품 성분의 잔류여부 검사를 실시한다.]
- 신청인 또는 대리인의 입회하에 시료를 채취하여「농수산물품질관리법」 제62조 또느 제99조에 따른 안전성검사기관 또는 검정기관에 유해잔류 물질검사(가축의 종류별 5~6계열)을 의뢰한다.
- 동물용의약품 성분별 잔류허용기준은 http://www.foodsafetykorea.go.kr/residue/main.do 에서 세부사항 조회가 가능하다.
[유통 시 처리방법을 확인한다.]
- 유통 시 유기축산물의 부패방지를 위한 실시사항, 자재사용 여부 등을 확인하고 이러한 행위가 유기축산물에 어떠한 영향을 끼치는지 확인한다.</td></tr>
</table>

3) 포장재의 사용 및 인증표시

<table>
<tr><th rowspan="2">항목</th><th colspan="2">구비요건</th><th rowspan="2">관련서류</th></tr>
<tr><th>규칙[별표 3]</th><th>고시[별표 1]</th></tr>
<tr><td>운송, 도축, 가공 과정의 품질 관리</td><td></td><td>8) 알 생산물을 물로 세척하거나 소독하는 경우 규칙 별표 1 제1호다목1)의 허용물질 중 과산화수소, 오존수, 이산화염소수, 차아염소산수를 사용 할 수 있으나, 알 생산물에 잔류되지 않도록 관리계획을 수립하고 이행하여야 한다.
9) 유기축산물 포장재는 「식품위생법」의 관련 규정에 적합하고 가급적 생물 분해성, 재생품 또는 재생이</td><td>- 포장재성적서
- 송장 또는 거래명세표</td></tr>
</table>

항목	구비요건		관련서류
	규칙[별표 3]	고시[별표 1]	
운송, 도축, 가공 과정의 품질 관리		가능한 자재를 사용하여 제작된 것을 사용하여야 한다. 10) 인증품 출하 시 인증품의 표시기준에 따라 표시하여야 하며, 포장재의 제작 및 사용량에 관한 자료를 보관하여야 한다. 11) 인증표시를 하지 않은 축산물을 인증품으로 판매할 수 없다. 다만, 2)의 품질관리 계획에 따라 계약된 유통자에게 살아있는 가축으로 판매하는 경우 납품서, 거래명세서 또는 보증서 등에 표시사항을 기재하여야 하며 동 자료를 보관하여야 한다. 12) 가축의 도축 및 축산물의 저장·유통·포장 등의 취급과정에서 사용하는 도구와 설비가 위생적으로 관리되어야 하며, 축산물의 유기적 순수성이 유지되도록 관리하여야 한다. 13) 유기합성농약 성분은 검출되지 아니하여야 한다.	
<심사요령> [인증표시방법 및 표시여부를 확인한다.] - 인증표시사항을 제출받아 적합여부를 확인한다. - 인증표시를 하지 않을 경우 송장이나 거래명세표에 표시사항을 기재하는지 확인한다. - 인증서를 주고받는 행위는 인증 표시방법에 해당한다. [포장재 사용여부를 확인한다.] - 사용하는 포장재의 성적서를 제출받아 재질이 식품위생법의 관련규정에 적합한지 심사한다. - 포장재와 관련하여 식품용 기구 및 용기, 포장 공전 「식품의약품안전처 고시」를 확인한다.			

2.10. 가축분뇨의 처리

항목	구비요건		관련서류
	규칙[별표 3]	고시[별표 1]	
가축 분뇨의 처리	가축분뇨는 완전히 부숙시킨 퇴비 또는 액비로 자원화하여 초지나 농경지에 환원함으로써 토양 및 식물과의 유기적 순환관계를 유지할 것	1) 가축사육 시 발생하는 가축분뇨는 완전히 부숙시킨 퇴비 또는 액비로 자원화하여 초지나 농경지에 환원함으로써 토양 및 식물과의 유기적 순환관계를 유지하여야 한다. 2) 가축의 운동장에서는 가축의 분뇨가 외부로 배출되지 아니하도	- 가축분뇨배출시설 설치허가증 또는 신고대상배출시설 설치신고증명서 - 위탁처리계약서

항목	구비요건		관련서류
	규칙[별표 3]	고시[별표 1]	
가축 분뇨의 처리		록 청결히 유지·관리하여야 한다. 3) 「가축분뇨의 관리 및 이용에 관한 법률」 제11조제1항, 같은 법 시행령 제7조제2항 및 같은 법 시행규칙 제4조제1항에 따른 가축분뇨배출시설 설치허가증 또는 같은 법 제11조제3항, 같은 법 시행령 제8조 및 같은 법 시행규칙 제7조제3항에 따라 가축분뇨배출시설 설치신고증명서를 구비하여야 한다. 다만, 사육시설이 동 법령의 허가 또는 신고 대상이 아닌 경우에는 적용하지 아니한다. 4) 가축분뇨 퇴·액비는 표면수 오염을 일으키지 아니하는 수준으로 사용하되, 장마철에는 사용하지 아니하여야 한다.	

<심사요령>

[가축분뇨의 처리방법 및 관리방법을 확인한다.]
- 퇴비사 및 퇴비의 관리현황(부숙 여부 확인, 퇴비야적확인, 돈사의 고액분리, 퇴비의 외부배출 여부 확인, 퇴비사에 한우 사육여부 확인, 축분 고속발효기를 이용한 분뇨처리 등)을 확인한다.
- 퇴비는 톱밥 등 수분 조절제를 투입하여 완전히 부숙시킨 후 사용하는지 확인한다.
- 액비는 호기적 발효 등 6개월 이상 충분히 발효시킨 후 사용하는지 확인한다.
- 퇴비 및 액비를 장마철에 사용하는지 확인한다.
- 처리시설에서 침출수가 발생하는지를 확인한다.
- 위탁처리 시 위탁처리계약서를 확인한다.
- 퇴비 야적에 의한 표면수 오염을 일으키는지 확인한다.
- 퇴비사에 가축을 사육하는지 확인한다.
- 운동장 및 축사의 가축분뇨가 외부로 유출되는지 확인한다.

[가축분뇨배출시설설치허가증 또는 신고대상배출시설설치신고증명서를 확인하고, 발행기관, 발행일, 면적, 처리시설명 등을 확인한다.]
- 사육시설의 규모에 따른 허가 및 신고 대상 배출시설을 확인한다.

2.11. 기타 사항

<table>
<tr><th rowspan="2">항목</th><th colspan="2">구비요건</th><th rowspan="2">관련서류</th></tr>
<tr><th>규칙[별표 3]</th><th>고시[별표 1]</th></tr>
<tr><td>기타</td><td></td><td>1) 규칙 및 이 고시에서 정한 유기(무항생제)축산물의 인증기준은 인증 유효기간동안 상시적으로 준수하여야 한다.
2) 규칙 및 이 고시에서 정한 유기축산물의 인증기준을 준수하였음을 증명할 수 있는 자료를 구비하고, 국립농산물품질관리원장 또는 인증기관이 요구하는 때에는 관련 자료 제출 및 시료수거, 현장 확인에 협조하여야 한다.</td><td>- 인증기준을 준수하고 있음을 증명할 수 있는 자료</td></tr>
<tr><td colspan="4"><심사요령>
[인증기준준수 여부를 확인한다.]
- 연 1회 사후관리를 실시하여 인증기준을 준수하는지와 인증기준을 준수하였음을 증명할 수 있는 자료를 구비하고 있는지 확인한다.</td></tr>
</table>

2.12. 유기양봉 제품

<table>
<tr><th rowspan="2">항목</th><th>구비요건</th><th rowspan="2">관련서류</th></tr>
<tr><th>고시[별표 1]</th></tr>
<tr><td>일반</td><td>1) 꿀벌의 사육은 꿀벌의 수분활동을 통하여 환경 보호와 농림업 생산에 기여하는 중요한 활동이다.
2) 꿀벌과 벌통의 관리는 유기농업의 원칙에 따라 이루어져야 한다.
3) 자연 밀원, 단물, 꽃가루는 유기적으로 생산된 식물 또는 자연(야생) 식물에서 유래되어야 한다.
4) 꿀벌의 건강은 적합한 품종의 선택, 양호한 환경, 균형 잡힌 먹이와 적절한 사육방식과 같은 예방적 조치에 기반을 두어야 한다.
5) 벌통과 벌집은 천연재료를 사용하여 만들어야 하고, 환경이나 양봉 제품에 오염의 위험을 주지 않아야 한다.
6) 벌집은 유기적으로 생산된 밀랍, 프로폴리스, 식물성 기름 등을 소재로 한 제품만 사용할 수 있다.
7) 벌통은 제2호의 유기농산물 인증기준에 적합하게 관리된 곳에 놓여져야 한다.
8) 벌통은 관행농업지역(유기양봉 및 유기양봉생산물의 품질에 영향을 미치지 않을 정도로 관리가 가능한 지역의 경우는 제외), 오염된 비농업지역(국토계획법 제6조제1항에 따른 도시지역, 쓰레기 및 하수 처리시설 등),</td><td></td></tr>
</table>

항목	구비요건 고시[별표 1]	관련서류
일반	골프장, 축사와 GMO 또는 환경 오염물질에 의한 잠재적인 오염 가능성이 있는 지역으로부터 반경 3km 이내의 지역에는 놓을 수 없다.(단, 꿀벌이 휴면상태일 때는 적용하지 않는다) 9) 인증기관의 장은 신청인이 제공한 정보나 검사과정 등을 통해 벌통이 놓이는 곳으로부터 반경 3km 이내의 지역이 유기기준에 적합하게 관리되어 단물, 화밀, 화분이 적절히 공급되는지의 여부를 검토하여 승인하여야 한다. 10) 최근 2년 이내에 제19조에 따른 교육기관에서 3시간 이상(갱신 신청의 경우 2시간 이상) 친환경농업에 대한 교육을 받아야 한다.	
꿀벌의 선택, 번식 방법 및 입식	1) 처음 도입된 벌은 유기생산 농장으로부터 유래된 것이어야 한다. 다만, 이를 확보할 수 없는 경우에는 인증기관장의 승인을 받아 일반 벌을 입식하여 유기 생산으로 전환할 수 있다. 2) 꿀벌의 품종은 지역조건에 대한 적응력, 활동력, 질병저항성 등을 고려하여 선택하여야 한다.	
전환기간	1) 유기양봉제품은 유기양봉 기준을 적어도 1년 동안 준수하였을 때 유기적으로 생산된 양봉 제품으로 판매할 수 있다. 2) 전환기간(1년) 동안에 밀랍은 유기적으로 생산된 밀랍으로 모두 교체되어야 한다. 인증기관의 장은 전환기간 동안에 모든 밀랍이 교체되지 않은 경우 전환기간을 연장할 수 있다. 3) 전환기간 동안 밀랍의 교체 과정에서 비허용물질이 사용되지 않아야 하고, 밀랍의 오염 위험이 없어야 한다. 4) 인증기관의 장은 전환기간 중에 유기적으로 생산된 밀랍을 확보할 수 없는 경우 일반 양봉장으로부터 나온 밀랍을 허용할 수 있다. 다만, 그 밀랍은 비허용물질(파라핀 등)로 처리되거나, 비허용물질이 사용된 지역에서 생산된 것이 아니어야 한다.	
먹이 및 영양 관리	1) 꿀벌에게는 유기적으로 생산된 먹이를 제공해야 한다. 2) 생산시기 말기에는 꿀벌의 휴면기에 생존할 수 있도록 충분한 양의 유기적으로 생산된 꿀과 꽃가루를 벌통에 남겨두어야 한다. 3) 임시적으로 꿀벌의 생존에 필요한 먹이는 기후 또는 기타 예외적인 환경으로 인해 일시적으로 먹이가 부족한 경우인 최종 꿀 수확 후부터 다음 밀원 또는 유밀기의 시작 사이에만 공급할 수 있다. 이러한 경우 유기적으로 생산된 꿀이나 설탕이 사용되어야 하며, 유기양봉 이전의 비유기양봉의 물질이 유기양봉제품에 혼입되지 않아야 한다.	
동물 복지 및	1) 양봉 제품을 수확하기 위하여 벌통 내 꿀벌을 죽이거나 여왕벌의 날개를 자르지 아니하여야 한다. 2) 유기합성농약이나 동물용의약품, 화학합성물질로 제조된 기피제를 사용	

<table>
<tr><th rowspan="2">항목</th><th>구비요건</th><th rowspan="2">관련서류</th></tr>
<tr><th>고시[별표 1]</th></tr>
<tr><td>질병
관리</td><td>하는 행위를 하지 아니하여야 한다.
3) 꿀벌의 질병은 다음과 같은 조치를 통해 사전 예방하여야 한다.
가) 지역 조건에 잘 적응할 수 있는 튼튼한 품종의 선택
나) 필요한 경우 여왕벌의 갱신
다) 정기적인 청소 및 시설·장비의 소독
라) 밀랍의 정기적 갱신
마) 충분한 화분과 꿀이 수집될 수 있는 벌통의 크기
바) 이상을 탐지하기 위한 벌통의 정기적이고 체계적인 검사
사) 벌통의 크기에 적합한 수벌 무리의 조절
아) 질병에 감염된 벌통의 격리지역으로 이동
자) 오염된 벌통과 재료의 폐기
4) 병해충 관리를 위해 다음의 것들을 사용할 수 있다.
- 젖산, 옥살산, 초산, 개미산, 황, 자연산 에테르 기름(멘톨, 유칼립톨(eucalyptol), 캠퍼(camphor)), 바실루스 튜린겐시스(Bacillys thuringlensis), 증기 및 직사 화염
5) 3)·4)의 병해충 예방 및 관리 방법으로도 효과가 없을 경우 다음의 조건에 따라 동물용의약품을 사용할 수 있다.
가) 우선적으로 식물성 치료와 동종요법의 치료를 선택한다.
나) 부득이하게 화학적으로 합성된 동물용의약품을 사용하는 경우 그 양봉 제품은 유기 제품으로 판매하지 않아야 한다. 처리된 벌통은 격리된 곳에 두어야 하고, 1년의 전환기간을 다시 거쳐야 한다. 이 경우 모든 밀랍은 유기적으로 생산된 밀랍으로 교체되어야 한다.
다) 이러한 처리에 대해 그 분명한 기록을 모두 남겨야 한다.
6) 훈연은 최소로 유지되어야 한다. 훈연재료는 자연적이거나 본 유기양봉 인증기준을 만족하는 재료에서 나온 것이어야 한다.</td><td></td></tr>
<tr><td>생산물의
품질관리</td><td>1) 생산물의 유기적 순수성은 다음의 예방책으로 어떠한 가공, 저장, 포장과 수송 및 취급과정에서 유지되어야 한다.
가) 유기제품은 비유기제품과 혼합되는 것으로부터 항상 보호
나) 유기제품은 유기농업과 취급에 사용이 허용되지 않은 재료와 물질의 접촉으로부터 항상 보호
다) 유기제품과 비유기제품은 구분하여 저장되거나 취급되어야 한다.
2) 유기양봉제품 채취 과정에서 화학합성 방충제를 사용하지 않아야 한다.
3) 훈연은 최소화하여야 한다. 훈연에 이용되는 물질은 천연 물질이거나 허용된 물질이어야 한다.
4) 유기양봉제품에는 동물용의약품이 검출되지 않아야 한다.
5) 벌꿀의 온도는 가능한 낮은 온도를 유지하여야 하고, 양봉으로부터 나온</td><td></td></tr>
</table>

<table>
<tr><th rowspan="2">항목</th><th>구비요건</th><th rowspan="2">관련서류</th></tr>
<tr><th>고시[별표 1]</th></tr>
<tr><td>생산물의 품질관리</td><td>제품의 추출과 가공과정에서 가열하여 농축해서는 아니된다.
6) 유기 생산물을 위한 저장구역과 수송수단은 유기생산에 허용된 방법과 재료를 사용하여 청결하게 하여야 하며 허용되지 않은 살충제 또는 기타 처리로부터 오염을 방지하여야 한다.
7) 이온화 방사선은 해충방제, 식품보전, 병원체와 위생시설의 제거 목적을 위하여 유기제품에 사용하지 아니하여야 한다.
8) 가공방법은 기계적, 물리적 또는 생물학적(발효 포함)인 방법이어야 하며, 유기양봉제품이 오염되지 아니하여야 한다.
9) 가공, 저장 및 수송장비의 세척, 소독을 위하여 허용되지 않은 물질을 사용할 수 없다. 저장지역(시설) 또는 수송시설 내의 해충방제는 소리, 초음파, 빛, 자외선, 트랩, 온도관리, 제어된 기체(이산화탄소(CO_2), 산소(O_2), 질소(N_2)) 및 규조토와 같은 물리적 방어망 또는 기타 오염의 우려가 없는 처리장치와 방법을 이용하여야 한다.
10) 유통과정에서 발생할 수 있는 유기양봉제품의 변성이나 부패방지를 위하여 임의로 합성물질을 첨가할 수 없다.
11) 유기 양봉과 관련하여 다음 사항에 해당하는 경영관련 자료를 기록·보관하여야 하며, 국립농산물품질관리원장 또는 인증기관의 장이 요구하는 때에는 관련 자료 제출 및 시료수거, 현장 확인에 협조하여야 한다.
가) 벌의 품종과 원산지
나) 질병, 번식 상의 문제점 예방 및 관리 계획서
다) 질병 예방·치료를 위해 사용되는 물질이나 동물용의약품
라) 먹이 및 원료의 출처
마) 양봉 제품의 수확·가공·저장·판매
12) 동물용의약품 성분은 「식품위생법」 제7조제1항에 따라 식품의약품안전처장이 고시한 동물용의약품 잔류허용기준의 10분의 1을 초과하여 검출되지 아니하여야 한다.
13) 유기합성농약 성분은 검출되지 아니하여야 한다.</td><td></td></tr>
<tr><td colspan="3"><심사요령>
[인증기준준수 여부를 확인한다.]
- 연 1회 사후관리를 실시하여 인증기준을 준수하는지와 인증기준을 준수하였음을 증명할 수 있는 자료를 구비하고 있는지 확인한다.</td></tr>
</table>

3. 품목별 인증심사의 예시

3.1. 한우의 인증심사 예시

3.1.1. 한우 사양 체계

3.1.2. 서류심사

서류심사는 신청인이 제출한 서류를 바탕으로 심사를 실시하는 방법으로 생산계획서를 바탕으로 서류심사를 실시한다.

3.1.2.1. 신청정보

1) 심사요령

항목	심사요령	관련서류
신청자 정보 확인	친환경인증관리정보시스템(http://www.enviagro.go.kr)>인증정보관리>인증관리>인증히스토리조회>인증히스토리 상세내역을 통하여 제출서류에 대한 사실여부를 확인한다.	- 과거 친환경농산물인증서 - 행정처분통지서

2) 심사결과의 처리

확인 결과	처리요령
행정처분 농가일 경우	처분내역을 확인하여 현장심사 시에 해당사항에 대한 개선내역을 확인한다.
생산과정조사 결과가 적합일 경우	항목별 조사 내용을 확인하여 인증 유효기간 연장 심사 시에 인증심사의 전부 또는 일부를 면제를 할 수 있다.

3.1.2.2. 신청내역

1) 심사요령

항목	심사요령	관련서류
사육장 면적	사육장 신청 면적은 실제 사육장 면적보다 적거나 같게 신청되었는지 확인한다. 실제사육장 면적은 건축물 대장 상의 사육장면적 또는 가축분뇨배출시설허가증(또는 신고대상배출시설설치신고증)의 사육시설 면적 또는 건축물 현황도 상의 축사 면적 중에서 최소면적을 기준으로 한다.	- 건축물대장 - 건축물현황도 - 가축분뇨배출시설허가증 또는 신고대상배출시설설치신고증

항목	심사요령	관련서류
사료작물 재배지	사료작물재배지에 대해서 임차 또는 계약 재배 또는 자가 재배 면적을 확인하여 사육두수로 나누어 가축 1두당 확보하여야 하는 면적을 확보하였는지 확인 한다.	- 목초지 또는 사료작물재배지 관련 친환경농산물 인증서 - 사료작물재배지 임차계약서 및 계약재배 확인서

예) 신청면적과 건축물대장 상의 면적 비교

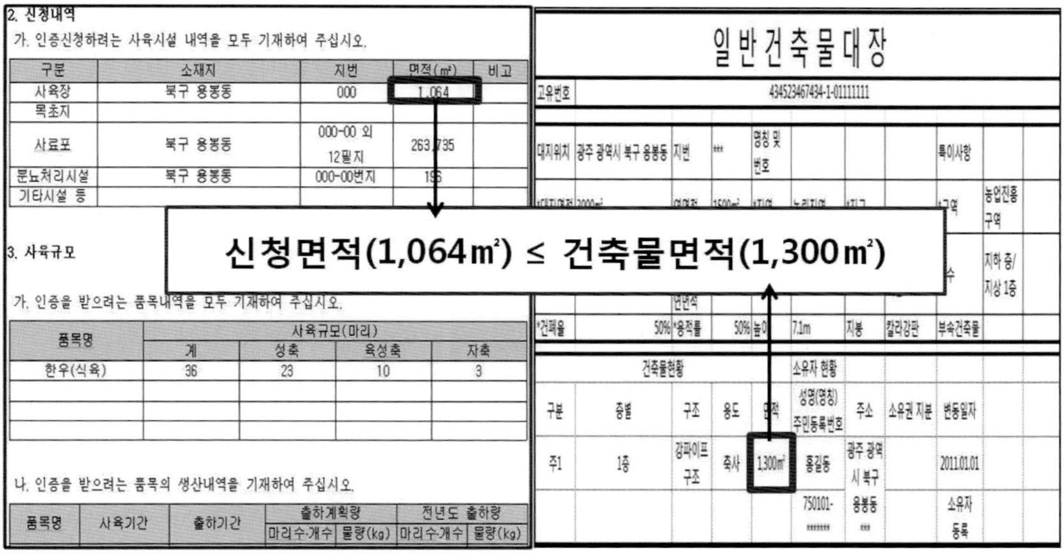

2) 심사결과의 처리

서류 심사 결과	처리요령
실제 사육장 보다 신청면적이 클 경우	제출 축사 서류 외에 다른 축사가 있는지 확인하고, 추가 축사가 있다면 면적을 확인할 수 있는 서류(건축물 대장 또는 건축물현황도와 가축분뇨배출시설허가증(또는 신고대상배출시설설치신고증))를 추가적으로 요구를 한다.
사료작물재배지가 유기농산물(20100) 인증 면적이 30,000㎡일 경우	예를 들어 36두(유기 한우)를 신청하였다면 확보해야 될 사료작물재배지 면적이 33,000㎡(1두 당 825㎡)이기 때문에 부적합 사항이다.
사료작물재배지가 유기농산물(20100) 인증 면적이 30,000㎡이고, 유기적으로 생산된 조사료를 도입할 경우	예를 들어 36두(유기 한우)를 신청하였다면 확보해야 될 사료작물재배지 면적이 13,464㎡(1두 당 374㎡)이기 때문에 적정한 면적을 확보하였다.

3.1.2.3. 사육규모

1) 심사요령

항목	심사요령	관련서류
사육두수	인증 신청 시 사육단계별 사육두수를 개체현황표와 비교하여 병행생산을 하는 한우가 있는지 확인한다.	- 개체현황표
출하계획량	등급판정서 및 거래내역서를 통하여 과거 1년 동안의 출하량을 비교하여 출하계획량이 적정한지 확인한다.	- 출하내역(등급판정서 및 거래내역서)

예) 신청두수와 사육개체 현황 비교

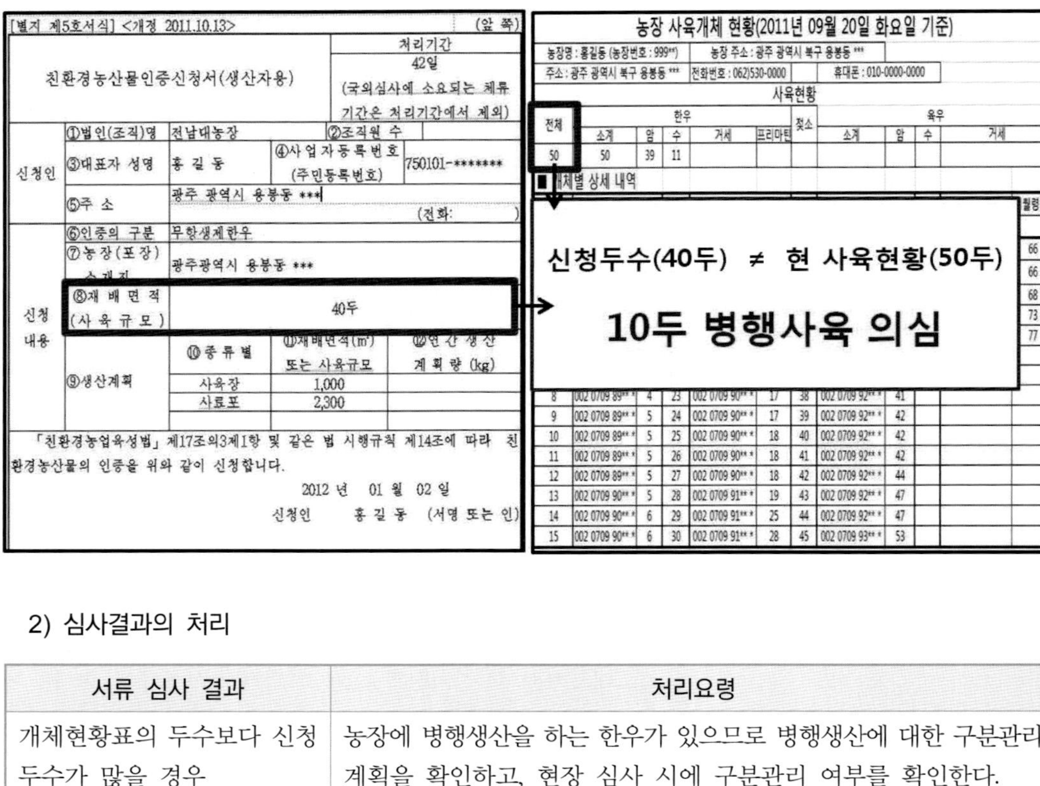

2) 심사결과의 처리

서류 심사 결과	처리요령
개체현황표의 두수보다 신청두수가 많을 경우	농장에 병행생산을 하는 한우가 있으므로 병행생산에 대한 구분관리 계획을 확인하고, 현장 심사 시에 구분관리 여부를 확인한다.
전년도 출하량 보다 출하계획량이 많을 경우	한우의 출하 적정 개월령은 30~32개월령으로 개체현황표 상의 개월령을 계산하여 향후 출하량을 예측할 수 있다. 예를 들어 2019년01월01일에 20개월 령 이상 한우 50두는 2019년 내에 출하를 한다고 판단할 수 있다.

3.1.2.4. 일반원칙 및 경영관리

1) 심사요령

항목	심사요령	관련서류
경영 관련 자료	신청일로부터 과거 1년 간의 경영관련 자료에 기록된 내용과 그 내용을 증명할 수 있는 문서가 있는지 확인한다.	- 경영일지 - 경영관련 자료(관련 서류 목록에 있는 일체의 서류)
동물용 의약품	최근 1년간의 동물용의약품 사용에 대한 자료를 확인하여, 신청 축사에 발생되는 질병과 사용되는 동물의약품을 파악하고, 인증을 신청한 이후에도 인증 신청 한우에 사용하는지 확인한다. 사용하지 않을 경우 항생제를 대체할 수 있는 방법이 무엇인지 확인한다.	- 동물용의약품 거래내역서 - 동물용의약품 사용 일지

2) 심사결과의 처리

서류 심사 결과	처리요령
경영관련 자료의 기록기간이 1년 미만일 경우	기록이 1년 미만이면, 관련 문서를 통하여 확인 가능한 기간이 1년 이상인지 확인한다.
인증 신청 시 동물의약품의 재고가 있을 경우	구분 관리에 대한 계획서를 제출받고, 동물의약품 사용에 대한 기록을 확인한다.
첨가제의 구매내역을 확인한 경우	첨가제의 대한 정보를 농가에게 추가로 요청을 하고, 현장 심사 시에 급여 여부를 확인한다.

3.1.2.5. 사육장 및 사육조건

1) 심사요령

항목	심사요령	관련서류
축사의 밀도	- 시군별 축협에서 농장 사육개체 현황을 제출받아 실제 사육두수와 개월령을 확인할 수 있다. - 성장단계별로 두수를 나눈 다음 가축분뇨배출시설허가증 또는 신고대상배출시설설치신고증, 건축물대장, 건축물 현황도 상에 나와 있는 사육시설의 면적을 확인한다. 확인한 두수와 면적으로 가축사육시설 단위면적당 적정 가축사육기준에 맞는지 확인한다.	- 개체현황표 - 건축물대장 - 건축물현황도 - 가축분뇨배출시설허가증 또는 신고대상배출시설설치신고증
축사 소독	축사 소독 및 청소 기록에서 축사 소독 실시여부와 소독 주기를 확인하여 병원균으로부터 보호를 하는지 확인한다.	- 축사 소독 및 청소 일지
병행 생산	병행사육 시에 경영관련 자료를 각각 구분하여 기록·관리를 하고 있는지 확인한다.	- 일반축사의 경영관련 자료

예) 현재 50두 사육(유기 기준) 시

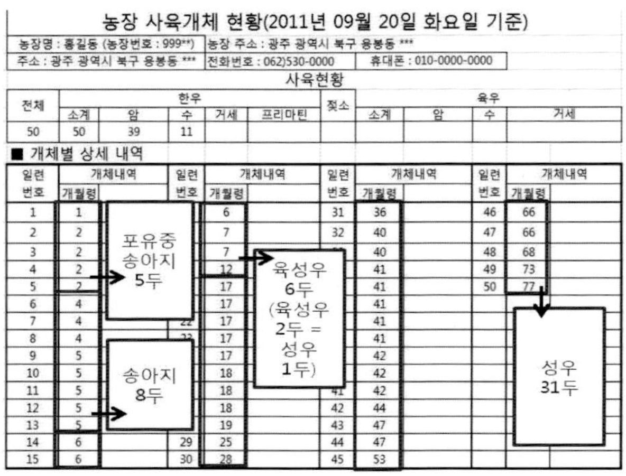

농장 사육개체 현황(2011년 09월 20일 화요일 기준)

농장명 : 홍길동 (농장번호 : 999**)	농장 주소 : 광주 광역시 북구 용봉동 ***	
주소 : 광주 광역시 북구 용봉동 ***	전화번호 : 062)530-0000	휴대폰 : 010-0000-0000

사육현황

전체	한우					젖소	육우			
	소계	암	수	거세	프리마틴		소계	암	수	거세
50	50	39	11							

■ 개체별 상세 내역

일련번호	개체내역 개월령		일련번호	개체내역 개월령		일련번호	개체내역 개월령		일련번호	개체내역 개월령	
1	1			6		31	36		46	66	
2	2			7		32	40		47	66	
3	2			7			40		48	68	
4	2			12			41		49	73	
5	2			17			41		50	77	
6	4			17			41				
7	4			17			41				
8	4			17			41				
9	5			17			42				
10	5			18			42				
11	5			18			42				
12	5			18		42	44				
13	5			19		43	47				
14	6		29	25		44	47				
15	6		30	28		45	53				

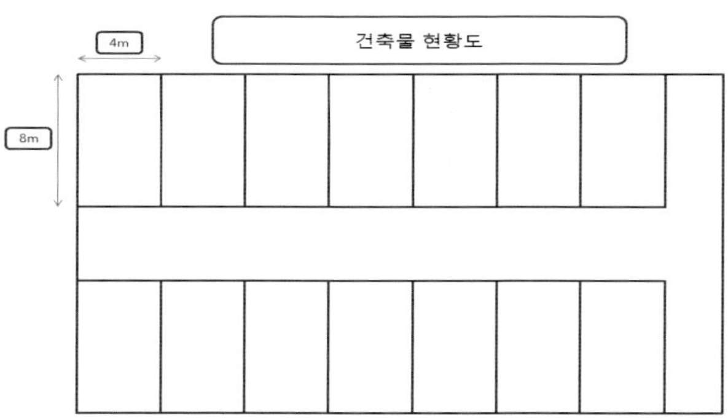

포유중인 송아지 5두> 0 ㎡
(포유중인 송아지는 두수에서 제외)
+
송아지 8두> 20 ㎡
+
육성우 6두(번식우 4두, 비육우 2두)
성우 1두=육성우 2두> 20+14.2=34.2㎡
+
성우(번식우) 31두> 310㎡

= 364.2㎡ 이상의 축사 면적을 확보

건축물현황도 상의 우방 1칸
> 4*8=32㎡
*
총 우방 수 16칸
=512㎡

* 건축물현황도를 제출하지 못하였을 경우 가축분뇨배출시설신고증이나 건축물대장 상의 축사면적으로 계산하여 확인할 수 있다.

2) 심사결과의 처리

서류 심사 결과	처리요령
6개월 령 미만 송아지가 있을 경우	소요면적을 계산 시에 제외한다.
1개의 우방의 면적을 알 수 없을 때	현장심사 시에 실측을 한다.
병행생산이지만 경영관련 자료를 일괄적으로 기록·관리를 할 경우	개체별로 인증 개체와 일반 개체를 구별할 수 있는지 확인한다.

3.1.2.6. 자급사료 기반

1) 심사요령

항목	심사요령	관련서류
목초지 또는 사료작물 재배지 유기인증	친환경인증관리정보시스템(http://www.enviagro.go.kr) >인증정보관리>인증관리>인증히스토리조회>인증히스토리 상세내역을 통하여 목초지 또는 사료작물재배지에 관련해서 제출된 서류에 대한 사실여부를 확인한다.	- 목초지 또는 사료작물재배지 관련 친환경농산물인증서 - 사료작물재배지 임차계약서 및 계약재배 확인서
목초지 또는 사료작물 재배지 비인증	최근 1년간 투입된 자재가 규칙 별표 10에 허용된 자재에 포함되는지 확인한다.	- 농자재 거래 내역서 및 사용 내역서

2) 심사결과의 처리

서류 심사 결과	처리요령
목초지 또는 사료작물재배지가 유기인증을 받지 않았을 경우	제5장 유기농림산물 인증심사 방법에 맞게 재배되었는지 확인한다.

3.1.2.7. 가축의 선택, 번식방법 및 입식

1) 심사요령

항목	심사요령	관련서류
쇠고기 이력제	시군별 축협에서 농장 사육개체 현황을 제출받아 개체식별번호를 확인하여 쇠고기 이력제(http://www.mtrace.go.kr)에 정보를 조회하면 소유주, 출생년월일, 도축, 가공, 사육장 주소 등을 확인할 수 있다.	- 개체현황표
인공수정	인공수정증명서에서 개체번호와 수정일자를 확인함으로서 자연발정주기에 맞게 인공수정을 하였는지 확인할 수 있다.	- 인공수정표
외부입식	입식에 대한 기록·관리를 하고 있는지 확인한다.	- 송아지 매수증

예) 수정일자 및 개체번호 확인

(양축농가 보관용)

정액증명서 및 인공수정증명서

정액(난자)증명

품 종 : 한우 원산지 : 한국

종모축이름 : KPN6** 정액번호 : KPN6** 등록번호 : (고등)221815***

정액생산업체 또는 수입업체 : 농협중앙회 한우개량사업소

혈통	부	KPN3**	(고등)221268***
	조부	KPN1**	(고등)221545***
	모	김천02-02-00**	(고등)221483***
	외조부	KPN4**	(고등)221987***

수정증명 0091. 225* *

암가축사육자	성명	홍길동	품종	
	주소		번호 또는 이름	
	목장명		**등록번호**	**0091 255* ***
인공수정	**수정일자**	**2010.10.15**	수정횟수	1회
	상태 및 특기사항		재발정예정일	
			분만예정일	2011.8.15

2) 심사결과의 처리

서류 심사 결과	처리 요령
2019년10월15일자에 0091 255* *의 인공수정을 확인하였을 경우	자연발정주기인 21일 안에 같은 개체번호에 대한 인공수정이 이루어졌는지 확인한다. 21일 이내에 다시 인공수정을 실시하였다면 발정을 위한 호르몬제 사용을 의심한다.
외부에서 입식을 할 경우	구입 시 개월령을 확인하여야 한다. 송아지를 판매한 농장이 유기축산인증을 받은 농장인지 확인한다.
일반 가축을 이유 직후 입식하였을 경우	입식 후 출하 시까지 최소 12개월 이상을 유기축산물인증 기준에 따라 사육하는지 확인한다.

3.1.2.8. 전환기간

1) 심사요령

항목	심사요령	관련서류
최소 사육 기간	한·육우는 입식 후 출하 시까지 최소 12개월 이상 유기축산 인증 기준에 맞게 사육하였는지 확인한다. 전환기간의 시작일은 인증 신청일부터 시작된다.	- 경영일지 - 입식자료
기간 단축	신청일 이전의 경영관련 자료를 확인한 결과, 유기축산물 인증기준에 맞게 사육중인 것이 확인되면 최대 8개월을 전환기간으로 인정해 줄 수 있다.	- 경영관련 자료
인증품 판매	입식자료와 출하자료를 확인하여 입식 이후에 전환기간을 충족한 뒤에 출하되었는지 확인한다.	- 입식내역서(개체현황표) - 출하내역서(등급판정서)

2) 심사결과의 처리

서류 심사 결과	처리 요령
일반농가가 유기축산으로 2019년01월01일자로 전환을 하려고 할 경우	2019년01월01일이 전환기간 시작일이다.
2018년 05월01일부터 유기축산물 인증 기준에 맞게 사육중인 농가가 2019년01월01일자로 전환을 하려고 할 경우	전환기간의 2/3 범위인 8개월을 전환기간으로 인정할 수 있으므로 전환기간 만료일은 2019년 04월30일이다.

3.1.2.9. 사료 및 영양관리

1) 심사요령

항목	심사요령	관련서류
유기 사료	100% 유기사료를 급여중인지 확인한다. 유기 사료 확인서에는 공급자명, 공급받는자명. 공급되는 사료명과 동물용의약품이 첨가되어 있지 않는다는 내용이 명시되어 있어야 하며, 사료제조회사에서 작성하여 제출하도록 하여 확인한다.	- 유기사료 원료 유기농산물인증서 - 사료성분등록증 - 사료배합비율표 - 사료거래내역서 - 유기사료 확인서(제조회사)
첨가 사료	유기사료에 첨가된 사료가 별표10에 허용된 자재로 만들어졌는지 확인한다.	사료거래내역서 사료성분등록증
GMO	유기사료의 원료가 유전자변형농산물인지를 확인한다.	GMO성적서

2) 심사결과의 처리

서류 심사 결과	처리 요령
급여중인 OO사료의 사료 성분등록증을 확인한 결과, 원료가 옥수수, 콩, 소맥일 경우	옥수수, 콩, 소맥에 대한 유기농산물인증서와 GMO 검사 성적서를 확인한다.
한우 성축을 20두 사육중이며, OO사료를 1두 당 1일 7kg를 급여중이라고 확인하였을 경우	최근 사료 거래내역서와 사료급여일지를 제출받아 구입량과 급여량이 일치하는지 확인한다. 500kg(2012년01월01일 OO사료 재고량) + 4,800kg(2012년01월01일~2012년01월31일 사료 구입량) ≒ 4,340kg(20두 31일 급여량) +980kg(2012년01월31일 OO사료 재고량)
1두 당 1일 급여량을 정확히 알 수 없는 경우	현장심사 시에 성장단계별 실제 급여중인 사료의 양을 확인한다.

3.1.2.10. 동물복지 및 질병관리

1) 심사요령

항목	심사요령	관련서류
예방관리	질병치료 이전에 어떠한 예방 조치를 취하였는지 경영일지를 확인한다.	- 경영일지
질병치료	「수의사법 시행규칙」 제11조에 따라 수의사가 교부하는 처방전 또는 이에 준하는 문서를 비치하고 사용하였는지 확인한다.	- 약품거래내역서 - 수의사 처방전
수의사 처방전	수의사가 발급하는 처방전에 동물의 종류·성별·이름·연령(명확하지 않을 때에는 추정 연령), 동물의 소유자 또는 관리인의 성명과 주소, 약의 명칭·성분분량·용법·용량·보관방법·사용기간, 처방전 발급 연월일, 동물병원의 명칭, 개설장소, 전화번호, 수의사의 성명, 면허번호가 적혀 있는지 확인한다.	- 수의사 처방전

2) 심사결과의 처리

서류 심사 결과	처리 요령
개채번호52번 한우에 2019년01월01일에 00항생제(휴약기간 한우 5일)를 사용하였을 경우	해당일 발급된 수의사 처방전이 있는지 확인하고, 개체번호 52번이 2019년01월10일 이후에 출하되었는지 확인한다.
약품거래내역서 상의 지사제를 구입한 내역이 있을 경우	지사제의 사용내역을 확인하고, 사용 시에 수의사 처방전에 의해 사용되었는지 확인한다.

3.1.2.11. 운송·도축·가공과정의 품질관리

1) 심사요령

항목	심사요령	관련서류
살아있는 가축의 수송	우선 수송을 위탁하는지 확인한다. 수송 시에 과적을 하는지와 다른 농장의 한우를 같이 수송하는지를 확인한다.	- 수송일지 - 수송 위탁계약서
도축장 및 가공장	등급판정서 상의 도축 작업장을 확인하고, HACCP인증을 받았는지 확인한다. 개체식별번호를 확인하여 쇠고기 이력제(http://www.mtrace.go.kr)에 정보를 조회하면 소유주, 출생년월일, 도축, 가공, 사육장 주소 등을 확인할 수 있다.	- 등급판정서 - 도축장 및 가공장 HACCP인증서
인증표시	인증품에 대한 인증표시 여부를 확인하고, 표시사항과 포장재의 제작 및 사용량을 비교한다.	- 위탁·판매 계약서 - 거래명세표 및 송장 - 인증표시 샘플

2) 심사결과의 처리

서류 심사 결과	처리 요령
축협 조합원일 경우	축협에서 수송에서부터 판매까지 위탁계약 없이 조합원의 한우를 일괄적으로 관리를 하는지 확인한다.
개인적으로 판매할 경우	농가에서 직접 가공하는 경우를 제외하고는 HACCP 인증을 받은 도축장 및 가공장에 도축 및 가공을 하는지 확인한다.
경매장 또는 개인 유통업체에 판매할 경우	위탁·판매 계약서를 작성하였는지 확인한다. 위탁·판매 계약서를 작성한 경우에는 취급자가 규칙 별표 3 제7호의 기준을 준수하는지와 HACCP을 적용하는 작업장을 이용하는지 심사한다. 위탁·판매 계약서를 작성하지 않은 경우에는 쇠고기 이력제(http://www.mtrace.go.kr)를 통하여 최종 출하처를 확인하고, 도축 및 가공을 HACCP인증을 받은 작업장에서 실시하였는지와 인증품에 대한 인증 표시 여부를 심사한다.

3.1.2.12. 가축분뇨의 처리

1) 심사요령

항목	심사요령	관련서류
가축분뇨 관리	가축분뇨 배출시설 허가증 또는 신고대상 배출시설 설치신고증명서를 구비하였는지 확인한다.	- 가축분뇨배출시설허가증 또는 신고대상배출시설설치신고증 - 경영일지
가축분뇨 처리	경영일지 상의 처리양과 처리방법을 확인한다. 퇴비를 처리하는 방법에 대하여 위탁여부를 확인한다. 직접 처리를 할 경우 어떠한 방법으로 실시하는지 확인한다.	- 경영일지 - 위탁처리 계약서

2) 심사결과의 처리

서류 심사 결과	처리 요령
가축분뇨배출시설허가증 또는 신고대상배출시설설치신고증명서가 없을 경우	- 건축법 제11조제1항에 건축허가를 받으면 가축분뇨의 관리 및 이용에 관한 법률 제11조에 따른 배출시설 설치허가나 신고를 한 것으로 간주하도록 건축법이 개정되어 2011.12.1.부터 시행 중이다. - 건축법 개정에 따라 건축허가를 받은 축사는 배출시설 설치 허가나 신고 의무가 면제되므로 건축허가서를 제출한 경우 배출시설 관련 인증기준은 적합으로 판정가능하며, 2011.12.1. 이전에 건축허가를 받은 축사도 동일하게 적용 가능하다.

3.1.3. 현장심사

3.1.3.1. 신청내역

항목	심사요령	현장사진	
사육장 면적	우방의 면적을 실측하고, 각각 우방의 사육두수를 확인한다.		

항목	심사요령	현장사진
사육 규모	현장심사 시에 실제 이표번호와 개체현황표를 비교한다.	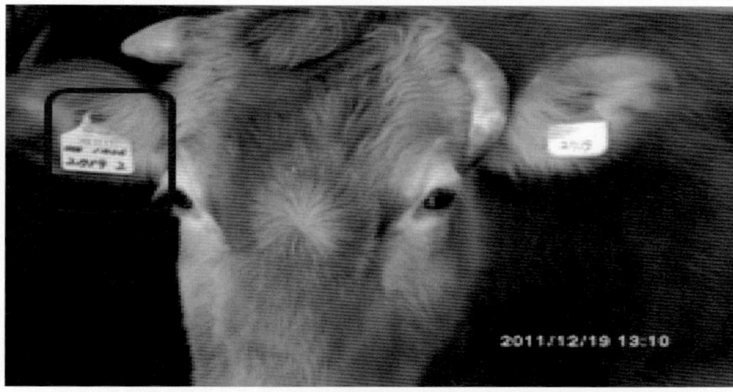
사육 시설	신청한 시설을 해당 시설에 맞게 사용하고 있는지 확인한다.	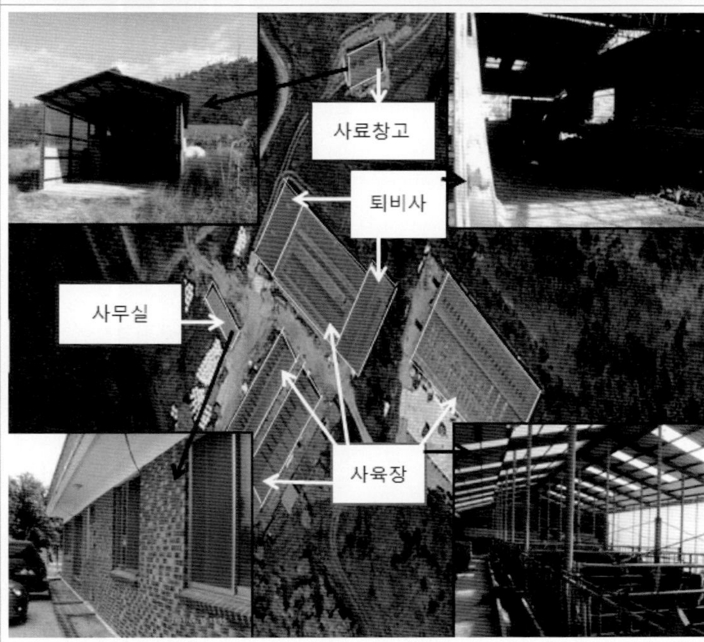

3.1.3.2. 사육장 및 사육조건

항목	심사요령	현장사진	
사료와 음수의 공급방법	급여통과 급수통의 위치를 확인한다.		
		급수통	급여통

<table>
<tr><th>항목</th><th>심사요령</th><th colspan="2">현장사진</th></tr>
<tr><td rowspan="2">단열시설
및
환기시설</td><td rowspan="2">현장 심사 시 축사내의 공기상태를 확인하고, 관련 시설(환풍기, 윈치커튼 등)이 작동되는지 확인한다.</td><td></td><td></td></tr>
<tr><td>개폐식 지붕</td><td>윈치커튼</td></tr>
<tr><td rowspan="2">소독방법</td><td rowspan="2">현장심사 시에 소독주기, 소독약제, 소독방법을 확인한다.</td><td></td><td></td></tr>
<tr><td>차량 소독기</td><td>개인 소독기</td></tr>
<tr><td>축사바닥</td><td>깔짚의 종류와 깔짚의 건조 상태를 확인한다.</td><td></td><td></td></tr>
<tr><td rowspan="2">방목지
또는
운동장</td><td rowspan="2">현장심사 시에 방목지 또는 운동장의 면적을 실측하고 가축의 접근이 용이한지 확인한다.</td><td></td><td></td></tr>
<tr><td>방목지 또는 운동장의 면적 실측</td><td>방목지 또는 운동장 접근성 확인</td></tr>
<tr><td rowspan="2">병행생산</td><td rowspan="2">가축사료가 안전하게 격리되는지 확인하고, 축사 입구에 인증 축사임을 알리는 표지판이 있는지 확인한다.</td><td></td><td></td></tr>
<tr><td colspan="2">사료의 구분 관리(표시사항 등)</td></tr>
</table>

3.1.3.3. 자급사료 기반

항목	심사요령	현장사진
목초지 또는 사료작물 재배지	친환경농산물 인증이 없을 경우 목초지 또는 사료작물재배지를 유기농산물의 재배·생산기준에 맞게 재배중인지를 확인한다.	

3.1.3.4. 가축의 선택, 번식방법 및 입식

항목	심사요령	현장사진	
번식방법 및 입식	현장심사 시 인공수정표를 확인하고, 약품보관창고에 호르몬제가 있는지 확인한다.		

3.1.3.5. 사료 및 영양관리

항목	심사요령	현장사진	
사료	유기사료 외에 다른 사료를 혼입하는지 확인하여야 한다. 단미 및 보조 사료가 별표 10 제1호 나목의 자재기준에 맞는지 확인한다. 서류 상으로 확인된 사료를 보관중이거나 급여중인지 확인한다. 사료의 대한 표시사항을 확인한다.		

항목	심사요령	현장사진	
음수	실제 급수 중인 음수에 대한 생활용수 수질기준에 맞는 수질 성적서를 확인하고, 없을 경우 음수의 시료를 채취하여 분석을 의뢰한다.		

3.1.3.6. 동물복지 및 질병관리

항목	심사요령	현장사진	
동물용 의약품	농장 내 약품 보관함을 확인한다.		
수의사 처방전	확인한 동물용의약품에 대한 수의사 처방전이 있는지 확인한다.	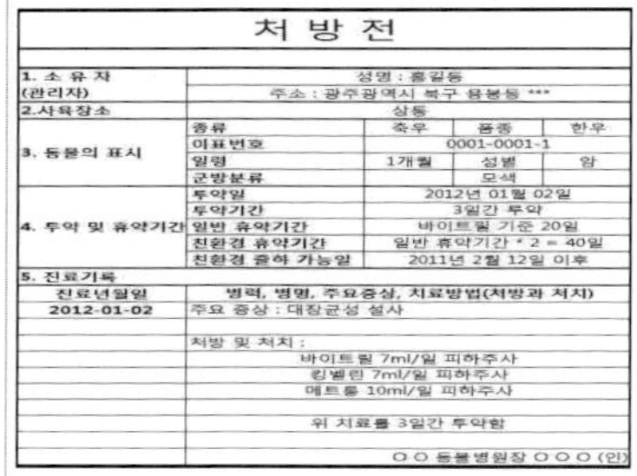	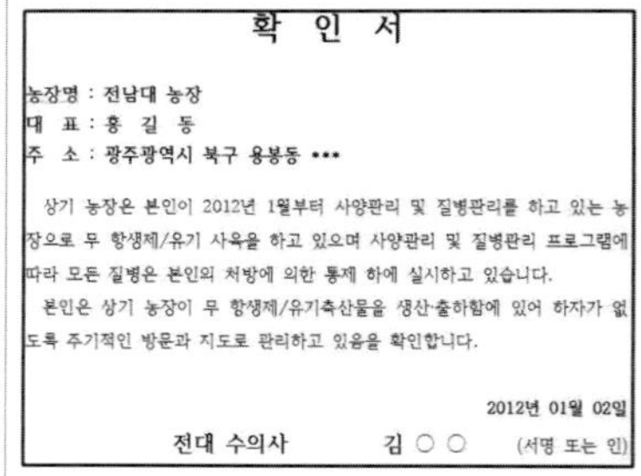

처 방 전

1. 소 유 자 (관리자)	성명 : 홍길동			
	주소 : 광주광역시 북구 용봉동 ***			
2.사육장소	상동			
3. 동물의 표시	종류	축우	품종	한우
	이표번호	0001-0001-1		
	일령	1개월	성별	암
	군방분류		모색	
4. 투약 및 휴약기간	투약일	2012년 01월 02일		
	투약기간	3일간 투약		
	일반 휴약기간	바이트릴 기준 20일		
	친환경 휴약기간	일반 휴약기간 * 2 = 40일		
	친환경 출하 가능일	2011년 2월 12일 이후		
5. 진료기록				
진료년월일	병력, 병명, 주요증상, 치료방법(처방과 처치)			
2012-01-02	주요 증상 : 대장균성 설사			
	처방 및 처치 :			
	바이트릴 7ml/일 피하주사			
	링벨린 7ml/일 피하주사			
	메트롱 10ml/일 피하주사			
	위 치료를 3일간 투약함			
	○○ 동물병원장 ○○○ (인)			

확 인 서

농장명 : 전남대 농장
대 표 : 홍 길 동
주 소 : 광주광역시 북구 용봉동 ***

상기 농장은 본인이 2012년 1월부터 사양관리 및 질병관리를 하고 있는 농장으로 무 항생제/유기 사육을 하고 있으며 사양관리 및 질병관리 프로그램에 따라 모든 질병은 본인의 처방에 의한 통제 하에 실시하고 있습니다.

본인은 상기 농장이 무 항생제/유기축산물을 생산·출하함에 있어 하자가 없도록 주기적인 방문과 지도로 관리하고 있음을 확인합니다.

2012년 01월 02일

전대 수의사 김 ○ ○ (서명 또는 인)

3.1.3.7. 가축분뇨의 처리

항목	심사요령	현장사진	
가축 분뇨의 처리	현장심사 시에 퇴비의 부숙 여부, 퇴비야적 및 관리 소홀, 외부배출 여부, 퇴비사에 한우 사육 여부 등을 육안으로 확인한다.	 부숙 여부	 퇴비야적

항목	심사요령	현장사진	
가축 분뇨의 처리	퇴비를 처리하는 방법에 대하여 위탁여부를 확인한다. 직접 처리를 할 경우 어떠한 방법으로 실시하는지 확인한다.	 퇴비의 외부배출 여부	 퇴비사에 한우 사육 여부
		 농지에 퇴비 살포	

3.2. 젖소(시유)의 인증심사 예시

3.2.1. 젖소(시유) 사양 체계

3.2.2. 서류심사

서류심사는 신청인이 제출한 서류를 바탕으로 심사를 실시하는 방법으로 생산계획서를 바탕으로 서류심사를 실시한다.

3.2.2.1. 신청정보

1) 심사요령

제6장 3.1.2.1 신청정보를 참조한다.

2) 심사결과의 처리

제6장 3.1.2.1 신청정보를 참조한다.

3.2.2.2 신청내역

1) 심사요령

제6장 3.1.2.2 신청내역을 참조한다.

2) 심사결과의 처리

서류 심사 결과	처리요령
실제 사육장 보다 신청면적이 클 경우	제출 축사 서류 외에 다른 축사가 있는지 확인하고, 추가 축사가 있다면 면적을 확인할 수 있는 서류(건축물 대장 또는 건축물현황도 또는 가축분뇨배출시설허가증(또는 신고대상배출시설설치신고증))를 추가적으로 요구를 한다.
사료작물재배지가 유기농산물(20100) 인증 면적이 30,000㎡일 경우	예를 들어 24두(유기 젖소)를 신청하였다면 확보해야 될 사료작물재배지 면적이 31,680㎡(1두 당 1,320㎡)이기 때문에 부적합 사항이다.
사료작물재배지가 유기농산물(20100) 인증 면적이 30,000㎡이고, 유기적으로 생산된 조사료를 도입할 경우	예를 들어 24두(유기 젖소)를 신청하였다면 확보해야 될 사료작물재배지 면적이 21,984㎡(1두 당 916㎡)이기 때문에 적정한 면적을 확보하였다.

3.2.2.3. 사육규모

1) 심사요령

제6장 3.1.2.3 사육규모를 참조하여 다음과 같이 심사한다.

항목	심사요령	관련서류
사육두수	인증 신청 시 사육단계별 사육두수를 개체현황표와 비교하여 병행생산을 하는 젖소가 있는지 확인한다.	- 개체현황표
출하계획량	납유내역서를 통하여 과거 1년 동안의 출하량을 비교하여 출하계획량이 적정한지 확인한다.	- 납유내역서

2) 심사결과의 처리

제6장 3.1.2.3 사육규모를 참조하여 다음과 같이 심사결과를 처리한다.

서류 심사 결과	처리요령
개체현황표의 두수보다 신청두수가 많을 경우	젖소는 육성축 및 성축을 외부에서 입식이 가능하기 때문에 신청농가에게 인증 받을 개체의 번호를 구별하도록 요청을 한다.
전년도 출하량 보다 출하계획량이 많을 경우	전년도 평균 착유두수와 신청 착유두수를 비교하여 적정여부를 확인한다.

3.2.2.4. 일반원칙 및 경영관리

제6장 3.1.2.4를 참조한다.

3.2.2.5. 사육장 및 사육조건

제6장 3.1.2.5를 참조한다.

3.2.2.6. 자급사료 기반

제6장 3.1.2.6을 참조한다.

3.2.2.7. 가축의 선택, 번식방법 및 입식

1) 심사요령

제6장 3.1.2.7을 참조하여 다음과 같이 심사한다.

항목	심사요령	관련서류
외부 입식	- 입식에 대한 기록·관리를 하고 있는지 확인한다. - 젖소는 육성축 및 성축을 외부에서 입식이 가능하기 때문에 판매한 농가의 인증 여부와 구입한 젖소의 개월령을 확인한다.	- 송아지 매수증 - 입식 확인서 및 거래내역서

2) 심사결과의 처리

제6장 3.1.2.7을 참조한다.

3.2.2.8. 전환기간

1) 심사요령

항목	심사요령	관련서류
최소 사육기간	착유우는 90일, 미경산우는 6개월 이상 유기축산인증 기준에 맞게 사육하였는지 확인하여야 한다.에는 전환기간의 시작일은 인증 신청일 부터 시작된다. 유기가축이 아닌 가축을 유기농장으로 입식할 경우에는 입식일이 전환기간의 시작일이다.	- 경영일지 - 입식자료
기간 단축	신청일 이전의 경영관련 자료를 확인한 결과, 유기축산물 인증기준에 맞게 사육중인 것이 확인되면 최대 2/3의 기간 동안을 전환기간으로 인정해줄 수 있다.	- 경영관련 자료
인증품 판매	입식자료와 출하자료를 확인하여 입식 이후에 전환기간을 충족한 뒤에 출하되었는지 확인한다.	- 입식내역서(개체현황표) - 출하내역서(등급판정서)

2) 심사결과의 처리

서류 심사 결과	처리 요령
일반농가가 유기축산으로 2019년01월01일자로 전환을 하려고 할 경우	2019년01월01일이 전환기간 시작일이다.
2018년 09월01일부터 미경산우를 유기축산물 인증기준에 맞게 사육중인 농가가 2019년01월01일자로 전환을 하려고 할 경우	전환기간의 2/3 범위인 4개월을 전환기간으로 인정할 수 있으므로 미경산우의 전환기간 만료일은 2019년02월29일이다.
유기가축이 아닌 가축을 2019년 01월01일자로 유기농장으로 입식할 경우	외부에서 입식한 일반가축의 전환기간 시작일은 2019년01월01일이다.

3.2.2.9. 사료 및 영양관리

제6장 3.1.2.9를 참조한다.

3.2.2.10. 동물복지 및 질병관리

제6장 3.1.2.10을 참조한다.

3.2.2.11. 운송·도축·가공과정의 품질관리

1) 심사요령

항목	심사요령	관련서류
원유 집유	수송을 위탁하는지 확인한다. 다른 농장의 시유를 같이 수송하는지를 확인한다.	- 수송일지 - 수송 위탁계약서
가공장	가공장이 HACCP인증을 받았는지 확인한다.	- 납유내역서 - 가공장 HACCP인증서 - 가공 위탁계약서
인증표시	인증품에 대한 인증표시 여부를 확인하고, 표시사항과 포장재의 제작 및 사용량을 비교한다.	- 위탁·판매 계약서 - 거래명세표 및 송장 - 인증표시 샘플

2) 심사결과의 처리

제6장 3.1.2.11을 참조한다.

3.2.2.12. 가축분뇨의 처리

제6장 3.1.2.12를 참조한다.

3.2.3. 현장심사

3.2.3.1. 신청내역

제6장 3.1.3.1을 참조하여 다음과 같이 심사한다.

항목	심사요령	현장사진
사육 시설	신청한 시설을 해당 시설에 맞게 사용하고 있는지 확인한다.	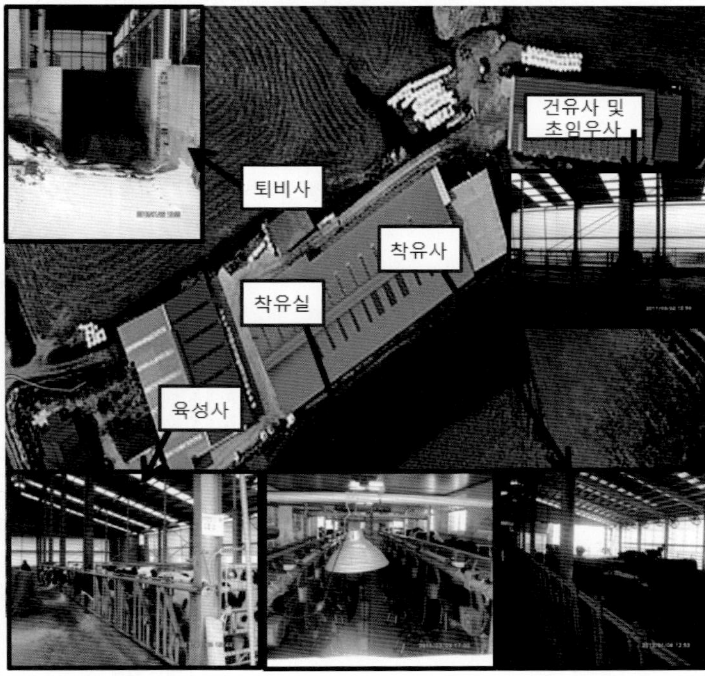

3.2.3.2. 사육장 및 사육조건

항목	심사요령	현장사진	
사료와 음수의 공급 방법	급여통과 급수통의 위치를 확인한다.	 사료 급여	 급수통의 접근성 확인
단열 시설 및 환기 시설	현장 심사 시 축사내의 공기상태를 확인하고, 관련 시설(환풍기, 윈치커튼, 보온등 등)이 작동되는지 확인한다.	 보온시설	 환기시설

항목	심사요령	현장사진	
소독 방법	현장심사 시에 소독주기, 소독약제, 소독방법을 확인한다.		
축사 바닥	깔짚의 종류와 깔짚의 건조 상태를 확인한다.		
방목지 또는 운동장	현장심사 시에 방목지 또는 운동장의 면적을 실측하고 가축의 접근이 용이한지 확인한다.		
		방목지 또는 운동장의 면적 실측	방목지 또는 운동장 접근성 확인
병행 생산	가축사료가 안전하게 격리되는지 확인하고, 축사 입구에 인증 축사임을 알리는 표지판이 있는지 확인한다.	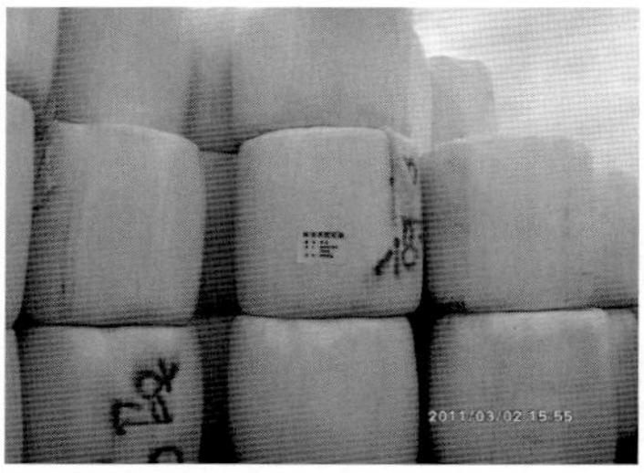	
		사료의 구분 관리(표시사항 등)	

		축사의 구분 관리(표지판 등)	

3.2.3.3. 자급사료 기반

제6장 3.1.3.3을 참조한다.

3.2.3.4. 가축의 선택, 번식방법 및 입식

제6장 3.1.3.4를 참조한다.

3.2.3.5. 사료 및 영양관리

제6장 3.1.3.5를 참조한다.

3.2.3.6. 동물보지 및 질병관리

제6장 3.1.3.6을 참조한다.

3.2.3.7. 가축분뇨의 처리

항목	심사요령	현장사진	
가축 분뇨의 처리	현장심사 시에 퇴비의 부숙 여부, 퇴비야적 및 관리소홀, 외부배출 여부, 퇴비사에 젖소 사육 여부 등을 육안으로 확인한다. 퇴비를 처리하는 방법에 대하여 위탁 여부를 확인한다. 직접 처리를 할 경우 어떠한 방법으로 실시하는지 확인한다.		
		퇴비의 외부 배출 여부	퇴비의 외부 배출 여부

		퇴비의 외부 배출 여부	운동장의 분뇨 관리

		농지의 퇴비 살포	

3.3. 돼지의 인증심사 예시

3.3.1. 돼지 사양 체계

3.3.2. 서류심사

3.3.2.1. 신청정보

제6장 3.1.2.1를 참조한다.

3.3.2.2. 신청내역

제6장 3.1.2.2를 참조한다.

3.3.2.3. 사육규모

1) 심사요령

항목	심사요령	관련서류
사육두수	경영일지를 제출 받아 실제 사육두수를 확인하여야 한다.	- 경영일지
출하계획량	출하내역서 및 도축증명서를 통하여 과거 1년 동안의 출하량을 비교하여 출하계획량이 적정한지 확인한다.	- 출하내역서 - 도축증명서

예) 가축 관리 두수 기록부

농장 종합 업무 기록부 기간 : 12월 26일~1월 1일			구분		HACCP팀원		HACCP팀장	
			결제확인					
(가축 관리 두수)								
구분	성돈		후보돈	비육돈	육성돈	자돈	포유자돈	계
	번식돈	웅돈						
외부구입								
분만(두)							149(14두)	149
도태/폐사			14	-14 '+104	-104	+114	-114	0 '0
이동/이유								
출 하				-66				-66
누 계			14	24	-104	+114	+35	+83
전주 두수	330	9	0	1173	695	242	470	2919
현 두수	330	9	14	1197	591	359	505	3002

2) 심사결과의 처리

서류 심사 결과	처리요령	
사육두수 및 출하두수를 확인할 수 없을 경우	모돈 회전율 * 복당 이유두수(평균5두) = PSY(어미돼지 한 마리가 1년에 낳는 새끼돼지의 마리 수)	1주기 임신기간 115일 포유기간 27일(4주) 비생산일 10일 합계 152일 365(1년)/152 = 2.4 > 모돈 회전율

3.3.2.4. 일반원칙 및 경영관리

제6장 3.1.2.4를 참조한다.

3.3.2.5. 사육장 및 사육조건

1) 심사요령

항목	심사요령	관련서류
축사의 밀도	성장단계별로 두수를 나눈 다음 가축분뇨배출시설신고증(허가증), 건축물 현황도 상에 나와 있는 사육시설의 면적을 확인한다. 확인한 두수와 면적으로 가축사육시설 단위면적당 적정 가축사육기준에 맞는지 확인한다. 현장심사 시에 단계별 돈방의 면적을 표본 조사한다.	- 경영일지 - 건축물대장 - 건축물현황도 - 가축분뇨배출시설허가증 또는 신고대상배출시설설치신고증
축사 소독	축사 소독 및 청소 기록에서 축사 소독 실시여부와 소독주기를 확인하여 병원균으로부터 보호를 하는지 확인한다.	- 축사 소독 및 청소 일지
병행 생산	병행사육 시에 경영관련 자료를 각각 구분하여 기록·관리를 하고 있는지 확인한다.	- 일반축사의 경영관련 자료

예) 무항생제 축산물 인증 심사 시

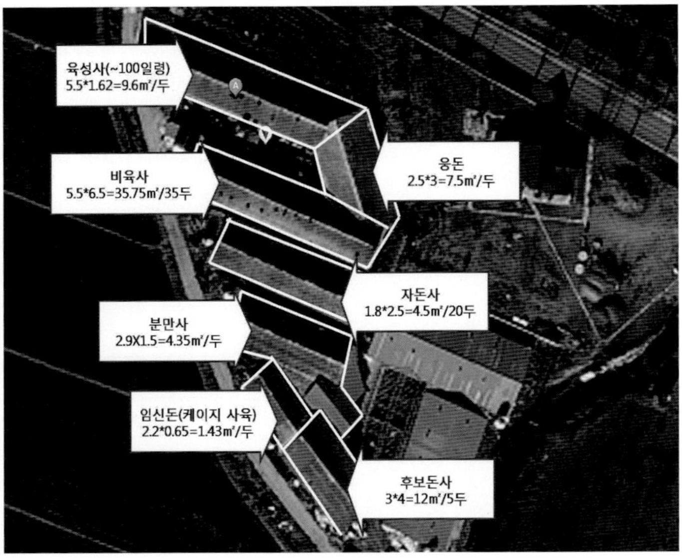

자돈사 : 1.8*2.5=4.5㎡/20두= 0.22㎡/두(기준 0.2~03㎡/두)

육성사 : 5.5*1.62=9.6㎡/20두= 0.48㎡/두(기준 0.45㎡/두)

비육사 : 5.5*6.5=35.75㎡/35두= 1.02㎡/두(기준 0.8㎡/두)

임신사 : 2.2*0.65= 1.43㎡/1두(기준 1.4㎡/두)

분만사 : 2.9*1.5= 4.35㎡/1두(기준 3.9㎡/두)

후보돈 : 3*4=12㎡/5두= 2.4㎡/두(기준 2.3㎡/두)

웅돈 : 2.5*3= 7.5㎡/1두(기준 6.0㎡/두)

2) 심사결과의 처리

서류 심사 결과	처리요령
유기축사에서 임신말기 또는 포유기간의 번식돈이 있을 경우	해당 기간에만 케이지 사육이 가능하다.
포유중이거나 생체중이 25kg 이하의 자돈이 있을 경우	해당 기간에만 케이지 사육이 가능하다.
병행생산이지만 경영관련 자료를 일괄적으로 기록·관리를 할 경우	축사별로 인증 축사와 비인증 축사를 구별할 수 있는지 확인한다.

3.3.2.6. 가축의 선택, 번식방법 및 입식

1) 심사요령

항목	심사요령	관련서류
주간 사육	종부 대기돈 관리를 획일화하여 집중 교배 및 분만을 하고, 발정파악에 대한 노동력과 시간을 절약하기 위해 호르몬제를 사용한 발정동기화를 할 수 있으므로 번식 주기를 확인한다.	- 경영일지 - 인공수정일지
인공 수정	인공수정증명서에서 개체번호와 수정일자를 확인함으로서 자연 발정주기에 맞게 인공수정을 하였는지 확인할 수 있다.	- 인공수정표
외부 입식	입식에 대한 기록·관리를 하고 있는지 확인한다.	- 양돈 매수증

예) 동물용의약품 거래내역서 확인

1	2011.01.01~2011.12.31					거래처 원장 ㈜○○가축약품		
2	날짜	품명[적요]	수량	단가	차변	대변	참조	기타
3	1월 25일	마이코플렉스@50두	5					
4	2월 3일	669	2					
5	2월 15일	복합부스코판@100ml(36)	2					
6	3월 4일	P.P.V(코미팜)@5두	30					
7	3월 4일	P.E.C(녹십자)@5두	10					
8	3월 8일	파라피린-솔루션@1L(10)	10					
9	3월 30일	에스론 주	3					
10	4월 6일	써코플렉스@50두(24)	5					
11	4월 12일	비타AD3E50ml	5					
12	4월 25일	스트레스닐@100ml	1					
13	5월 10일	파라피린-솔루션@1L(10)	20					
14	5월 26일	비타AD3E50ml	5					
15	6월 5일	엘렉트로-액@1L	20					
16	6월 17일	써코플렉스@50두(24)	3					
17	7월 1일	마이코플렉스@50두	3					
18	7월 5일	T.R(중앙)@5두	10					
19	07월 22일	마이코플렉스@50두	5					
20	08월 02일	669	2					
21	08월 05일	복합부스코판@100ml(36)	2					
22	08월 12일	P.P.V(코미팜)@5두	30					
23	09월 04일	파라피린-솔루션@1L(10)	10					
24	09월 13일	에스론 주	3					
25	09월 27일	써코플렉스@50두(24)	5					
26	10월 03일	비타AD3E50ml	5					
27	10월 15일	스트레스닐@100ml	1					
28	10월 29일	카토비타-주@100ml	5					
29	11월 06일	파라피린-솔루션@1L(10)	20					
30	11월 29일	엘렉트로-액@1L	20					
31	12월 02일	써코플렉스@50두(24)	3					
32	12월 05일	마이코플렉스@50두	3					
33	12월 11일	T.R(중앙)@5두	10					

(9행, 24행 에스론 주 → 발정 유도 호르몬제)

2) 심사결과의 처리

서류 심사 결과	처리 요령
모돈의 분만일이 일정한 간격일 때	자돈을 일시에 분만하기 위해 발정 동기화를 실시하였을 가능성이 높다. 발정 동기화를 위해 호르몬제를 사용하였을 가능성이 높다.
외부에서 입식을 할 경우	구입 시 개월령을 확인하여야 한다. 양돈을 판매한 농장이 유기축산인증을 받은 농장인지 확인한다.
일반 가축을 이유 직후 입식하였을 경우	입식 후 출하 시까지 최소 5개월 이상을 유기축산물인증기준에 따라 사육하는지 확인한다.

3.3.2.7. 전환기간

1) 심사요령

항목	심사요령	관련서류
최소 사육 기간	돼지는 입식 후 출하 시까지 최소 5개월 이상 유기축산인증 기준에 맞게 사육하였는지 확인한다. 전환기간의 시작일은 인증 신청일부터 시작된다.	- 경영일지 - 입식자료
기간 단축	신청일 이전의 경영관련 자료를 확인한 결과, 유기축산물 인증기준에 맞게 사육중인 것이 확인되면 최대 3개월을 전환기간으로 인정해줄 수 있다.	- 경영관련 자료
인증품 판매	입식자료와 출하자료를 확인하여 입식 이후에 전환기간을 충족한 뒤에 출하되었는지 확인한다.	- 입식내역서 - 출하내역서 및 도축증명서

2) 심사결과의 처리

서류 심사 결과	처리 요령
일반농가가 유기축산으로 2019년01월01일자로 전환을 하려고 할 경우	2019년01월01일이 전환기간 시작일이다.
2018년 10월01일부터 유기축산물 인증 기준에 맞게 사육중인 농가가 2019년01월01일자로 전환을 하려고 할 경우	전환기간의 2/3 범위인 3개월을 전환기간으로 인정할 수 있으므로 전환기간 만료일은 2019년 02월29일이다.

3.3.2.8. 사료 및 영양관리

제6장 3.1.2.9를 참조한다.

3.3.2.9. 동물복지 및 질병관리

제6장 3.1.2.10를 참조한다.

3.3.2.10. 운송·도축·가공과정의 품질관리

제6장 3.1.2.11를 참조한다.

3.3.2.11. 가축분뇨의 처리

제6장 3.1.2.12를 참조한다.

3.3.3. 현장심사

3.3.3.1. 신청내역

항목	심사요령	현장사진
사육장 면적	돈방의 면적을 실측하고, 각각 돈방의 사육두수를 확인한다.	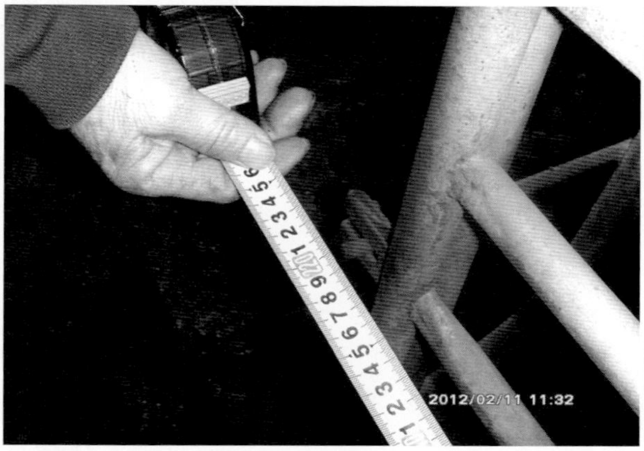
사육 규모	현장심사 시에 실제 사육현황을 확인한다.	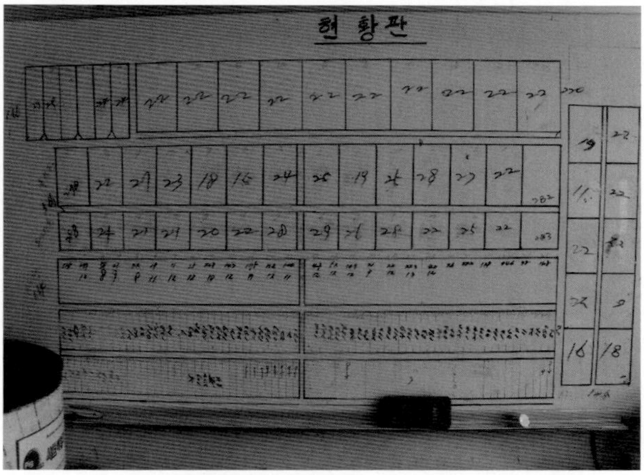
사육 시설	신청한 시설을 해당시설에 맞게 사용하고 있는지 확인한다.	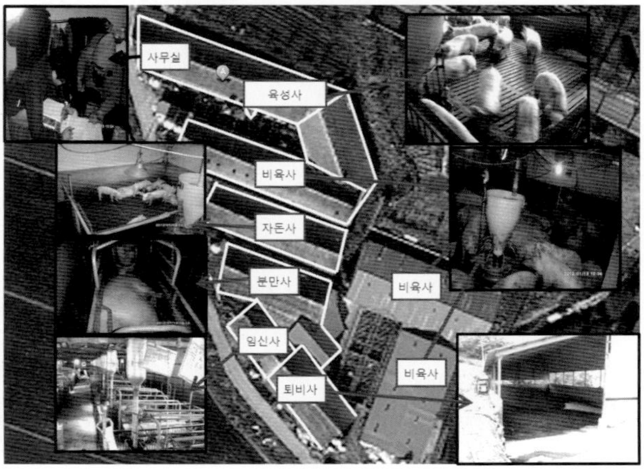

3.3.3.2. 사육장 및 사육조건

항목	심사요령	현장사진	
사료와 음수의 공급방법	급여통과 급수통의 위치를 확인한다.		
		급여통	급수통
단열시설 및 환기시설	현장 심사 시 축사내의 공기상태를 확인하고, 관련 시설(환풍기, 보온등 등)이 작동되는지 확인한다.		
		환풍기 외부 모습	보온등
소독방법	현장심사 시에 소독주기, 소독약제, 소독방법을 확인한다.		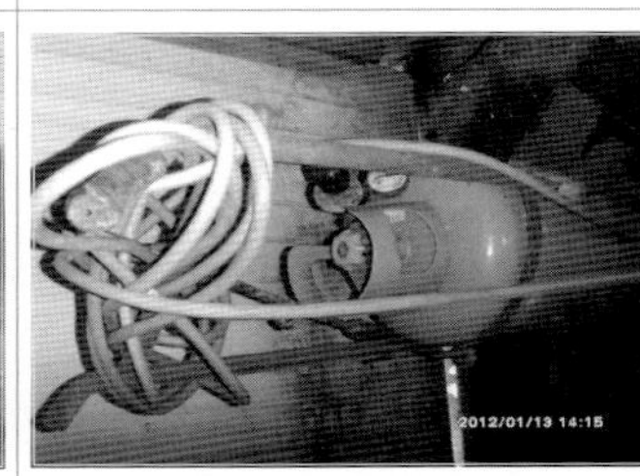
		차량 소독	화염을 이용한 축사 소독
축사바닥	바닥의 종류와 바닥의 건조 상태를 확인한다.		
방목지 또는 운동장	현장심사 시에 방목지 또는 운동장의 면적을 실측하고 가축의 접근이 용이한지 확인한다.		
		방목지 또는 운동장의 면적 실측	방목지 또는 운동장의 접근성

<table>
<tr><th>항목</th><th>심사요령</th><th colspan="2">현장사진</th></tr>
<tr><td rowspan="2">병행생산</td><td rowspan="2">가축사료가 안전하게 격리되는지 확인하고, 축사 입구에 인증 축사임을 알리는 표지판이 있는지 확인한다.</td><td></td><td></td></tr>
<tr><td>축사의 구분 관리(표지판 등)</td><td>사료의 구분 관리(표시사항 등)</td></tr>
</table>

3.3.3.3. 가축의 선택, 번식방법 및 입식

<table>
<tr><th>항목</th><th>심사요령</th><th colspan="2">현장사진</th></tr>
<tr><td rowspan="2">번식방법 및 입식</td><td rowspan="2">현장심사 시 인공수정표를 확인하고, 약품보관창고에 호르몬제가 있는지 확인한다. 웅돈을 보유하여 자연 발정을 유도하는지 확인한다.</td><td></td><td>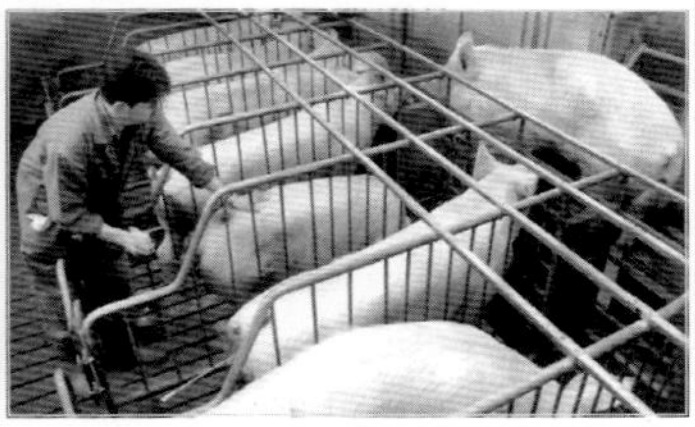</td></tr>
<tr><td>웅돈을 이용한 발정 유도</td><td>인공수정</td></tr>
</table>

3.3.3.4. 사료 및 영양관리

제6장 3.1.3.5를 참조한다.

3.3.3.5. 동물보지 및 질병관리

제6장 3.1.3.6를 참조한다.

3.3.3.6. 가축분뇨의 처리

<table>
<tr><th>항목</th><th>심사요령</th><th colspan="2">현장사진</th></tr>
<tr><td rowspan="2">가축 분뇨의 처리</td><td rowspan="2">현장심사 시에 퇴비의 부숙 여부, 퇴비야적 및 관리소홀, 외부배출 여부, 퇴비사에 돼지 사육 여부 등을 육안으로 확인한다. 퇴비를 처리하는 방법에 대하여 위탁</td><td></td><td></td></tr>
<tr><td colspan="2">고액 분리시설</td></tr>
</table>

<table>
<tr><th>항목</th><th>심사요령</th><th colspan="2">현장사진</th></tr>
<tr><td rowspan="3">가축
분뇨의
처리</td><td rowspan="3">여부를 확인한다. 직접 처리를 할 경우 어떠한 방법으로 실시하는지 확인한다.</td><td></td><td></td></tr>
<tr><td colspan="2">폭기 정화처리 시설</td></tr>
<tr><td>
<table>
<tr><td>허가번호
제 2011-10001 호</td><td colspan="6">가축분뇨배출시설설치허가증</td></tr>
<tr><td>상 호(명 칭)</td><td colspan="6">000 농장</td></tr>
<tr><td>성 명(대표자)</td><td colspan="6">홍길동</td></tr>
<tr><td>사업장 소재지</td><td colspan="6">광주 광역시 북구 용봉동 ***</td></tr>
<tr><td rowspan="10">허가사항</td><td colspan="6">오염물질 등을 배출하는 가축분뇨배출시설 및 축산폐수처리시설</td></tr>
<tr><td>배출시설명</td><td>규모(㎡)</td><td>수량</td><td>처리시설명</td><td>용량(㎥/일)</td><td>수량</td></tr>
<tr><td>돼지사육시설</td><td>308.28</td><td>1</td><td>저장조</td><td>437</td><td>1</td></tr>
<tr><td>돼지사육시설</td><td>351.88</td><td>1</td><td>저장조</td><td>70</td><td>1</td></tr>
<tr><td>돼지사육시설</td><td>355.68</td><td>1</td><td>발효시설</td><td>140</td><td>1</td></tr>
<tr><td>돼지사육시설</td><td>216.72</td><td>1</td><td>퇴적장</td><td>195</td><td>1</td></tr>
<tr><td>돼지사육시설</td><td>72.00</td><td>1</td><td>액비저장조</td><td>800</td><td>1</td></tr>
<tr><td>돼지사육시설</td><td>476.00</td><td>1</td><td></td><td></td><td></td></tr>
<tr><td>돼지사육시설</td><td>392.00</td><td>1</td><td></td><td></td><td></td></tr>
<tr><td>계</td><td>2172.56</td><td>7</td><td></td><td></td><td></td></tr>
</table></td><td>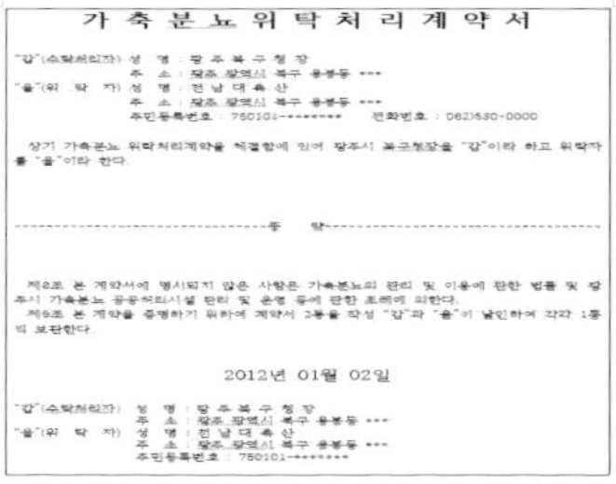
가 축 분 뇨 위 탁 처 리 계 약 서
"갑"(수탁처리자) 성 명 : 광 주 북 구 청 장
주 소 : 광주 광역시 북구 용봉동 ***
"을"(위 탁 자) 성 명 : 전 남 대 축 산
주 소 : 광주 광역시 북구 용봉동 ***
주민등록번호 : 750101-******* 전화번호 : 062)530-0000
상기 가축분뇨 위탁처리계약을 체결함에 있어 광주시 북구청장을 "갑"이라 하고 위탁자를 "을"이라 한다.
----------중 략----------
제8조 본 계약서에 명시되지 않은 사항은 가축분뇨의 관리 및 이용에 관한 법률 및 광주시 가축분뇨 공공처리시설 관리 및 운영 등에 관한 조례에 의한다.
제9조 본 계약을 증명하기 위하여 계약서 2통을 작성 "갑"과 "을"이 날인하여 각각 1통씩 보관한다
2012년 01월 02일
"갑"(수탁처리자) 성 명 : 광 주 북 구 청 장
주 소 : 광주 광역시 북구 용봉동 ***
"을"(위 탁 자) 성 명 : 전 남 대 축 산
주 소 : 광주 광역시 북구 용봉동 ***
주민등록번호 : 750101-*******</td></tr>
</table>

3.4. 가금류의 인증심사 예시

3.4.1. 가금류 사양 체계

3.4.2. 서류심사

3.4.2.1. 신청정보

제6장 3.1.2.1을 참조한다.

3.4.2.2. 신청내역

제6장 3.1.2.2를 참조한다.

3.4.2.3. 사육규모

1) 심사요령

항목	심사요령	관련서류
사육 두수	- 가금류는 자연교배를 통해 생산된 부화 직후의 초생추를 입식하는 경우가 많기 때문에 초생추를 공급한 후에 발급하는 초생추 계통보증서 또는 입추확인서를 제출 받아 확인하여야 한다. - 오리는 초생추(1일령)를 공급받아 약7주 동안 위탁 사육(1년 6~7회)을 하는 경우 위탁업체와의 계약서 등을 통하여 입식내역을 확인할 수 있다.	- 초생추 계통보증서 - 입추확인서 - 위탁업체와의 계약서
출하 계획량	- 출하내역서를 통하여 과거 1년 동안의 출하량을 비교하여 출하계획량이 적정한지 확인한다.	- 출하내역서

예) 입추 확인 자료

초생추 계통 보증서

제 2011-6-1호

계통명	이사브라운	분양자	홍길동 인
용도	산란계	세대	실용계
성별 및 수량	암 15800수 수 0수		
부화일자	2011년 12월 03일		
부화장소	명칭	전남대 부화장㈜	
	소재지	광주광역시 북구 용봉동 ***	
종란채취장소	명칭	전남대 종계장	
	소재지	전남대 부화장 직영 종계장	

오리 위탁 사육 계약서(육용)

전남대농장 (이하"갑"이라 칭함)과 위탁사육농가
홍길동 (이하"을"이라 칭함) 간에 다음과 같이
오리 위탁 사육 계약을 체결한다

제1조(목적)
본 계약은 오리 사육 농가의 안정된 소득을 보장하고 소비자에게
시장 가격의 우수하고....

------------------------종 략------------------------

제9조 (계약기간)

2011년 12월 23일

2) 심사결과의 처리

서류 심사 결과	처리요령
입식한 두수보다 출하 두수가 많을 경우	- 외부에서 비 인증품을 혼입하는지 확인한다.
전년도 출하량 보다 출하계획량이 많을 경우	- 산란계의 출하 적정 일령은 150일령(산란율 75% 이상)이고, 사육중인 산란계의 일령을 통하여 확인한다. - 오리는 초생추(1일령)를 공급받아 약6주 동안 위탁 사육(1년 6~7회)을 하는 경우 위탁업체와의 계약서 등을 통하여 출하내역을 확인할 수 있다. - 오리의 출하 적정 일령은 입식 후 40~44일령으로 한번 사육 시에 7주의 기간이 필요하다. - 예를 들어 1년에 오리를 최대한 사육(ALL INALL OUT 시스템) 가능한 횟수는 7회까지 이다.

3.4.2.4. 일반원칙 및 경영관리

제6장 3.1.2.4를 참조한다.

3.4.2.5. 사육장 및 사육조건

1) 심사요령

항목	심사요령	관련서류
축사의 밀도	- 성장단계별로 두수를 나눈 다음 가축분뇨배출시설허가증 또는 신고대상배출시설설치신고증, 건축물대장, 건축물 현황도 상에 나와 있는 사육시설의 면적을 확인한다. 확인한 두수와 면적으로 가축사육시설 단위면적당 적정 가축사육기준에 맞는지 확인한다. - 무항생제 산란계 심사 시에는 축사 전체 면적을 확인하는게 아니고, 실제 사육 중인 케이지의 면적을 확인하여 가축사육시설의 면적을 계산하여야 한다.	- 개체현황표 - 건축물대장 - 건축물현황도 - 가축분뇨배출시설허가증 또는 신고대상배출시설설치신고증 - 초생추 계통보증서 - 입추확인서 - 위탁업체와의 계약서
축사 소독	축사 소독 및 청소 기록에서 축사 소독 실시여부와 소독 주기를 확인하여 병원균으로부터 보호를 하는지 확인한다.	- 축사 소독 및 청소 일지
병행 생산	병행사육 시에 경영관련 자료를 각각 구분하여 기록·관리를 하고 있는지 확인한다.	- 일반축사의 경영관련 자료
인공광	자연일조시간을 포함하여 총 14기간을 넘었는지 확인한다.	- 인공광 사용 일지

예) 무항생제 산란계 및 무항생제 오리

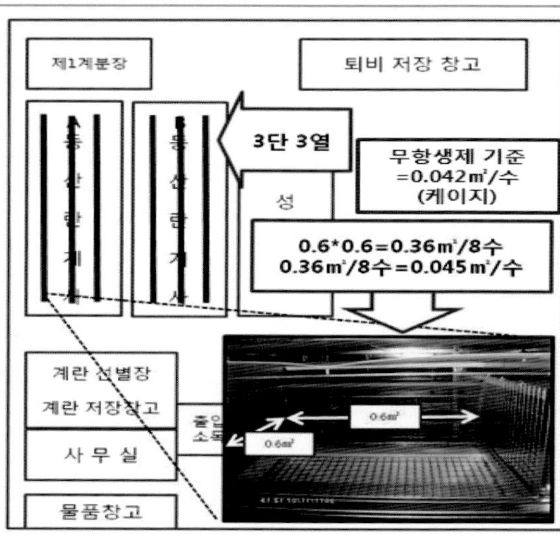

2) 심사결과의 처리

서류 심사 결과	처리요령
유기 오리를 성장단계별로 성오리(6주령 이상) 2,000수, 육성오리(3주령~6주령 미만) 2,000수, 새끼오리(3주령 미만) 2,000수를 사육 중일 때	산정방식이 성오리 1수 = 육성오리 2수 = 새끼오리 4수 이므로, 인증 신청농가는 (2,000+1,000+500)*0.3 = 1,050㎡의 면적을 확보하여야 한다.
1개의 케이지의 면적을 알 수 없을 때	현장심사 시에 실측을 한다.
병행생산이지만 경영관련 자료를 일괄적으로 기록·관리를 할 경우	개체 구별을 어떤 방법으로 하는지 확인한다. 예를 들어 입추한 날짜로 개체구별을 하거나, 위탁계약 업체별로 구별을 하는 경우가 있다.
전체 면적당 가축의 수는 적정하지만, 여러 동에서 나눠 생산되는 사육 두수가 다를 경우	현장 심사 시 신청한 축사에서 신청한 가축을 사육중인지 확인하고, 한 곳의 축사에 밀식이 의심될 경우에는 축사의 면적을 실측하고, 실제 사육두수를 확인한다.

3.4.2.6. 가축의 선택, 번식방법 및 입식

1) 심사요령

항목	심사요령	관련서류
외부입식	- 가금류의 경우는 우수 품종을 유지하고, 일시적으로 많은 양의 초생추가 필요함으로 일반 부화장으로부터 초생추를 구입하여 입식을 하고 있으므로 관련서류를 확인한다. - 가금류는 자연교배를 통해 생산된 부화 직후의 초생추를 입식하는 경우가 많기 때문에 초생추를 공급하는 것에 발급한 초생추 계통보증서 또는 입추확인서를 제출 받아 확인한다.	- 초생추 계통보증서 - 입추확인서
자연교배 및 인공수정	부화장으로부터 자연교배를 통하여 생산된 종란을 부화시킨 초생추임을 확인할 수 있는 자료를 받아 확인한다.	- 초생추 자연교배 확인서

예) 자연교배 확인자료

<table>
<tr><th colspan="4">초생추 자연교배 확인서</th></tr>
<tr><td colspan="4">자연교배로 생산된 종란을 부화시켰음을 확인합니다.</td></tr>
<tr><td>계통명</td><td>이사브라운</td><td>분양자</td><td>홍길동 인</td></tr>
<tr><td>용도</td><td>산란계</td><td>세대</td><td>실용계</td></tr>
<tr><td>성별 및 수량</td><td colspan="3">암 15800수
수 0수</td></tr>
<tr><td>부화일자</td><td colspan="3">2012년 01월 03일</td></tr>
<tr><td rowspan="2">부화장소</td><td>명칭</td><td colspan="2">전남대 부화장㈜</td></tr>
<tr><td>소재지</td><td colspan="2">광주광역시 북구 용봉동 ***</td></tr>
<tr><td rowspan="2">종란채취장소</td><td>명칭</td><td colspan="2">전남대 종계장</td></tr>
<tr><td>소재지</td><td colspan="2">전남대 부화장 직영 종계장</td></tr>
</table>

2) 심사결과의 처리

서류 심사 결과	처리 요령
외부에서 입식을 할 경우	알 생산을 위한 가금류는 육성축 및 성축 입식이 가능하다. 그 외에 가금류는 부화 직후의 초생추를 입식하였는지 확인한다.
일반 가축을 부화 직후 입식하였을 경우	입식 후 출하 시까지 최소 육계는 3주, 산란계는 3개월, 오리(식육)는 6주, 오리(알)은 3개월 이상을 유기축산물인증기준에 따라 사육하는지 확인한다.

3.4.2.7. 전환기간

1) 심사요령

항목	심사요령	관련서류
최소 사육기간	가금류는 입식 후 출하 시까지 최소 육계는 3주, 산란계는 3개월, 오리(식육)는 6주, 오리(알)은 3개월 이상 유기축산인증 기준에 맞게 사육하였는지 확인하여야 한다. 전환기간의 시작일은 인증 신청일 부터 시작된다.	- 경영일지 - 입식자료
인증품 판매	입식자료와 출하자료를 확인하여 입식 이후에 전환기간을 충족한 뒤에 출하되었는지 확인한다.	- 입식내역서 - 출하내역서

2) 심사결과의 처리

서류 심사 결과	처리 요령
일반농가(신규)가 유기축산으로 2019년01월01일자로 전환을 하려고 할 경우	2019년01월01일이 전환기간 시작일이다. 전환기간 만료일은 육계 2019년01월21일이고, 산란계와 오리(알) 2019년03월31일이고, 오리(식육) 2019년02월11일이다.
연장 신청한 농가의 경우	인증가축이 아닌 가축을 인증농장으로 입식하는 경우에 입식일로부터 전환기간을 준수하여 출하하는지 확인한다.

3.4.2.8. 사료 및 영양관리

제6장 3.1.2.9를 참조한다.

3.4.2.9. 동물복지 및 질병관리

제6장 31.2.10를 참조한다.

3.4.2.10. 운송·도축·가공과정의 품질관리

1) 심사요령

항목	심사요령	관련서류
살아있는 가축의 수송	- 우선 수송을 위탁하는지 확인한다. - 수송 시에 과적을 하는지와 다른 농장의 가금류를 같이 수송하는지를 확인한다.	- 수송일지 - 수송 위탁계약서
도축장 및 가공장	도압 및 도계 증명서를 통해 작업장을 확인하고, HACCP인증을 받았는지 확인한다.	- 도압 및 도계 증명서 - 도축장 및 가공장 HACCP인증서
인증표시	인증품에 대한 인증표시 여부를 확인하고, 표시사항과 포장재의 제작 및 사용량을 비교한다.	- 위탁·판매 계약서 - 거래명세표 및 송장 - 인증표시 샘플

2) 심사결과의 처리

서류 심사 결과	처리 요령
위탁계약으로 사육한 경우	규칙 별표 3호 제7호의 기준을 준수하는 취급자와 위탁계약을 맺었는지 확인한다.
개인적으로 판매할 경우	농가에서 직접 가공하는 경우를 제외하고는 HACCP 인증을 받은 도축장 및 가공장에 도축 및 가공을 하는지 확인한다.

3.4.2.11. 가축분뇨의 처리

제6장 3.1.2.12를 참조하여 다음과 같이 심사한다.

1) 심사요령

항목	심사요령	관련서류
가축분뇨 관리	가축분뇨배출시설허가증 또는 신고대상배출시설 설치신고증명서를 구비하였는지 확인한다.	- 가축분뇨배출시설허가증 또는 신고대상배출시설설치신고증 - 경영일지
가축분뇨 처리	- 경영일지 상의 처리양과 처리방법을 확인한다. - 퇴비를 처리하는 방법에 대하여 위탁여부를 확인하여야 한다. 직접 처리를 할 경우 어떠한 방법으로 실시하는지 확인하여야 한다.	- 경영일지 - 위탁처리계약서

2) 심사결과의 처리

서류 심사 결과	처리 요령
농장에 퇴비사를 구비하지 않는 농가의 경우	가금류는 농가들이 위탁처리에 대한 계약서를 작성하고, 분뇨처리를 함으로 농장에 퇴비사를 구비하지 않는 농가의 경우에는 필히 위탁처리 계약서를 확인한다.

3.4.3. 현장심사

3.4.3.1. 신청내역

항목	심사요령	현장사진	
사육장 면적	계사의 면적을 실측한다.		
사육 시설	신청한 시설을 해당시설에 맞게 사용하고 있는지 확인한다.		

3.4.3.2. 사육장 및 사육조건

항목	심사요령	현장사진	
사료와 음수의 공급 방법	벌크통에서 급여통까지의 연결 상태를 확인하고, 음수대(니뿔)에서 물이 잘 나오는지 확인한다. 사료배합기나 벌크통에 허용되지 않은 물질(동물용의약품 포함)을 혼입하는지 확인한다.	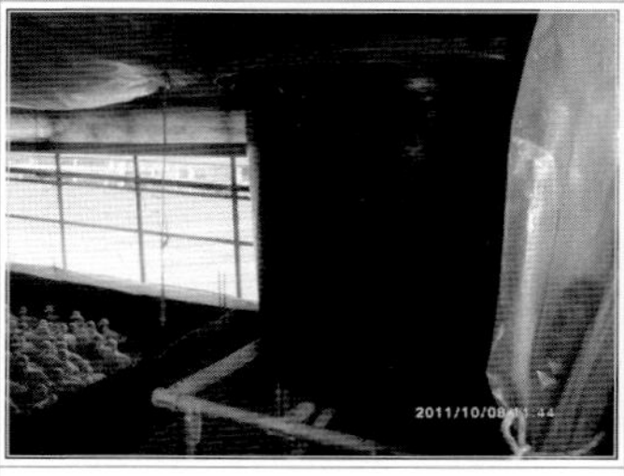	
		음수통	음수대(니뿔)

항목	심사요령	현장사진	
사료와 음수의 공급 방법	벌크통에서 급여통까지의 연결 상태를 확인하고, 음수대(니쁠)에서 물이 잘 나오는지 확인한다. 사료배합기나 벌크통에 허용되지 않은 물질(동물용의약품 포함)을 혼입하는지 확인한다.		
		사료배합기	사료 차량에서의 혼입

		사료 벌크통	사료 급이통
단열 시설 및 환기 시설	현장 심사 시 축사내의 공기상태를 확인하고, 관련 시설(환풍기, 온풍기 등)이 작동되는지 확인한다.		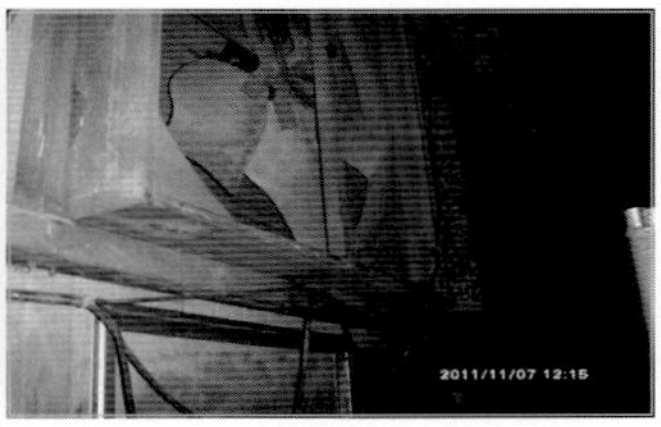
		온풍기	환풍기

		이동식 온풍기	환풍기 외부 모습
소독 방법	현장심사 시에 소독주기, 소독약제, 소독방법을 확인한다.		
		차량 소독기	개인 소독기

<table>
<tr><th>항목</th><th>심사요령</th><th colspan="2">현장사진</th></tr>
<tr><td rowspan="2">축사 바닥, 횃대, 산란 상자</td><td rowspan="2">깔짚이 깔아져 있는지 확인하고, 횃대의 크기 및 개수를 확인한다.
산란계의 경우는 산란상자가 있는지 확인한다.</td><td></td><td></td></tr>
<tr><td>횃대</td><td>산란상자</td></tr>
<tr><td rowspan="2">방목 조건</td><td rowspan="2">현장심사 시에 노천구역에 접근이 가능하도록 축사가 개방이 되는지 확인한다.</td><td></td><td></td></tr>
<tr><td colspan="2">노천구역에 방사한 모습</td></tr>
<tr><td>병행 생산</td><td colspan="3">가축사료가 안전하게 격리되는지 확인하고, 축사 입구에 인증 축사임을 알리는 표지판이 있는지 확인한다.</td></tr>
</table>

3.4.3.3. 가축의 선택, 번식방법 및 입식

<table>
<tr><th>항목</th><th>심사요령</th><th>현장사진</th></tr>
<tr><td>번식 방법 및 입식</td><td>산란계는 일반적으로 수탉 1수가 암탉 10수와 자연교배를 한다.</td><td></td></tr>
</table>

3.4.3.4. 사료 및 영양관리

제6장 3.1.3.5를 참조한다.

3.4.3.5. 동물보지 및 질병관리

제6장 3.1.3.6을 참조한다.

3.4.3.6. 가축분뇨의 처리

항목	심사요령	현장사진	
가축 분뇨의 처리	현장심사 시에 퇴비의 부숙 여부, 퇴비야적 및 관리소홀, 외부배출 여부, 퇴비사에 가축 사육 여부, 도태 가금류 처리 등을 육안으로 확인한다. 퇴비를 처리하는 방법에 대하여 위탁여부를 확인한다. 직접 처리를 할 경우 어떠한 방법으로 실시하는지 확인한다.		
		축분 고속 발효기를 이용한 분뇨처리	

		도태 오리 퇴비화 처리	퇴비를 걷어낸 후 축사 모습

4. 인증심사보고서 작성 예시

친환경축산물 인증심사보고서

1. 신청인

신청인 성명 :

면담대상자 성명 :

심사원 성명 :

심사 일자	서류심사 : 월 일 시 ~ 월 일 시 현장심사 : 월 일 시 ~ 월 일 시 총 심사 시간 : 시간
신청 구분	ㅁ 신규신청 ㅁ 인증갱신신청 ㅁ 인증품 유효기간 연장신청 ㅁ 인증변경승인신청
인증 구분	ㅁ 유기 축산물 ㅁ 무항생제 축산물

갱신 신청의 경우 과거 인증심사 과정에서 지적(요구)사항이 있는지

ㅁ 있음 ㅁ 없음

- 만약 지적(요구)사항이 있으면 아래 표에 따라 개선 사항을 나열 (칸이 부족할 경우 별지를 추가)

지적(요구)사항	개선사항

2. 신청내역

(1) 사육시설 내역

구분	소재지	지번	면적(㎡)	비고
사육장				
목초지				
사료포				
분뇨처리시설				
기타시설 등				

1) 신청한 사육시설의 면적을 확인할 수 있는 자료 제출 여부

ㅁ 제출 ㅁ 미제출

2) 신청한 사육시설의 건축물현황도와 사육시설의 일치 여부

ㅁ 일치 ㅁ 불일치

(2) 인증품 생산 내역

품목명	사육기간	출하기간	출하계획량		전년도 출하량	
			두(개)수	물량(kg)	두(개)수	물량(kg)

1) 출하계획량이 평균출하량과 비교하여 적정한지

□ 적정 □ 부 적정

- "부 적정"일 경우 그 내역을 기술하시오.

2) 신청한 품목(일반사육)의 사육경력 :　　　년

3) 과거 인증경력(인증번호) :

(3) 인증을 받으려는 품목 내역

품목명	사육규모(마리)			
	계	성축	육성축	자축

- 신청내역에 대하여 심사한 내용을 종합적으로 기재

3. 일반원칙 및 경영관리

(1) 최근 1년간 경영관련 자료를 제출하였는지 □ 제출 □ 미제출

(2) 경영관련 자료 작성 기간 :　　　년　월　일 ~　　년　월　일

(3) 경영관련 자료의 작성기간을 단축하거나 연장하는 사유에 해당되는 가축과 축사인지

□ 예 □ 아니오

- "예"일 경우 단축 및 연장 사유를 기술하시오.

(4) 경영관련 자료에 기록된 사항은?

1) 가축 입식 등 구입사항과 번식에 관한 사항을 기록한 자료

□ 일자별 가축 구입 마리수·번식 마릿수 □ 가축 연령 및 가축 인증 사항

2) 사료의 생산·구입 및 급여에 관한 사항을 기록한 자료

□ 사료명 □ 사료의 종류 □ 일자별 생산량·구입량·급여량 □ 사용가능한 사료임을 증명하는 서류

3) 예방 또는 치료목적의 질병관리에 관한 사항을 기록한 자료

□ 자재명 □ 일자별 사용량 □ 사용목적 □ 자재구매 영수증

4) 동물용의약품 구매·사용·보관에 관한 사항을 기록한 자료

□ 약품명 □ 일자별 구매·사용량·보관량 □ 구매영수증

5) 질병의 진단 및 처방에 관한 자료

□ 수의사 처방전

6) 퇴비·액비의 발생·처리 사항을 기록한 자료

□ 기간별 발생량 □ 처리량 □ 처리방법

7) 축산물의 생산량·출하량, 출하처별 거래 내용 및 도축·가공업체에 관하여 기록한 자료
□ 일자별 생산량 □ 일자별·출하처별 출하량 □ 일자별 도축·가공량 □ 도축·가공 업체명

(5) 최근 1년간의 동물용의약품 및 동물용의약외품의 구매, 사용, 보관 내역(일반가축 포함)이 있는지
□ 예 □ 아니오
- "예"일 경우 확인된 사실을 기술하시오

(6) 생산 출하실적
조사기간 : 년 월 일 ~ 년 월 일

품목명	인증구분	사육 규모 (두/수)	생산량 (두/수)	판매량 (두/수)	폐기량 (두/수)
	유기				
	무항생제				
	일반				

- 생산량과 판매량을 다루는 시스템에 관해 평가하고, 오염과 혼입의 가능성을 기재

(7) 초식가축(한·육우, 젖소, 양, 사슴)은 목초지에 접근이 가능여부를 확인하시오.
□ 가능 □ 불가능 □ 해당사항 없음
(8) 초식가축이 아닌 경우(돼지, 닭, 오리)는 노천구역에 방사의 가능여부를 확인하시오.
□ 가능 □ 불가능 □ 해당사항 없음
(9) 가축사육 두수는 농가에서의 유기사료 확보능력, 가축의 건강, 영양 균형 및 환경영향 등을 고려하여 적정한지 확인하시오.
□ 적정 □ 부 적정 □ 해당사항 없음
- "부 적정"한 경우 그 내역을 기술하시오.

(10) 가축의 생리적 요구에 의한 스트레스를 최소화하기 위한 사양관리체계를 가지고 있는지 확인하시오. □ 예 □ 아니오 □ 해당사항 없음
(11) 생산자 단체인 경우 아래 사항을 확인 하시오. □ 해당사항 없음
1) 소속농가에게 인증기준에 적합하게 작성된 생산지침서의 제공 여부 □ 적정 □ 부적정
2) 소속농가에게 최신의 인증기준과 인증농가 준수사항에 대한 교육여부 □ 적정 □ 부적정
3) 소속농가의 인증품 생산과정이 인증기준에 적합한지에 대한 예비심사 결과 □ 적정 □ 부적정
4) 국립농산물품질관리원장이 정하는 자격을 갖춘 생산관리자를 1명 이상 지정 여부 □ 적정 □ 부적정

- 일반원칙 및 경영관리에 대하여 심사한 내용을 종합적으로 기재하시오.

4. 사육장 및 사육조건

(1) 사육장
1) 사육장 및 사료작물 재배지가 중금속 등으로 오염되었거나, 주변에 금속광산, 폐기물 매립지 등 오염원이 있는지

□ 있음 (오염원이 있는 경우 그 내용을 기재)
□ 없음
- 오염원이 있는 경우 토양중금속 분석 결과를 기재
2) 사료는 접근이 용이 하는지 □ 용이 □ 용이하지 않음
3) 음수는 접근이 용이 하는지 □ 용이 □ 용이하지 않음
4) 공기순환, 온도·습도, 먼지 및 가스농도가 가축건강에 유해하지 아니한 수준 이내로 유지되는지
□ 유지 □ 유지하지 못함
5) 축사 내 단열시설 및 환기시설 갖추고 있는지 □ 예 □ 아니오
6) 사육중인 가축은 신선한 공기와 햇빛을 제공받고 있는지
□ 예 □ 아니오 □ 해당사항 없음
7) 사육단계별 축사밀도

사육단계	축사면적(㎡)	사육두수 (두수)	1두당 평균면적 (면적/두수)	1두당 최저면적 (면적/두수)

8) 축사 및 축사의 주변에 유기합성농약 또는 유기합성농약 성분이 함유된 동물용의약외품 등의 사용여부 □ 사용 □ 미사용

(2) 사육조건
1) 축사·농기계 및 기구 등을 청결하게 유지하고 소독을 하고 있는지 □ 예 □ 아니오
2) 축사바닥은 청결 및 건조한지 □ 예 □ 아니오
3) 충분한 휴식공간을 확보하고 있는지 □ 예 □ 아니오
4) 휴식공간에 건조 깔짚이 깔려있는지 □ 예 □ 아니오 □ 해당사항 없음
5) 번식돈 및 자돈을 케이지에서 사육하는지
□ 사육 □ 미 사육 □ 해당사항 없음
- 케이지에서 사육할 경우 사육기간을 기재

6) 가금류의 축사에 짚, 톱밥, 모래 또는 야초와 같은 깔짚을 채워주는지
□ 예 □ 아니오 □ 해당사항 없음
7) 산란계는 산란상자 및 횃대를 설치하였는지
□ 설치 □ 미 설치 □ 해당사항 없음
8) 산란계는 인공광을 사용하는지
□ 사용 □ 미 사용 □ 해당사항 없음
- 인공광을 사용하였다면 사용시간을 기재

(3) 방목조건
1) 포유동물의 방목지 또는 운동장에 접근이 가능한지
□ 예 □ 아니오 □ 해당사항 없음
2) 반추가축은 축사면적의 2배 이상의 방목지 또는 운동장을 확보하였는지
□ 예 □ 아니오 □ 해당사항 없음

3) 가금류는 케이지에서 사육하는지
□ 예 □ 아니오 □ 해당사항 없음
- 케이지에서 사육하지 않은 경우, 개방조건 및 노천구역 접근 가능여부 기재

4) 물오리류는 기후조건에 따라 시냇가나 연못 또는 호수에 접근이 가능한지
□ 가능 □ 불가능 □ 해당사항 없음

(4) 병행사육
1) 병행사육 가축 : □ 있음 □ 없음
2) 병행사육 가축 내역

가축	사육두수	동일 축사 내·외부	인증종류
		□ 내부 □ 외부	□ 일반 □ 유기 □ 무항생제
		□ 내부 □ 외부	□ 일반 □ 유기 □ 무항생제

3) 인증가축은 비유기 가축사료, 금지물질 저장, 사료공급·혼합 및 취급지역에서 안전하게 격리되었는지 □ 격리 □ 미 격리
4) 인증가축은 사료취급 및 약품투여 등을 비유기가축과 구분하여 기록·관리하고 보관하고 있는지 □ 구분 □ 미 구분
5) 사육장 입구 등 잘 보이는 곳에 유기(무항생제)축산물 사육장임을 알리는 표지판이 설치되어 있는지 □ 설치 □ 미설치
6) 인증가축과 일반가축의 생산부터 출하까지 구분관리 계획을 세우고 이를 이행하고 있는지 □ 이행 □ 불이행

- 사육장 및 사육조건에 대한 심사한 내용을 종합적으로 기재

5. 자급사료기반
(1) 목초지 또는 사료작물재배지 □ 해당사항 없음
1) 초식 가축의 경우 목초지 또는 사료작물재배지의 확보 여부
□ 확보 □ 미확보
- 확보한 경우 목초지 또는 사료작물재배지 면적을 기재

2) 목초지 또는 사료작물재배지의 인증내역

소재지	지번	면적(㎡)	인증내역		
			인증번호	인증종류	최초인증일

3) 목초지 또는 사료작물재배지가 비 인증의 경우에만 최근 1년간 투입된 모든 농자재의 사용내역을 기재

사용일자	사용자재명	사용장소	사용량	자재종류

4) 멸강충 등 긴급 병해충 발생여부

□ 발생 □ 미발생

- 발생 시 방제방법 및 방제 후 처리방법을 기재

(2) 외부에서 유기적으로 생산된 조사료를 구입하는지 □ 해당사항 없음

□ 구입 □ 미구입

- 구입한 경우 구입량 및 급여량을 기재

(3) 가축분뇨 퇴·액비를 사용하는지 □ 사용 □ 미사용 □ 해당사항 없음

- 사용하는 경우 부숙 여부 및 사용량을 기재

(4) 자연 상태에서 자생하는 사료작물을 사용하는지 □ 해당사항 없음

□ 사용 □ 미사용

- 사용하는 경우 유기농산물 허용 자재 외의 자재를 3년 이상 사용되지 아니한 것을 확인

- 자급사료기반에 대하여 심사한 내용을 종합적으로 기재

6. 가축의 선택, 번식방법 및 입식

(1) 사육중인 가축의 선택방법(복수선택)

□ 지역조건에 적합 □ 건강상 문제점이 없을 것 □ 품종별 특성을 유지

□ 내병성이 있을 것 □ 기타( )

(2) 번식방법

□ 자연교배 □ 인공수정 □ 수정란이식기법 □ 번식호르몬 처리

□ 유전공학을 이용한 번식기법 □ 기타( )

(3) 입식방법

□ 자가 입식(인증 받은 축사) □ 자가 입식(인증 받지 않은 축사)

□ 외부 입식(인증 받은 축사) □ 외부 입식(인증 받지 않은 축사)

- 인증 받지 않은 축사에서 입식한 경우에는 입식시기 및 입식의 적정성을 기재

(4) 개체별 식별방법(ID 시스템)

□ 이표 □ 사진 □ 식별밴드 □ 상표 □ ID 및 이름을 새긴 목줄 □ 문신 □ 마이크로 칩

□ 자동 무선 장치 □ 그룹별 지정(예 축사 단위로 지정) □ 기타( )

- 그룹별로 지정할 경우(예를 들어 가금류 무리), 어떻게 각각의 가축에 ID시스템을 적용하는지 기재

- 가축의 선택, 번식방법 및 입식에 대하여 심사한 내용을 종합적으로 기재

7. 전환기간

(1) 현재 사육하고 있는 가축의 인증 전환기간을 기재[다수일 경우 별지 첨부]

개체식별번호	전환기간 시작일	출하(예정)일	인증 사육기간

(2) 신청품목의 전환기간 단축사유

□ 객관적인 자료를 통해 유기/무항생제 인증기준에 맞게 사육한 내역을 확인한 경우

□ 사육여건이 잘 갖추어지고 유기사료의 급여가 100% 가능한 경우

□ 해당사항 없음

- 단축 사유를 기재하고 증빙자료 첨부

(3) 전환기간의 시작일을 기록·관리하는 사육형태는

□ 가축 개체별 □ 개체군별 □ 축사별 □ 기타( )

(4) 전환기간이 충족되지 아니한 가축을 인증품으로 판매한 적이 있는지

□ 있음 □ 없음

- 전환기간에 대하여 심사한 내용을 종합적으로 기재

8. 사료 및 영양관리

(1) 급여중인 사료의 종류 및 인증기준에 맞는지 확인한 자료

종류 (사료첨가제, 보조사료, 조사료 포함)	출처	해당 사료가 인증기준에 적합한지?	인증기준에 맞는지 확인한 객관적인 자료
		□ 적합 □ 부적합	
		□ 적합 □ 부적합	

(2) 급여중인 사료의 구입 및 생산 내역

조사기간 : 년 월 일 ~ 년 월 일

	합계	배합사료	조사료	TMR	남은음식물 사료	기타
구입량						
생산량						
재고량						

(3) 반추가축에게 사일리지만 급여하는지

□ 예 □ 아니오 □ 해당사항 없음

(4) 급여 중인 사료에 GMO농산물에서 유래한 성분을 포함하는지

□ 포함 □ 미포함 □ 해당사항 없음

(5) 유기배합사료 제조용 단미사료 및 보조사료를 사용하였는지

□ 사용 □ 미사용 □ 해당사항 없음

- 사용하는 경우 규칙 별표 1 제1호 나목의 물질만을 사용하였는지 확인

(6) 급여중인 사료에 첨가 여부 확인

1) 가축의 대사기능 촉진을 위한 **합성화합물**을 첨가하였는지

ㅁ 첨가 ㅁ 미첨가 ㅁ 해당사항 없음

2) 반추가축에게 **포유동물에서 유래한 사료**(우유 및 유제품을 제외)를 첨가하였는지

ㅁ 첨가 ㅁ 미첨가 ㅁ 해당사항 없음

3) **합성질소 또는 비단백태질소화합물을 첨가하였는지**

ㅁ 첨가 ㅁ 미첨가 ㅁ 해당사항 없음

4) **항생제·합성항균제·성장촉진제, 구충제, 항콕시듐제 및 호르몬제**를 첨가하였는지

ㅁ 첨가 ㅁ 미첨가 ㅁ 해당사항 없음

5) 그 밖에 **인위적인 합성 및 유전자조작에 의해 제조·변형된 물질**을 첨가하였는지

ㅁ 첨가 ㅁ 미첨가 ㅁ 해당사항 없음

(7) 가축에게 합성착색제를 급여하는지

ㅁ 예 ㅁ 아니오 ㅁ 해당사항 없음

(8) 사육단계별 사료 급여내역

사육단계	급여량(기준 :)	
	배합사료	조사료

(9) 급여중인 음수가「지하수의 수질보전 등에 관한 규칙」제11조에 따른 생활용수 수질기준에 적합한지 ㅁ 적합 ㅁ 부적합

- 최근 5년 이내에 실시한 음수에 대한 검정결과를 기재

- 사료 및 영양관리에 대하여 심사한 내용을 종합적으로 기재

9. 동물복지 및 질병관리

(1) 가축의 질병에 대한 예방방법(항목별 답변)

ㅁ 가축의 품종과 계통의 적절한 선택 ㅁ 질병발생 및 확산방지를 위한 사육장 위생관리

ㅁ 생균제(효소제 포함), 비타민 및 무기물 급여를 통한 면역기능 증진

ㅁ 지역적으로 발생되는 질병이나 기생충에 저항력이 있는 종/품종의 선택

(2) 질병관리를 위하여 사용한 자재(예방백신, 구충제, 비타민 및 무기물, 약초 및 천연물질 등)

자재명	성분명	개체번호	사용한 이유	사용한 자재가 적합한가?
				ㅁ 적합 ㅁ 부적합
				ㅁ 적합 ㅁ 부적합

(3) 질병관리를 위하여 사용한 동물용의약품(성장촉진제, 호르몬제 포함)

약품명	휴약기간	개체번호	사용한 이유	수의사 처방전 또는 이에 준하는 문서가 있는지?
				ㅁ 있음 ㅁ 없음
				ㅁ 있음 ㅁ 없음

(4) 동물용의약품을 사용한 가축(구충제를 사용한 가축을 포함한다.)중에 해당 약품의 휴약 기간의 2배가 지나지 아니한 가축을 인증품으로 판매한 적이 있는지 ㅁ 있음 ㅁ 없음

(5) 축산물에 물리적 변형(거세, 뿔 자르기 등)을 수행하고 있는지 ㅁ 있음 ㅁ 없음

- 있다면 방법 및 시기를 기재

- 동물복지 및 질병관리에 대하여 심사한 내용을 종합적으로 기재

10. 운송·도축·가공과정의 품질관리

(1) 유기(무항생제)축산물의 수송, 도축 가공과정의 품질관리를 위해 인증을 받지 않은 축산물이 혼입되지 않도록 하는 구분관리 방법의 적정성

ㅁ 적정 ㅁ 부적정

(2) 수송방법

1) 살아있는 가축의 수송 시에 전기 자극이나 대증요법의 안정제를 사용한 적이 있는지

ㅁ 있음 ㅁ 없음 ㅁ 해당사항 없음

2) 살아있는 가축의 수송방법은 적정한지

ㅁ 적정 ㅁ 부적정 ㅁ 해당사항 없음

(3) 최근 1년간 출하한 가축의 도축 및 가공내역(가축을 도축·가공하는 경우)이 있는지

ㅁ 예 ㅁ 아니오 ㅁ 해당사항 없음

- "예"일 경우 확인된 사실을 기술하시오.

(4) 최근 1년간 출하한 원유의 집유 및 가공내역(가공하는 경우)이 있는지

ㅁ 예 ㅁ 아니오 ㅁ 해당사항 없음

- "예"일 경우 확인된 사실을 기술하시오.

- 유기적 방법으로 생산된 원유는 별도 구분하여 집유 및 가공처리를 하는지 확인

(5) 유제품 및 알류 등의 생산

1) 유제품 설비에 대한 세척 절차 및 오염 방지 방법이 적정한지

ㅁ 적정 ㅁ 부적정 ㅁ 해당사항 없음

- 세척방법 및 오염 방지 방법을 기재

2) 일반 또는 인증종류가 다른 우유를 병행 생산하는지

ㅁ 생산 ㅁ 미 생산 ㅁ 해당사항 없음

- 생산하면 일반우유와 유기(무항생제) 우유가 혼합되지 않도록 어떠한 절차가 있는지 기재

3) 알류의 경우 세척을 포함한 집란기술, 세척물질, 껍질 코팅, 포장, 운송방법이 적정한지

ㅁ 적정 ㅁ 부적정 ㅁ 해당사항 없음

- 집란기술, 세척물질, 껍질 코팅, 포장, 운송방법을 기재

(6) 인증품으로 출하한 적이 있는지 ㅁ 있음 ㅁ 없음
- 최초 인증품으로 출하하는 축산물에 대한 유해물질 잔류분석 결과를 기재

- 인증 표시사항을 기재

- 포장재의 제작 및 사용량을 기재

(7) 인증품의 포장재는 「식품위생법」의 관련 규정 및 인증기준에 적합한지
ㅁ 적합 ㅁ 부적합 ㅁ 기타(자세히 기술)

(8) 유통 시 발생할 수 있는 인증품의 변성이나 부패방지를 위하여 사용한 자재가 있는지
ㅁ 있음 ㅁ 없음 ㅁ 기타(자세히 기술)

- 운송·도축·가공과정의 품질관리에 대하여 심사한 내용을 종합적으로 기재

11. 가축분뇨의 처리

(1) 최근 1년간의 가축분뇨 처리내역

가축분뇨의 처리일	가축분뇨 처리량	가축분뇨 처리방법	관련 업체명/연락처

(2) 운동장 등에서 가축분뇨가 외부로 배출되는 경우가 있는지
ㅁ 있음 ㅁ 없음
(3) 「가축분뇨의 관리 및 이용에 관한 법률 시행규칙」에 따른 신고 또는 허가내역이 기재된 서류가 있는지 ㅁ 있음 ㅁ 없음
- 확인 가능한 증빙서류를 첨부
(4) 가축분뇨 퇴·액비를 표면수 오염을 일으키는 수준으로 사용한 적이 있는지
ㅁ 있음 ㅁ 없음
(5) 가축분뇨 퇴·액비를 장마철에 사용한 적이 있는지
ㅁ 있음 ㅁ 없음

- 가축분뇨의 처리에 대하여 심사한 내용을 종합적으로 기재

12. 요약

상기 1-11항까지의 심사 결과를 쟁점사항 위주로 간단히 기술

인증심사 결과 보고일자 : 20 년 월 일

이 보고서에 포함된 정보는 심사원(심사팀), 인증기관, 국립농산물품질관리원의 비밀로 유지됩니다. 이 보고서는 인증의 컨설팅 혹은 선전의 목적으로 이용되지 않습니다. 모든 관찰 및 조사 내용은 친환경농어업 육성 및 유기식품 등의 관리·지원에 관한 법률에 기초를 둡니다. 아래 서명함으로써,

위에 지적된 모든 농장 운영에 대하여 인증 신청자와 이해 관계가 상충되지 않음을 확인하며, 인증심사가 친환경농어업 육성 및 유기식품 등의 관리·지원에 관한 법률에 따른 인증절차에 의해 심사가 진행되었음을 확인합니다. 최종 면접과 증빙 자료 등 모든 자료를 첨부합니다.

첨부물 리스트

첨부 번호	서류명	비고
1	최종면담	
2		
3		

심사원 성명 : 서명 : 일시 : 년 월 일
심사원 성명 : 서명 : 일시 : 년 월 일

첨부 1 최종면담

면담대상자
성명 : 서명 : 일자 :

심사원
성명 : 서명 : 일자 :
성명 : 서명 : 일자 :

첨부 2 파일 참조

첨부 3 파일 참조

제7장

취급자 인증심사 방법

1. 취급자 인증의 개요
2. 취급자 인증심사 요령
3. 품목별 인증심사의 예시
4. 인증심사보고서 작성 예시

1. 취급자 인증의 개요

취급자란 농산물, 식품, 비식용가공품 또는 농어업용자재를 저장, 포장(소분, 재포장, 단순처리 후 포장 포함), 운송, 수입 또는 판매하는 활동을 하는 자를 말한다. 인증품을 포장하지 않고 판매하거나 판매장에서 소비자가 직접 원하는 수량만큼을 덜어서 구매하는 경우, 식품첨가물을 가하거나 분쇄하는 등 가공하는 경우는 취급자 인증대상에 해당되지 않는다.

2. 취급자 인증심사 요령

2.1. 생산계획서(OSP: Organic System Plan)의 검토

생산계획서는 인증신청자가 빈칸 없이 작성하여야 하며 해당사항이 없을 경우 해당사항 없음이라고 표기하도록 한다. 심사원은 작성된 생산계획서를 다음과 같은 요령으로 검토한다.

인증품 제조·가공 및 취급계획서

1. 신청인

가. 신청인 정보

살펴보기

- 신청인의 기본정보를 확인하여 신청서의 내용과 일치하는지 확인한다.

1) 성명		2) 연락처(전화번호)	
3) 생년월일 또는 사업자등록번호			
4) 주소			
5) 인증신청단위	□ 법인(법인명 :) □ 개인		

나. 신청 내용

살펴보기

- 신청 및 인증의 종류를 확인한다.

1) 신청종류	□ 신규 신청 □ 인증갱신 신청 □ 인증품 유효기간 연장신청
2) 인증종류	□ 취급자 □ 유기가공식품 □ 유기사료 □ 애완용동물 유기사료

* 인증품 유효기간연장 신청은 해당되는 항목만 기재합니다.

2. 신청내역

가. 인증을 받으려는 제조·가공 및 취급작업장 시설을 모두 기재하여 주십시오.

살펴보기

- 기록된 작업장의 소재지, 지번, 면적을 확인하고, 지번 및 면적은 건축물대장과 일치여부를 확인한다.
- 작업장이 최근 1년간 인증기준 위반으로 인증취소처분을 받은 곳인지 확인한다.

구 분	작업장 시설			비 고
	소재지	지번	면적(㎡)	

나. 인증을 받으려는 제조·가공 및 취급 품목내역을 모두 기재하여 주십시오.

살펴보기

- 인증받으려는 품목별 취급계획량, 취급농산물 산지, 전년도 생산량을 확인한다.

품목명	제조·가공 및 취급 계획량(kg)	제조·가공 및 취급 농산물 산지	전년도 생산량(kg)

3. 제조·가공 및 취급 공정

가. 인증을 받으려는 제조·가공 및 취급 공정을 기재하여 주십시오.

살펴보기

- 취급 공정 중 금지물질의 사용 여부 및 사용가능성이 있는지 확인한다.

4. 경영 관리

가. 최근 1년간의 경영관련 자료를 제출하여 주십시오.

살펴보기

- 신청일로부터 과거의 기록 및 문서를 확인한다.

□ 제출 □ 미제출

나. 입·출고내역을 관리하기 위한 모든 자료의 명칭과 기록 방법을 기재하여 주십시오.

살펴보기

- 입·출고 내역에 대한 기록을 유지하고 있는지 확인한다.

자료명칭	기록하는 내용	기록방법	기록물 관리자
		□ 수기록 □ 전산	

5. 작업기록 및 이력관리

가. 입고(入庫)한 농산물의 인증품인지 여부를 확인하는 방법과 로트번호 부여 등 입고한 농산물의 관리방법을 기재하여 주십시오.

살펴보기

- 로트번호 체계를 확인하여, 이력추적이 가능한지를 확인한다.

나. 최근 1년간의 제조·가공 및 취급에 사용된 농산물(일반농산물을 포함한다)의 입고 내역을 모두 기재하여 주십시오.

살펴보기

- 인증번호를 확인하고, 입출고 물량을 대조하여 출고량이 입고량을 초과할 가능성이 있는지 파악하고, 현장심사 시 실제 입출고량을 대조하여 확인한다.

입고일자	품목	물량	구매처명	구매처 주소	인증번호	관리번호

* 비인증품의 경우 인증번호란에 비인증으로 표시합니다.

다. 최근 1년간의 취급한 농산물 또는 제조·가공한 가공식품의 출고(出庫) 내역(일반농산물과 일반가공식품을 포함한다)을 모두 기재하여 주십시오.

출고일자	품목	물량	판매처명	판매처 주소	인증품 여부	관리번호

라. 제조·가공 및 취급하는 농산물 및 가공식품의 현 재고내역(일반농산물과 일반가공식품을 포함한다)을 모두 기재하여 주십시오.

살펴보기

- 취급하는 농산물의 인증품여부(인증번호) 확인하고, 현장심사 시 재고량과 보관상태, 로트번호 등을 확인한다.

품목	재고량	보관장소	인증번호	관리번호

마. 인증을 받으려는 가공식품에 사용한 식품첨가물, 가공보조제의 내역을 모두 기재하여 주십시오. (유기가공식품에 한함)

물질명	구분	허용물질 여부	사용량	사용일자	사용목적
	□ 식품첨가물 □ 가공보조제	□ 허용물질 □ 허용물질 아님			

구매처명	구매처 주소	구매량	재고량	보관장소

바. 제품별 유기원료 비율을 기재하여 주십시오.(유기가공식품에 한함)

제품명	유기원료 중량(I_o)	비유기 원료의 중량(I_c)	비유기 식품첨가물의 중량(I_a)	물과 소금의 중량(WS)	제품중량 (G)	유기원료 비율

* 계산식은 아래와 같습니다.

$$\frac{I_o}{G-WS} = \frac{I_o}{I_o+I_c+I_a} \geq 0.95$$

6. 해충 및 병원균 관리

가. 해충 및 병원균관리 방법을 기재하여 주십시오.

나. 세척 및 소독과 해충 및 병원균 관리를 위해 사용된 물질을 모두 기재하여 주십시오.

살펴보기

- 취급과정에서 사용하는 자재가 허용된 자재(공시자재이거나 시행규칙 별표 1 물질)인지 확인한다.

자재명	사용시기	사용장소	사용한 양	사용할 양	사용목적	증빙자료
						□ 공시 또는 품질인증자재 (등록번호 :) □ 별도제출

7. 생산물의 품질관리

가. 제조·가공 및 취급 과정에서 방사선을 사용하는 경우 사용하는 자재의 내역을 모두 기재하여 주십시오.

□ 방사선 사용(사용목적 :) □ 방사선을 사용하지 않음

나. (수입농산물에 한함) 수입과정에서 훈증 처리를 한 경우 조치계획을 기재하여 주십시오.

살펴보기

- 수입농산물의 경우에만 확인 필요.

다. 인증종류가 다른 농산물 또는 비인증농산물 및 가공식품을 취급하는 경우 저장, 작업, 포장, 가공 등의 과정에서 인증종류가 다른 농산물 또는 비인증농산물 및 가공품의 구분관리 계획을 기재하여 주십시오.

살펴보기

- 일반농산물 또는 인증종류가 다른 농산물과 병행 생산 시 저장, 작업, 포장, 수송 등 단계에서 인증품과의 구분 관리 방법을 확인하고, 인증품에 사용하는 자재와 일반농산물에 사용하는 자재의 구분 보관 계획에 대해 확인하여 혼입 가능성은 없는지 여부를 확인한다.
- 현장심사 시 일반농산물 또는 인증종류가 다른 농산물과의 구분관리 계획대로 실행하고 있는지를 확인한다.

□ 비인증품 취급 □ 비인증품을 취급하지 않음

□ 인증종류가 다른 농산물 취급 □ 인증종류가 다른 농산물을 취급하지 않음

구분이 필요한 품목	
저장단계	
작업단계	
포장단계	
기타단계	

라. (취급자에 한함)인증종류가 다른 농산물을 혼합한 경우 포장재 표시 계획을 기재하여 주십시오.

살펴보기

- 인증종류가 다른 농산물을 혼합한 경우 낮은 단계의 인증표시를 할 계획인지를 확인하고, 현장심사 시 인증표시계획대로 실행하고 있는지 여부를 확인한다.

마. 제조·가공 또는 취급과정의 일부를 위탁하는 경우 다음 사항을 기재하고 관련 계약서를 제출하여 주십시오.

살펴보기

- 취급과정의 일부를 다른 사업자에게 위탁하는 경우 심사시 위탁한 취급과정이 인증기준에 적합한지 확인한다.

수탁자	위탁내용	연락처	위탁작업장	취급자 인증여부
				□ 인증(인증번호 :) □ 비인증
<계약서 제출> □ 계약서 제출 □ 계약서 미제출(그 사유를 기재하여 주십시오.)				

바. 작업장의 영업 허가·등록·신고사항을 기재하고 관련 증빙자료를 제출하여 주십시오.

살펴보기

- 업종별 관련 법에 따라 영업 허가·등록·신고 되었는지 확인한다.

농산물 작업장	□ 식품제조업 등록 □ 식품소분판매업 등록 □ 농산물우수관리시설 등록 □ 기타 등록사항( )
축산물 작업장	□ HACCP 적용 작업장 지정 □ HACCP 적용 작업장 비지정 □ 기타 등록사항( )
유기가공식품 작업장	□ HACCP 적용 작업장 지정 □ HACCP 적용 작업장 비지정 □ 식품제조가공업 영업등록 □ 식품제조보고서

8. 신청인 확인 사항

가. 인증품 생산계획서를 작성한 사람은 누구입니까?

□ 신청인( )이 직접 작성함

□ 신청인의 요청에 따라 아래 대리인이 작성하였으며, 신청인( )이 확인함

성 명	생년월일 (사업자등록번호)	주소	연락처	소 속

나. 인증신청인은 아래 주의사항을 반드시 확인하고 서명하여 주시기 바랍니다.

> 신청인 주의사항
>
> 위에 작성된 내역은 사실 그대로 작성된 것이며, 만일 사실과 다른 내용이 있는 경우에는 「친환경농어업 육성 및 유기식품 등의 관리·지원에 관한 법률」 제24조에 따른 인증취소 및 같은 법 제60조에 따른 벌칙 처분(3년 이하의 징역 또는 3천만원 이하의 벌금)에 이의 없음을 확인하고 이에 서명합니다.

20 년 월 일

신청인 : (서명 또는 인)

2.2. 경영관리

1) 경영관련자료

<table>
<tr><th rowspan="2">항목</th><th colspan="2">구비요건</th><th rowspan="2">관련서류</th></tr>
<tr><th>규칙 [별표 3]</th><th>고시 [별표 1]</th></tr>
<tr><td>경영
관리</td><td>1) 별표 4에 따른 경영 관련 자료를 기록·보관하고, 국립농산물품질관리원장 또는 인증기관의 장이 열람을 요구할 때에는 이에 응할 것

[별표 4] 경영관련자료
경영 관련 자료에 기재할 사항은 다음과 같다.
2. 제조·가공 및 취급자
1) 원료로 사용한 농축산물·가공식품의 입고·사용·보관에 관한 사항을 기록한 자료 : 원료명, 일자별 입고량·사용량·보관량, 공급자 증명서
2) 제조·가공 및 취급에 사용된 식품첨가물 및 가공보조재 사용 내용을 기록한 자료 : 자재명, 일자별 사용량, 사용목적, 사용가능한 물질임을 증명하는 서류
3) 인증품의 생산 및 출하처별 판매량 : 품목명, 일자별 생산량, 일자별·거래처별 판매량
4) 인증품의 취급(저장, 포장, 운송, 수입 또는 판매) 과정에 대한 자료
5) 가목에서 라목까지의 자료의 기록기간은 최근 1년간으로 함</td><td>1) 경영관련 자료의 기록기간은 규칙 별표 4 제2호마목에 따라 최근 1년 이상으로 하되, 신설된 사업장으로 농축산물·가공품의 취급기간이 1년 미만인 경우에는 인증심사가 가능한 범위 내에서 기록기간을 단축할 수 있다.
3) 규칙 및 이 고시에서 정한 재포장과정(취급자)의 인증기준을 준수하였음을 증명할 수 있는 자료를 구비하고, 국립농산물품질관리원장 또는 인증기관이 요구하는 때에는 이를 제공하여야 한다.
4) 최근 2년 이내에 제19조에 따른 교육기관에서 3시간 이상(갱신 신청의 경우 2시간 이상) 친환경농업에 대한 교육을 받아야 한다.</td><td>- 작업일지(생산일지)
- 원료 및 취급품의 입출고 기록장(수불부)
- 영수증 또는 거래명세표(구입,판매)
- 계약서(구입, 판매)
- 품목제조보고서 및 생산실적 보고 자료
- (수입자의 경우)수입신고필증, 동식물검역증, 상업송장(INVOICE), 선하증권(B/L) 등</td></tr>
<tr><td colspan="4"><심사요령>
- 인증신청일 기준으로 최근 1년 이상의 경영관련자료가 제출되었는지 기록기간을 확인한다.
- 제출된 경영관련자료의 기록기간이 1년 미만인 경우 그 사유를 확인하고 해당 사유가 기록기간의 단축사유에 해당하는 확인한다.
- 경영관련 자료(전산 또는 수기)의 지속적인 기록·보관여부를 확인한다.
- 경영관련자료를 전산 관리하는 경우 전산시스템 관리방법을 확인한다.
- 기록해야 할 내용이 모두 포함되어 있는지를 확인한다.
- 기록한 자료의 내용과 제출한 자료(영수증, 거래내역 등 포함)가 적정한지 확인한다.</td></tr>
</table>

<table>
<tr><th rowspan="2">항목</th><th colspan="2">구비요건</th><th rowspan="2">관련서류</th></tr>
<tr><th>규칙 [별표 3]</th><th>고시 [별표 1]</th></tr>
<tr><td colspan="4">- 취급과정 등을 기록한 자료가 인증심사 시 인증기준 적합 여부를 평가하는 데 필요하면 제출받아 확인한다.
- 신청인이 직접 제출한 서류 외 인증기관에서 요구한 서류의 종류를 확인하고, 요구한 서류가 인증기관에 제출되었는지 확인한다.
- (수입자의 경우) 신청품목의 수입과 관련된 규정에 따른 관리서류를 확인하고, 수입통관실적을 기준으로 추적감사가 가능하도록 서류가 작성되고 관리되는지 확인한다.
- (수입자의 경우) 신청 서류의 기록기간에 있어 수입량은 통관건별(로트번호별)로 구분되고, 판매량은 로트번호별로 판매처가 구분되어 기록되어있는지 확인한다. 농산물의 수입량 및 판매량에 관한 자료와 수입신고확인증 등 농산물 수입관련 증빙자료를 확인한다.</td></tr>
</table>

2) 대조감사

<table>
<tr><th rowspan="2">항목</th><th colspan="2">구비요건</th><th rowspan="2">관련서류</th></tr>
<tr><th>규칙 [별표 3]</th><th>고시 [별표 1]</th></tr>
<tr><td>경영
관리</td><td></td><td>2) 작업기록을 통해 입고량, 재고량, 출하량에 대한 확인이 가능하여야 한다.
(기초재고량+입고량=기말재고량+출고량)</td><td>- 농축산물 입출고 기록장(재고량 포함)
- 작업일지(생산일지)</td></tr>
<tr><td colspan="4"><심사요령>
- 입출고 기록장 및 작업일지 등을 통해 입고량과 출하량을 대조 확인하여 재고량을 확인(현재고량=입고량-출하량-폐기량)하고, 현장심사 시 서류상 재고와 실재고량이 일치하는지의 여부도 확인한다.
- 원료수불대장 및 기타 관련 증빙자료를 바탕으로 취급계획량이 적정한지 확인한다.
- 신청서류상의 재고는 신청당일의 재고이므로 현장심사 시에는 업체 방문일 기준으로 경영기록상 재고와 실재고를 대조해 본다.</td></tr>
</table>

2.3. 작업장 시설기준

<table>
<tr><th rowspan="2">항목</th><th colspan="2">구비요건</th><th rowspan="2">관련서류</th></tr>
<tr><th>규칙 [별표 3]</th><th>고시 [별표 1]</th></tr>
<tr><td>작업장
시설
기준</td><td>최근 1년간 인증취소 처분을 받지 않은 작업장일 것</td><td>1) 작업장은 「식품위생법 시행규칙」 별표 14 업종별시설기준 중 해당 업종에 해당하는 시설기준에 적합하여야 한다. 다만, 축산물에 대한 작업장은 「축산물위생관리법」 제9조에 따른 안전관리 인증기준(HACCP)을 적용하되, 축산물판매업은 「축산물위생관리법 시행규칙」 별표 10 영업의 종류별 시설기준 중 해당 업종에 해당하는 시설기준을 적용한다.</td><td>- 영업신고 또는 허가증
- HACCP지정서</td></tr>
</table>

항목	구비요건		관련서류
	규칙 [별표 3]	고시 [별표 1]	
		2) 1)에도 불구하고 업종별 시설기준이 정하여지지 않은 업종에 해당하는 작업장은 국립농산물품질관리원장이 정하는 시설기준에 적합하여야 한다. 3) 작업장은 최근 1년간 인증기준 위반으로 인증취소처분을 받은 작업장(해당 작업장의 위치는 국립농산물품질관리원장이 인증관리 정보시스템으로 관리하여야 한다)이 아니어야 한다.	

<심사요령>

- 농산물·단순 작업장 : 「식품위생법 시행규칙」 별표 14 업종별시설기준 중 해당 업종에 해당하는 시설기준에 적합한지 확인한다.
- 축산물 작업장 : 「축산물위생관리법」 제9조에 따른 1년(HACCP)을 적용해야 하므로, 해당 시설이 HACCP인증을 받았는지 여부를 확인한다.
- 축산물 판매업 : 「축산물위생관리법 시행규칙」 별표 10 영업의 종류별 시설기준 중 해당 업종에 해당하는 시설기준에 적합한지 확인한다.
- 친환경인증관리정보시스템(인증관리 〉 인증히스토리조회)을 통하여 작업장의 인증취소 여부를 확인한다.

2.3. 원료관리

1) 인증품 원료 입고

항목	구비요건		관련서류
	규칙 [별표 3]	고시 [별표 1]	
원료관리	유기식품만을 원료로 사용하고, 원료의 거래명세서 또는 보증서 등을 보관할 것	2) 인증기준에 부적합한 것으로 확인된 농축산물 및 가공품을 재포장품의 원료로 사용하여서는 아니 된다. 3) 원재료 입고 시 유기식품등의 표시사항을 확인하여야 하며, 규칙 별표 6 제2호에 따라 공급자가 제공하는 납품서, 거래명세서 또는 보증서를 보관하여야 한다.	- 인증서 사본, 거래인증서 - (수입자의 경우) 동등성인정 제품 입증자료(NAQS수입증면서, 외국인증기관인증서 사본 등), 유기식품의 수입신고필증 - 인증표시사항이 기재된 공급자 납품서, 거래명세서, 보증서 - 인증스티커 또는 인증표시 포장재 - 부적합품 관리대장

<심사요령>

- 신청자가 원료의 인증품 여부를 확인하는 방법이 타당한지 점검한다.
- 입고한 원료가 인증품임을 입증하는 자료의 보관여부를 확인한다.

<table>
<tr><th rowspan="2">항목</th><th colspan="2">구비요건</th><th rowspan="2">관련서류</th></tr>
<tr><th>규칙 [별표 3]</th><th>고시 [별표 1]</th></tr>
<tr><td colspan="4">- 보관중인 인증품에 인증표시가 되어있는지 표시사항이 적정한지 확인한다.
- 사용하는 원료가 인증품인지 확인한다.(거래명세서, 인증서, 인증표시사항 등)
- 원료가 인증기준에 부적합한 경우의 관리방법을 확인한다.
- (수입자의 경우)신청품목의 수입에 있어 필요한 사항에 대하여 관련규정에 따른 관리서류를 확인하여 수입 통관실적을 기준으로 추적조사가 가능하도록 서류가 작성되고 관리되는지를 확인한다.</td></tr>
</table>

2) 인증품 품질과 순도 유지

<table>
<tr><th rowspan="2">항목</th><th colspan="2">구비요건</th><th rowspan="2">관련서류</th></tr>
<tr><th>규칙 [별표 3]</th><th>고시 [별표 1]</th></tr>
<tr><td>원료
관리</td><td></td><td>1) 원료 인증품(법 제25조에 따라 동등성을 인 받은 유기가공식품을 포함한다)을 구입하여 재포장하는 과정에서 인증품의 품질과 순도를 유지하여야 하며 농산물에 화학물질을 첨가하여서는 아니 된다.</td><td>- 사용자재 리스트
- (수입자의 경우)동등성인정 제품 입증자료(NAQS수입증명서, 외국인증기관인증서 등)
- (수입자의 경우)운송수단 청소내역(일지), 검역관련서류, 동식물검역증</td></tr>
<tr><td colspan="4"><심사요령>
- 인증품의 품질과 순도를 유지하는 방법을 확인한다.
- 농산물에 인증기준에 적합하지 않은 화학물질을 첨가하는지 확인한다.
- (수입자의 경우)수입농산물의 오염우려 : 수입농산물은 생산지로부터 수입에 이르기까지 많은 시간이 소요되며, 생산지의 특성에 따라 우기와 건기가 있거나, 적도를 통과하거나 혹은 적도를 따라 이동하는 선박을 이용하여 장기간에 걸쳐 항해를 하는 경우도 있다. 이러한 환경 및 기후의 변화는 제품의 품질 및 선도의 저하를 가져오고 있다. 국내 사용량이 적은 경우 항공을 이용하여 소량으로 수입하기도 하지만, 대부분 컨테이너를 이용하여 해상운송이 이루어지고 있다. 이에 따라 농산물 병충해 및 각종 질병을 막기 위한 국경검역이 매우 강하게 이루어지고 있다.
- 농산물의 수입 및 검역서류를 확인하고, 인증기준에 적합한지를 확인한다.
- 수출국과 대한민국 간의 수입위생조건 상의 소독조건을 확인한다.
- 수축국 정부가 발행한 검역관련 서류의 소독 여부 및 소독이 이루어진 경우 사용된 약제가 허용자재인지를 확인한다.
- 운송차량 및 컨테이너에 대한 청소 여부를 확인하고, 청소 시 약제를 사용한 경우 사용된 약제가 허용자재인지를 확인한다.
- 유기축산물 인증기준에서 정한 긴급 병해충방제는 유기축산물을 생산하는 현지 농가에만 적용되므로 조사료수입 등에서 긴급방제 등을 비의도적 잔류로 인정하지 아니 한다.
- 수입 및 검역과정에서 해당 품목에 대한 검역당국의 검사사항(정밀검가, 수거검사)을 확인하고, 평균 불합격률 등의 자료를 확보하며, 기존 수입실적을 바탕으로 검역과정에서의 화학적 처리 여부를 확인하고, 비허용자재를 사용하여 소독 처리된 경우 처리실적 및 처리계획이 적절한지를 확인한다.
- 수입 및 검역과정에서 소독한 경우의 처리절차 규정서의 내용이 인증기준에 적합한지를 확인한다.</td></tr>
</table>

2.4. 취급방법

1) 구분관리

<table>
<tr><th rowspan="2">항목</th><th colspan="2">구비요건</th><th rowspan="2">관련서류</th></tr>
<tr><th>규칙 [별표 3]</th><th>고시 [별표 1]</th></tr>
<tr><td>취급
방법</td><td>1) 소분·저장·포장·운송·수송 등의 취급과정에서 인증품에 인증종류가 다른 인증품 및 비인증품이 혼입되지 않도록 관리할 것</td><td>1) 인증품이 아닌 식품을 취급하는 경우 저장·포장·운송·수입 등 취급과정에서 인증품에 비인증품이 혼입되지 않도록 구분하여 관리하여야 한다. 이 경우 취급시간 또는 취급구역을 달리하여야 한다.
2) 인증품과 비인증품 또는 같은 품목으로 인증종류가 다른 경우에는 같은 시간대에 같은 작업공간에서 재포장 하거나 포장되지 않은 상태로 같은 공간에 보관하여서는 아니 된다. 다만, 인증종류가 다른 인증품을 혼합하여 낮은 단계의 인증종류 명칭을 표시하는 경우에는 그러하지 아니한다.
3) 인증품과 비인증품을 같이 취급하는 경우 원료의 구매, 저장, 선별, 포장, 운송 등 취급 전 과정에서 구분관리 계획을 세우고 이를 이행하여야 한다.</td><td>- 취급계획서 (구분관리계획)
- 작업(생산)일지</td></tr>
<tr><td colspan="4"><심사요령>
- 인증품과 비인증품을 병행취급하는 업체인지 확인한다.
- 병행취급하는 업체인 경우 저장, 작업, 포장, 수송 등의 과정에서 비인증품과 인증품의 구분관리계획이 타당한지 취급계획서를 검토하고, 실천가능 여부를 확인한다.(원료·완제품 보관, 작업장, 작업시간, 수송차량, 포장재 등)
- 인증신청인이 인증품과 비인증품의 구분관리계획을 이행하고 있는지 확인한다.
- 현장심사시 인증품에 비인증품이 혼입될 가능성이 있는지 확인한다.
- (수입자의 경우)
▷ 물류·운송·보관과정이 독립적으로 이루어지는지, 비인증품과 함께 이루어지는지를 확인한다.
▷ 취급계획서상 신청인의 구분관리계획의 타당성을 확인하고, 일반농산물과의 구분관리가 이루어졌음을 GMO 구분유통증명서 등을 통해서도 확인한다.</td></tr>
</table>

2) 표시사항 적정성

항목	구비요건		관련서류
	규칙 [별표 3]	고시 [별표 1]	
취급 방법		4) 필요한 경우 유기농축산물을 무농약농산물등과 혼합할 수 있다. 이 경우 혼합된 유기농축산물은 무농약농산물등으로 간주하며 최종 제품은 무농약농산물등으로 표시하여야 한다.	- 작업(생산)일지 - 품목제조보고서 - 인증포장재 (인증표시사항)

<심사요령>

- 인증종류가 다른 인증품을 혼합할 경우 낮은 단계의 인증종류 명칭 표시하였는지 확인한다.
  ex) [유기 콩] + [무농약 차조] → 표시 : 무농약농산물, 품목 : 콩 외 1
  ex) [유기 쌀] + [무농약 쌀] → 표시 : 무농약농산물, 품목 : 쌀

3) 작업장 오염방지관리

항목	구비요건		관련서류
	규칙 [별표 3]	고시 [별표 1]	
취급 방법	3) 생산물의 저장·포장·운송·수송 등의 취급과정에서 청결을 유지하여야 하며, 외부로부터의 오염을 방지할 것	5) 인증품이 아닌 식품을 취급하는 경우 인증품을 취급하기 이전에 취급 작업장을 충분히 세척하여야 한다.	- 취급계획서 - 작업(생산)일지 - 위생관련일지 - 작업장 세척 물질 리스트(사용일자, 제품명, 방법, 목적 등)

<심사요령>

- 병행취급하는 업체인 경우 인증품과 비인증품을 동일 작업장에서 취급하는지 확인한다.
- 비인증품 작업 후 인증품을 취급하는 경우, 인증품 작업 이전 작업장 세척을 실시하는지 확인한다.

4) 위탁 취급

항목	구비요건		관련서류
	규칙 [별표 3]	고시 [별표 1]	
취급 방법		6) 저장·포장·운송·수입 등 취급과정의 일부를 다른 사업자에게 위탁하는 경우 위탁한 취급과정이 취급자 인증기준에 적합하여야 한다.	- 위탁계약서 - 취급자 인증서

<심사요령>

- 취급계획서에 취급과정의 일부를 위탁한 사항이 정확히 기재되어 있는지 확인한다.
- 위탁사항에 대한 위탁계약서 체결 여부를 확인한다.
- 수탁자가 취급자 인증을 받은 사업자인지 확인한다.
- 위탁 취급과정까지 인증심사 범위에 포함시켜 취급자인증기준에 적합한지를 확인한다.

5) 방사선 사용

항목	구비요건		관련서류
	규칙 [별표 3]	고시 [별표 1]	
취급 방법	2) 취급과정에서 방사선은 해충방제, 식품보존, 병원의 제거 또는 위생의 목적으로 사용하지 아니할 것	7) 취급과정에서 방사선은 해충방제, 식품보존, 병원의 제거 또는 위생의 목적으로 사용할 수 없다.	- 공정도 - 방사선기기 사용일지

<심사요령>
- 취급공정 중 방사선 사용 공정이 있는지 확인한다.
- 현장심사시 방사선 설비의 존재 유무를 확인한다.
- 해충방제, 식품보존, 병원의 제거, 위생의 목적으로 방사선을 사용하는지 확인한다.
- 초음파는 방사선이 아니므로 사용이 가능하다.
- X-선 이물탐지기의 사용을 제한하는 규정은 없다.

6) 용수

항목	구비요건		관련서류
	규칙 [별표 3]	고시 [별표 1]	
취급 방법		8) 인증품의 세척에 사용되는 용수는 해당 인증품의 수질기준에 적합한 용수를 이용하여야 한다.	- 취급계획서 - 공정도 - 품목제조보고서 - 수질검사성적서 또는 수돗물 사용 영수증 - 용수 첨가제 또는 소독제의 MSDS

<심사요령>
- 취급계획서 및 공정도 상 인증품 세척을 위해 물(용수)을 사용하는 공정이 있는지 확인한다.
- 세척 과정에 사용되는 용수가 해당 인증품의 수질기준에 적합한지를 확인한다.
- 최근 5년 이내에 실시한 수질검사성적서를 비치하지 않은 경우 용수 수질 분석을 실시한다.(단, 「수도법」에 따른 수돗물을 이용하는 경우는 제외하며, 수돗물사용 영수증 등으로 확인한다.)
- 용수에 첨가제 또는 소독제를 사용하는 경우가 있는지 확인하고, 사용가능한 자재인지 확인한다.

7) 이력추적관리

(1) 이력추적관리

항목	구비요건		관련서류
	규칙 [별표 3]	고시 [별표 1]	
취급 방법		9) 작업장에 취급하는 농축산물 및 가공식품의 입고 및 출하에 관한 기록장을 비치하고, 기록·관리하는 등 이력추적관리가 가능하여야 한다.	- 입출고 기록장(재고량 포함) - 작업(생산)일지 - 이력관리문서

<심사요령>

- 신청업체의 로트번호(표준바코드) 부여 방식, 표시방법, 기록관리 방법 등 제품의 식별(이력관리)체계를 확인한다.
- 출하품에 대한 입출고 이력관리가 로트번호 또는 바코드 등 식별체계를 통해 이루어지고 있는지 확인한다.
- 식별체계를 통해 실제로 이력추적이 가능한지 기록·관리 문서 등을 통해 검증한다.
- 소와 돼지는 축산물이력제 대상 가축으로 「가축 및 축산물 이력관리에 관한 법률」에 따라 가축의 출생에서부터 생산, 판매에 이르기까지 각 단계별로 정보가 관리된다.[축산물이력제 홈페이지(http://aunit.mtrace.go.kr/)에서 이력조회가 가능하다.]
- 농림축산검역본부에서는 수입유통이력제의 일환으로, 수입쇠고기 수입판매업자의 유통이력관리프로세스를 구축해 놓았다. 수입쇠고기유통관리프로세스에서 수입유통식별번호 검색이 가능하다. 수입쇠고리수입업체를 심사하는 경우에는 수입쇠고기 유통이력관리시스템을 통하여 현장심사전에 수입량을 확인할 수 있고, 판매 후 3일 이내의 자료는 현장심사를 통하여 점검이 가능하다.
- (수입자의 경우)입고이력은 수입신고필증 상의 원산지·수출자명 및 생산자·물량·품목이 일치하는지 확인하여야 한다. 통관일자로부터 보세구역 보관하는 시간, 정밀검사 등 검역에 소요되는 시간 등을 고려하여 입고일자 및 로트번호의 이력을 확인하고, 생산자의 로트번호 체계에 대한 설명서도 수령하여 확인한다.
- (수입자의 경우)출하이력은 판매대장 근거서류(송장, 거래명세서, 정산서, 세금계산서 등)를 통해 판매처·날짜·품목·로트번호에 대하여 추적심사를 실시하여 확인한다.
- (수입자의 경우)식별체계를 통해 인증품에 비의도적 품질 이상이 발생하였을 경우 리콜이 가능하도록 관리되는지 확인한다.
- (수입자의 경우) 수입 쇠고기·돼지고기의 경우 수입축산물 이력관리제 대상으로 「가축 및 축산물 이력관리에 관한 법률」에 따라 고기의 수입에서부터 판매에 이르기까지 각 단계별로 정보가 관리된다.[수입축산물이력관리시스템(https://www.meatwatch.go.kr/)에서 이력조회가 가능하다.]

(2) 품목별 로트번호 관리 예시

① 채소류

1) 입고이력 - 인증 농가(납품업자)별 로트번호 부여하여 관리하는 방법

▶ A농가(인증번호 : 100000)로 부터 2019.02.01. 토마토 100kg, 2019.02.28. 토마토 300kg을 구입하였을 경우
농가 고유이력번호를 100000으로 부여하고, 제품에 대한 이력번호[100000_1(2월1일 입고), 100000_2(2월28일 입고)]를 부여하여 관리

▶ A농가(인증번호 : 100000)의 토마토 100kg, B농가(인증번호 : 200000)의 토마토 100kg을 구입하였을 경우
각 농가에 대한 고유이력번호(A농가 : 100000, B농가 : 200000)를 부여하고, 제품에 대한 이력번호[100000_1, 200000_1)]를 부여하여 관리

2) 출고이력 - A업체(a), B업체(b)에 판매하고자 할 경우

A업체에 채소류를 판매하고자 청경채(이력번호 : 100000), 상추(이력번호 : 200000), 로메인(이력번호 : 300000)을 혼합하였을 경우
임의 이력번호 1001a를 부여하여 출하(100000_1 + 200000_1 + 300000_1)
개별 품목으로 출하하는 경우
개별 이력번호[a100000_1, a200000_1, a300000_1]를 부여하여 출하

② 혼합 샐러드

1) 입고 이력

▶ 원료 입고 관리

입고일	공급업체	품목	물량	생산자	생산지	원료 로트번호
190101	○○유통	대파	100kg	홍길동	나주시	01-100000-190101

• 원료 로트번호 부여 방식 :

01	-	100000	-	190101
(품목코드)		(인증번호)		(입고일자)

• 품목코드 : 대파(01), 양상추(02) · · · 로메인(05)

2) 작업 이력

▶ 생산(작업) 관리

작업일	공급업체	품목	물량	생산자	생산지	원료 로트번호
190105	○○유통	대파	100kg	홍길동	나주	01-100000-190101

3) 출고 이력

▶ 제품 출고 관리

출고일	납품업체	제품명	중량(g)	수량	제품 로트번호
190107	로켓유통	혼합샐러드	150	60	A-02-023

• 제품 로트번호 부여 방식 :

A	-	02	-	023
(납품업체)		(품목코드)		(이력코드)

• 업체코드 : 로켓유통(A), ○○농협(B) · · · □□상회(D)
• 품목코드 : 파채(01), 혼합샐러드(02) · · · 모듬쌈채(05)
• 품목제조 이력코드 :

제품명	원료명	원료 로트번호	이력코드
파채	대파	01-100000-190101	021
혼합샐러드	양상추 로메인	02-200000-190105 05-300000-190105	022
혼합샐러드	양상추 로메인	02-400000-190106 05-500000-190106	023

③ 곡류 - RPC

1) 입고 이력

▶ 원료 입고 관리

입고일	생산자	인증번호	인증구분	품목	수량 (10kg)	**원료 로트번호**
190101	홍길동	100000	유기	쌀	10	01-100000-190101
190101	이길동	200000	무농약	귀리	10	02-200000-190101
190101	이길동	200000	무농약	쌀	10	01-200000-190101

● 원료 로트번호 부여 방식 :

01	-	100000	-	190101
(품목코드)		(인증번호)		(입고일자)

● 품목코드 : 백미(01), 적미(02) · · · 혼합미(03)

2) 재포장 이력

▶ 재포장 작업 관리

작업일자	품명	단위	소분량 (kg)	폐기량 (kg)	사용량 (kg)	포장로스 (kg)	재고량 (kg)	인증종류	**원료 로트번호**	제품코드
190201	혼합미	10kg	40	-	10 10	-	60 60	무농약	01-100000-190201 02-200000-190201	0001
190201	백미	10kg	20	2	10 10	2 -	48 70	무농약	01-100000-190201 01-200000-190201	0002

3) 원료 수불대장

생산자명	**원재료로트번호**	품목	현재고량 (kg)	입고량 (kg)	월별사용량(kg)				폐기량 (kg)
					계	1월	2월	....	
홍길동	0110200101110214	백미	48	80	30		30		2kg
홍길삼	0210200301110214	적미	60	80	20		20		
홍길삼	0110200301110214	백미	70	80	10		10		

4) 출고이력

소분이력	출고일자	업체	업체코드	품목	단량 (kg)	출고수량	**이력번호**	잔량	인증종류
0001	2011216	길동유통	A	혼합미	4	8	A000103	2	무농약
0002	2011216	K마트	B	백미	4	5	A000101		무농약

※ 출고이력사항에 인증종류가 혼합된 품목일 경우 최종 인증종류 기재 필요

※ 최종 제품에 출고이력의 이력번호를 기재

③ 식육-한우·돼지고기 / 오리·닭

1) 입고 이력

▶ 원료 입고 관리

입고일	생산자	인증번호	인증구분	품목	수량 (10kg)	**원료 로트번호**
190101	홍길동	100000	유기	쌀	10	**01-100000-190101**
190101	이길동	200000	무농약	귀리	10	**02-200000-190101**
190101	이길동	200000	무농약	쌀	10	**01-200000-190101**

• 원료 로트번호 부여 방식 :

01	-	100000	-	190101
(품목코드)		(인증번호)		(입고일자)

• 품목코드 : 백미(01), 적미(02) · · · 혼합미(03)

2) 재포장 이력

▶ 재포장 작업 관리

작업 일자	품명	단위	소분량 (kg)	폐기량 (kg)	사용량 (kg)	포장로스 (kg)	재고량 (kg)	인증 종류	**원료 로트번호**	제품 코드
190201	혼합미	10kg	40	-	10 10	-	60 60	무농약	**01-100000-190201** **02-200000-190201**	0001
190201	백미	10kg	20	2	10 10	2 -	48 70	무농약	**01-100000-190201** **01-200000-190201**	0002

3) 원료 수불대장

생산자명	**원재료 로트번호**	품목	현재고량 (kg)	입고량 (kg)	월별사용량(kg)				폐기량 (kg)
					계	1월	2월	....	
홍길동	**0110200101110214**	백미	48	80	30		30		2kg
홍길삼	**0210200301110214**	적미	60	80	20		20		
홍길삼	**0110200301110214**	백미	70	80	10		10		

4) 출고이력

소분이력	출고일자	업체	업체 코드	품목	단량 (kg)	출고 수량	**이력번호**	잔량	인증 종류
0001	2011216	길동유통	A	혼합미	4	8	**A000103**	2	무농약
0002	2011216	K마트	B	백미	4	5	**A000101**		무농약

※ 출고이력사항에 인증종류가 혼합된 품목일 경우 최종 인증종류 기재 필요

※ **최종 제품에 출고이력의 이력번호를 기재**

8) 병해충 관리 및 방제

항목	구비요건		관련서류
	규칙 [별표 3]	고시 [별표 1]	
취급 방법		10) 병해충관리 및 방제를 위해서는 다음 사항을 우선적으로 조치하여야 한다. 가) 병해충 서식처의 제거, 시설에의 접근방지 등 예방조치 나) 예방책이 부적합한 경우 기계적·물리적 및 생물학적 방법을 사용 다) 병해충이 기계적·물리적 및 생물학적인 방법으로 적절하게 방제되지 아니하는 경우에 규칙 별표 1 제1호가목2)의 물질만을 사용할 수 있으나 인증품에는 직접 접촉되지 아니하도록 사용	- HACCP 매뉴얼 - 위탁방역계약서, 소독증명서, 방제물질 MSDS - 시설점검일지

<심사요령>

- 병해충 관리 및 방제를 위해서 우선적으로 예방조치 또는 기계적·물리적 및 생물학적 방법을 시행하고 있는지를 확인한다.(구서트랩, 오존등, 해충퇴치기, 에어커튼 장착 등)
- 인증품의 취급 장소에서 병해충관리를 위해 사용하는 자재가 인증기준에 적합한지 확인한다.
- 전문방제업체 위탁계약을 맺고 있는 경우, 수탁업체의 방제방법, 방제물질의 인증기준 적합 여부 등을 확인한다.
- 병해충 방제 자재를 인증품에 직접 접촉되지 아니하도록 사용하는지를 확인한다.
- 시설위생 관리를 위해 주기적인 점검이 이루어지고 있는지를 확인한다.

9) 인증품 및 기구·설비·작업장의 세척 소독

항목	구비요건		관련서류
	규칙 [별표 3]	고시 [별표 1]	
취급 방법	3) 생산물의 저장·포장·운송·수송 등의 취급과정에서 청결을 유지하여야 하며, 외부로부터의 오염을 방지할 것	11) 작업장의 소독을 위해 자재를 사용한 경우에는 사용일자, 제품명, 방법, 목적 등을 기록관리 하여야 한다. 12) 인증품 및 기구·설비를 세척·소독하는 경우 다음 각 호에 따른 물질을 사용 할 수 있으나 잔류되지 않도록 관리계획을 수립하여 이행하여야 한다. i) 인증품 : 규칙 별표 1 제1호다목1)의 허용물질 중 이산화염소(기체빵제조에 한함), 이산화염소수, 과산화수소, 오존수, 차아염소산수 사용 가능 ii) 기구·설비 : 규칙 별표 1 제1호다목2)의 물질 사용 가능	- 작업(생산)일지 - 위생관련일지 - 취급계획서 - 공정도 - 세척·소독 물질 리스트(사용일자, 제품명, 방법, 목적 등)

항목	구비요건		관련서류
	규칙 [별표 3]	고시 [별표 1]	

<심사요령>
- 취급계획서 및 공정도 상 인증품 세척 공정이 있는지 확인한다.
- 인증품 세척·소독시 사용하는 물질이 허용물질(이산화염소(기체빵제조에 한함), 이산화염소수, 과산화수소, 오존수, 차아염소산수)인지 확인한다.
- 인증품의 취급 장소(작업장, 보관창고, 수송차량 등)의 소독방법 및 사용자재를 확인하고, 사용자재 관련 내역(사용일자, 제품명, 방법, 목적 등)을 기록 관리하는지 확인한다.
- 기구·설비 및 작업장의 세척·소독에 사용하는 물질이 인증기준에 적합한지 확인한다. 사용자재의 잔류 방지 계획의 적정성 및 이행여부를 확인한다.

2.5. 저장·포장·운송·수송

1) 청결유지 및 오염방지

항목	구비요건		관련서류
	규칙 [별표 3]	고시 [별표 1]	
저장·포장·운송·수송	3) 생산물의 저장·포장·운송·수송 등의 취급과정에서 청결을 유지하여야 하며, 외부로부터의 오염을 방지할 것	1) 생산물의 저장 및 수송 시 저장장소와 수송수단의 청결을 유지하여야 하며, 외부로부터의 오염을 방지하여야 한다.	- 시설 위생 점검일지 - 운송차량 위생 점검일지 - 소독(세척)자재 사용내역

<심사요령>
- 취급시설 및 운송수단의 청결 관리 방법을 확인한다.
- 위생 점검 기록을 통해 취급시설 및 운송수단의 청결관리가 이루어지고 있는지 확인한다.
- 현장심사시 취급시설 및 운송수단이 청결한지 확인한다.
- 청결관리를 위해 사용하는 자재가 있는 경우, 해당 자재가 인증기준에 적합한지 확인한다. 또한 인증품이 오염되지 않도록 관리되고 있는지 확인한다.
- 취급시설 및 운송수단이 외부로부터 오염을 차단방지할 수 있는 구조인지 확인하고, 기타 보조적 보호설비(에어커튼, 차단막 등)가 갖추어져 있는지 확인한다.

2) 저장구역 및 수송컨테이너에 대한 병해충 관리방법

항목	구비요건		관련서류
	규칙 [별표 3]	고시 [별표 1]	
저장·포장·운송·수송		2) 저장구역 또는 수송컨테이너에 대한 병해충 관리방법으로 물리적 장벽, 소리·초음	- 방제설비현황 - 병해충관리 위탁계약서

항목	구비요건		관련서류
	규칙 [별표 3]	고시 [별표 1]	
		파, 빛·자외선, 덫(페로몬 및 전기유혹 덫을 말한다), 온도조절, 대기조절(탄산가스·산소·질소의 조절을 말한다) 및 규조토를 이용할 수 있다.	- 소독증명서 등

<심사요령>
- 저장장소 및 수송컨테이너의 병해충 관리방법이 인증기준에 적합한 방법(물리적 장벽, 소리·초음파, 빛·자외선, 덫(페로몬 및 전기유혹 덫을 말한다), 온도조절, 대기조절 및 규조토)인지 확인한다.
- 병해충 관리를 외부 업체에 위탁하는 경우에는 소독증명서 등 소독관련 자료를 제출 받아 병해충 관리에 사용되는 자재 및 관리방법이 기준에 적합한지 확인한다.

3) 저장구역 및 수송컨테이너의 오염방지

항목	구비요건		관련서류
	규칙 [별표 3]	고시 [별표 1]	
저장·포장·운송·수송		3) 저장장소와 컨테이너가 규칙 별표 1 제1호가목2)에 해당하지 아니하는 농약이나 다른 처방으로부터의 잠재적인 오염을 방지하여야 한다.	- 사용 자재 리스트 및 성분

<심사요령>
- 사용하는 자재가 규칙 별표 1 제1호가목2)에 해당하는지 확인한다.
- 현장심사시 허용되지 않는 물질의 보관사용 여부를 확인한다.
- 허용되지 않은 물질로부터의 오염방지를 위한 조치 사항을 확인한다.

4) 저장·수송 시 구분관리

항목	구비요건		관련서류
	규칙 [별표 3]	고시 [별표 1]	
저장·포장·운송·수송		4) 생산물을 포장하지 아니한 상태로 일반농축산물과 함께 저장 또는 수송하는 경우에는 그 구별을 위하여 칸막이를 설치하는 등 다른 농축산물과의 혼합 또는 오염을 방지하기 위한 조치를 하여야 한다.	- 취급계획서 (구분관리계획)

<심사요령>
- 신청업체가 병행생산 또는 분할생산 하는 업체인지 확인한다.
- 벌크 상태로 인증품을 저장 또는 수송할 경우 일반농산물과 구분할 수 있도록 물리적 장벽(칸막이 등)과 같은 적절한 조치 또는 오염방지를 위한 조치를 하였는지를 확인한다.

<table>
<tr><th rowspan="2">항목</th><th colspan="2">구비요건</th><th rowspan="2">관련서류</th></tr>
<tr><th>규칙 [별표 3]</th><th>고시 [별표 1]</th></tr>
<tr><td colspan="4">- 저장 또는 수송과정에서 포장하지 아니한 벌크상태 인증품일지라도, 관리번호(로트번호) 또는 인증정보가 표기된 식별표지를 부착하여 일반농축산물과 구별이 가능하게 관리하고 있는지를 확인한다.</td></tr>
</table>

5) 원료의 인증표시

<table>
<tr><th rowspan="2">항목</th><th colspan="2">구비요건</th><th rowspan="2">관련서류</th></tr>
<tr><th>규칙 [별표 3]</th><th>고시 [별표 1]</th></tr>
<tr><td>저장·포장·
운송·수송</td><td></td><td>5) 원료 인증품의 수송, 저장 등의 과정(재포장을 위해 인증품의 포장을 뜯어내기 이전의 전 과정)에서 인증표시가 된 상태를 유지하여야 한다.
6) 규칙 별표 3 제6호 라목4)에도 불구하고 인증의 종류가 다른 농산물을 혼합하여 포장하는 경우에는 각 인증의 종류 및 품목별 함량비율을 규칙 제18조·제45조 표시기준에 따라 표시할 수 있다.</td><td>- 인증표시사항</td></tr>
<tr><td colspan="4"><심사요령>
- 재포장 작업 투입 전까지 수송·저장 등의 전 과정에서 원료에 인증표시가 된 상태를 유지하고 있는지 확인한다.
- 인증 종류가 다른 농산물을 혼합 포장하는지 확인하고, 인증표시가 인증기준에 적합한지 확인한다.</td></tr>
</table>

6) 포장재

<table>
<tr><th rowspan="2">항목</th><th colspan="2">구비요건</th><th rowspan="2">관련서류</th></tr>
<tr><th>규칙 [별표 3]</th><th>고시 [별표 1]</th></tr>
<tr><td>저장·포장·
운송·수송</td><td></td><td>7) 포장재는 「식품위생법」의 관련 규정에 적합하고 가급적 생물분해성, 재생품 또는 재생이 가능한 자재를 사용하여 제작된 것을 사용하여야 한다.</td><td>- 포장재 검사성적서
- 포장재 견본
- 포장재 발주/입고내역</td></tr>
<tr><td colspan="4"><심사요령>
- 포장재 시험성적서를 통해 사용중인 포장재가 관련 기준에 적합한지 확인한다.
- 포장재 시험성적서 비치 여부를 현장심사 시 확인한다.
- 생물분해성, 재생품 또는 재활용 가능한 포장재인지를 보기 위해 포장재에 재활용마크 인쇄 여부를 확인하고, 필요시 원자재의 생물분해성 및 재생가능여부를 포장재 제작사에 문의한다.</td></tr>
</table>

2.6. 생산물의 품질관리 등

1) 생산물 잔류농약 허용기준

항목	구비요건		관련서류
	규칙 [별표 3]	고시 [별표 1]	
생산물의 품질관리 등	1) 유기합성농약과 동물용의약품은 검출되지 않을 것. 다만, 취급자의 고의 또는 과실이 아닌 것으로 입증되는 다음의 경우에는 예외로 하나, 이 경우에도 제3조제1항에 따른 허용물질 외의 물질은 사용하지 않을 것 가) 식품의약품안전처장이 「식품위생법」 제7조제1항에 따라 고시한 농산물의 농약 잔류 허용기준의 20분의 1 이하인 경우 나) 축산물의 동물용의약품 잔류 허용기준의 10분의 1 이하인 경우 다) 유기가공식품의 경우 유기합성농약이 0.01ppm 이하인 경우	1) 유기합성농약 성분은 검출되지 아니하여야 하며, 동물용의약품 성분은 「식품위생법」 제7조제1항에 따라 식품의약품안전처장이 고시한 동물용의약품 잔류허용기준의 10분의 1을 초과하여 검출되지 아니하여야 한다. 2) 허용되지 않는 물질은 사용하지 아니하여야 한다.	- 생산물 검사성적서

<심사요령>

- 생산물 시료에서 잔류물질 검출 여부를 확인한다.
- 생산물에서 잔류물질에 검출되는 경우, 검출 원인이 사업자의 고의 또는 과실에 따라 발생된 것인지 확인한다.
- 잔류물질의 검출 원인이 사업자의 고의 또는 과실에 의한 것이 아닌 경우 잔류물질의 검출량에 따른 허용여부를 확인한다.

2) 식별체계를 통한 이력관리

항목	구비요건		관련서류
	규칙 [별표 3]	고시 [별표 1]	
생산물의 품질관리 등	3) 인증품에는 제조단위번호(인증품 관리번호), 표준바코드 또는 전자태그(RFID tag)를 표시할 것	3) 출하한 농산물의 제조관리번호(인증품 관리번호) 또는 표준바코드 등 식별체계를 통해 농산물의 입고, 작업, 출하 등의 이력관리가 가능하여야 한다.	- 표시사항 견본 - 인증표시사항 (인증포장재) - 이력관리문서

<심사요령>

- 출하하는 인증품에 로트번호(관리번호), 바코드 또는 전자태그가 표시되어 있는지 확인한다.
- 사용중인 로트번호(관리번호), 바코드 또는 전자태그가 취급계획서 상 이력관리 식별체계에 적합한지 확인한다.
- 식별체계를 통해 이력관리가 가능한지 추적조사를 통해 확인한다.

3) 인증기준 상시 준수 의무

항목	구비요건		관련서류
	규칙 [별표 3]	고시 [별표 1]	
생산물의 품질관리 등		4) 규칙 및 이 고시에서 정한 취급자(저장, 포장, 운송, 수입 또는 판매)의 인증기준은 인증유효기간동안 상시적으로 준수하여야 하며, 국립농산물품질관리원장 또는 인증기관이 요구하는 때에는 관련 자료 제출 및 시료수거, 현장 확인에 협조하여야 한다.	

<심사요령>

- 생산과정조사(사후관리)시 취급자 인증기준 상시 준수 여부를 확인한다.
- 인증사업자가 상시적으로 인증기준을 준수할 수 있도록 인증기준 및 관련 규정을 기록한 문서를 비치하고 있는지를 확인한다.
- 관련규정에 따라 경영관련 자료의 상시 기록 보관의무 이행여부를 확인하고, 인증기관 및 국립농산물품질관리원의 관련자료 제출요구에 사업자는 응하여야 함을 인지하고 있는지 확인한다.

2.7. 취급자인증 시설 기준(소분업 시설기준)

1) 건축물

건물은 독립된 건물이거나 주거장소 또는 식품소분·판매업 외의 용도로 사용되는 시설과 분리 또는 구획되어야 한다.

<심사요령>

- 시설에 대하여 영업신고 등록되어야 하며, 소분작업장과 그 외 용도의 시설과는 분리 또는 구획되어야 함

지상 3층 지하1층의 복합건물
지하 1층에 작업장이 위치하고 지상 1층은 자재창고, 2~3층은 사무실로 이용
소분업 용도외의 시설과 구분

2) 작업장

(1) 작업장은 독립된 건물이거나 식품제조·가공 외의 용도로 사용되는 시설과 분리(별도의 방을 분리함에 있어 벽이나 층 등으로 구분하는 경우를 말한다. 이하 같다)되어야 한다.

<심사요령>

- 소분작업장 내에 소분외의 용도(저장, 수송을 목적으로 하는 용도의 장소등)로 사용되는 시설과 분리되어야 함
- 품목 특성상 작업장에 농산물을 반입하는 과정에서 먼지 또는 흙 등의 비산이 우려될 경우에는 농산물을 반입하는 장소는 선별장 및 포장·저장시설 등과 분리·구획하여 교차오염이 없도록 하여야 함
- 소분업 목적 외의 용도는 층 또는 벽으로 구분

층으로 구분

벽으로 구분

(2) 작업장은 원료처리실·제조가공실·포장실 및 그 밖에 식품의 제조·가공에 필요한 작업실을 말하며, 각각의 시설은 분리 또는 구획(칸막이·커튼 등으로 구분하는 경우를 말한다. 이하 같다)되어야 한다. 다만, 제조공정의 자동화 또는 시설·제품의 특수성으로 인하여 분리 또는 구획할 필요가 없다고 인정되는 경우로서 각각의 시설이 서로 구분(선·줄 등으로 구분하는 경우를 말한다. 이하 같다)될 수 있는 경우에는 그러하지 아니하다.

<심사요령>

- 작업장의 용도
  원료처리실·제조가공실·포장실 및 기타 식품의 제조·가공 시설
- 위 시설들은 각각 커튼, 칸막이로 구분
- 시설의 자동화 시설 및 제품의 특수성이 인정될 때에는 단순구분(선, 줄)

벽으로 구분

커튼으로 구분

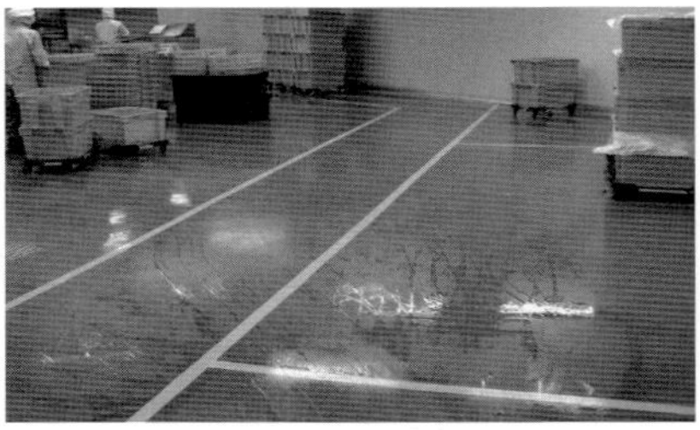

선으로 구분

칸막이 구분

(3) 작업장의 바닥·내벽 및 천장은 다음과 같은 구조로 설비되어야 한다.

바닥은 콘크리트 등으로 내수처리를 하여야 하며, 배수가 잘 되도록 하여야 한다.

내벽은 바닥으로부터 1.5미터까지 밝은 색의 내수성으로 설비하거나 세균방지용 페인트로 도색하여야 한다.

<심사요령>
- 바닥은 콘크리트 등으로 내수처리
- 배수는 원활히 잘될 수 있는 시설
- 내벽 : 바닥으로부터 1.5미터까지 밝은 색의 내수성 설비 또는 세균방지용 페인트로 도색(물을 사용하지 않고 위생상 위해발생의 우려가 없는 경우에는 제외)
- 작업장의 내부 구조물, 벽, 바닥, 천장, 출입문, 창문 등 : 세척·소독 용이, 내구성, 내부식성 등

바닥 내수처리

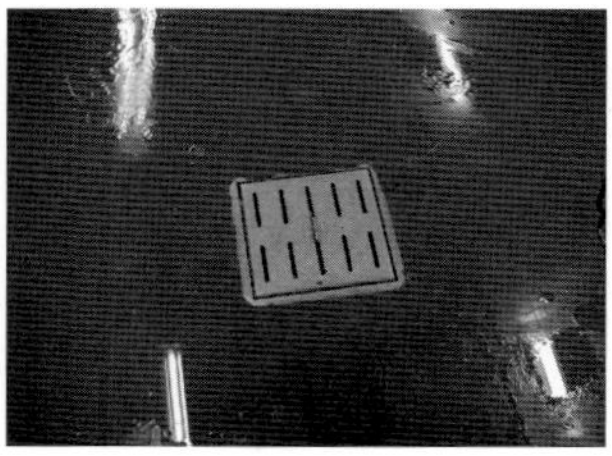

배수시설

배수시설

(4) 작업장 안에서 발생하는 악취·유해가스·매연·증기 등을 환기시키기에 충분한 환기시설을 갖추어야 한다.

<심사요령>
- 환기시설의 확보(공조 닥트, 강제 급배기, 환풍기등)

환기시설

환기시설

(5) 작업장은 외부의 오염물질이나 해충, 설치류, 빗물 등의 유입을 차단할 수 있는 구조이어야 한다.

<심사요령>

- 창문 방충망 설치
- 출입구 차단막 설치
- 각각의 작업 시설에서는 해충의 유입을 방지할 수 있는 시설 설치
- 소분작업장 내 적절한 해충방제 관리

창문 방충망

해충퇴치기

(6) 작업장은 폐기물·폐수 처리시설과 격리된 장소에 설치하여야 한다.

<심사요령>

- 작업장 주변 폐기물 및 폐수 처리시설 설치 여부

시설 전경

3) 화장실

(1) 화장실은 작업장 및 판매장에 영향을 미치지 아니하는 곳에 설치하여야 한다.

> **<심사요령>**
> - 재포장하는 작업장에 영향을 미치지 아니하여야 함

(2) 정화조를 갖춘 수세식 화장실을 설치하여야 한다. 다만, 상·하수도가 설치되지 아니한 지역에서는 수세식이 아닌 화장실을 설치할 수 있다.

> **<심사요령>**
> - 정화조를 갖춘 수세식 화장실 설치
> - 상하수도 설치되어있는 않으면, 수세식 이외의 화장실 설치가능

(3) (2)단서에 따라 수세식이 아닌 화장실을 설치한 경우에는 변기의 뚜껑과 환기시설을 갖추어야 한다.

> **<심사요령>**
> - 수세식이 아닌 화장실을 설치할 경우 변기 뚜껑 및 환기시설 확보

(4) 공동화장실이 설치된 건물 안에 있는 업소 및 인근에 사용이 편리한 화장실이 있는 경우에는 따로 화장실을 설치하지 아니할 수 있다.

> **<심사요령>**
> - 작업장 이외의 곳에 화장실이 확보(공동화장실 등)되어 있을 경우 따로 설치를 아니할 수 있음

4) 기타시설

(1) 식품 등을 소분·포장할 수 있는 시설을 설치하여야 한다.

> **<심사요령>**
> - 시설의 확보여부(건축물등록대장, 영업등록증 확인)

(2) 소분·포장하고자 하는 제품과 소분·포장한 제품을 보관할 수 있는 창고를 설치하여야 한다.

<심사요령>
- 저온저장고, 보관창고의 유무

저온저장고(온도계설치)

보관창고

3. 품목별 인증심사의 예시

3.1. 미곡류의 인증심사 예시

3.1.1. 미곡류 취급 과정

【도정 순서】

원료투입 ⇨ 정선 ⇨ 현미기 ⇨ 현미분리기

현미석발기 ⇨ 정미기 ⇨ 체 선별기 ⇨ 백미석발기

색채선별기 ⇨ 계량 ⇨ 포장 ⇨ 수송

원료투입	정선	현미기
원료투입	쭉정이와 이물 선별	벼의 왕겨를 벗겨내는 단위 기계

정미기	체선별기	습식연미기
현미의 미강층을 제거하여 백미를 만드는 단위기계	백미 중에 포함되어 있는 싸라기를 분리하는 단위기계	정백된 쌀의 표면에 부착되어 있는 미강과 미분을 제거

현미분리기	입 선별기	석발기
현미와 벼를 분리하는 단위기계	현미에 혼입된 미숙립, 사미, 비정상립, 싸라기, 기타 이물을 제거	원료에 포함된 돌(쇠붙이)선별

색채선별기	자동계량 포장기	수송 전까지 보관
피해립, 열손립, 뉘 선별	자동으로 중량을 계량하여 포장	포장된 제품을 보관

3.1.2. 서류심사

서류심사는 신청인이 제출한 관련 자료가 인증기준에 적합한지에 대해 심사하는 절차로서 신청인이 제출한 관련자료 전체를 대상으로 하여야 하나, 본 품목별 인증심사 매뉴얼에서는 인증품 취급계획서를 중심으로 한 서류심사 요령을 기술하고자 한다.

3.1.2.1. 신청내역

1) 신청내역에 대하여 다음과 같은 사항을 확인한다.

항목	서류심사 요령	관련서류
작업장시설 내역 확인	- 인증품 취급계획서의 신청내역에 기재된 작업장 지번, 면적은 건축물대장과 토지대장을 제출받아 일치 여부를 확인한다. - 현장심사 시 작업장의 위치 등을 확인할 수 있도록 지적도와 작업장평면도(작업장 배치도)를 제출하도록 요청한다.	- 사업자등록증 - 영업신고증 - 건축물등록대장 - 작업장 평면도 (작업장 배치도) - 토지대장 - 지적도
품목별 취급계획량 적정성 확인	- 인증품 취급계획서의 신청내역에 기재된 품목별 취급계획량을 전년도 생산량과 비교하여 초과 및 미달하는지 파악하고, 적정성을 확인한다.	- 품목제조보고서 - 전년도 생산량 내역 (생산실적 보고 자료 등)

2) 신청내역에 대한 서류심사결과는 다음과 같이 처리한다.

서류심사 결과	처리요령
- 작업장 시설의 지번, 면적이 제출한 서류와 일치하지 않은 경우	추가 확인이 가능한 서류를 제출받아 일치여부를 확인한다.
- 인증품 취급계획서의 신청내역에 기재된 품목별 취급계획량이 전년도 생산량을 초과하거나 미달하는 경우	취급계획량이 변동된 원인을 파악하여야 하며, 초과한 경우는 취급계획량이 신청업체의 생산능력을 초과하지는 않는지 확인한다.

3.1.2.2. 취급공정

1) 취급공정에 대하여 다음과 같은 사항을 확인한다.

항목	서류심사 요령	관련서류
취급 공정	- 취급품목의 제조방법 및 작업공정 등 취급 공정을 검토하여 취급공정 중 금지물질을 사용하는지 여부 및 금지물질을 사용할 가능성이 있는지를 확인	- 작업공정도 - 품목제조보고서

2) 취급공정에 대한 서류심사결과는 다음과 같이 처리한다.

서류심사 결과	처리요령
- 품목의 제조방법 및 작업공정 등 취급 공정에 사용하는 자재가 있을 경우	사용자재가 허용된 자재인지 확인한다.
- 취급공정 중 금지물질을 사용할 가능성이 있는지를 확인	실제 사용물질을 확인하고, 금지물질의 보관 등 사용가능성이 있는 경우 사용여부를 반드시 추적조사한다.

3.1.2.3. 경영관련 자료

1) 경영관련 자료에 대하여 다음과 같은 사항을 확인한다.

항목	서류심사 요령	관련서류
경영관련자료 제출확인	- 경영관련 자료(전산 또는 수기록한 대장) 제출 여부를 확인하고, 제출한 경우를 기록내용 중 누락된 부분이 없는지 확인한다.	- 작업일지(생산일지) - 원료 및 재포장품의 입출고 기록장(수불부) - 영수증 또는 거래명세표 (구입, 판매) - 계약서(구입, 판매)
입·출고 내역에 대한 기록 유지 여부 확인	- 입출고 내역을 관리하기 위한 자료와 기록방법 등을 확인한다. - 입·출고 내역을 관리하기 위한 자료를 확인하고, 제출한 자료의 기록내용 중 누락된 부분은 없는지 확인한다.	- 원료 및 재포장품의 입출고 기록장(수불부)

2) 경영관련자료에 대한 서류심사결과는 다음과 같이 처리한다.

서류심사 결과	처리요령
- 경영관련 자료 제출하였으나, 허위기재, 모방기재가 의심되는 경우	경영관련 자료에 기록된 사항에 대한 사실여부를 확인한다.
- 경영관련 자료(전산 또는 수기록한 대장)를 기록·보관하는 경우	기록해야 할 내용이 모두 포함되어 있는지(누락된 것은 없는지), 지속적으로 기록하고 있는지 여부를 확인한다.
- 입·출고 내역을 기록·보관하는 경우	기록해야 할 내용이 모두 포함되어 있는지, 지속적으로 기록하고 있는지 여부를 확인한다.

3.1.2.4. 작업기록 및 원료관리

1) 작업기록 및 원료관리에 대하여 다음과 같은 사항을 확인한다.

항목	서류심사 요령	관련서류
로트번호	- 로트번호 부여방법을 확인하여, 로트번호를 통한 작업, 출고 이력의 추적 가능성 여부를 확인한다.	- 인증품 취급계획서 - 작업일지(생산일지) - 원료 및 재포장품의 입출고 기록장 (수불부)

항목	서류심사 요령	관련서류
최근 1년간 취급농산물의 입출고내역 및 취급농산물의 현재고 내역 확인	- 기록된 입출고 물량을 대조하여 출고량이 입고량을 초과할 가능성이 있는지 파악한다.	- 인증품 취급계획서 - 원료 및 재포장품의 입출고 기록장 (수불부)
원료관리	- 원료의 인증 여부 확인 방법을 파악한다. - 취급중인 원료가 인증품인지 확인한다. - 서류상 현 재고 농산물의 인증번호 및 로트번호 등을 확인하고, 취급농산물의 원료가 인증품인지 원료구입현황(업체 및 인증농가, 친환경농산물인증서, 계약서 등)과 대조 확인한다.	- 인증품 취급계획서 - 원료 구입업체 및 인증농가 리스트 또는 구매계약서 - 인증서

2) 작업기록 및 원료관리에 대한 서류심사결과는 다음과 같이 처리한다.

서류심사 결과	처리요령
- 로트번호 부여방법을 확인한 경우	- 로트번호를 통한 입고, 작업, 출고 이력이 추적가능한지 실제 샘플 조사하여 확인한다.
- 입고량과 출하량을 대조 확인하여 입고량이 출고량을 초과하는 경우	- 대조감사를 통해 일반품 혼입 여부를 파악한다. (현 재고량 = 입고량-출하량-폐기량) - 현장심사 시 서류상 재고와 실재고량이 일치하는지 확인한다.
- 원료의 인증품 여부 확인	- 취급중인 원료가 인증품인지 확인한다.

3.1.2.5. 해충 및 병원균 관리

1) 해충 및 병원균 관리에 대하여 다음과 같은 사항을 확인한다.

항목	서류심사 요령	관련서류
해충 및 병원균 관리	- 해충 및 병원균 관리 방법을 확인한다. 해충 및 병원균 관리에 자재를 사용하는 경우 해당 자재가 허용된 자재인지 확인한다. - 현장심사시 해충 및 병원균 관리에 사용하는 기계·설비를 확인한다. - 해충 및 병원균 관리의 위탁 여부를 확인하고, 수탁업체의 사용자재·기구 및 관리 방법을 확인한다.	- 인증품 취급계획서 - 해충 및 병원균 관리 위탁계약서 - 사용 자재 목록

2) 해충 및 병원균 관리에 대한 서류심사결과는 다음과 같이 처리한다.

서류심사 결과	처리요령
- 해충 및 병원균 관리에 자재를 사용한 경우	- 사용자재가 허용된 자재인지 확인한다.
- 금지물질을 사용할 가능성이 있는지를 확인	- 실제 사용물질을 확인하고, 금지물질의 보관 등 사용가능성이 있는 경우 사용여부를 반드시 추적 조사한다.

3.1.2.6. 생산물의 품질관리

1) 생산물의 품질관리에 대하여 다음과 같은 사항을 확인한다.

항목	서류심사 요령	관련서류
취급과정 중 사용자재	- 취급과정에서 사용하는 자재가 허용된 자재인지 확인한다.	- 품목제조설명서 - 사용자재목록
비인증품 또는 인증종류가 다른 농산물과의 구분관리	- 일반농산물 및 인증종류가 다른 농산물과의 구분관리계획을 확인한다.	- 구분관리계획서
인증종류가 다른 농산물을 혼합한 경우의 포장재 표시	- 인증종류가 다른 농산물과 혼합한 경우 표시계획을 확인한다.	- 인증종류가 다른 농산물을 혼합한 경우 표시계획 - 인증표시물
작업장의 영업 허가, 등록, 신고사항	- 양곡가공업 영업신고여부를 확인한다.	- 사업자등록증, - 영업신고증(양곡가공업) - 공장등록증 - 건축물등록대장 및 시설배치도
각종 검사 성적서	- 수질 검사성적서, 생산물 잔류농약 검사성적서, 포장재검사성적서 제출받아 확인한다.	- 수질검사성적서 - 잔류농약검사성적서 - 포장재검사성적서

2) 생산물의 품질관리에 대한 서류심사결과는 다음과 같이 처리한다.

서류심사 결과	처리요령
- 도정과정에 사용하는 자재가 있는 경우	- 사용한 자재가 허용된 자재인지 확인한다.
- 일반농산물 및 인증종류가 다른 농산물과의 구분관리계획을 제출한 경우	- 현장심사 시 구분관리계획 실행여부를 확인한다.
- 인증종류가 다른 농산물과 혼합한 경우의 표시계획을 제출한 경우.	- 가장 낮은 단계의 인증표시를 할 계획인지 확인하고, 현장심사 시 인증표시물로 실제 이행여부를 확인한다.
- 양곡가공업 영업신고여부를 확인한다.	- 양곡관리법 규정에 따라 양곡가공업 영업신고를 하여야

서류심사 결과	처리요령
	하므로, 영업신고 여부를 확인한다.
- 수질검사성적서, 생산물잔류농약검사 성적서, 포장재검사성적서 제출받아 확인한다.	- 정미공정에서 습식연미기(정백된 쌀의 표면의 미강. 미분 제거에 물이 사용됨)를 사용하는 경우 수질검사성적서를 확인하여야 함. - 잔류농약이 검출된 원료를 재포장품의 원료로 사용하여서는 안 됨. - 포장재 견본을 확인하여 재활용이 가능한 재질인지 확인하고, 포장재 성적서로 식품위생법 관련규정(재질별 규격)에 적합한지 여부를 확인한다.

3.1.3. 현장심사

현장심사는 취급 작업장을 방문하여 취급중인 농산물이 인증기준에 적합한지에 대하여 심사하는 절차로서 반드시 인증품이 취급중인 시기에 현장심사를 실시하도록 한다.

3.1.3.1. 신청내역

항목	현장심사 요령
작업장시설 내역 일치여부 확인	- 제출한 서류 및 취급계획서의 작업장 면적, 위치 등이 실제와 일치하는지 확인한다.
품목별 취급계획량 적정성 확인	- 품목별 취급계획량이 신청업체의 생산능력을 초과하지는 않는지 확인한다. - 취급계획량에 상당하는 원료의 구매 계획은 적정한지 확인한다.

3.1.3.2. 취급공정

항목	심사요령	비고
취급 공정	- 도정 등 제조 단계별 공정을 확인하여 공정 중 사용하는 자재가 있는지 확인하고, 사용자재가 허용된 자재인지 여부를 확인한다. - 품목의 제조 단계별 공정을 확인하여 취급공정에 금지물질의 사용가능성 및 사용흔적 등을 확인하고, 사용가능성이 있는 경우 사용여부를 반드시 추적 조사한다. - 쌀바구미 방제 목적으로 훈증제를 사용하지는 않는지 확인하도록 한다. - 제조 공정 중 혼입의 가능성이 있는 단계는 없는지 확인한다.	

3.1.3.3. 경영관련 자료

항목	현장심사 요령
경영관련자료 확인	- 경영관련 자료(전산 또는 수기록한 대장)에 기록된 사항에 대한 사실여부를 확인한다.
입·출고 내역에 대한 기록 확인	- 입·출고 내역을 관리하기 위한 자료(입고이력, 출고이력)를 확인하고, 제출한 자료의 기록내용 중 누락된 부분은 없는지, 지속적으로 기록하고 있는지 여부를 확인한다. - 구입원료의 인증 여부(인증서)를 확인한다.

3.1.3.4. 작업기록 및 원료관리

항목	현장심사 요령
로트번호를 통한 이력추적	- 완제품에 표시된 로트번호를 통하여 원료입고, 도정작업, 출고 등 이력 추적이 가능한지 실제 샘플 조사하여 확인한다.
최근 1년간 취급 농산물의 입출고 내역 및 취급농산물의 현재고 내역 확인	- 기초재고량 및 기록된 입출고 물량을 대조하여 출고량이 입고량을 초과하지는 않았는지(현 재고량=입고량-출하량-폐기량) 혼입가능성을 확인한다. - 서류상 재고와 실재고의 일치 여부를 확인한다. - 서류상 현재고 내역에 기록된 재고 농산물의 인증번호 및 로트번호 등과 보관중인 실재고 농산물의 인증번호 및 로트번호 등이 일치하는지를 확인한다.
원료관리	- 취급중인 원료가 인증품인지 확인한다. - 서류상 현 재고 농산물의 인증번호 및 로트번호 등을 확인하고, 취급농산물의 원료가 인증품인지 원료구입현황(업체 및 인증농가, 인증서, 계약서 등)과 대조 확인한다.

3.1.3.5. 생산물의 품질관리

항목	현장심사 요령
오염 가능성 여부 (사용자재 등)	- 친환경농산물 표면에 세척 또는 소독제로 사용한 자재가 허용된 자재인지 확인한다. - 작업장 등에 세척제나 소독제 사용한 경우, 친환경농산물에 그러한 물질이 오염되지 않도록 조치하였는지 확인 - 저장, 수송 시 사용하는 자재가 있는지 확인(쌀바구미 방제목적으로 훈증제 처리하는 경우가 있음)하고, 저장장소 및 수송수단을 확인하여 금지물질의 흔적이 있는지 확인 - 방역계약 및 관리방법, 방충방서 등 확인. - 해충, 병원균, 그 밖의 이물질이 발생하지 않도록 청결을 유지하고, 해충 및 병원균 관리, 세척 및 소독에 사용되는 물질은 별도의 장소에 구분 보관하여 친환경농산물에 오염을 일으키지 않도록 관리하는지 확인(쓰레기 소각장, 폐기물 적재장소 등 확인).

항목	현장심사 요령
혼입 가능성 여부 (구분관리 등)	- 일반농산물 및 인증종류가 다른 농산물과의 구분관리계획을 실행하는지 확인(일반농산물과 병행생산 시 집하장(보관창고)에 인증품과 구분 보관할 수 있는지 여부, 작업 시 일반농산물과 구분하여 작업가능한지 여부, 수송 시 일반농산물과 구분 수송할 수 있는지 여부 확인) - 친환경농산물과 일반농산물과의 구입내역 및 판매내역을 검토하여 구입대비 판매량이 적절한지 확인 - 재포장 작업 전의 원료농산물에 인증표시를 유지하고 있는지 확인 - 벌크 상태로 인증품을 저장 또는 수송할 경우 일반농산물과 구분할 수 있는 적절한 조치 및 오염방지를 위한 조치를 하였는지 확인
인증 표시 및 바코드 표시	- 최종 완제품의 인증표시 및 로트번호 표시 등을 확인한다. - 최종 완제품에 표준바코드 또는 전자태그(RFID tag) 등을 표시하였는지 확인 - 인증종류가 다른 농산물과 혼합한 경우에 가장 낮은 단계로 인증표시하고 있는지 포장재를 확인하여 실제 이행여부를 확인.
작업장 시설기준	- 작업장은「식품위생법 시행규칙」별표 14 업종별 시설기준 중 식품제조·가공업 시설기준에 적합한지 여부를 확인한다.
각종 검사 성적서	- 정미공정에서 습식연미기(정백된 쌀의 표면의 미강. 미분 제거에 물이 사용됨)를 사용하는 경우, 사용하는 수원은 오염가능성 여부 및 수질 검사성적서를 확인한다. - 원료 친환경농산물의 잔류농약 검사성적서를 확인한다. - 포장재 견본을 확인하여 재활용이 가능한 재질인지 확인하고, 포장재 성적서로 식품위생법 관련규정(재질별 규격)에 적합한지 여부를 확인한다.

3.2. 식육류의 인증심사 예시

3.2.1. 식육류 취급 과정

<한우 취급 과정>

【도축순서】

도축신청 및 접수 → 개체식별번호 확인 → 도축(신청서와 귀표 식별번호 일치여부 확인 후 도축) → 라벨부착 → DNA시료채취 → 등급판정 후 가공단계로 이송.

【가공순서】

도축장으로부터 지육입고(시스템에 입력) → 부위별 발골 및 정형 (발골: 뼈와 구분하는 작업, 정형: 지방제거 작업) → 중량작업 후 부위별 라벨 부착 → 포장작업(정육부위와 박스부분에 동시에 라벨부착) → 자료전송 (가공작업 완료 후 개체식별번호별 작업수율을 mtrace상에 매일 생산된 양 및 등급판정 보고) → 거래처별로 출고.

가공 공장 전경

도축장 → 가공장 이송터널

예냉장

작업장 입구

작업장

포장라인

품질관리실

냉장실 모습

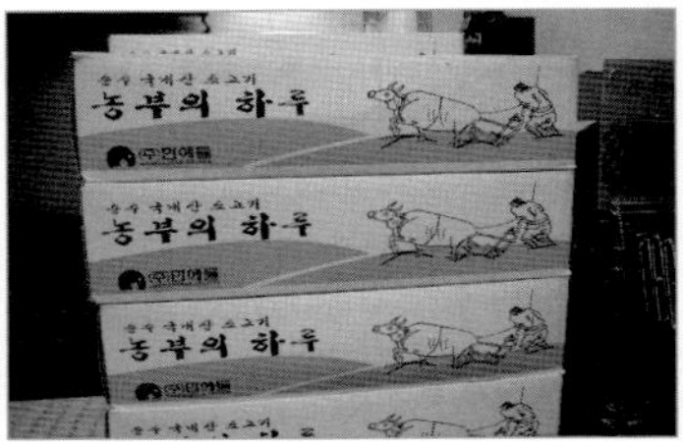

포장품

3.2.2. 서류심사

서류심사는 신청인이 제출한 관련 자료가 인증기준에 적합한지에 대해 심사하는 절차로서 신청인이 제출한 관련자료 전체를 대상으로 하여야 하나, 본 품목별 인증심사 매뉴얼에서는 인증품 취급계획서를 중심으로 한 서류심사 요령을 기술하고자 한다.

3.2.2.1. 신청내역

1) 신청내역에 대하여 다음과 같은 사항을 확인한다.

항목	서류심사 요령	관련서류
작업장시설 내역 확인	- 인증품 취급계획서의 신청내역에 기재된 작업장 지번, 면적은 건축물대장과 토지대장을 제출받아 일치 여부를 확인한다. - 현장심사 시 작업장의 위치 등을 확인할 수 있도록 지적도와 작업장평면도(작업장 배치도)를 제출하도록 요청한다.	- 사업자등록증 - 영업신고증 - 건축물등록대장 - 작업장 평면도 (작업장 배치도) - 토지대장 - 지적도

항목	서류심사 요령	관련서류
품목별 취급 계획량 적정성 확인	- 인증품 취급계획서의 신청내역에 기재된 품목별 취급계획량을 전년도 생산량(생산실적 보고자료)과 비교하여 초과 및 미달하는지 파악하고, 적정성을 확인한다.	- 품목제조보고서 - 전년도 생산량 내역(생산실적 보고 자료 등)

2) 신청내역에 대한 서류심사결과는 다음과 같이 처리한다.

서류심사 결과	처리요령
작업장 시설의 지번, 면적이 제출한 서류와 일치하지 않은 경우	추가 확인이 가능한 서류를 제출받아 일치여부를 확인한다.
인증품 취급계획서의 신청내역에 기재된 품목별 취급계획량이 전년도 생산량을 초과하거나 미달하는 경우	취급계획량이 변동된 원인을 파악하여야 하며, 초과한 경우는 취급계획량이 신청업체의 생산능력을 초과하지는 않는지 확인한다.

3.2.2.2. 취급공정

1) 취급공정에 대하여 다음과 같은 사항을 확인한다.

항목	서류심사 요령	관련서류
취급 공정	- 취급품목의 제조방법 및 작업공정 등 취급 공정을 검토하여 취급공정 중 금지물질을 사용하는지 여부 및 금지물질을 사용할 가능성이 있는지를 확인	- 작업공정도 - 품목제조 보고서

2) 취급공정에 대한 서류심사결과는 다음과 같이 처리한다.

서류심사 결과	처리요령
- 품목의 제조방법 및 작업공정 등 취급 공정에 사용하는 자재가 있을 경우	사용자재가 허용된 자재인지 여부를 확인한다.
- 취급공정 중 금지물질을 사용할 가능성이 있는지를 확인	실제 사용물질을 확인하고, 금지물질의 보관 등 사용가능성이 있는 경우 사용여부를 반드시 추적 조사한다.

3.2.2.3. 경영관련 자료

1) 경영관련 자료에 대하여 다음과 같은 사항을 확인한다.

항목	서류심사 요령	관련서류
경영관련자료 제출확인	- 경영관련 자료(전산 또는 수기록한 대장) 제출여부를 확인하고, 제출한 경우를 기록내용 중 누락된 부분이 없는지 확인한다.	- 작업일지(생산일지) - 원료 및 재포장품의 입출고 기록장(수불부) - 도축확인서, 영수증 또는 거래명세표(구입, 판매) - 계약서(구입, 판매)
입·출고 내역에 대한 기록 유지 여부 확인	- 입출고 내역을 관리하기 위한 자료와 기록방법 등을 확인한다. - 입·출고 내역을 관리하기 위한 자료를 확인하고, 제출한 자료의 기록내용 중 누락된 부분은 없는지 확인한다.	- 원료 및 재포장품의 입출고 기록장(수불부)

2) 경영관련 자료에 대한 서류심사결과는 다음과 같이 처리한다.

서류심사 결과	처리요령
- 경영관련 자료 제출하였으나, 허위기재, 모방기재가 의심되는 경우	경영관련 자료에 기록된 사항에 대한 사실여부를 확인 한다.
- 경영관련 자료(전산 또는 수기록한 대장)를 기록·보관하는 경우	기록해야 할 내용이 모두 포함되어 있는지(누락된 것은 없는지), 지속적으로 기록하고 있는지 여부를 확인한다.
- 입·출고 내역을 기록·보관하는 경우	기록해야 할 내용이 모두 포함되어 있는지, 지속적으로 기록하고 있는지 여부를 확인한다.

3.1.2.4. 작업기록 및 원료관리

1) 작업기록 및 원료관리에 대하여 다음과 같은 사항을 확인한다.

항목	서류심사 요령	관련서류
로트번호	- 로트번호 부여방법을 확인하여, 로트번호를 통한 작업, 출고 이력의 추적 가능성 여부를 확인한다.	- 인증품 취급계획서 - 작업일지(생산일지) - 원료 및 재포장품의 입출고 기록장(수불부)
최근 1년간 취급농산물의 입출고내역 및 취급농산물의 현재고 내역 확인	- 기록된 입출고 물량을 대조하여 출고량이 입고량을 초과할 가능성이 있는지 파악한다.	- 인증품 취급계획서 - 원료 및 재포장품의 입출고 기록장(수불부)

항목	서류심사 요령	관련서류
원료관리	- 원료의 인증 여부 확인 방법을 파악한다. - 취급중인 원료가 인증품인지 확인한다. - 서류상 현 재고 농산물의 인증번호 및 로트 번호 등을 확인하고, 취급농산물의 원료가 인증품인지 원료구입현황(업체 및 인증농가, 인증서, 계약서 등)과 대조 확인한다.	- 인증품 취급계획서 - 원료 구입업체 및 인증농가 리스트 또는 구매계약서 - 인증서

2) 작업기록 및 원료관리에 대한 서류심사결과는 다음과 같이 처리한다.

서류심사 결과	처리요령
- 로트번호 부여방법을 확인한 경우	- 로트번호를 통한 입고, 작업, 출고 이력이 추적가능한지 실제 샘플 조사하여 확인한다.
- 입고량과 출하량을 대조 확인하여 입고량이 출고량을 초과하는 경우	- 대조감사를 통해 일반품 혼입 여부를 파악한다. (현 재고량=입고량-출하량-폐기량) - 현장심사 시 서류상 재고와 실재고량이 일치하는지 확인한다.
- 원료의 인증품 여부 확인	- 취급중인 원료가 인증품인지 확인한다.

3.2.2.5. 해충 및 병원균 관리

1) 해충 및 병원균 관리에 대하여 다음과 같은 사항을 확인한다.

항목	서류심사 요령	관련서류
해충 및 병원균 관리	- 해충 및 병원균 관리 방법을 확인한다. 해충 및 병원균 관리에 자재를 사용하는 경우 해당 자재가 허용된 자재인지 확인한다. - 현장심사시 해충 및 병원균 관리에 사용하는 기계·설비를 확인한다. - 해충 및 병원균 관리의 위탁 여부를 확인하고, 수탁업체의 사용자재·기구 및 관리 방법을 확인한다.	- 인증품 취급계획서 - 해충 및 병원균 관리 위탁계약서 - 사용 자재 목록

2) 해충 및 병원균 관리에 대한 서류심사결과는 다음과 같이 처리한다.

서류심사 결과	처리요령
- 해충 및 병원균 관리에 자재를 사용한 경우	- 사용자재가 허용된 자재인지 확인한다.
- 금지물질을 사용할 가능성이 있는지를 확인	- 실제 사용물질을 확인하고, 금지물질의 보관 등 사용가능성이 있는 경우 사용여부를 반드시 추적 조사한다.

3.2.2.6. 생산물의 품질관리

1) 생산물의 품질관리에 대하여 다음과 같은 사항을 확인한다.

항목	서류심사 요령	관련서류
취급과정 중 사용자재	- 취급과정에서 사용하는 자재가 허용된 자재인지 확인한다.	- 품목제조설명서 - 사용자재목록
비인증품 또는 인증종류가 다른 농산물과의 구분관리	- 일반축산물 및 인증종류가 다른 축산물과의 구분관리계획을 확인한다.	- 구분관리계획서
인증종류가 다른 농산물을 혼합한 경우의 포장재 표시	- 인증종류가 다른 축산물과 혼합한 경우 표시계획을 확인한다.	- 인증종류가 다른 농산물을 혼합한 경우 표시계획 - 인증표시물
작업장의 영업허가, 등록, 신고사항	- 축산물가공업 영업허가 여부 및 HACCP 지정업소인지 여부를 확인한다.	- 사업자등록증, - 영업허가(축산물가공업), HACCP지정서 - 공장등록증 - 건축물등록대장 및 시설배치도
각종 검사 성적서	- 수질검사성적서, 유해잔류물질 검사성적서(동물성의약품 잔류), 포장재검사성적서 제출받아 확인한다.	- 수질검사성적서 - 유해잔류물질검사성적서 - 포장재검사성적서

2) 생산물의 품질관리에 대한 서류심사결과는 다음과 같이 처리한다.

서류심사 결과	처리요령
- 가공과정에 사용하는 자재가 있는 경우	- 사용한 자재가 허용된 자재인지 확인한다.
- 일반축산물 및 인증종류가 다른 축산물과의 구분관리계획을 제출한 경우	- 현장심사 시 구분관리계획 실행여부를 확인한다.
- 인증종류가 다른 축산물과 혼합한 경우의 표시계획을 제출한 경우.	- 가장 낮은 단계의 인증표시를 할 계획인지 확인하고, 현장심사 시 인증표시물로 실제 이행여부를 확인한다.
- 축산물가공업 영업허가 여부를 확인한다. - 가공장의 HACCP작업장 지정여부를 확인한다.	- 축산물위생관리법 규정에 따른 축산물가공업 영업허가를 받아야 하므로, 영업허가 여부를 확인한다. - 가공장의 HACCP작업장 지정여부를 확인한다.
- 수질검사성적서, 유해잔류물질 검사성적서(동물용의약품 잔류), 포장재검사성적서를 제출받아 확인한다.	- 가공공정에 물이 사용되므로, 먹는물 기준에 적합한지 수질검사성적서를 확인하여야 함. - 동물용의약품은 검출되지 않아야 한다. 다만, 사

서류심사 결과	처리요령
	업자의 고의 또는 과실이 아닌 것으로 입증되는 경우에 한하여 축산물의 동물용의약품 잔류 허용기준의 10분의 1 이하인 경우에 한하여 허용 - 포장재 견본을 확인하여 재활용이 가능한 재질인지 확인하고, 포장재 성적서로 식품위생법 관련 규정(재질별 규격)에 적합한지 여부를 확인한다.

3.2.3. 현장심사

현장심사는 취급 작업장을 방문하여 취급중인 농산물이 인증기준에 적합한지에 대하여 심사하는 절차로서 반드시 인증품이 취급중인 시기에 현장심사를 실시하도록 한다.

3.2.3.1. 신청내역

항목	현장심사 요령
작업장시설 내역 일치여부 확인	- 제출한 서류 및 취급계획서의 작업장 면적, 위치 등이 실제와 일치하는지 확인한다.
품목별 취급계획량 적정성 확인	- 품목별 취급계획량이 신청업체의 생산능력을 초과하지는 않는지 확인한다. - 취급계획량에 상당하는 원료의 구매 계획은 적정한지 확인한다.

3.2.3.2. 취급공정

항목	현장심사 요령
취급 공정	- 가공 단계별 공정을 확인하여 공정 중 사용하는 자재가 있는지 확인하고, 사용자재가 허용된 자재인지 여부를 확인한다. - 품목의 가공 단계별 공정을 확인하여 취급공정에 금지물질의 사용가능성 및 사용흔적 등을 확인하고, 사용가능성이 있는 경우 사용여부를 반드시 추적 조사한다. - 세척 및 소독제 사용여부를 확인한다. - 제조 공정 중 혼입의 가능성이 있는 단계는 없는지 확인한다.

3.2.3.3. 경영관련 자료

항목	현장심사 요령
경영관련자료 확인	- 경영관련 자료(전산 또는 수기록한 대장)에 기록된 사항에 대한 사실여부를 확인한다.
입·출고 내역에 대한 기록 확인	- 입·출고 내역을 관리하기 위한 자료(입고이력, 출고이력)를 확인하고, 제출한 자료의 기록내용 중 누락된 부분은 없는지, 지속적으로 기록하고 있는지 여부를 확인한다. - 구입 원료의 인증 여부(인증서)를 확인한다.

3.2.3.4. 작업기록 및 원료관리

항목	현장심사 요령
로트번호를 통한 이력추적	- 완제품에 표시된 로트번호를 통하여 원료입고, 가공작업, 출고 등 이력 추적이 가능한지 실제 샘플링 조사하여 확인한다.
최근 1년간 취급농산물의 입출고내역 및 취급농산물의 현재고 내역 확인	- 기초재고량 및 기록된 입출고 물량을 대조하여 출고량이 입고량을 초과하지는 않았는지(현 재고량 = 입고량 - 출하량 - 폐기량) 혼입가능성을 확인한다. - 서류상 재고와 실재고의 일치 여부를 확인한다. - 서류상 현재고 내역에 기록된 재고 농산물의 인증번호 및 로트번호 등과 보관중인 실재고 축산물의 인증번호 및 로트번호 등이 일치하는지를 확인한다.
원료관리	- 취급중인 원료가 인증품인지 확인한다. - 서류상 현 재고 농산물의 인증번호 및 로트번호 등을 확인하고, 취급농산물의 원료가 인증품인지 원료구입현황(업체 및 인증농가, 인증서, 계약서 등)과 대조 확인한다.

3.2.3.5. 생산물의 품질관리

항목	현장심사 요령
오염가능성 여부 (사용자재 등)	- 인증품의 표면에 세척 또는 소독제로 사용한 자재가 허용된 자재인지 확인한다. - 작업장 등에 세척제나 소독제 사용한 경우, 인증품에 그러한 물질이 함유되지 않도록 조치하였는지 확인 - 저장, 수송 시 사용하는 자재가 있는지 확인하고, 저장장소 및 수송수단을 확인하여 금지물질의 흔적이 있는지 확인 - 방역계약 및 관리방법, 방충방서도 등을 확인. - 해충, 병원균, 그 밖의 이물질이 발생하지 않도록 청결을 유지하고, 해충 및 병원균 관리, 세척 및 소독에 사용되는 물질은 별도의 장소에 구분 보관하여 친환경축산물에 오염을 일으키지 않도록 관리하는지 확인(쓰레기 소각장, 폐기물 적재장소 등 확인).
혼입가능성 여부 (구분관리 등) 혼입가능성 여부 (구분관리 등)	- 일반축산물 및 인증종류가 다른 축산물과의 구분관리계획을 실행하는지 확인(일반축산물과 병행생산 시 보관창고에 인증품과 구분 보관할 수 있는지 여부, 작업 시 일반축산물과 구분하여 작업가능한지 여부, 수송 시 일반축산물과 구분 수송할 수 있는지 여부 확인). - 인증품과 일반축산물과의 구입내역 및 판매내역을 검토하여 구입대비 판매량이 적절한지 확인. - 재포장 작업 전의 원료축산물에 인증표시를 유지하고 있는지 확인. - 벌크 상태로 인증품을 저장 또는 수송할 경우 일반축산물과 구분할 수 있는 적절한 조치 및 오염방지를 위한 조치를 하였는지 확인.

항목	현장심사 요령
인증 표시 및 바코드표시	- 최종 완제품의 인증표시 및 로트번호 표시 등을 확인한다. - 최종 완제품에 표준바코드 또는 전자태그(RFID tag) 등을 표시하였는지 확인. - 인증종류가 다른 농산물과 혼합한 경우에 가장 낮은 단계로 인증표시하고 있는지 포장재를 확인하여 실제 이행여부를 확인.
작업장 시설기준	- 작업장은 「축산물위생관리법 시행규칙」 별표 10 영업의 종류별 시설기준에 적합한지 여부를 확인한다.
각종 검사 성적서	- 가공공정에 물이 사용되므로, 먹는물 기준에 적합한지 수질검사성적서를 확인하여야 함. - 동물용의약품은 검출되지 않아야 한다. 다만, 사업자의 고의 또는 과실이 아닌 것으로 입증되는 경우에 한하여 축산물의 동물용의약품 잔류 허용기준의 10분의 1 이하인 경우에 한하여 허용. - 포장재 견본을 확인하여 재활용이 가능한 재질인지 확인하고, 포장재 성적서로 식품위생법 관련규정(재질별 규격)에 적합한지 여부를 확인한다.

3.3. 과일류의 인증심사 예시

3.3.1. 과일류 취급 과정

【과일류 취급 과정】

원료투입 ⇨ 육안선별 ⇨ 세 척 ⇨ 자동선별 ⇨ 중량계량 ⇨ 포 장 ⇨ 출 하

원료투입

육안선별

세척

자동선별

포장

출하

3.3.2. 서류심사

서류심사는 신청인이 제출한 관련 자료가 인증기준에 적합한지에 대해 심사하는 절차로써 신청인이 제출한 관련자료 전체를 대상으로 하여야 하나, 본 품목별 인증심사 매뉴얼에서는 인증품 취급계획서를 중심으로 서류심사를 실시하고자 한다.

3.3.2.1. 신청내역

1) 신청내역에 대하여 다음과 같은 사항을 확인한다.

항목	서류심사 요령	관련서류
작업장시설 내역 확인	- 인증품 취급계획서의 신청내역에 기재된 작업장 지번, 면적은 건축물대장과 토지대장을 제출받아 일치 여부를 확인한다. - 현장심사 시 작업장의 위치 등을 확인할 수 있도록 지적도와 작업장평면도(작업장 배치도)를 제출하도록 요청한다.	- 사업자등록증 - 영업신고증 - 건축물등록대장 - 작업장 평면도 (작업장 배치도) - 토지대장 - 지적도
품목별 취급 계획량 적정성 확인	- 인증품 취급계획서의 신청내역에 기재된 품목별 취급 계획량을 전년도 생산량과 비교하여 초과 및 미달하는지 파악하고, 적정성을 확인한다.	- 품목제조보고서 - 전년도 생산량 내역

2) 신청내역에 대한 서류심사결과는 다음과 같이 처리한다.

서류심사 결과	처리요령
작업장 시설의 지번, 면적이 제출한 서류와 일치하지 않은 경우	추가 확인이 가능한 서류를 제출받아 일치여부를 확인한다.
인증품 취급계획서의 신청내역에 기재된 품목별 취급계획량이 전년도 생산량을 초과하거나 미달하는 경우	취급계획량이 변동된 원인을 파악하여야 하며, 초과한 경우는 취급계획량이 신청업체의 생산능력을 초과하지는 않는지 확인한다.

3.3.2.2. 취급공정

1) 취급공정에 대하여 다음과 같은 사항을 확인한다.

항목	서류심사 요령	관련서류
취급 공정	- 취급품목의 제조방법 및 작업공정 등 취급 공정을 검토하여 취급공정 중 금지물질을 사용하는지 여부 및 금지물질을 사용할 가능성이 있는지를 확인	- 작업공정도 - 품목제조보고서

2) 취급공정에 대한 서류심사결과는 다음과 같이 처리한다.

서류심사 결과	처리요령
- 품목의 취급공정에 사용하는 자재가 있을 경우	사용자재가 허용된 자재인지 여부를 확인한다.
- 취급공정 중 금지물질을 사용할 가능성이 있는지를 확인	실제 사용물질을 확인하고, 금지물질의 보관 등 사용가능성이 있는 경우 사용여부를 반드시 추적 조사한다.

3.3.2.3. 경영관련 자료

1) 경영관련 자료에 대하여 다음과 같은 사항을 확인한다.

항목	서류심사 요령	관련서류
경영관련자료 제출확인	- 경영관련 자료(전산 또는 수기록한 대장) 제출여부를 확인하고, 제출한 경우를 기록내용 중 누락된 부분이 없는지 확인한다.	- 작업일지(생산일지) - 원료 및 재포장품의 입출고 기록장(수불부) - 영수증 또는 거래명세표(구입, 판매) - 계약서(구입, 판매)
입·출고 내역에 대한 기록 유지 여부 확인	- 입출고 내역을 관리하기 위한 자료와 기록방법 등을 확인한다. - 입·출고 내역을 관리하기 위한 자료를 확인하고, 제출한 자료의 기록내용 중 누락된 부분은 없는지 확인한다.	- 원료 및 재포장품의 입출고 기록장(수불부)

2) 경영관련 자료에 대한 서류심사결과는 다음과 같이 처리한다.

서류심사 결과	처리요령
- 경영관련 자료 제출하였으나, 허위기재, 모방기재가 의심되는 경우	경영관련 자료에 기록된 사항에 대한 사실여부를 확인한다.
- 경영관련 자료(전산 또는 수기록한 대장)를 기록·보관하는 경우	기록해야 할 내용이 모두 포함되어 있는지(누락된 것은 없는지), 지속적으로 기록하고 있는지 여부를 확인한다.
- 입·출고 내역을 기록·보관하는 경우	기록해야 할 내용이 모두 포함되어 있는지, 지속적으로 기록하고 있는지 여부를 확인한다.

3.3.2.4. 작업기록 및 원료관리

1) 작업기록 및 원료관리에 대하여 다음과 같은 사항을 확인한다.

항목	서류심사 요령	관련서류
로트번호	- 로트번호 부여방법을 확인하여, 로트번호를 통한 작업, 출고 이력의 추적 가능성 여부를 확인한다.	- 인증품 취급계획서 - 작업일지(생산일지) - 원료 및 재포장품의 입출고 기록장(수불부)
최근 1년간 취급농산물의 입출고내역 및 취급농산물의 현 재고 내역 확인	- 기록된 입출고 물량을 대조하여 출고량이 입고량을 초과할 가능성이 있는지 파악한다.	- 인증품 취급계획서 - 원료 및 재포장품의 입출고 기록장(수불부)
원료관리	- 원료의 인증 여부 확인 방법을 파악한다. - 취급중인 원료가 인증품인지 확인한다. - 서류상 현 재고 농산물의 인증번호 및 로트번호 등을 확인하고, 취급농산물의 원료가 인증품인지 원료구입현황(업체 및 인증농가, 인증서, 계약서 등)과 대조 확인한다.	- 인증품 취급계획서 - 원료 구입업체 및 인증농가 리스트 또는 구매계약서 - 인증서

2) 작업기록 및 원료관리에 대한 서류심사결과는 다음과 같이 처리한다.

서류심사 결과	처리요령
- 로트번호 부여방법을 확인한 경우	- 로트번호를 통한 입고, 작업, 출고 이력이 추적가능한지 실제 샘플 조사하여 확인한다.
- 입고량과 출하량을 대조 확인하여 입고량이 출고량을 초과하는 경우	- 대조감사를 통해 일반품 혼입 여부를 파악한다. (현 재고량 = 입고량 - 출하량 - 폐기량) - 현장심사 시 서류상 재고와 실재고량이 일치하는지 확인한다.
- 원료의 인증품 여부 확인	- 취급중인 원료가 인증품인지 확인한다.

3.3.2.5. 해충 및 병원균 관리

1) 해충 및 병원균 관리에 대하여 다음과 같은 사항을 확인한다.

항목	서류심사 요령	관련서류
해충 및 병원균 관리	- 해충 및 병원균 관리 방법을 확인한다. 해충 및 병원균 관리에 자재를 사용하는 경우 해당 자재가 허용된 자재인지 확인한다. - 현장심사시 해충 및 병원균 관리에 사용하는 기계·설비를 확인한다. - 해충 및 병원균 관리의 위탁 여부를 확인하고, 수탁업체의 사용자재·기구 및 관리 방법을 확인한다.	- 인증품 취급계획서 - 해충 및 병원균 관리 위탁계약서 - 사용 자재 목록

2) 해충 및 병원균 관리에 대한 서류심사결과는 다음과 같이 처리한다.

서류심사 결과	처리요령
- 해충 및 병원균 관리에 자재를 사용한 경우	- 사용자재가 허용된 자재인지 확인한다.
- 금지물질을 사용할 가능성이 있는지를 확인	- 실제 사용물질을 확인하고, 금지물질의 보관 등 사용가능성이 있는 경우 사용여부를 반드시 추적 조사한다.

3.3.2.6. 생산물의 품질관리

1) 생산물의 품질관리에 대하여 다음과 같은 사항을 확인한다.

항목	서류심사 요령	관련서류
취급과정 중 사용자재	- 취급과정에서 사용하는 자재가 허용된 자재인지 확인한다.	- 품목제조설명서 - 사용자재목록
비인증품 또는 인증종류가 다른 농산물과의 구분관리	- 일반농산물 및 인증종류가 다른 농산물과의 구분관리계획을 확인한다.	- 구분관리계획서
인증종류가 다른 농산물을 혼합한 경우의 포장재 표시	- 인증종류가 다른 농산물과 혼합한 경우 표시계획을 확인한다.	- 인증종류가 다른 농산물을 혼합한 경우 표시계획 - 인증표시물
작업장의 영업허가, 등록, 신고사항	- 식품위생법에 따른 식품제조를 하지 않는다면 영업신고여부를 확인하지 않아도 된다. - 농산물우수관리(GAP)시설로 지정되어 있는 경우, 지정서를 확인한다.	- 사업자등록증 - 건축물등록대장 및 시설배치도 - GAP시설 지정서
각종 검사 성적서 (수질검사성적서, 잔류농약검사성적서, 포장재검사성적서 등)	- 수질검사성적서, 생산물잔류농약검사성적서, 포장재검사성적서 제출받아 확인한다.	- 수질검사성적서 - 잔류농약검사성적서 - 포장재검사성적서

2) 생산물의 품질관리에 대한 서류심사결과는 다음과 같이 처리한다.

서류심사 결과	처리요령
- 취급 과정에 사용하는 자재가 있는 경우	- 사용한 자재가 허용된 자재인지 확인한다.
- 일반농산물 및 인증종류가 다른 농산물과의 구분관리계획을 제출한 경우	- 현장심사 시 구분관리계획 실행여부를 확인한다.
- 인증종류가 다른 농산물과 혼합한 경우의 표시계획을 제출한 경우.	- 가장 낮은 단계의 인증표시를 할 계획인지 확인하고, 현장심사 시 인증표시물로 실제 이행여부를 확인한다.

서류심사 결과	처리요령
- 식품위생법에 따른 식품제조를 하지 않는다면 영업신고여부를 확인하지 않아도 된다. - 농산물우수관리(GAP)시설로 지정되어 있는 경우	- 식품위생법에 따른 식품제조를 하지 않는다면 영업신고여부를 확인하지 않아도 된다. - 농산물우수관리(GAP)시설로 지정되어 있는 경우, 지정서를 확인한다.
- 수질검사성적서, 생산물잔류농약검사성적서, 포장재검사성적서 제출받아 확인한다.	- 취급공정 중 인증품을 세척 하는 경우에, 수질은 먹는물 기준에 적합한지 수질 검사성적서를 확인한다. - 잔류농약이 검출된 원료를 재포장품의 원료로 사용하여서는 안됨. - 포장재 견본을 확인하여 재활용이 가능한 재질인지 확인하고, 포장재 성적서로 식품위생법 관련규정(재질별 규격)에 적합한지 여부를 확인한다.

3.3.3. 현장심사

현장심사는 취급 작업장을 방문하여 취급중인 농산물이 인증기준에 적합한지에 대하여 심사하는 절차로서 반드시 인증품이 취급중인 시기에 현장심사를 실시하도록 한다.

3.3.3.1. 신청내역

항목	현장심사 요령
작업장시설 내역 일치여부 확인	- 제출한 서류 및 취급계획서의 작업장 면적, 위치 등이 실제와 일치하는지 확인한다.
품목별 취급계획량 적정성 확인	- 품목별 취급계획량이 신청업체의 생산능력을 초과하지는 않는지 확인한다. - 취급계획량에 상당하는 원료의 구매 계획은 적정한지 확인한다.

3.3.3.2. 취급공정

항목	현장심사 요령
취급 공정	- 선별 등 취급 단계별 공정을 확인하여 공정 중 사용하는 자재가 있는지 확인하고, 사용자재가 허용된 자재인지 여부를 확인한다. - 품목의 취급 단계별 공정을 확인하여 취급공정에 금지물질의 사용가능성 및 사용흔적 등을 확인하고, 사용가능성이 있는 경우 사용여부를 반드시 추적 조사한다. - 제조 공정 중 혼입의 가능성이 있는 단계는 없는지 확인한다.

3.3.3.3. 경영관련 자료

항목	현장심사 요령
경영관련자료 확인	- 경영관련 자료(전산 또는 수기록한 대장)에 기록된 사항에 대한 사실여부를 확인한다.
입·출고 내역에 대한 기록 확인	- 입·출고 내역을 관리하기 위한 자료(입고이력, 출고이력)를 확인하고, 제출한 자료의 기록내용 중 누락된 부분은 없는지, 지속적으로 기록하고 있는지 여부를 확인한다. - 구입원료의 인증 여부(인증서)를 확인한다.

3.3.3.4. 작업기록 및 원료관리

항목	현장심사 요령
로트번호를 통한 이력추적	- 완제품에 표시된 로트번호를 통하여 원료입고, 선별작업, 출고 등 이력 추적이 가능한지 실제 샘플링 조사하여 확인한다.
최근 1년간 취급농산물의 입출고내역 및 취급농산물의 현재고 내역 확인	- 기초재고량 및 기록된 입출고 물량을 대조하여 출고량이 입고량을 초과하지는 않았는지(현 재고량 = 입고량 - 출하량 - 폐기량) 혼입가능성을 확인한다. - 서류상 재고와 실재고의 일치 여부를 확인한다. - 서류상 현재고 내역에 기록된 재고 농산물의 인증번호 및 로트번호 등과 보관중인 실재고 농산물의 인증번호 및 로트번호 등이 일치하는지를 확인한다.
원료관리	- 취급중인 원료가 인증품인지 확인한다. - 서류상 현 재고 농산물의 인증번호 및 로트번호 등을 확인하고, 취급농산물의 원료가 인증품인지 원료구입현황(업체 및 인증농가, 인증서, 계약서 등)과 대조 확인한다.

3.3.3.5. 생산물의 품질관리

항목	현장심사 요령
오염가능성 여부 (사용자재 등)	- 친환경농산물 표면에 세척 또는 소독제로 사용한 자재가 허용된 자재인지 확인한다. - 작업장 등에 세척제나 소독제 사용한 경우, 친환경농산물에 그러한 물질이 함유되지 않도록 조치하였는지 확인 - 저장, 수송 시 사용하는 자재가 있는지 확인하고, 저장장소 및 수송수단을 확인하여 금지물질의 흔적이 있는지 확인 - 방역계약 및 관리방법, 방충방서도 등을 확인. - 해충, 병원균, 그 밖의 이물질이 발생하지 않도록 청결을 유지하고, 해충 및 병원균 관리, 세척 및 소독에 사용되는 물질은 별도의 장소에 구분 보관하여 친환경농산물에 오염을 일으키지 않도록 관리하는지 확인(쓰레기 소각장, 폐기물 적재장소 등 확인).
혼입가능성 여부 (구분관리 등)	- 일반농산물 및 인증종류가 다른 농산물과의 구분관리계획을 실행하는지 확인(일반농산물과 병행생산 시 집하장(보관창고)에 인증품과 구분 보관할 수 있는지 여부, 작업 시 일반농산물과 구분하여 작업가능한지 여부, 수송 시 일반농산물과 구분 수송할 수 있는지 여부 확인) - 친환경농산물과 일반농산물과의 구입내역 및 판매내역을 검토하여 구입대비 판매량이 적절한지 확인 - 재포장 작업 전의 원료농산물에 인증표시를 유지하고 있는지 확인 - 벌크 상태로 인증품을 저장 또는 수송할 경우 일반농산물과 구분할 수 있는 적절한 조치 및 오염방지를 위한 조치를 하였는지 확인

항목	현장심사 요령
인증 표시 및 바코드표시	- 최종 완제품의 인증표시 및 로트번호 표시 등을 확인한다. - 최종 완제품에 표준바코드 또는 전자태그(RFID tag) 등을 표시하였는지 확인 - 인증종류가 다른 농산물과 혼합한 경우에 가장 낮은 단계로 인증표시하고 있는지 포장재를 확인하여 실제 이행여부를 확인.
작업장 시설기준	- 단순 선별 및 포장작업만을 할 경우, 작업장은 「식품위생법 시행규칙」 별표 14 업종별 시설기준 중 식품소분판매업 시설기준에 적합한지 여부를 확인한다.
각종 검사 성적서	- 취급공정 중 인증품을 세척 하는 경우에, 수질은 먹는물 기준에 적합한지 수질 검사성적서를 확인한다. - 원료 친환경농산물의 잔류농약 검사성적서를 확인한다. - 포장재 견본을 확인하여 재활용이 가능한 재질인지 확인하고, 포장재 성적서로 식품위생법 관련규정(재질별 규격)에 적합한지 여부를 확인한다.

3.4. 채소류의 인증심사 예시

3.4.1. 채소류 취급 과정

【세척채소류】

원료투입 ⇨ 예 냉 ⇨ 흙제거 ⇨ 선 별 ⇨ 1차 세척 (담수) ⇨ 2차 세척 (오존수, 버블) ⇨ 포 장 ⇨ 저 장 (저온) ⇨ 출 하

【세척채소류】

원료투입	예냉실	흙제거 작업	선별

1차 세척	2차 세척(오존수, 버블)	절단작업	절단 소독기

저온저장고	포장구역	포장기

		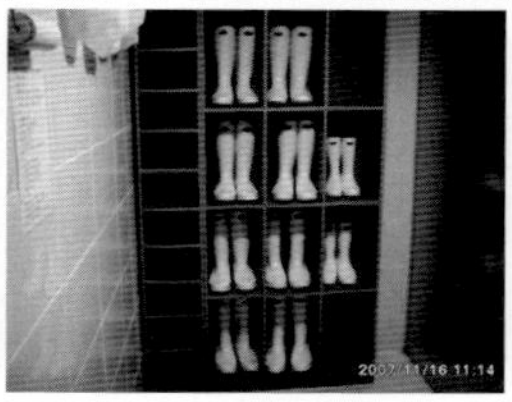	
에어샤워기	손 세척	위생화 등	운송수단

3.4.2. 서류심사

서류심사는 신청인이 제출한 관련 자료가 인증기준에 적합한지에 대해 심사하는 절차로써 신청인이 제출한 관련자료 전체를 대상으로 하여야 하나, 본 품목별 인증심사 매뉴얼에서는 인증품 취급계획서를 중심으로 서류심사를 실시하고자 한다.

3.4.2.1. 신청내역

1) 신청내역에 대하여 다음과 같은 사항을 확인한다.

항목	서류심사 요령	관련서류
작업장시설 내역 확인	- 인증품 취급계획서의 신청내역에 기재된 작업장 지번, 면적은 건축물대장과 토지대장을 제출받아 일치 여부를 확인한다. - 현장심사 시 작업장의 위치 등을 확인할 수 있도록 지적도와 작업장평면도(작업장 배치도)를 제출하도록 요청한다.	- 사업자등록증 - 영업신고증 - 건축물등록대장 - 작업장 평면도 (작업장 배치도) - 토지대장 - 지적도
품목별 취급 계획량 적정성 확인	- 인증품 취급계획서의 신청내역에 기재된 품목별 취급계획량을 전년도 생산량과 비교하여 초과 및 미달하는지 파악하고, 적정성을 확인한다.	- 품목제조보고서 - 전년도 생산량 - 내역(생산실적 보고 자료 등)

2) 신청내역에 대한 서류심사결과는 다음과 같이 처리한다.

서류심사 결과	처리요령
작업장 시설의 지번, 면적이 제출한 서류와 일치하지 않은 경우	추가 확인이 가능한 서류를 제출받아 일치여부를 확인한다.
인증품 취급계획서의 신청내역에 기재된 품목별 취급계획량이 전년도 생산량을 초과하거나 미달하는 경우	취급계획량이 변동된 원인을 파악하여야 하며, 초과한 경우는 취급계획량이 신청업체의 생산능력을 초과하지는 않는지 확인한다.

3.4.2.2. 취급공정

1) 취급공정에 대하여 다음과 같은 사항을 확인한다.

항목	서류심사 요령	관련서류
취급 공정	- 취급품목의 제조방법 및 작업공정 등 취급 공정을 검토하여 취급공정 중 금지물질을 사용하는지 여부 및 금지물질을 사용할 가능성이 있는지를 확인	- 작업공정도 - 품목제조보고서

2) 취급공정에 대한 서류심사결과는 다음과 같이 처리한다.

서류심사 결과	처리요령
- 품목의 제조방법 및 작업공정 등 취급공정에 사용하는 자재가 있을 경우	사용자재가 허용된 자재인지 여부를 확인한다.
- 취급공정 중 금지물질을 사용할 가능성이 있는지를 확인	실제 사용물질을 확인하고, 금지물질의 보관 등 사용가능성이 있는 경우 사용여부를 반드시 추적 조사한다.

3.4.2.3. 경영관련 자료

1) 경영관련 자료에 대하여 다음과 같은 사항을 확인한다.

항목	서류심사 요령	관련서류
경영관련자료 제출확인	- 경영관련 자료(전산 또는 수기록한 대장) 제출여부를 확인하고, 제출한 경우를 기록내용 중 누락된 부분이 없는지 확인한다.	- 작업일지(생산일지) - 원료 및 재포장품의 입출고 기록장(수불부) - 영수증 또는 거래명세표(구입, 판매) - 계약서(구입, 판매)
입·출고 내역에 대한 기록 유지 여부 확인	- 입출고 내역을 관리하기 위한 자료와 기록방법 등을 확인한다. - 입·출고 내역을 관리하기 위한 자료를 확인하고, 제출한 자료의 기록내용 중 누락된 부분은 없는지 확인한다.	- 원료 및 재포장품의 입출고 기록장(수불부)

2) 경영관련 자료에 대한 서류심사결과는 다음과 같이 처리한다.

서류심사 결과	처리요령
- 경영관련 자료 제출하였으나, 허위기재, 모방기재가 의심되는 경우	경영관련 자료에 기록된 사항에 대한 사실여부를 확인 한다.
- 경영관련 자료(전산 또는 수기록한 대장)를 기록·보관하는 경우	기록해야 할 내용이 모두 포함되어 있는지(누락된 것은 없는지), 지속적으로 기록하고 있는지 여부를 확인한다.
- 입·출고 내역을 기록·보관하는 경우	기록해야 할 내용이 모두 포함되어 있는지, 지속적으로 기록하고 있는지 여부를 확인한다.

3.4.2.4. 작업기록 및 원료관리

1) 작업기록 및 원료관리에 대하여 다음과 같은 사항을 확인한다.

항목	서류심사 요령	관련서류
로트번호	- 로트번호 부여방법을 확인하여, 로트번호를 통한 작업, 출고 이력의 추적 가능성 여부를 확인한다.	- 인증품 취급계획서 - 작업일지(생산일지) - 원료 및 재포장품의 입출고 기록장(수불부)
최근 1년간 취급농산물의 입출고내역 및 취급농산물의 현재고 내역 확인	- 기록된 입출고 물량을 대조하여 출고량이 입고량을 초과할 가능성이 있는지 파악한다.	- 인증품 취급계획서 - 원료 및 재포장품의 입출고 기록장(수불부)
원료관리	- 원료의 인증 여부 확인 방법을 파악한다. - 취급중인 원료가 인증품인지 확인한다. - 서류상 현 재고 농산물의 인증번호 및 로트번호 등을 확인하고, 취급농산물의 원료가 인증품인지 원료구입현황(업체 및 인증농가, 친환경농산물인증서, 계약서 등)과 대조 확인한다.	- 인증품 취급계획서 - 원료 구입업체 및 인증농가 리스트 또는 구매계약서 - 인증서

2) 작업기록 및 원료관리에 대한 서류심사결과는 다음과 같이 처리한다.

서류심사 결과	처리요령
- 로트번호 부여방법을 확인한 경우	- 로트번호를 통한 입고, 작업, 출고 이력이 추적가능한지 실제 샘플 조사하여 확인한다.
- 입고량과 출하량을 대조 확인하여 입고량이 출고량을 초과하는 경우	- 대조감사를 통해 일반품 혼입 여부를 파악한다. (현 재고량 = 입고량-출하량 - 폐기량) - 현장심사 시 서류상 재고와 실재고량이 일치하는지 확인한다.
- 원료의 인증품 여부 확인	- 취급중인 원료가 인증품인지 확인한다.

3.1.2.5. 해충 및 병원균 관리

1) 해충 및 병원균 관리에 대하여 다음과 같은 사항을 확인한다.

항목	서류심사 요령	관련서류
해충 및 병원균 관리	- 해충 및 병원균 관리 방법을 확인한다. 해충 및 병원균 관리에 자재를 사용하는 경우 해당 자재가 허용된 자재인지 확인한다. - 현장심사시 해충 및 병원균 관리에 사용하는 기계·설비를 확인한다. - 해충 및 병원균 관리의 위탁 여부를 확인하고, 수탁업체의 사용자재·기구 및 관리 방법을 확인한다.	- 인증품 취급계획서 - 해충 및 병원균 관리 위탁계약서 - 사용 자재 목록

2) 해충 및 병원균 관리에 대한 서류심사결과는 다음과 같이 처리한다.

서류심사 결과	처리요령
- 해충 및 병원균 관리에 자재를 사용한 경우	- 사용자재가 허용된 자재인지 확인한다.
- 금지물질을 사용할 가능성이 있는지를 확인	- 실제 사용물질을 확인하고, 금지물질의 보관 등 사용가능성이 있는 경우 사용여부를 반드시 추적 조사한다.

3.4.2.6. 생산물의 품질관리

1) 생산물의 품질관리에 대하여 다음과 같은 사항을 확인한다.

항목	서류심사 요령	관련서류
취급과정 중 사용자재	- 취급과정에서 사용하는 자재가 허용된 자재인지 확인한다.	- 품목제조설명서 - 사용자재목록
비인증품 또는 인증종류가 다른 농산물과의 구분관리	- 일반농산물 및 인증종류가 다른 농산물과의 구분관리계획을 확인한다.	- 구분관리계획서
인증종류가 다른 농산물을 혼합한 경우의 포장재 표시	- 인증종류가 다른 농산물과 혼합한 경우 표시계획을 확인한다.	- 인증종류가 다른 농산물을 혼합한 경우 표시계획 - 인증표시물
작업장의 영업허가, 등록, 신고사항	- 신선편의식품(농·임산물을 세척, 박피, 절단 또는 세절 등의 가공공정을 거치거나 이에 단순히 식품 또는 식품첨가물을 가한 것으로서 그대로 섭취할 수 있는 샐러드, 새싹채소 등의 식품)을 제조하는 경우는 식품위생법에 따른 식품제조가공업 영업신고 여부를 확인한다.	- 사업자등록증 - 영업신고증 (식품제조가공업) - 공장등록증 - 건축물등록대장 및 시설배치도

항목	서류심사 요령	관련서류
각종 검사 성적서	- 수질 검사성적서, 잔류농약 검사성적서, 포장재 검사성적서 제출받아 확인한다.	- 수질검사성적서 - 잔류농약검사성적서 - 포장재검사성적서

2) 생산물의 품질관리에 대한 서류심사결과는 다음과 같이 처리한다.

서류심사 결과	처리요령
- 제조 및 취급과정에 사용하는 자재가 있는 경우	- 사용한 자재가 허용된 자재인지 확인한다.
- 일반농산물 및 인증종류가 다른 농산물과의 구분관리계획을 제출한 경우	- 현장심사 시 구분관리계획 실행여부를 확인한다.
- 인증종류가 다른 농산물과 혼합한 경우의 표시계획을 제출한 경우.	- 가장 낮은 단계의 인증표시를 할 계획인지 확인하고, 현장심사 시 인증표시물로 실제 이행여부를 확인한다.
- 신선편의식품(농·임산물을 세척, 박피, 절단 또는 세절 등의 가공공정을 거치거나 이에 단순히 식품 또는 식품첨가물을 가한 것으로서 그대로 섭취할 수 있는 샐러드, 새싹채소 등의 식품)을 제조하는 경우	- 신선편의식품(농·임산물을 세척, 박피, 절단 또는 세절 등의 가공공정을 거치거나 이에 단순히 식품 또는 식품첨가물을 가한 것으로서 그대로 섭취할 수 있는 샐러드, 새싹채소 등의 식품)을 제조하는 경우는 식품위생법에 따른 식품제조가공업 영업신고 여부를 확인한다.
- 수질 검사성적서, 잔류농약 검사성적서, 포장재 검사성적서 제출받아 확인한다.	- 취급공정 중 인증품을 세척 하는 경우에, 수질은 먹는물 기준에 적합한지 수질검사성적서를 확인한다. - 잔류농약이 검출된 원료를 재포장품의 원료로 사용하여서는 안됨. - 포장재 견본을 확인하여 재활용이 가능한 재질인지 확인하고, 포장재 성적서로 식품위생법 관련규정(재질별 규격)에 적합한지 여부를 확인한다.

3.4.3. 현장심사

현장심사는 취급 작업장을 방문하여 취급중인 농산물이 인증기준에 적합한지에 대하여 심사하는 절차로서 반드시 인증품이 취급중인 시기에 현장심사를 실시하도록 한다.

3.4.3.1. 신청내역

항목	현장심사 요령
작업장시설 내역 일치여부 확인	- 제출한 서류 및 취급계획서의 작업장 면적, 위치 등이 실제와 일치하는지 확인한다.
품목별 취급계획량 적정성 확인	- 품목별 취급계획량이 신청업체의 생산능력을 초과하지는 않는지 확인한다. - 취급계획량에 상당하는 원료의 구매 계획은 적정한지 확인한다.

3.4.3.2. 취급공정

항목	현장심사 요령
취급 공정	- 선별 등 취급 단계별 공정을 확인하여 공정 중 사용하는 자재가 있는지 확인하고, 사용자재가 허용된 자재인지 여부를 확인한다. - 품목의 제조 단계별 공정을 확인하여 취급공정에 금지물질의 사용가능성 및 사용흔적 등을 확인하고, 사용가능성이 있는 경우 사용여부를 반드시 추적 조사한다. - 제조 공정 중 혼입의 가능성이 있는 단계는 없는지 확인한다.

3.4.3.3. 경영관련 자료

항목	현장심사 요령
경영관련자료 확인	- 경영관련 자료(전산 또는 수기록한 대장)에 기록된 사항에 대한 사실여부를 확인한다.
입·출고 내역에 대한 기록 확인	- 입·출고 내역을 관리하기 위한 자료(입고이력, 출고이력)를 확인하고, 제출한 자료의 기록내용 중 누락된 부분은 없는지, 지속적으로 기록하고 있는지 여부를 확인한다. - 구입원료의 인증 여부(인증서)를 확인한다.

3.4.3.4. 작업기록 및 원료관리

항목	현장심사 요령
로트번호를 통한 이력추적	- 완제품에 표시된 로트번호를 통하여 원료입고, 도정작업, 출고 등 이력 추적이 가능한지 실제 샘플링 조사하여 확인한다.
최근 1년간 취급농산물의 입출고내역 및 취급농산물의 현재고 내역 확인	- 기초재고량 및 기록된 입출고 물량을 대조하여 출고량이 입고량을 초과하지는 않았는지(현 재고량 = 입고량 - 출하량 - 폐기량) 혼입가능성을 확인한다. - 서류상 재고와 실재고의 일치 여부를 확인한다. - 서류상 현재고 내역에 기록된 재고 농산물의 인증번호 및 로트번호 등과 보관중인 실재고 농산물의 인증번호 및 로트번호 등이 일치하는지를 확인한다.
원료관리	- 취급중인 원료가 인증품인지 확인한다. - 서류상 현 재고 농산물의 인증번호 및 로트번호 등을 확인하고, 취급농산물의 원료가 인증품인지 원료구입현황(업체 및 인증농가, 인증서, 계약서 등)과 대조 확인한다.

3.4.3.5. 생산물의 품질관리

항목	현장심사 요령
오염가능성 여부 (사용자재 등)	- 친환경농산물 표면에 세척 또는 소독제로 사용한 자재가 허용된 자재인지 확인한다. - 작업장 등에 세척제나 소독제 사용한 경우, 친환경농산물에 그러한 물질이 함유되지 않도록 조치하였는지 확인 - 저장, 수송 시 사용하는 자재가 있는지 확인하고, 저장장소 및 수송수단을 확인하여 금지물질의 흔적이 있는지 확인 - 방역계약 및 관리방법, 방충방서도 등을 확인. - 해충, 병원균, 그 밖의 이물질이 발생하지 않도록 청결을 유지하고, 해충 및 병원균 관리, 세척 및 소독에 사용되는 물질은 별도의 장소에 구분 보관하여 친환경농산물에 오염을 일으키지 않도록 관리하는지 확인(쓰레기 소각장, 폐기물 적재장소 등 확인).
혼입가능성 여부 (구분관리 등)	- 일반농산물 및 인증종류가 다른 농산물과의 구분관리계획을 실행하는지 확인(일반농산물과 병행생산 시 집하장(보관창고)에 인증품과 구분 보관할 수 있는지 여부, 작업 시 일반농산물과 구분하여 작업가능한지 여부, 수송 시 일반농산물과 구분 수송할 수 있는지 여부 확인) - 친환경농산물과 일반농산물과의 구입내역 및 판매내역을 검토하여 구입대비 판매량이 적절한지 확인 - 재포장 작업 전의 원료농산물에 인증표시를 유지하고 있는지 확인 - 벌크 상태로 인증품을 저장 또는 수송할 경우 일반농산물과 구분할 수 있는 적절한 조치 및 오염방지를 위한 조치를 하였는지 확인
인증 표시 및 바코드표시	- 최종 완제품의 인증표시 및 로트번호 표시 등을 확인한다. - 최종 완제품에 표준바코드 또는 전자태그(RFID tag) 등을 표시하였는지 확인 - 인증종류가 다른 농산물과 혼합한 경우에 가장 낮은 단계로 인증표시하고 있는지 포장재를 확인하여 실제 이행여부를 확인.
작업장 시설기준	- 신선편의식품(농·임산물을 세척, 박피, 절단 또는 세절 등의 가공공정을 거치거나 이에 단순히 식품 또는 식품첨가물을 가한 것으로서 그대로 섭취할 수 있는 샐러드, 새싹채소 등의 식품)을 제조하는 경우, 작업장은「식품위생법 시행규칙」별표 14 업종별 시설기준 중 식품제조·가공업 시설기준에 적합한지 여부를 확인한다. - 단순 선별 및 포장하는 경우, 작업장은「식품위생법 시행규칙」별표 14 업종별 시설기준 중 식품소분·판매업 시설기준 적용에 적합한지 여부를 확인한다.
각종 검사 성적서	- 취급공정 중 인증품을 물로 세척하는 경우에, 수질은 먹는물 기준에 적합한지 수질검사성적서를 확인한다. - 원료 친환경농산물의 잔류농약 검사성적서를 확인한다. - 포장재 견본을 확인하여 재활용이 가능한 재질인지 확인하고, 포장재 성적서로 식품위생법 관련규정(재질별 규격)에 적합한지 여부를 확인한다.

4. 인증심사보고서 작성 예시

취급자 인증심사보고서

1. 신청인

신청인 성명 :

면담대상자 성명 :

심사원 성명 :

심사 일자	서류심사 : 월 일 시 ~ 월 일 시 현장심사 : 월 일 시 ~ 월 일 시 총 심사 시간 : 시간
신청 구분	□ 신규 신청 □ 인증갱신 신청 □ 인증품 유효기간 연장신청 □ 인증변경승인신청

갱신신청의 경우 과거인증심사과정에서 지적(요구)받은 사항이 있었는지

□ 있음 □ 없음 □ 해당사항 없음

- 만약 지적(요구)사항이 있으면 아래 표에 따라 개선 사항을 나열 (칸이 부족할 경우 별지를 추가)

지적(요구) 사항	개선 사항

2. 신청내역

(1) 취급 작업장 시설내역

구분	작업장 시설			비고
	소재지	지번	면적(㎡)	

1) 신청한 시설의 면적을 확인할 수 있는 자료 제출 여부

□ 제출 □ 미 제출

2) 신청한 시설의 건축물현황도와 시설의 일치 여부

□ 일치 □ 불일치

(2) 인증을 받으려는 취급 품목내역

품목명	취급계획량(Kg)		취급농산물 산지	전년도 취급량 (Kg)
	유기	무농약 (무항생제)		

1) 취급계획량이 평균 취급량과 비교하여 적정한지

□ 적정 □ 부 적정

2) 신청한 품목(일반 경영)의 취급경력 :

3) 과거 인증경력(인증번호) :

4) 판매계획

품목류	세부 품목	인증 종류별 판매계획량(kg)			판매처
		유기	무농약 (무항생제)	계	

- 신청내역에 대하여 심사한 내용을 종합적으로 기재

3. 경영관리

(1) 제출된 경영관련자료의 기록 기간 :

(2) 기록기간이 1년 미만인 경우라면 단축 사유를 구체적으로 쓰시오. □ 해당사항 없음

(3) 입·출고내역 관리 자료명 및 기록방법

자료명칭	기록하는 내용	기록방법	기록물관리자
		□ 수기록 □ 전산	
		□ 수기록 □ 전산	
		□ 수기록 □ 전산	

(4) 제출된 경영관련 자료에 기록하여야 할 세부적인 사항 중 누락된 내용이 있는지

□ 있음 □ 없음

- "있음"이면 누락된 내용을 기술하시오.

(5) 경영관련자료와 일치하지 않은 것으로 확인된 내역이 있는지

□ 있음 □ 없음

- "있음"이면 누락된 내용을 기술하시오.

- 경영관리에 대하여 심사한 내용을 종합적으로 기재

4. 작업장 시설기준

(1) 농산물 작업장일 경우 「식품위생법 시행규칙」 별표 14 업종별 시설기준 중 해당업종에 해당하는 시설기준에 적합한지

□ 적합 □ 부적합 □ 해당사항 없음

(2) 축산물에 대한 작업장일 경우 「축산물위생관리법」 제9조에 따른 안전관리 인증기준(HACCP)에 적합한지

□ 적합 □ 부적합 □ 해당사항 없음

(3) 축산물판매업일 경우 「축산물위생관리법 시행규칙」 별표 10 영업의 종류별 시설기준 중 해당업종에 해당하는 시설기준에 적합한지

□ 적합 □ 부적합 □ 해당사항 없음

(4) 업종별 시설기준이 정하여지지 않은 업종에 해당하는 작업장일 경우 시설기준에 적합한지
□ 적합 □ 부적합 □ 해당사항 없음
(5) 작업장이 최근 1년간 인증기준 위반으로 인증취소처분 여부
□ 인증취소 처분사항 없음 □ 인증취소처분 사례 있음

- 작업장 시설기준 점검표 첨부(축산물 작업장의 경우 HACCP인증서로 갈음)
- 신청 작업장의 영업 허가·등록·신고사항 내역을 아래 표에 기술하시오.

농산물 작업장	□ 식품제조업 등록 □ 식품소분판매업 등록 □ 농산물우수관리시설 등록 □ 기타 등록사항( )
축산물 작업장	□ HACCP 적용 작업장 지정( ) □ HACCP 적용 작업장 비지정 □ 기타 등록사항(자세히기술)

- 작업장 시설기준에 대하여 심사한 내용을 종합적으로 기재

5. 취급 공정 및 원료관리

(1) 취급 공정
1) 모든 시설 및 설비들을 심사하였는지 □ 예 □ 아니오
2) 취급(작업)공정이 "취급계획서 3.가"와 일치하는지 □ 일치 □ 불일치
3) 인증품을 저장, 가공, 포장하는 시설 등의 위치가 신청한 장소와 일치하는지
□ 일치 □ 불일치
4) 신청한 장소에서 모든 제품과 원료들이 저장 또는 취급되고 있는지
□ 예 □ 아니오
5) 모든 설비의 청결상태가 인증품 취급 작업하기에 양호한지 □양호 □불량
6) 동일한 품목에 대하여 인증품만을 취급하는지 □ 예 □ 아니오
7) 장비 및 시설의 사용 방법
□ 친환경농산물에만 사용 □ 구분 없이 사용 □ 기타
8) 취급공정 중 취급계획서에 기술된 이외의 물질이 사용되거나 금지(제한)된 자재가 사용되고 있는지 □ 사용 □ 사용하지 않음

※ 취급계획서에 기술되어 있지 않은 자재 또는 금지된 자재를 사용한 경우 다음 표에 기술하시오.

자재명	사용시기	사용 장소	증빙자료
			※ 라벨, 사진, 확인서 첨부 등

(2) 원료관리
1) 인증품으로서 문제가 없는 유기식품을 원료농산물로 사용하고 있는지
□ 예 □ 아니오
2) 인증품 원료의 공급자가 제공하는 인증정보가 표시된 거래 자료를 보관하고 있는지
□ 예 □ 아니오

※ *원료인증품에 대해 확인한 사항을 다음 표에 기술하시오.*

품목명	인증번호	인증기관명	인증유효기간	인증량(톤)

3) 원료 인증품의 수송, 저장 등의 과정(재포장을 위해 인증품의 포장을 뜯어내기 이전의 전 과정)에서 인증표시가 된 상태를 유지하고 있음을 확인하였는지

□ 확인 □ 미확인

4) 취급과정 중 인증품에 화학물질을 첨가하는지 여부

□ 첨가 □ 미첨가 □ 해당사항 없음

- 취급공정 및 원료관리에 대하여 심사한 내용을 종합적으로 기재

6. 작업기록 및 이력관리

(1) 작업장에 농산물 입고 및 출하에 관한 기록장의 기록관리 내용으로 이력추적관리가 가능한지

□ 가능 □ 불가능

(2) 작업기록장을 통해 입고량, 재고량, 출하량에 대하여 확인이 가능한지

□ 가능 □ 불가능

(3) 출하한 농산물의 로트번호 또는 바코드 등 식별체계를 통해 농산물의 입고, 작업, 출하 등의 이력관리가 가능한지 □ 가능 □ 가능하지 않음

※ *"가능"이면 로트번호 또는 바코드 식별체계 내역을 다음 표에 기술하시오.*

〈로트번호 부여방법〉

(4) 입출고량과 재고량을 확인한 결과 문제점이 있었는지 □ 있음 □ 없음

(5) 생산품 및 취급품에 대한 역추적 결과(추적조사)와 대조감사 결과를 다음 표에 기술하시오.

- 작업기록 및 이력관리에 대한 심사한 내용을 종합적으로 기재

7. 취급방법

(1) 인증품이 아닌 식품을 취급하는 경우 저장·포장·운송·수입 등 취급과정에서 인증품에 비인증품이 혼입되지 않도록 구분(취급시간 또는 취급구역 구분)하여 관리하고 있는지

□ 예 □ 아니오 □ 해당사항 없음

(2) 인증품과 비인증품 또는 같은 품목으로 인증종류가 다른 경우에는 같은 시간대에 같은 작업공간에서 재포장하거나 포장되지 않은 상태로 같은 공간에 보관하고 있는지

□ 예 □ 아니오

- "예"인 경우, 인증종류가 다른 인증품을 혼합하여 낮은 단계의 인증종류 명칭을 표시하는지

(3) 인증품과 비인증품을 같이 취급하는 경우 원료의 구매, 저장, 선별, 포장, 운송 등 취급의 전 과정에서 구분관리 계획을 세워 이행하는지

□ 이행 □ 불이행 □ 해당사항 없음

(4) 인증품이 아닌 식품을 취급하는 경우 인증품을 취급하기 이전에 취급 작업장을 충분히 세척하는지

□ 예 □ 아니오

(5) 인증품의 세척에 사용되는 용수는 해당 인증품의 수질기준에 적합한지

□ 적합 □ 부적합 □ 해당사항 없음

(6) 병해충 관리 및 방제를 위하여 조치사항 □ 해당사항 없음

□ 병해충 서식처의 제거, 시설에의 접근방지 등 예방조치

□ 기계적·물리적 및 생물학적 방법을 사용

□ 규칙 별표 1 제1호가목2)의 물질을 사용 할 수 있으나 유기농산물에는 직접 접촉되지 아니하도록 사용

□ 기타(자세히 기술):

(7) 작업장의 소독을 위해 자재를 사용한 경우에는 사용일자, 제품명, 방법 목적 등을 기록·관리하고 있는지

□ 기록 □ 미기록 □ 기타(자세히 기술)

(8) 저장·포장·운송·수입 등 취급과정의 일부를 다른 사업자에게 위탁하는 경우 위탁한 취급과정이 취급자 인증기준에 적합한지 □ 적합 □ 부적합 □ 해당사항 없음

- 제조·가공 또는 취급과정의 일부를 위탁하는 경우 다음 사항을 기재하고 관련 계약서를 제출하시오.

수탁자	위탁내용	연락처	위탁작업장	취급자 인증여부
				□ 인증(인증번호:) □ 비인증
<계약서 제출> □ 계약서 제출 □ 계약서 미제출(그 사유를 기재하여 주십시오.)				

(9) 세척 및 소독

1) 인증품의 세척 및 소독을 위해 용수 외에 사용하는 물질이 있는지

□ 오존수 □ 과산화수소 □ 이산화염소수 □ 차아염소산수 □ 기타 ( ) □ 해당사항 없음

2) 기구·설비를 세척 및 소독을 위해 용수 외에 사용하는 물질이 있는지

□ 규칙 별표 1 제1호다목2) □ 기타( ) □ 해당사항 없음

(10) 방사선 처리

1) 취급 작업장의 설비 중 방사선기기가 존재하는지

□ 있음 □ 없음

2) 인증품 취급 공정 중 방사선 사용 공정이 존재하는지

□ 있음 □ 없음

3) 취급 과정에서 방사선을 사용하는 목적은 무엇인지

□ 해충방제 □ 식품보존 □ 병원의 제거 □ 위생의 목적 □ 기타 □ 해당사항 없음

- 취급방법에 대해 심사한 내용을 종합적으로 기재

8. 저장·포장·운송·수송

(1) 생산물의 저장 및 수송 시 저장장소와 수송수단의 청결을 유지하고, 외부로부터의 오염을 방지하고 있는지

□ 예 □ 아니오

(2) 저장장소와 컨테이너가 규칙 별표1 제1호가목2)에 해당하지 아니하는 농약이나 다른 처방으로부터의 잠재적인 오염 방지의 적정성

□ 적정 □ 부적정 □ 해당사항 없음

(3) 생산물을 포장하지 아니한 상태로 일반농축산물과 함께 저장 또는 수송하는 경우에는 다른 농축산물과의 혼합 또는 오염을 방지하기 위한 조치의 적정성

□ 적정 □ 부적정 □ 해당사항 없음

(4) 원료 인증품의 수송, 저장 등의 과정(재포장을 위해 인증품의 포장을 뜯어내기 이전의 전 과정)에서 인증표시가 된 상태를 유지하고 있는지

□ 예 □ 아니오

(5) 포장재는 「식품위생법」에 적합한지: □ 적합 □ 부적합

- 포장재의 시험성적서를 첨부하시오.

(6) 포장재 재질 : □ 생물 분해성과 재생품 또는 재생 가능한 자재 □ 기타

- 저장·포장·운송·수송에 대한 심사한 내용을 종합적으로 기재

9. 생산물의 품질관리 등

(1) 생산물의 잔류허용기준

1) 유기농산물·무농약농산물인 경우 인증 기준에 적합한지

□ 적합 □ 부적합 □ 해당사항 없음

2) 유기축산물·무항생제축산물인 경우 인증 기준에 적합한지

□ 적합 □ 부적합 □ 해당사항 없음

(2) 인증품에 로트번호, 표준바코드 또는 전자태그(RFID tag)를 표시하였는지

□ 표시 □ 미표시

(3) 출하한 농산물의 롯드번호 또는 표준바코드 등 식별체계를 통해 농산물의 입고, 작업, 출하 등의 이력관리가 가능한지

□ 가능 □ 불가능

- 생산물의 품질관리 등에 대한 심사한 내용을 종합적으로 기재

10. 요약

상기 1-9항까지의 심사 결과를 쟁점사항 위주로 간단히 기술

인증심사 결과 보고일자 : 년 월 일

이 보고서에 포함된 정보는 심사원(심사팀), 인증기관, 국립농산물품질관리원의 비밀로 유지됩니다. 이 보고서는 인증의 컨설팅 혹은 선전의 목적으로 이용되지 않습니다. 모든 관찰 및 조사 내용은 친환경농어업 육성 및 유기식품 등의 관리·지원에 관한 법률에 따른 인증기준에 기초를 둡니다. 아래 에 서명함으로써, 위에 지적된 모든 농장 운영에 대하여 인증 신청자와 이해 관계가 상충되지 않음을 확인하며, 인증심사가 친환경농어업 육성 및 유기식품 등의 관리·지원에 관한 법률에 규정된 인증절차에 의해 심사가 진행되었음을 확인합니다. 최종 면담과 증빙 자료 등 모든 자료를 첨부합니다.

첨부물 리스트

첨부번호	서류명	비고
1		
2		
3		

심사원 성명 : 서명 : 일시 : 년 월 일
심사원 성명 : 서명 : 일시 : 년 월 일

첨부 1 최종면담

면담대상자
성명 : 서명 : 일자 :

심사원
성명 : 서명 : 일자 :
성명 : 서명 : 일자 :

첨부 2 파일 참조
첨부 3 파일 참조

참고문헌

국립농산물 품질관리원(2012), 친환경농산물 인증심사 매뉴얼.

국립농산물 품질관리원(2014), 친환경인증심사 및 관리업무 매뉴얼.

한옥수, 한중열, 임병창, 서형주, 안진철, 김연화, 정진욱, 이구흐, 김하연, 김태옥, 정완호(2013), 유기농산물 인증심사론 : 이론과 실제, 한국친환경농산물 인증기관협회.

한옥수, 한중열(2014), 유기가공품 인증심사 방법론, 전남대학교출판부.

김선오(2002), 친환경농산물 관리의 이해, 한국방송통신대학교 평생교육원.

김철호(2011), 재포장과정(취급자)인증, 인증심사원 교육교재, (사)친환경인증기관협회.

류수노, 박무언(2009), 환경친화형 농업, 한국방송통신대학교출판부.

신용광, 황윤재(2007), 해외농산물 인증제도와 시사점, KREI 농정연구속보.

유병덕(2010), 친환경농산물 인증심사 보고서 작성 요령 교육자료.

이효원(2009), 유기농업원론, 한국방송통신대학교출판부.

이효원(2004), 생태유기농업, 한국방송통신대학교출판부.

IFOAM(2012), IFOAM Norms for Organic Production and Processing.

IFOAM(2014), IFOAM Norms for Organic Production and Processing.

IFOAM & IOIA(2000), IFOAM/IOIA International Organic Inspection Manual.

ISO/IEC(1996), Guide 65 : General requirements for bodies operating product certification systems.

ISO/IEC 17065 : General requirements for bodies operating product certification systems.

저자 약력

한옥수

1990 - 현재 전남대학교 농업생명과학대학 교수
2015 - 현재 전남대학교 농식품인증센터장
2009 - 2013 친환경농산물 인증기관 협회 부회장/회장
2009 - 2011 IFOAM 총회 한국 유치위원회 공동위원장
1989 - 1990 미국 위스콘신대학교 박사후 연구원
1984 - 1989 미국 미네소타대학교 박사
1982 - 1984 서울대학교 대학원 화학과 석사
1978 - 1982 서울대학교 화학교육과 학사

김태옥

2012 - 현재 전남대학교 농식품인증센터 인증심사원
2013 - 2015 전남대학교 대학원 생명공학과 석사
2008 - 2012 전남대학교 농업생명과학대학 응용생물공학부

유기농축산물 인증론

인 쇄 | 2020년 1월 3일
발 행 | 2020년 1월 10일

저 자 | 한옥수·김태옥
발행인 | 정병석
발행처 | 전남대학교출판문화원

등 록 | 1981. 5. 21. 제53호
주 소 | 61186 광주광역시 북구 용봉로 77
전 화 | (062) 530-0571~2
마케팅 | (062) 530-0573
팩 스 | (062) 530-0579
홈페이지 | http://www.cnup.co.kr
이메일 | cnup0571@hanmail.net

값 20,000 원

ISBN 978-89-6849-684-4 (93520)

이 도서의 국립중앙도서관 출판예정도서목록(CIP)은 서지정보유통지원시스템 홈페이지(http://seoji.nl.go.kr)와
국가자료공동목록시스템(http://www.nl.go.kr/kolisnet)에서 이용하실 수 있습니다.
(CIP제어번호: CIP2020000443)